高等学校电子信息类系列教材

单片机原理与应用

(第二版)

主　编　倪云峰

副主编　何　蓉　詹训进

西安电子科技大学出版社

内 容 简 介

本书主要介绍MCS-51单片机的基本原理和应用技术，是按照教育部关于电子、电气类专业应用型人才培养计划课程的基本要求，并结合当前的发展状况而编写的。本书内容包括MCS-51单片机的结构、汇编指令、中断、定时/计数器、串行接口、单片机系统扩展、串行总线设计等。本书最后一章以常见的典型消费类产品和工业产品的设计为例详细介绍了一般系统的开发步骤和过程，并提供了部分源代码。

本书内容翔实，浅显易懂，图文并茂，将理论教学与实例讲解相结合，将重点放在基础知识的学习和基本应用技能的培养上。除第7章外，每章后面均配有习题，以便于学生练习。

本书可作为高等学校、各类技术院校通信专业、自动化专业、计算机专业在校学生的教材，也可作为自学者和从事单片机研发工作的工程技术人员的参考用书。

★本书配有电子教案，需要者可登录出版社网站，免费下载。

图书在版编目(CIP)数据

单片机原理与应用 / 倪云峰主编. —2版. —西安：西安电子科技大学出版社，2020, 5(2023.1重印)
ISBN 978-7-5606-5554-3

Ⅰ. ① 单… Ⅱ. ① 倪… Ⅲ. ① 单片微型计算机—高等学校—教材 Ⅳ. ① TP368.1

中国版本图书馆CIP数据核字(2020)第017155号

策　　划　戚文艳
责任编辑　张晓燕
出版发行　西安电子科技大学出版社(西安市太白南路2号)
电　　话　(029)88202421　88201467　邮　　编　710071
网　　址　www.xduph.com　　电子邮箱　xdupfxb001@163.com
经　　销　新华书店
印刷单位　陕西天意印务有限责任公司
版　　次　2020年5月第2版　2023年1月第9次印刷
开　　本　787毫米×1092毫米　1/16　印　　张　20.5
字　　数　487千字
印　　数　13 661～16 660册
定　　价　46.00元
ISBN 978 - 7 - 5606 - 5554 - 3 / TP

XDUP 5856002-9

*** 如有印装问题可调换 ***

前　言

随着微电子技术的高速发展，单片机以体积小、功能全、性价比高等诸多优点，在工业控制、家用电器、通信设备、信息处理、军事武器等各种领域得到了广泛的应用。目前，单片机开发技术已成为电子信息、电气、通信、自动化、机电一体化等专业的学生以及相关专业技术人员必须掌握的技术之一。

本书以培养能力、突出实用为基本出发点，重点讲解基本概念、基本知识点，以够用、必需为宗旨，结合不同的实例，以实用技术为主线，详细介绍了单片机的原理和应用。

本书共分为 7 章，分三个方面介绍了 MCS-51 单片机的原理及应用：首先介绍单片机的基本结构和操作指令；其次介绍单片机中的特殊功能器件、中断、定时/计数器和串行口以及系统扩展的基本用法；最后以家用电器、工业控制单元和网络控制器为例介绍了单片机应用的开发过程，并给出了各典型案例的设计步骤及主要程序源代码。

倪云峰担任本书主编，何蓉和詹训进担任副主编。倪云峰负责编写第 3、5、6、7 章，以及全书的统稿工作；何蓉负责编写第 4 章和所有习题及附录；詹训进负责第 1、2 章的内容。

本书在编写过程中得到了西安理工大学张毅坤教授，西安科技大学郝迎吉教授、吴延海教授，广东松山职业技术学院杨宇副教授等老师的指导和审阅，在此表示衷心的感谢！

由于计算机技术发展迅速，多媒体应用软件日益更新，加上作者水平有限，且时间仓促，疏漏之处在所难免，恳请广大读者批评指正。

编　者

2019 年 11 月

目　　录

第 1 章　绪　论

教学提示：单片机是在一块芯片上集成了中央处理单元(CPU)、只读存储器(ROM)、随机存储器(RAM)和各种输入/输出(I/O)接口(定时/计数器、并行 I/O 接口或串行 I/O 接口以及 A/D 转换接口等)的微型计算机。一块单片机芯片就相当于一台微型计算机。它具有集成度高、体积小、功能强、使用灵活、价格低廉、稳定可靠等优点，在家用电器、智能化仪器、通信、智能机器人、工业控制以及航空航天等领域广泛应用并发挥着十分重要的作用。

教学目标：本章主要介绍单片机的概念、发展概况、应用领域，并对常用单片机系列进行简单介绍。

1.1　概　述

在 20 世纪 60 年代末和 70 年代初，袖珍型计算器得到了普遍应用。作为研制计算器芯片的成果，1971 年 11 月，美国 Intel 公司首先推出了 4 位微处理器 Intel 4004，将 4 位并行运算的运算器和控制器的所有元件全部集成在一片 MOS 电路芯片上，这是第一片微处理器。从此以后，微处理器开始迅速发展。在微处理器的发展过程中，人们不断在高度集成的微处理器芯片中增加存储器、I/O 接口电路、定时/计数器、串行通信接口、中断控制、系统时钟及系统总线，甚至 A/D、D/A 转换器等，以提高其功能，并赋予其专门的用途，比如数据采集、信号转换和通信控制等。由此产生了各种不同功能的微处理器，称为微控制器(Microcontroller)，亦称为单片机。

单片机不是仅完成某一个逻辑功能的芯片，而是把一个计算机系统集成到一个芯片上。单片机的产生是近代计算机技术发展史上的一个重要里程碑，它的诞生标志着计算机正式形成了通用计算机系统和嵌入式计算机系统两大分支。以单片机为核心的智能化产品将计算机技术、信息处理技术和电子测量与控制技术结合在一起，把智能赋予各种机械装置，对传统的产品结构和应用方式产生了根本性的变革。单片机微小的体积和低成本使其可广泛地嵌入到玩具、家用电器、机器人、仪器仪表、汽车电子系统、工业控制单元、办公自动化设备、金融电子系统、舰船、个人信息终端及通信产品中，成为现代电子系统中最重要的智能化工具。所以，了解单片机并掌握单片机技术在电子系统设计方面的应用具有非常重要的意义。

1.1.1 单片机的产生与发展

单片机一词最初源于“Single Chip Microcomputer”，简称 SCM。在单片机诞生时，SCM 是一个准确、流行的称谓，“单片机”一词准确地表达了这一概念。随着 SCM 在技术上、体系结构上，以及控制功能上的不断扩展和完善，单片机已不能用“单片微型计算机”来准确表达其内涵了。国际上逐渐采用“MCU”(MicroController Unit)来代替之，并形成了单片机界公认的、最终统一的名词。国内因为“单片机”一词已约定俗成，故而继续沿用至今。

单片机的发展大体可分为 4 位机、8 位机、16 位机和 32 位机。1980 年 Intel 公司推出其高性能的 8 位单片机 8051，并且公布其内核技术后，引来许多世界著名的 IC 生产厂商纷纷加入单片机的研究队列并推出自己的单片机产品，如 AMD 公司、Atmel 公司、Winbond 公司、Philips 公司、Motorola 公司、Zilog 公司、LG 公司、NEC 公司、西门子公司等。广泛的应用领域和巨大的市场空间使兼容系列的单片机已达数百种之多。虽然品种如此之多，但是这些产品都是和 8051 相兼容的。也就是说，MCS-51 内核实际上已经成为一个 8 位单片机的标准。因此下面以 Intel 公司的 8 位机为例来介绍单片机的发展状况。

1. 第一阶段(1976—1978)

第一阶段是单片机发展的初期阶段。该阶段的任务是探索计算机的单芯片集成。以 Intel 公司的 MCS-48 为代表，其 CPU、存储器、定时/计数器、中断系统、I/O 端口、时钟以及指令系统都是按嵌入式系统要求专门设计的。除了 Intel 公司的 MCS-48 外，同时参与这一探索工作的公司还有 Motorola 、Zilog 等，他们的研究都取得了令人满意的成果。

2. 第二阶段(1978—1982)

第二阶段是单片机的完善阶段。计算机的单芯片集成探索取得成功后，随后的任务就是要完善单片机的体系结构。这一阶段的典型代表是 Intel 公司的 MCS-5l。MCS-51 是 Intel 公司在 MCS-48 的基础上推出的完善的、典型的单片机系列，奠定了单片机的基本体系结构。MCS-51 的特点主要体现在以下几个方面：

(1) 具有完善的外部总线。MCS-51 设置了经典的 8 位单片机的总线结构，包括 8 位数据总线、16 位地址总线、控制总线及具有多机通信功能的串行通信接口。

(2) CPU 外围功能单元采用集中管理模式。

(3) 设置面向工控的位地址空间和位操作方式。

(4) 指令系统趋于丰富和完善，并且增加了许多突出控制功能的指令。

3. 第三阶段(1982—1990)

第三阶段是微控制器的形成阶段。在该阶段，8 位单片机得到巩固与发展，16 位单片机逐渐推出。这一阶段是单片机向微控制器发展的重要阶段，单片机的主要技术发展是增强满足测控对象要求的外围电路，如 A/D 转换、D/A 转换、高速 I/O 口、WDT(WatchDog Timer，程序监视定时器)、DMA(高速数据传输)等，强化了智能控制的特征。在此阶段，Intel 公司推出了 MCS-96 系列单片机，将一些用于测控系统的模/数转换器(ADC)、程序运行监视器、脉宽调制器(Pulse Width Modulator，PWM)等纳入片中，体现了单片机的微控制器特征。随着 MCS-51 系列的广泛应用，许多电气厂商竞相使用 80C51 作为内核，将许多测控系统中使用的电路技术、接口技术、多通道A/D转换部件以及可靠性技术等应用到单片机中，增强了外围电路功能，强化了智能控制的特征。

4. 第四阶段(1990至今)

第四阶段是微控制器的全面发展阶段，其显著特点是百家争鸣、百花齐放、技术创新。单片机正在满足各个方面的需求，随着单片机在各个领域全面深入地发展和应用，出现了高速、大寻址范围、强运算能力的8位/16位/32位通用型单片机，以及一些小型、廉价的专用型单片机。

1.1.2　单片机的发展趋势

近十年来，单片机的发展出现了许多新的特点，单片机正朝多功能、多选择、高速度、低功耗、低价格、扩大存储容量和加强I/O功能及结构兼容等方向发展。单片机的主要发展趋势如下所述。

1. 多功能

在单片机中尽可能多地把应用系统中所需要的存储器、各种功能的I/O口都集成在一块芯片内，即外围器件内装化，如把LED、LCD或VFD显示驱动器集成在8位单片机中，把ADC、DAC乃至多路模拟开关和采样/保持器也集成在单片机芯片中，从而成为名副其实的单片微机。

2. 高性能

为了提高速度和执行效率，在单片机中开始使用RISC体系结构、并行流水线操作和DSP等，使单片机的指令运行速度得到大大提高，其电磁兼容等性能明显优于同类型的微处理器。

3. 低电压和低功耗

单片机的应用场合多为便携式设备、嵌入式设备等小型系统，要求体积尽可能小，且具有低电压工作性能和极小的功耗，因此目前单片机制造普遍采用具有高速度、高密度等特点的CHMOS工艺(互补金属氧化物的HMOS工艺)。CHMOS工艺除具有HMOS的优点外，还具有CMOS工艺低功耗的特点。例如，采用HMOS工艺的8051的功耗为630 mW(相对较高的功耗使得该产品已被市场淘汰)，而Philips公司的80C51、Atmel公司的AT89C51/S51采用CHMOS工艺，其功耗仅为120 mW。

4. 串行扩展总线

串行扩展总线可以显著减少引脚数量，简化系统结构。随着外围器件串行接口的发展，单片机串行接口的普遍化、高速化使得并行扩展接口技术日渐衰退。目前推出了删去并行总线的非总线单片微机，需要外扩器件(存储器、I/O等)时，仅采用串行扩展总线，甚至使用软件虚拟串行总线。

由于集成度的进一步提高，单片机的寻址能力已突破64 KB的限制，某些8位、16位单片机其寻址能力已达到1 MB和16 MB，片内ROM的容量可达64 KB，RAM的容量可达2 KB。

综上所述，51系列单片机及其兼容机具有发展历史长、产品成熟、功能性较强、市场供应量充足、价格低廉等特点。虽然市场上目前已经推出了 32 位单片机，但 8 位机由于其具有结构简单、价格低廉，一直占有重要的市场份额，随着近年来功能更强的新产品不断推出，这种情况还将继续下去。另外，8 位机的参考资料丰富，且目前的编译系统支持 C 语言作为系统的开发语言，便于初学者掌握，这也是“单片机原理与应用”这门课程一直选用 MCS-51 单片机作为教学内容的主要原因。

1.1.3 单片机的应用

单片机体积小，成本低，运用灵活，易于产品化，可以方便地组成各种智能化的控制设备和仪表等，从而广泛地应用于民用家电、智能仪表、工业控制、航空航天、医用设备、计算机网络和通信等领域。但是单片机的应用意义远不限于它的应用范畴以及由此带来的经济效益，更重要的是它从根本上改变了传统的电子设计方法和控制策略，使先前无法实现的理论技术得以实现并转化为现实的生产力，推动了社会进步，改善了人类生活，是技术发展史的一次革命，也是科技发展史上的一座里程碑。

单片机的应用非常广泛，下面列举一些典型的应用领域。

1. 家用电器

观察我们的家庭生活，可以说现在的家用电器基本上都采用了单片机控制，例如洗衣机、微波炉、电冰箱、空调、电视机、音响设备、电子秤、跑步机、电子收款台和银行 POS 机等。

2. 智能仪表

单片机可用于数字示波器，它可以存储数据并通过 USB 接口和计算机进行连接，直接将数据传输至计算机。此外，单片机还可用于各种液体、气体分析仪器仪表以及医疗器械(例如心电监护仪、自动血压仪等)产品。

3. 工业控制

在工业控制领域，单片机广泛应用于工业机器人，电机电气控制，数控机床，可编程序控制器，温度、压力、流量和位移等智能型传感器，以及相应的过程控制。

4. 航空航天

单片机在航空航天领域的应用有航天导航系统、智能武器装置、导弹控制和雷达导航装置等。

5. 计算机网络和通信

目前，所有单片机的处理速度都在不断提高，例如 32 位单片机的时钟速率可以达到 300 MHz，其性能直追 20 世纪 90 年代中期的专用处理器。所有的单片机都具有通信接口，可以方便地与计算机进行数据通信，为计算机和网络中的通信设备之间的数据交换提供了基础，为实现智能通信终端设备提供了保证。从小型程控交换机、楼宇通信对讲系统、列车无线通信到日常工作中随处可见的手机、电话、无线对讲电话等，都是采用单片机来实现和控制的。

此外，单片机在工商、金融、科研、教育等行业也有着十分广泛的用途。

1.2 单片机系列介绍

Intel 公司推出 MCS-48 系列单片机(8 位)，形成真正意义上的单片微机(它包括计算机的三个基本单元)，为单片机的发展奠定了坚实的基础，多年来已经形成了以它为代表的多制造厂商、多系列、多型号“百家争鸣”的格局。

1.2.1 单片机的主要生产制造商及其特点

MCS-51 是由美国 Intel 公司生产的系列单片机的总称，这一系列单片机虽然包括了很多品种，但其中的 8051 是最早、最典型的产品，而该系列其他类别的单片机都是在 8051 的基础上进行功能的增、减改变而来的，故人们习惯用 8051 来称呼 MCS-51 系列单片机。

在 Intel 公司开放了 8051 单片机的技术之后，世界上许多半导体厂商加入了开发和改造 8051 单片机的行列中，这些著名的半导体公司在兼容 MCS-51 系列功能的基础上相继研制和发展了自己的单片机，并增添了各自特有的功能，为单片机的发展作出了不可磨灭的贡献。其中，贡献最大的有 Philips、Atmel 等几家公司，下面分别对其作简要介绍。

1. Philips 公司

Philips 公司致力发展单片机的控制功能和外围单元，其 80C51 系列作为高性能兼容性单片机是最具有代表性的，该系列品种齐全，采用 CHMOS 工艺制造技术，具有高密度、高速度、低功耗等特点。例如，其典型产品 80C52 与 Intel 公司的 MCS-51 系列单片机完全兼容，同时又增加了 1 个定时/计数器和 WDT，增加了 I^2C 串行接口，带有 A/D 转换器及 2 路 PWM 等。

2. Atmel 公司

Atmel 公司在单片机内部植入了 Flash ROM，使得单片机应用变得更加灵活，在中国拥有大量的用户。其单片机分为 AT89、AT90、AT91 和智能 IC 卡四个系列。其中，AT89 系列与 Intel 的 MCS-51 系列兼容，是 8 位机，有 AT89C51/52、AT89LV51/52、AT89S51/52(带 ISP 功能)等产品。另外，该公司的 AT90 系列是增强型 RISC(精简指令集)内载 Flash 的 8 位单片机，通称为 AVR 单片机。AVR 具有各种增加了不同外围设备的机型，与 MCS-51 不兼容，属于高性能的单片机。

3. ADI 公司

ADI 公司推出的 ADIC8xx 系列单片机在单片机向 SOC 发展的模/数混合集成电路中扮演了很重要的角色。

4. Cygnal 公司

Cygnal 公司采用一种全新的流水线设计思路，使单片机的运算速度得到了极大的提高，在向 SOC 发展的过程中迈出了一大步。

各单片机生产厂商的主流产品尽管各具特色，名称各异，但其原理大同小异，同样的一段程序，在各厂家的硬件上运行的结果均是相同的。

1.2.2 单片机的四个主要系列

1. MCS-48 系列单片机

MCS-48 是 Intel 公司于 1976 年推出的第一代 8 位单片机系列产品。它大致分为四种类型，分别为基本型、强化型、简化型和专用型。

(1) 基本型：片内集成有 8 位 CPU，1 K × 8 位的程序存储器(ROM)，64 × 8 位的数据存储器(RAM)，27 条 I/O 接口线，1 个 8 位的定时/计数器，2 个中断源。基本型中的三种产品 8048/8748/8035 的差异仅在于片内程序存储器的区别：8048 内有 1 KB 的 ROM；8748 内有 1 KB 的 EPROM；8035 内无程序存储器，开发产品必须外部扩展 EPROM。

(2) 强化型：它的基本结构与基本型完全相同，指令系统也是相同的。它与基本型的主要区别在于片内的程序存储器和数据存储器都不同程度地增大，处理速度加快。

(3) 简化型：它的指令只是基本型的一个子集，速度较慢，但是片内集成了 2 个通道的 8 位 A/D 转换器。

(4) 专用型：通常用于外设接口芯片，内部结构和指令与基本型完全一致，只是对外应答方式上有差异，通信中只能处于从机地位。

由于 MCS-48 单片机在市场上已经很少应用，在此不再赘述。

2. MCS-51 系列单片机

MCS-51 是指 Intel 公司于 1980 年推出的新一代 8 位单片机系列产品(8051)。从严格意义上讲，其他所有具有 8051 指令系统的单片机都不应直接称为 MCS-51 系列单片机，MCS 只是 Intel 公司专用的单片机系列符号。但是为了叙述方便，本书将不进行严格区分。

MCS-51 系列单片机及其兼容产品通常分成以下几类：

(1) 基本型：典型产品有 8031/8051/8751。基本型采用 HMOS 工艺，片内集成有 8 位 CPU，片内集成了 4 K × 8 位的 ROM(8031 片内无)，128 B 的数据存储器(RAM)以及 21 个特殊功能寄存器，32 条 I/O 接口线，1 个全双工的串行 I/O 口(UART)，2 个 16 位的定时/计数器，5 个中断源和 2 级中断。数据存储器和程序存储器的寻址能力为 64 KB，指令系统除加、减、乘、除运算外，还提供了查表和位操作指令，主时钟频率为 12 MHz，运算速度增强。

(2) 增强型：典型产品有 8032/8052/8752。与基本型的差异在于内部 RAM 增到 256 B，8052、8752 的内部程序存储器扩展到 8 KB，16 位定时/计数器增至 3 个。

(3) 低功耗型：典型产品有80C31/87C51/80C51。其基本结构和功能与基本型相同。由于采用 CMOS 工艺，因此适于电池供电或其他要求低功耗的场合。

(4) 专用型：典型产品有 8044/8744。在基本型的基础上用一个 HDLC/SDLC 通信控制器取代了基本型的 UART，适用于总线分布式多机测控系统。

(5) 超 8 位型：典型产品有 Philips 公司的 80C552/87C552/83C552 系列单片机。其基本结构和功能与 MCS-51 系列完全相同，但又将 MCS-96 系列(16 位单片机)I/O 部件如高速输入/输出(HSI/HSO)、A/D 转换器、脉冲宽度调制(PWM)、看门狗定时器(WDT)等移植进来构成新一代 MCS-51 产品。这类产品的功能介于 MCS-51 和 MCS-96 之间，目前已得到了较广泛的使用。

(6) 片内闪速存储器型：典型产品有 Atmel 公司的 AT89C52 单片机。其内部含有 Flash 存储器，使得存储和程序改写更加方便，从而受到了应用设计者的欢迎。

MCS-51 系列以及 80C51 系列单片机有多种类型，但掌握好 MCS-51 的基本型是十分必要的。它们是具有 MCS-51 内核的各种型号单片机的基础，也是各种增强型、扩展型等衍生品种的核心。

3. MCS-96 系列单片机

1983 年 Intel 公司推出了 MCS-96 系列单片机。它的问世标志着单片机系列产品又进入了新的阶段。与以往的 MCS-51 相比，MCS-96 不但字长增加了一倍，而且具有 4 路或 8 路的 10 位 A/D、PWM 输出等功能。其典型产品为 8098，是一种准 16 位的单片机。

与 8 位单片机相比，MCS-96 主要有如下特点：

(1) 集成度高。其内部除了常规 I/O 接口、定时/计数器、全双工的串行口外，还有高速 I/O 部件(如高速输入口(HSI)、高速输出口(HSO))、多路 A/D 转换器、PWM 输出口以及看门狗定时器等。

(2) 处理速度快。MCS-96 指令系统比 MCS-51 更加丰富，寻址方式更加灵活，还具有带符号运算等功能，使得运算速度大大提高。MCS-96 可以灵活地选择对字或字节操作，还可以进行带或不带符号的乘除运算。

4. MCS-196 系列单片机

MCS-196 系列单片机是 Intel 公司继 8X9X 之后推出的 16 位嵌入式微控制器。MCS-196 除了保留 8X9X 的全部功能外，在功能部件和指令支持上又有很大改进，性能上也有了显著提高，适用于更复杂的实时控制场合。MCS-196 单片机有多种型号，不同型号配置有不同的功能部件，且具有不同的存储器空间和寻址能力，可满足不同场合的要求。该系列单片机产品有 80196KB、80196KC、80196MD 等，它们的功能比 8098 更加强大，但由于性价比不理想，因此并未得到很广泛的应用。

MCS-196 系列单片机与 96 系列单片机相比较具有下列特点：

(1) 有 1 个基于寄存器到寄存器结构的内核。这种结构消除了累加器的瓶颈现象，加快了数据传输的速度。

(2) 多种功能部件。这些功能部件除包括在 8X9X 中就有的 I/O 口、10 位 A/D 转换器、PWM、全双工串行 I/O 口、中断源、看门狗定时器、16 位定时/计数器、HSI/HSO(高速输入/输出口)等以外，还包括在 MCS-196 中出现的 PTS(外围事务服务器)、EPA(事件处理器阵列)、WG(波形发生器)等。与其他系列(如 MCS-51 系列、PIC 系列等)单片机相比，HSI/HSO、PTS、EPA、WG 是 MCS-196 最具特色之处。

(3) 具有可编程的等待状态发生器。MCS-196 单片机总线控制器还具有可编程的等待状态发生器，可方便地与慢速外设接口。在运行中可动态选择 8 位或者 16 位的总线宽度，并能通过 HOLD/HLDA 协议方便地实现多处理器通信。

目前，MCS-196 系列主要有以下 3 种。

(1) HSI/HSO 系列。本系列主要芯片有 8XC196KB、8XC196KC、8XC196KD，产品分类如表 1.1 所示。

8XC196KB 是 MCS-196 系列的第 1 个成员，片内含 8 KB 程序空间，232 B 的寄存器 RAM，4 个高速输入口 HSI，6 个高速输出口 HSO，2 个 16 位的定时/计数器，这两个定时/计数器均可用作时基发生器。另外，片内资源还有 1 路 PWM，1 个全双工串行通信口，1 个看门狗定时器，1 个 8 通道 10 位 A/D 转换器，48 条输入/输出口(与部件复用)。

表 1.1 HSI/HSO 系列一览表

特征 型号	ROM/KB	RAM/B	HSI/HSO	WDT	PWM	A/D 通道	UART	I/O	PTS
8XC196KB	8	232	4/6	1	1	8	1	48	无
8XC196KC	16	488	4/6	1	3	8/10	1	48	有
8XC196KD	32	1000	4/6	1	3	8/10	1	48	有

8XC196KC 的性能比 8XC196KB 有进一步增强。它的片内有 16 KB 的程序空间，488 B 的寄存器 RAM，最高工作频率可达 20 MHz。 除了具有 8XC196KB 的全部特点外，8XC196KC 还具有如下特点：有 3 路 PWM 发生器，A/D 转换器具有 8 位和 10 位两种方式，可对采样率和转换时间编程。此外，8XC196KC 在片内还加入外围事务服务器 PTS，可大大减轻 CPU 在中断处理上的负担。

8XC196KD 除具有 8XC196KC 所具有的全部特点以外，它的片内还具有 32 KB 的程序空间，1000 B 的寄存器 RAM。由于片内存储空间增大，因此更适合于使用高级语言编程。表 1.1 列出了 Intel MCS-196 HSI/HSO 系列不同型号产品的功能和特点。

(2) EPA 系列。EPA 系列芯片主要包括 8XC196KR、8XC196KT、8XC196NT、8XC196NP、8XL196NP、80C196NU、80C196EA、87C196CA、87C196CB 等，产品分类如表 1.2 所示。

表 1.2 EPA 系列一览表

特征 型号	最高频率/MHz	程序空间/KB	寄存器RAM/B	内部RAM/B	I/O引脚	I/O类型	A/D通道	寻址空间/B	定时/计数器	串行口	封装形式	温度
8XC196KR	16	16	488	256	56	10EPA	8	64K	2	2	N-68	未查实
8XC196KT	16	32	1000	512	56	10EPA	8	64K	2	2	N-68	未查实
8XC196NP	25	4	1000	无	32	4EPA	0	1M	2	1	S-100，SB-100	C
8XL196NP	13	4	1000	无	32	4EPA	0	1M	2	1	S-100，SB-100	C
8XC196NT	20	32	1000	512	56	10EPA	4	1M	2	2	N-68	C，E
80C196NU	40/50	0	1000	无	33，32	4EPA	0	1M	2	2	S-100，SB-100	C
80C196EA	40	0	1K	4K	83	17EPA	3	2M	4	3	S-160	C
87C196CA	16	32	1000	256	44	6EPA	6	64K	2	2	N-68	E
87C196CB	16	56	1.5K	512	56	10EPA	8	1M	2	2	N-84	E

8XC196KR 是 MCS-196 系列中集成度较高、较复杂的一员。8XC196KR 有 16 KB 的程序空间，488 B 寄存器 RAM，256 B 的内部 RAM。内部 RAM 既可用来存储程序，也可用来存储数据。它使用 EPA 部件对事件进行监测与控制。当工作于 16 MHz 时，EPA 有 250 ns 的分辨能力，包括 10 个捕捉/比较模块和 2 个仅用于比较的模块。EPA 在使用时非常灵活，可用来产生 PWM 输出。

8XC196KR 片内还有 1 个从机口，便于与其他系统总线相连。这种特性可将 8XC196KR

本身作为一个灵活的、可编程的外设与 PC 总线相连。在 8XC196KR 中有 2 个串行口：一个是标准的串行口 SIO，另一个是同步串行口 SSIO，可进行全双工同步通信。2 个串行口的波特率可独立编程。片内的 A/D 转换器继承于 8XC196KC，又增加了可编程的阈值检测和偏差校正功能。

8XC196KT 是 8XC196KR 的增强型，其程序空间为 32 KB，有 1000 B 的寄存器 RAM 和 512 B 的片内 RAM。它的总线控制器在支持存取低速存储器时具有新的工作模式。

8XC196NP 提供了可动态选择的多路复用总线。其他特点为：片内有片选单元，1 MB 的寻址能力，3 路 PWM 输出，5 V 供电时最高工作频率可达 25 MHz。

8XL196NP 类似于 8XC196NP，但可工作于低功耗工作方式(3 V 时，13 MHz)。

8XC196NT 和 8XC196KT 类似，但它有 1 MB 外部寻址能力。A/D 的 4 路输入可由扩展地址口(the Extended address PORT，EPORT)代替。4 个 EPORT 口既可作为标准口，也能作为高 4 位地址线(A16～A19)。8XC196NT 的工作频率可达 20 MHz。

80C196NU 可工作于 50 MHz(5 V 时)，使得它的性能比 NP 系列增强了 1 倍。片内运算器采用 32 位，使乘除指令执行更快。NU 系列的引脚和 NP 系列是兼容的，可方便地对 NP 系列进行升级。其他特点为：1 MB 寻址能力，3 路 PWM 输出，片内选择单元等。

80C196EA 是 MCS-196 系列中第 1 片用于电力机车控制的芯片。与其他型号相比，其性能有显著提高，包括：40 MHz 的工作频率，2 MB 的寻址能力，4 KB 的片内 RAM，3 条片选线的片内片选单元，每条片选线可动态分时实现地址/数据复用，每条片选线的等待状态可编程，17 个高速捕捉/比较模块，8 个高速比较输出模块，4 个灵活的 16 位定时/计数器，8 路 PWM 输出，2 个全双工串行口，1 个全双工同步串行口，堆栈溢出自动检查，16 通道自动巡回 A/D 转换，串行调试接口等。

在 87C196CA 和 87C196CB 中集成了符合 CAN2.0 规范的 CAN 总线控制器 82527，使它们更适合于需要实时事件控制的场合。例如，可应用于防抱死刹车系统、四缸发动机控制系统中。

(3) Motor Control 系列。Motor Control 系列芯片主要包括 8XC196MC、8XC196MD、8XC196MH。表 1.3 列出了 Motor Control 系列不同型号产品的功能和特点，此处不再赘述。

表 1.3　Motor Control 系列一览表

特征 / 型号	最高频率/MHz	程序空间/KB	寄存器 RAM/B	内部 RAM/B	I/O 引脚	I/O 类型	A/D 通道	寻址空间/B	定时/计数器	串行口	封装形式	温度
8XC196MC	16	16	488	无	53	8EPA	13	64	2	1	N-84，S-80，U-64	E
8XC196MD	20	16	488	无	64	12EPA	14	64	2	1	N-84，S-80	E
8XC196MH	16	32	744	无	52	6EPA	8	64	2	1	N-84，S-80，U-64	E

注：① 封装形式 N：PLCCS、QFPSB、SQFPU、窄 DIP；② 温度 C 表示 0～70℃，E 表示－40℃～85℃；③ 以上含义表 1.2 和表 1.3 同。

本章小结

本章介绍了单片机的产生和发展过程，在了解单片机概念的基础上，简要说明了单片机的发展趋势和应用领域，具体介绍了 MCS-48 系列单片机、MCS-51 系列单片机、MCS-96 系列单片机和 MCS-196 系列单片机的特点和典型芯片的组成。

习题

1. 什么是单片机？单片机有哪些特点？
2. 单片机主要应用在哪些方面？
3. 简述单片机的发展历程和发展趋势。
4. 单片机有哪些主要系列？它们各有什么特点？

第 2 章　MCS-51 系列单片机的基本结构

教学提示：8051 是 MCS-51 系列单片机的典型产品。本章将介绍 8051 单片机的硬件结构及工作原理。它是掌握、使用单片机技术的硬件基础。只有学好本章内容，才能灵活地运用单片机硬件资源开发出设计合理的应用系统。

教学目标：通过本章的学习，让学生了解 8051 单片机内部功能模块的组成、引脚排列形式及功能(包括第二功能)，重点掌握 CPU、RAM、ROM、特殊功能寄存器、I/O 接口、时钟电路和复位电路的结构与原理，为后续章节的学习奠定基础。

前一章了解了单片机的基本概念，从本章开始将以典型产品 8051 单片机为例详细介绍单片机的硬件结构和软件编程内容。

2.1　单片机的基本结构

MCS-51 系列 8051 单片机的内部结构框图如图 2.1 所示。

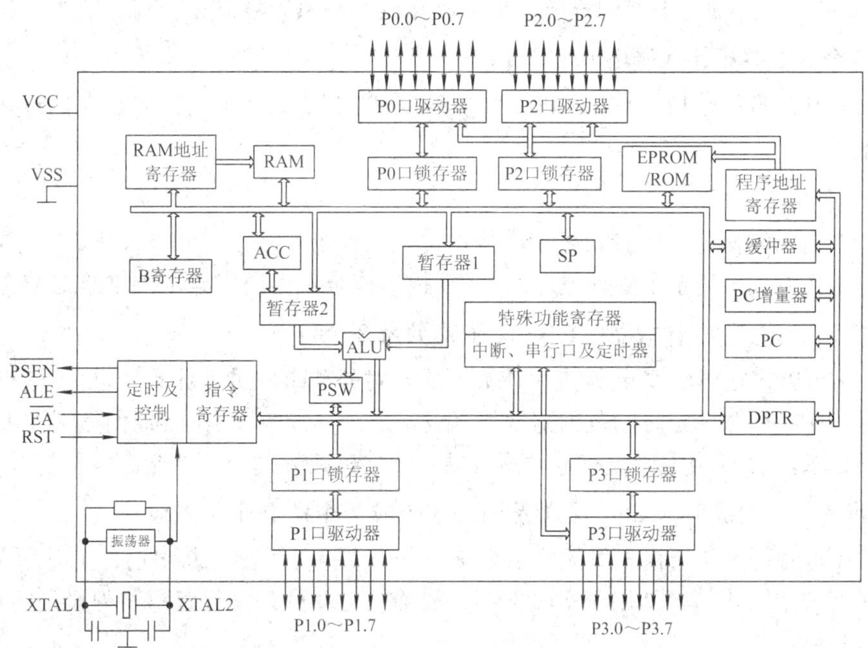

图 2.1　MCS-51 系列 8051 单片机的内部结构框图

由图 2.1 可知，各功能部件均连接在内部总线上，按功能可划分为八个部分，即中央处理机 CPU、数据存储器 RAM、程序存储器 ROM、特殊功能寄存器 SFR、输入/输出(I/O)接口、定时/计数器、中断源和串行通信口。本章介绍前五部分，其余部分将在后续章节中介绍。

2.1.1　单片机的内部结构及功能部件

MCS-51 系列单片机的内部结构由八部分组成，以 80C51 单片机为例，其内部按功能可划分为 CPU、存储器、I/O 端口、定时/计数器、中断系统等模块。

1. 1 个 8 位中央处理机 CPU

CPU 由运算部件、控制部件和时钟电路等构成，主要完成单片机的运算和控制功能。它是单片机的核心部件，决定了单片机的主要功能特性。

2. 片内时钟电路

80C51 内部具有片内时钟振荡器，最高时钟频率为 12 MHz。

3. 128+21 B 的片内数据存储器(MCS-52 子系列为 256 B)

80C51 片内有 128 B 的片内数据存储器，用于存放运算的中间结果，有 21 个特殊功能寄存器 SFR(MCS-52 子系列为 26 个)，用于控制和管理片内算术逻辑部件、并行 I/O 口、串行 I/O 口、定时/计数器、中断系统等功能模块的工作。80C51 片外数据存储器的寻址范围为 64 KB。

4. 4 KB(MCS-52 子系列为 8 KB)的片内程序只读存储器

80C51 内部的存储器可以是 ROM 或 EPROM(8031 和 8032 无)，其片外可寻址范围为 64 KB，主要用于存放已编制的程序，也可以存放一些原始数据和表格。

5. 4 个 8 位并行输入/输出(I/O)接口

80C51 内部的并行 I/O 接口为 P0 口、P1 口、P2 口、P3 口(共 32 线)，用于并行输入或输出数据。

6. 1 个串行 I/O 接口

80C51 内部的串行 I/O 接口可使数据逐位在计算机与外设之间串行传送，可用软件设置为 4 种工作方式，用于多处理机通信、I/O 扩展或全双工通用异步接收器(UART)。

7. 2 个 16 位定时/计数器(MCS-52 子系列为 3 个)

80C51 可以将定时/计数器设置为计数方式，对外部事件进行计数，也可以设置为定时方式进行定时。计数或定时的范围由软件来设定，一旦计数或定时到设定范围，则向 CPU 发出中断请求，CPU 根据计数或定时的结果对计算机或外设进行控制。

8. 具有 5 个中断源(MCS-52 子系列为 6 个或 7 个)，2 个优先级

80C51 可编程为 2 个优先级的中断系统。它可以接受外部中断申请、定时/计数器中断申请和串行口中断申请，常用于实时控制、故障与自动处理、计算机与外设之间传送数据及人-机对话等。

2.1.2　单片机的外部引脚说明

MCS-51 系列单片机芯片有 40 个引脚，是采用 CMOS 工艺制造，双列直插(DIP)方式封装的芯片，其引脚及引脚功能分类如图 2.2 所示。CMOS 工艺制造的低功耗芯片也有采用方形封装的，但为 44 个引脚，其中 4 个引脚是不使用的。

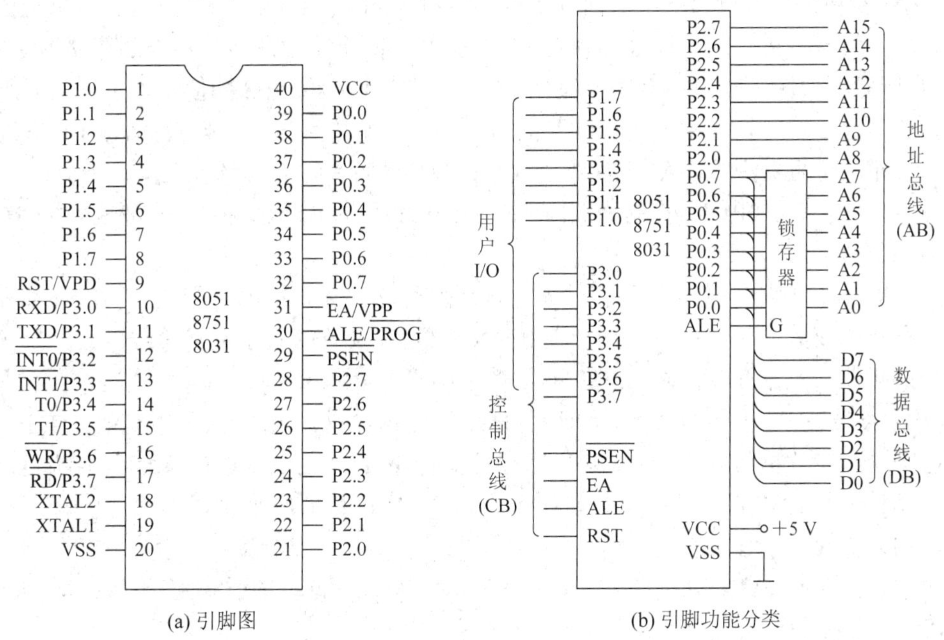

(a) 引脚图　　　　(b) 引脚功能分类

图 2.2　MCS-51 系列单片机的引脚及引脚功能分类

MCS-51 系列单片机的 40 个引脚中有 2 个电源引脚、2 个外接晶体引脚、4 个控制信号(或与其他电源复用)引脚和 32 条输入/输出引脚。

下面分 4 部分介绍各引脚的功能。

1. 电源引脚

VCC(40 脚)：接+5 V 电源正端。

VSS(20 脚)：接+5 V 电源地端。

2. 外接晶体引脚

XTAL1(19 脚)：接外部石英晶体的一端。在单片机内部，它是一个反相放大器的输入端，这个放大器构成了片内振荡器。当采用外部时钟时，对于 HMOS 单片机，该引脚接地；对于 CHMOS 单片机，该引脚作为外部振荡信号的输入端。

XTAL2(18 脚)：接外部石英晶体的另一端。在单片机内部，接至片内振荡器的反相放大器的输出端。当采用外部时钟时，对于 HMOS 单片机，该引脚作为外部振荡信号的输入端；对于 CHMOS 芯片，该引脚悬空不接。

3. 控制信号引脚

控制信号(或与其他电源复用)引脚有 RST/VPD、ALE/$\overline{\text{PROG}}$、$\overline{\text{PSEN}}$ 和 $\overline{\text{EA}}$/VPP 等 4 种。

(1) RST/VPD(9 脚)：RST 即为 RESET，VPD 为备用电源，所以该引脚为单片机的上电复位或掉电保护端。当单片机振荡器工作时，该引脚上出现持续两个机器周期的高电平，实现复位操作，使单片机恢复到初始状态。当 VCC 发生故障、降低到低电平规定值或掉电时，在该引脚可接入备用电源 VPD(+5 V ± 0.5 V)为内部 RAM 供电，以保证 RAM 中的数据不丢失。

(2) ALE/ $\overline{\text{PROG}}$ (30 脚)：当访问外部存储器时，ALE(允许地址锁存信号)以每机器周期有效两次的信号输出，用于锁存出现在 P0 口的低 8 位地址。在不进行外部存储器访问时，ALE 端仍以上述不变的频率(振荡器频率的1/6)周期性地出现正脉冲信号，可作为对外输出的时钟脉冲或给定时器使用。值得注意的是，在访问片外数据存储器期间，ALE 脉冲会跳过一个，即两个机器周期，ALE 有效 3 次，此时作为时钟输出就不妥当。

对于片内含有 EPROM 的单片机，在 EPROM 编程期间，该引脚作为编程脉冲 $\overline{\text{PROG}}$ 的输入端。

(3) $\overline{\text{PSEN}}$ (29 脚)：片外程序存储器读选通信号输出端，低电平有效。当从外部程序存储器读取指令或数据时，每个机器周期 $\overline{\text{PSEN}}$ 有效 2 次，以通过数据总线口读回指令或数据；当访问外部数据存储器时，$\overline{\text{PSEN}}$ 信号不出现。

(4) $\overline{\text{EA}}$ /VPP(31 脚)：EA 为访问外部程序存储器控制信号，低电平有效。当 $\overline{\text{EA}}$ 端保持高电平时，单片机访问 4 KB 片内程序存储器 (MCS-52 子系列为 8 KB)。当超出该范围时，自动转去执行外部程序存储器的程序。当 $\overline{\text{EA}}$ 端保持低电平时，无论片内有无程序存储器，均只访问外部程序存储器。

对于片内含有 EPROM 的单片机，在 EPROM 编程期间，该引脚用于接 21 V 的编程电源 VPP。

4．输入/输出引脚

(1) P0 口(39 脚～32 脚)：P0.0～P0.7 统称为 P0 口。当不接外部存储器或不扩展 I/O 接口时，它可作为准双向 8 位 I/O 接口。当接有外部存储器或扩展 I/O 接口时，P0 口为地址/数据分时复用口。它分时提供低 8 位地址总线和 8 位双向数据总线。

对于片内含 EPROM 的单片机，当 EPROM 编程时，从 P0 口输入指令字节；当检验程序时，输出指令字节。

(2) P1 口(1 脚～8 脚)：P1.0～P1.7 统称为 P1 口，可作为准双向 I/O 接口使用。对于 MCS-52 子系列单片机，P1.0 与 P1.1 还有第 2 功能：P1.0 可用作定时/计数器 2 的计数脉冲输入端 T2；P1.1 可用作定时/计数器 2 的外部控制端 T2EX。

对 EPROM 进行编程和程序验证时，P1 口接收输入的低 8 位地址。

(3) P2 口(21 脚～28 脚)：P2.0～P2.7 统称为 P2 口，一般可作为准双向 I/O 接口。当接有外部存储器或扩展 I/O 接口且寻址范围超过 256 B 时，P2 口作为高 8 位地址总线送出高 8 位地址。

对 EPROM 进行编程和程序验证时，P2 口接收输入的高 8 位地址。

(4) P3 口(10 脚～17 脚)：P3.0～P3.7 统称为 P3 口。P3 口为双功能口，可以作为一般的准双向 I/O 接口，也可以将每 1 位用于第 2 功能，而且 P3 口的每一条引脚均可独立定义为第 1 功能的输入/输出或第 2 功能。

综上所述，MCS-51 系列单片机的引脚作用可归纳为以下两点：

其一，单片机功能多，引脚数少，因而许多引脚都具有第 2 功能。

其二，单片机对外呈三总线形式：由 P2、P0 口组成 16 位地址总线；由 P0 口分时复用作为数据总线；由 ALE、$\overline{PSEN}$、RST、$\overline{EA}$ 与 P3 口中的 $\overline{INT0}$、$\overline{INT1}$、T0、T1、$\overline{WR}$、$\overline{RD}$ 共 10 个引脚组成控制总线。由于是 16 位地址线，因此可使外部存储器的寻址范围达到 64 KB。

2.2　中央处理器 CPU

中央处理器是单片机内部的核心部件，它决定了单片机的主要功能特性。中央处理器由运算部件和控制部件两大部分组成。

2.2.1　运算部件

CPU 是单片机的核心部件，作为中央处理单元控制整个单片机的运行。

(1) ALU：算术逻辑单元。ALU 可以进行加、减、乘、除四则运算以及与、或、非、异或等逻辑运算，还可执行增量、减量、左移位、右移位、半字节更换、位处理等操作。

(2) ACC：累加器，8 位。51 系列单片机的大多数指令都必须使用 ACC，它是使用最频繁的寄存器。它与 ALU 直接相连，加、减、乘、除、移位以及其他逻辑运算都要使用 ACC 作为数据的存放地。另外，外部数据的读/写也都必须使用 ACC。ACC 有两个名字：A 和 ACC。A 表示寄存器，ACC 表示用地址表达的寄存器(存储器)。除入栈、出栈指令使用 ACC 这个名字外，其他指令中都使用 A。寄存器 B 是为 ALU 进行乘、除法而设置的，在执行乘法运算指令时，用于存放其中一个乘数和乘积的高 8 位数；在执行除法运算指令时，B 中存放除数和余数；在不作乘、除运算时，可作为通用寄存器使用。

(3) PSW：程序状态字(Program State Word)，8 位。其中存放着当前 ALU 的一些操作状态特征，详见表 2.1，其字节地址是 D0H。

表 2.1　程序状态字内部定义

PSW 位	PSW.7	PSW.6	PSW.5	PSW.4	PSW.3	PSW.2	PSW.1	PSW.0
位地址	D7H	D6H	D5H	D4H	D3H	D2H	D1H	D0H
位符号	CY	AC	F0	RS1	RS0	OV	F1	P

① CY：进位标志位。在加法运算过程中，存放结果的字节单元的最高位产生进位时，CY=1，否则 CY=0；在减法运算过程中，被减数最高位产生借位时，CY=1，否则 CY=0。CY 位还有一个特殊意义：它是 CPU 的布尔处理器的“累加器”，CPU 作逻辑运算时，需要 CY 完成数据的暂存、传送等。

② AC：半字节进位位。当 AC=1 时，表明加减运算中低 4 位向高 4 位产生了进位或有借位；当 AC=0 时，表示没有如上情况发生。

③ F0：用户标志位。该位是由用户使用的一个标志位，可以用于存放 1 位数据。用户可以通过程序向该位写入 1 位数据，设定为某种情况发生的标志，然后根据程序执行情况，

改变标志位的数值，从而可以改变程序的流向。

④ RS1 和 RS0：寄存器选择位(Registers Selection)。RS1 和 RS0 用于选择工作寄存器组。

⑤ OV：溢出标志。对符号数的运算，当结果超出−128～+127 时，产生溢出，此时 OV=1。

⑥ F1：用户标志位。用户可以用于存 1 位数据(有些产品不支持)。

⑦ P：奇偶标志，反映 ACC 中数据的奇偶性。若 ACC 中有奇数个 1，则 P=1。

(4) PC：程序计数器，16 位。PC 中存放着 CPU 要执行的下一条指令的地址，CPU 通过它产生 ROM 地址从而读取指令。每执行一条指令，PC 都会自动增加，增加的数值依照已读指令的长短而变化。只有中断、跳转和调用指令才能使其作其他变化。每当开机或者复位时，PC 的起始值为 0000H。

(5) DPTR：16位数据指针。DPTR主要用来存放外部RAM的数据地址或ROM数据表的基地址。因其是16位的，故内存中分为两个8位寄存器存放数据，分别叫DPL和DPH，DPH存放地址的高8位，DPL存放地址的低8位。

(6) SP：堆栈指针，8 位。SP 用于指出当前堆栈的顶部地址，当有入栈操作时，SP 自动加 1，出栈时 SP=SP−1。

2.2.2 控制部件及振荡器

控制部件是单片机的神经中枢，它包括定时和控制电路、指令寄存器、译码器以及信息传送控制等部件。控制部件先以单片机的晶体振荡频率为基准发出 CPU 的时序，对指令进行译码，然后发出各种控制信号，完成一系列定时控制的微操作，用来协调单片机内部各功能部件之间的数据传送、数据运算等操作，对外发出允许地址锁存信号(ALE)、外部程序存储器选通信号($\overline{PSEN}$)，通过 P3.6 和 P3.7 发出数据存储器读($\overline{RD}$)、写($\overline{WR}$)等控制信号和外部程序存储器访问控制($\overline{EA}$)信号。

单片机的定时控制功能是由片内的时钟电路和定时电路来完成的，而片内的时钟产生有两种方式：一种是内部时钟方式，另一种是外部时钟方式，分别如图 2.3(a)、(b)所示。

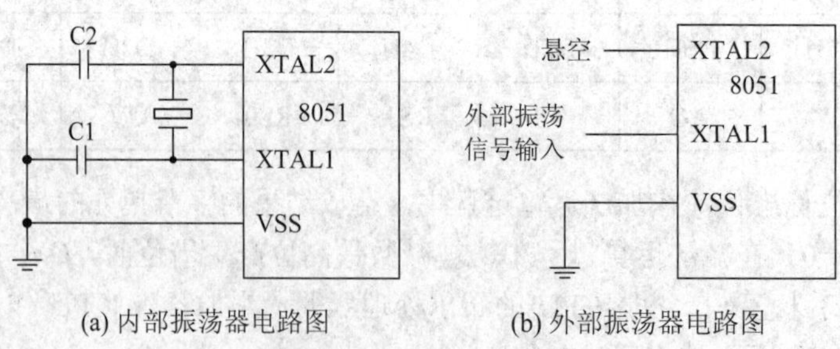

(a) 内部振荡器电路图　　(b) 外部振荡器电路图

图 2.3 CHMOS 型 MCS-51 单片机时钟产生电路图

采用内部时钟方式时，如图 2.3(a)所示，片内的高增益反相放大器通过 XTAL1、XTAL2 端外接作为反馈元件的片外晶体振荡器(呈感性)与电容组成的并联谐振回路构成一个自激振荡器，向内部时钟电路提供振荡时钟。振荡器的频率主要取决于晶体的振荡频率，一般晶体的振荡频率可在 1.2～12 MHz 之间选择，电容 C1、C2 可在 5～30 pF 之间选择，电容的大小对振荡频率有微小的影响，可起频率微调作用。

采用外部时钟方式时，如图 2.3(b)所示，外部振荡信号通过 XTAL1 端直接接至内部时钟电路，这时内部反相放大器的输入端(XTAL2 端)应悬空(此接法适用于 CHMOS 型 51 单片机)。通常外接振荡信号为低于 12 MHz 的方波信号。

2.2.3　布尔(位)处理器

布尔处理(位处理)是 MCS-51 单片机 ALU 所具有的一种功能。单片机指令系统中的布尔指令集(17 条位操作指令)、存储器中的位地址空间和借用程序状态标志寄存器 PSW 中的进位标志 CY 作为位操作的“累加器”就构成了单片机内的布尔处理机。布尔处理机可对直接寻址的位(bit)变量进行位处理，如置位、清零、取反、测试、转移以及逻辑“与”、“或”等位操作，使用户在编程时可以利用指令完成原来只能靠复杂的硬件逻辑所完成的功能，并在软件编程时可方便地设置标志位等。

2.3　存　储　器

2.3.1　单片机存储器的分类及存储空间的配置

MCS-51 单片机存储器从物理结构上可分为片内、片外数据存储器与片内、片外程序存储器四部分(注：8031、8032 无片内程序存储器)；从寻址空间分布可分为程序存储器、内部数据存储器和外部数据存储器三大部分；从功能上可分为程序存储器、内部数据存储器、特殊功能寄存器 SFR 和外部数据存储器四大部分。

MCS-51 系列单片机存储器的配置除表 2.2 所示的片内 ROM(或 EPROM)和 RAM 外，还有 128 B 的 RAM 区作为特殊功能寄存器(SFR)区。片内、片外程序存储器和数据存储器各自的总容量达 64 KB。MCS-51 系列单片机存储器系统的空间结构如图 2.4 所示。

表 2.2　MCS-51 系列单片机存储器的配置

系列	片内存储器				定时/计数器	并行 I/O	串行 I/O	中断源	制造工艺
	无 ROM	片内 ROM	片内 EPROM	片内 RAM/B					
MCS-51 子系列	8031	8051 4 KB	8751 4 KB	128	2×16 位	4×8 位	1	5	HMOS
	80C31	80C51 4 KB	87C51 4 KB	128	2×16 位	4×8 位	1	5	CHMOS
MCS-52 子系列	8032	8052 8 KB	8752 8 KB	256	3×16 位	4×8 位	1	6	HMOS
	80C32	80C51 8 KB	87C51 8 KB	256	3×16 位	4×8 位	1	7	CHMOS

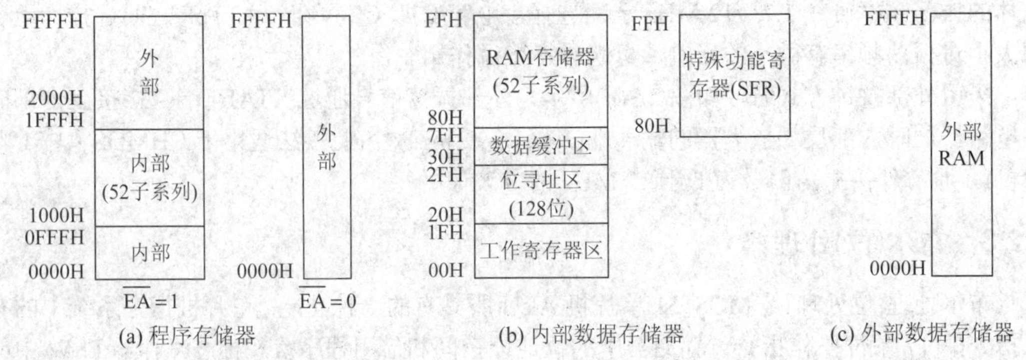

图 2.4　MCS-51 单片机存储器系统的空间结构图

2.3.2　内部数据存储器

1．内部数据存储器的编址

MCS-51 系列单片机的内部数据存储器由读/写存储器组成，用于存储数据。它由 RAM 块和特殊功能寄存器(SFR)块组成，其结构如图 2.4(b)所示。对于 MCS-51 子系列，RAM 块有 128 个字节，其编址为 00H～7FH，SFR 块占用 128 个字节，其编址为 80H～FFH；对于 MCS-52 子系列，RAM 块有 256 个字节，编址为 00H～FFH，SFR 块仍占 128 个字节，编址为 80H～FFH。后者比前者多 128 个字节，其编址是重叠的，但由于访问内部数据存储器各部分所用指令不同，因此不会引起混淆。

内部 RAM 是最灵活的地址空间，主要用于存放程序执行过程中产生的中间结果、最后结果或作为数据交换区、缓冲区等。系统断电后，数据会丢失。

2．内部数据存储器(RAM)块

由图 2.4(b)可见，内部数据存储器 RAM 分为工作寄存器区、位寻址区和数据缓冲区 3 个部分。

1) 工作寄存器区

内部 RAM 块的 00H～1FH 区分为 4 个组，每组有 8 个工作寄存器 R0～R7，共 32 个内部 RAM 单元。寄存器和 RAM 地址的对应关系如表 2.3 所示。

表 2.3　工作寄存器和 RAM 地址的对应关系

工作寄存器组 0		工作寄存器组 1		工作寄存器组 2		工作寄存器组 3	
地址	寄存器	地址	寄存器	地址	寄存器	地址	寄存器
00H	R0	08H	R0	10H	R0	18H	R0
01H	R1	09H	R1	11H	R1	19H	R1
02H	R2	0AH	R2	12H	R2	1AH	R2
03H	R3	0BH	R3	13H	R3	1BH	R3
04H	R4	0CH	R4	14H	R4	1CH	R4
05H	R5	0DH	R5	15H	R5	1DH	R5
06H	R6	0EH	R6	16H	R6	1EH	R6
07H	R7	0FH	R7	17H	R7	1FH	R7

工作寄存器共 4 组，程序运行时每次只用 1 组，其他各组不工作。哪一组寄存器工作是由程序状态字 PSW 中的 PSW.3(RS0)和 PSW.4(RS1)两位来选择的，其对应关系如表 2.4 所示。CPU 通过软件修改 PSW 中 RS0 和 RS1 两位的状态，就可任选一组工作寄存器工作。

表 2.4　工作寄存器组的选择表

PSW.4(RS1)	PSW.3(RS0)	当前使用的工作寄存器组 R0～R7
0	0	0 组(00H～07H)
0	1	1 组(08H～0FH)
1	0	2 组(10H～17H)
1	1	3 组(18H～1FH)

工作寄存器的特点：因可方便地选择工作寄存器组，故 MCS-51 单片机具有快速现场保护功能，对于提高程序的效率和响应中断的速度是非常有利的。若程序中并不需要 4 个工作寄存器组，那么其余的工作寄存器组所对应的单元通常也可以作为一般的数据缓冲区使用。

2) 位寻址区

20H～2FH 单元为位寻址区，这 16 个单元(共计 128 位)的每 1 位都有一个 8 位表示的位地址，位地址范围为 00H～7FH，如表 2.5 所示。位寻址区的每 1 位都可当作软件触发器，由程序直接进行位处理。通常可以把各种程序状态标志、位控制变量存于位寻址区内。当然，位寻址的 RAM 单元也可以按字节操作作为一般的数据缓冲器使用。

表 2.5　内部 RAM 中位地址表

RAM 地址	D7	D6	D5	D4	D3	D2	D1	D0
20H	07	06	05	04	03	02	01	00
21H	0F	0E	0D	0C	0B	0A	09	08
22H	17	16	15	14	13	12	11	10
23H	1F	1E	1D	1C	1B	1A	19	18
24H	27	26	25	24	23	22	21	20
25H	2F	2E	2D	2C	2B	2A	29	28
26H	37	36	35	34	33	32	31	30
27H	3F	3E	3D	3C	3B	3A	39	38
28H	47	46	45	44	43	42	41	40
29H	4F	4E	4D	4C	4B	4A	49	48
2AH	57	56	55	54	53	52	51	50
2BH	5F	5E	5D	5C	5B	5A	59	58
2CH	67	66	65	64	63	62	61	60
2DH	6F	6E	6D	6C	6B	6A	69	68
2EH	77	76	75	74	73	72	71	70
2FH	7F	7E	7D	7C	7B	7A	79	78

3) 数据缓冲器

30H～7FH 是数据缓冲区，即用户 RAM 区，共 80 个单元。MCS-52 子系列片内 RAM

有256个单元，前两个单元数与地址都和MCS-51子系列一致。用户RAM区为30H～FFH，共208个单元。

4) 堆栈与堆栈指针

堆栈是一种数据结构，即只允许在其一端进行数据的插入和删除操作的线性表。数据写入堆栈称为入栈。数据从堆栈中读出称为出栈。堆栈的最大特点是“先进后出”。

(1) 堆栈的作用。堆栈是为程序调用和中断操作而设立的，主要用来保护断点和保护现场。

单片机中CPU无论是执行子程序调用操作还是执行中断操作(详见第3章中断部分)，最终都要返回主程序，因此在CPU执行子程序或中断服务程序之前，必须考虑返回问题，因此预先把主程序被中断的地方(称为断点)保护起来，为正确返回作准备。

CPU在执行子程序或中断服务程序后，有可能使用单片机的某些寄存单元，这样就会破坏这些单元中原有的数据，因此可使用堆栈把单元的原有数据保存起来，等到返回主程序后恢复这些寄存单元的值，实现保护现场的功能。为了使CPU能进行多级中断嵌套与多重子程序调用，一般要求堆栈必须有足够的容量。

(2) 堆栈的类型。堆栈有向上生长型和向下生长型两种。

向上生长型堆栈如图2.5(a)所示。栈底在低地址单元，随着数据的入栈，地址增加，指针SP上移；反之，数据出栈，地址减少，指针SP下移。

向下生长型则刚好相反，如图2.5(b)所示，数据入栈时，指针SP递减，出栈时SP递增。

MCS-51单片机的堆栈结构属于向上生长型，其操作规则如下：

① 入栈时，先SP加1，然后数据写入栈。

② 出栈时，先读出数据，再SP减1。

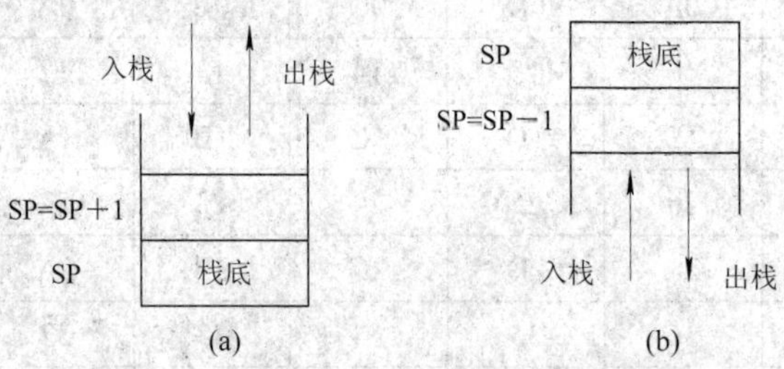

图2.5　堆栈类型

(3) 堆栈指针SP。堆栈有栈顶和栈底之分。栈底地址一经设定就固定不变，它决定了堆栈在RAM中的物理位置。无论数据是作入栈还是出栈操作，都是对栈顶单元进行写和读操作。为了指示栈顶地址，需要设置堆栈指针SP，即SP的内容就是栈顶的存储单元地址。当堆栈无数据时，栈顶地址与栈底地址重合。

51系列单片机堆栈指针SP为8位寄存器，系统复位后，SP初值为07H。实际应用中通常根据需要在主程序开始处对堆栈指针SP进行初始化，一般在片内RAM的30H～7FH区域中开辟堆栈区，通常设置SP为60H。

(4) 堆栈使用方式。堆栈的使用方式有两种：一种是自动方式，即在调用子程序或断点时，断点地址自动入栈，程序返回时，断点地址再自动弹回PC，不需要用户干涉；另一种是指令方式，即使用专用的堆栈操作指令进行入、出栈操作。例如，保护现场就是一系列指令方式的入栈操作，而恢复现场则是一系列指令方式的出栈操作。需要保护的数据单元量由用户自行设定。

3. 特殊功能寄存器(SFR)块

特殊功能寄存器又称为专用寄存器，它专用于控制、管理单片机内算术逻辑部件、并行 I/O 口锁存器、串行口数据缓冲器、定时/计数器、中断系统等功能模块。SFR 的地址空间为 80H～FFH。MCS-51 单片机中，除程序计数器 PC 是一个专用寄存器外，其 51 子系列有 21 个特殊功能寄存器。按地址排列的特殊功能寄存器的名称、符号、地址如表 2.6 所示，其中有 12 个特殊功能寄存器支持位寻址。表 2.6 列出了这些可寻址位的位名称及位地址。

表 2.6　特殊功能寄存器的名称、符号、地址一览表

寄存器符号	地址	名　称	可否位寻址	位地址
ACC	E0H	累加器	是	E0H～E7H
B	F0H	B 寄存器	是	F0H～F7H
PSW	D0H	程序状态字	是	D0H～D7H
SP	81H	堆栈指针	否	
DPL	82H	数据指针 0 低 8 位	否	
DPH	83H	数据指针 0 高 8 位	否	
P0	80H	I/O 口 0	是	80H～87H
P1	90H	I/O 口 1	是	90H～97H
P2	A0H	I/O 口 2	是	A0H～A7H
P3	B0H	I/O 口 3	是	B0H～B7H
IE	A8H	中断允许控制寄存器	是	A8H～ACH，AFH 6 位
IP	B8H	中断优先级控制寄存器	是	B8H～BCH 5 位
TMOD	89H	定时器方式选择寄存器	否	
TCON	88H	定时器控制寄存器	是	88H～8FH
TL0	8AH	定时器 0 低 8 位	否	
TL1	8BH	定时器 1 低 8 位	否	
TH0	8CH	定时器 0 高 8 位	否	
TH1	8DH	定时器 1 高 8 位	否	
SCON	98H	串行口控制寄存器	是	98H～9FH
SBUF	99H	串行数据缓冲寄存器	否	
PCON	87H	电源控制及波特率选择寄存器	否	
T2CON*	C8H	定时/计数器 2 控制	是	C8H～CFH
RLDL*	CAH	定时/计数器 2 自动重装载低字节	否	
RLDH*	CBH	定时/计数器 2 自动重装载高字节	否	
TL2*	CCH	定时/计数器 2 低字节	否	
TH2*	CDH	定时/计数器 2 高字节	否	

注：表中带 * 的寄存器与定时/计数器 2 有关，仅在 52 子系列芯片中存在。RLDH、RLDL 分别称为定时/计数器 2 捕捉高字节、低字节寄存器。

从表 2.6 中可以看出，特殊功能寄存器反映了单片机的状态，实际上是单片机的状态及控制字寄存器。特殊功能寄存器大体上可分为两大类：一类为与芯片内部功能有关的控制用寄存器，另一类为与芯片引脚有关的寄存器。与内部功能控制有关的寄存器有运算部件寄存器 A、B、PSW，堆栈指针 SP，数据指针 DPTR，各种定时/计数器控制，中断控制，串行口控制等。与芯片引脚有关的寄存器有 P0、P1、P2、P3，它们实际上是 4 个锁存器，每个锁存器再附加上相应的一个输出驱动器和一个输入缓冲器就构成了一个并行口。

特别一提的是，SFR 块的地址空间为 80H～FFH，但仅有 21 个(MCS-51 系列)或 26 个(MCS-52 子系列)字节作为特殊功能寄存器离散分布在这 128 个字节范围内，其余字节无定义，但用户不能对这些单元进行读/写操作。

4．位寻址空间

在 MCS-51 单片机的内部数据寄存器(RAM)块和特殊功能寄存器(SFR)块中，有一部分地址空间可以按位寻址。按位寻址的地址空间又称为位寻址空间。位寻址空间一部分在内部 RAM 的 20H～2FH 的 16 个字节内，共 128 位；另一部分在 SFR 的 80H～FFH 空间内，凡字节地址能被 8 整除的专用寄存器都有位地址，共 93 位。因此，MCS-51 系列单片机共有 221 个可寻址位，其位地址如表 2.6 所示。这些位寻址单元与布尔指令集就构成了 MCS-51 系列单片机独有的布尔处理机系统。

2.3.3　外部数据存储器

外部数据存储器一般由静态 RAM 芯片组成。扩展存储器容量的大小由用户根据需要而定，但 MCS-51 单片机访问外部数据存储器可用 1 个特殊功能寄存器——数据指针寄存器 DPTR(16 位)进行寻址，其可寻址的范围达 64 KB，所以扩展外部数据存储器的最大容量是 64 KB。

访问片外数据存储器有专用指令 MOVX，而访问内部数据存储器用 MOV 指令，同时控制信号又有 $\overline{\text{PSEN}}$ 和 $\overline{\text{RD}}$ 来区分片外程序存储器和数据存储器的选通，所以其编址可与程序存储器全部 64 K 地址完全重叠，也可与片内数据存储器 128 个字节地址重叠(8 位二进制数编址)，其编址范围为 0000H～FFFFH。

注意：若用户应用系统有扩展的 I/O 接口，则数据区与扩展的 I/O 口是统一编址的，所有的外围接口地址均要占用外部 RAM 的地址单元。因此要合理地分配地址空间，保证译码的唯一性。

2.3.4　程序存储器

1．程序存储器的编址

CPU 执行程序是从程序存储器中按顺序逐条读取指令代码并执行的。程序存储器就用来存放这些已编好的程序和表格常数，它由只读存储器 ROM 或 EPROM 组成。为有序地工作，单片机中设置了一个专用寄存器——程序计数器 PC，用以存放将要执行的指令地址。每取出指令的 1 个字节，其内容自行加 1 并指向下一字节地址，依次使 CPU 从程序存储器中取指令并执行，完成某种程序操作。由于 MCS-51 单片机的程序计数器为 16 位，因此，可寻址的地址空间为 64 KB，与此相对应的程序存储器编址为 0000H～FFFFH，其结构如

图 2.4(a)所示。

8051 和 8751 单片机内部有 4 KB 的 ROM 或 EPROM 程序存储器，片内编址为 0000H～0FFFH，片外扩展编址为 1000H～FFFFH；8052 和 8752 内部有 8 KB 的 ROM 或 EPROM 程序存储器，片内编址为 0000H～1FFFH，片外扩展编址为 2000H～FFFFH；8031 和 8032 没有片内程序存储器，只能用片外扩展程序存储器从 0000H 到 FFFFH 编址。

由此可见，程序存储器的编址规律为：先片内，后片外，片内、片外编址连续，两者一般不重叠。单片机要执行程序，无论是从片内程序存储器取指令，还是从片外程序存储器取指令，首先由单片机 $\overline{EA}$ 引脚电平的高低来决定。$\overline{EA}$ =1 为高电平时，先执行片内程序存储器的程序，当 PC 中的内容超过 0FFFH(MCS-51 系列为 4 KB)或 1FFFH(MCS-52 系列为 8 KB)时，将自动转去执行片外程序存储器中的程序；EA 为低电平时，CPU 从外部程序存储器取指令执行程序。对于片内无程序存储器的 8031、8032 单片机，$\overline{EA}$ 引脚应始终保持低电平。对于片内有程序存储器的芯片，如果 $\overline{EA}$ 引脚接低电平，则将强行执行片外程序存储器中的程序，此时多在片外程序存储器中存放调试程序，使单片机工作在调试状态。

可见，执行片内或片外程序存储器中的程序由 $\overline{EA}$ 引脚的电平决定，而片内、片外程序存储器的地址从 0000H 到 FFFFH 是连续的，因此片内、片外的程序存储器同属一个逻辑空间。

2. 程序运行的入口地址

实际应用中，程序存储器的容量由用户根据需要进行扩展，而程序地址空间原则上也是由用户安排的。但程序的起始入口地址是固定的，用户不能随意更改。程序存储器中有复位和中断源共 7 个固定的入口地址，见表 2.7。

表 2.7　MCS-51 单片机复位、中断入口地址

操　作	入口地址
复位	0000H
外部中断 $\overline{INT0}$	0003H
定时/计数器 T0 溢出	000BH
外部中断 $\overline{INT1}$	0013H
定时/计数器 T1 溢出	001BH
串行口中断	0023H
定时/计数器 2 溢出或 T2EX 端负跳变(MCS-52 子系列)	002BH

单片机复位后程序计数器 PC 的内容为 0000H，故必须从 0000H 单元开始取指令来执行程序。0000H 单元为系统的起始地址，一般在该单元存放一条无条件转移指令，用户设计的程序是从转移后的地址开始执行的。

除 0000H 单元外，其他 6 个特殊单元分别对应 6 个中断源的中断服务程序的入口地址，用户也应该在这些入口地址上存放 1 条无条件转移指令，使程序转入用户设计的相应中断服务程序起始地址。

另外，当 CPU 从片外程序存储器读取指令时，要相应提供片外程序存储器的地址信号

和控制信号 ALE、$\overline{\text{PSEN}}$。关于片外扩展程序存储器访问地址的送出及控制信号的作用详见第 5 章。

2.3.5　Flash 闪速存储器的编程

近年来，随着半导体工艺技术的发展，出现了闪速存储器(简称闪存)，因其支持在线编程，故它是单片机存储器的发展趋势。其主要产品为 89S51 系列的单片机(S 代表存储器带闪存)。在线编程的主要操作是将原始程序、数据写入内部 EPROM 中。下面简单介绍闪速存储器的编程。

1. Flash 闪存的并行编程

例如，AT89S51 内部有 4 KB 可快速编程的 Flash 存储器。并行编程时，可以采用传统的 EPROM 编程器使用高电压(+12 V)和协调的控制信号进行编程。编程过程是将代码逐一写入芯片的 ROM。

AT89S51 还可对芯片上的 3 个加密位 LB1、LB2、LB3 进行编程来获得程序保护功能。对 LB1 编程时，将禁止从外部程序存储器中执行 MOVC 指令读取内部程序存储器的代码字节。此外，复位时 $\overline{\text{EA}}$ 被采样并锁存，禁止对 Flash 再编程。对 LB1、LB2 编程时，增加禁止程序校验操作。对 3 个加密位都编程时，增加禁止外部执行操作。如果加密位 LB1、LB2 没有编程，则可读回已经写入芯片的代码数据进行校验。

另外，AT89S51 单片机内有 3 个签名字节，地址为 000H、100H 和 200H，用于声明该器件的厂商和型号等信息，读签名过程和校验过程类似。

2. Flash 闪存的串行编程

ISP(In-System Programming，在线系统可编程)指电路板上的空白器件可以直接在电路板上编程写入最终用户代码，而不需要从电路板上取下器件，已经编程的器件也可以用ISP方式擦除或再编程。ISP(在线可编程)技术通过同步串行方式实现对可编程逻辑器件的重配置。Atmel 公司推出的 AT89S 系列 51 单片机采用了 ISP 技术。

ISP 技术彻底地改变了传统的开发模式，它只要在电路板上留下一个接口(如 ISP Down 的十芯插座)，配合 ISP Down 的下载电缆，即可在电路板上直接对芯片进行编程。AT89S51 中的 Flash 存储器就增加了 ISP 编程功能。

在线编程抛弃了以前单片机并行编程方式(必须在专门的编程器上进行)的缺点，大大提高了开发效率。

1) ISP 的工作原理

ISP 虽然没有正式形成标准，但是与 JTAG 的接口协议很相似，只是后者形成了标准。

ISP 的工作原理比较简单，即由上位机的软件通过外部接口来改写内部的存储器。对于单片机来讲，可以通过 SPI 或其他串行接口接收上位机传来的数据并写入存储器中。所以，即使将芯片焊接在电路板上，只要留出和上位机的接口，就可实现芯片内部存储器的改写。

2) AT89S51 的 ISP 编程

AT89S51 单片机的 ISP 接口通过 MISO、MOSI、SCK 三根信号线，以串行模式为系统提供对 MCU 芯片的编程写入和读出功能，其下载电路图如图 2.6 所示。图中将 RST 拉高接至 VCC，使输入为高电平，程序代码存储阵列可通过串行 ISP 接口进行编程，串行接口包括 SCK(串行时钟)线、MOSI(输入)和 MISO(输出)线，将 RST 拉高后，在其他操作前必须发出编程使能指令。编程前需将芯片擦除，将存储代码阵列全写为 FFH。

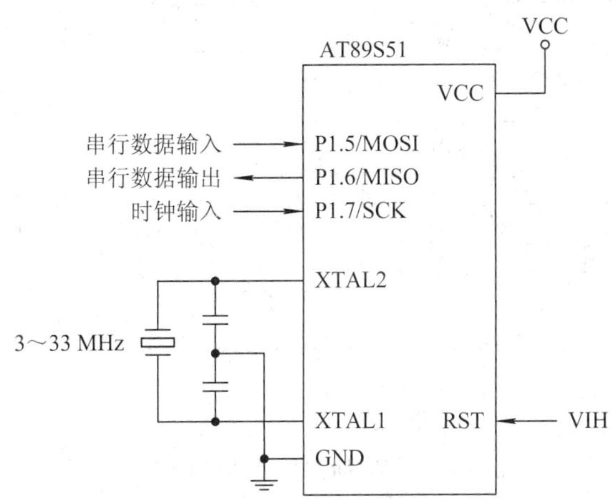

图 2.6　AT89S51 Flash 串行下载电路连接图

进行 ISP 编程时，必须接上系统时钟，使用内部时钟或外部时钟均可。最高的串行时钟(SCK)不超过 1/16 时钟晶振频率，即当晶振频率为 33 MHz(AT89S51 的最高工作频率)时，最大 SCK 频率是 2 MHz。

2.4　并行输入/输出接口

2.4.1　I/O 接口电路概述

MCS-51 系列单片机有 4 个 8 位并行输入/输出接口：P0 口、P1 口、P2 口和 P3 口，共计 32 根输入/输出线。这 4 个接口可以并行输入或输出 8 位数据，也可以按位使用，即每 1 位均能独立作输入或输出使用。每个口虽然功能有所不同，但都具有 1 个锁存器(即特殊功能寄存器 P0～P3)、1 个输出驱动器和 2 个(P3 口为 3 个)三态缓冲器。

下面分别介绍各口的结构、原理及功能。

2.4.2　P0 口

图 2.7 为 P0 口的某位 P0.i(i=0～7)的结构图，它由一个输出锁存器、两个三态输入缓冲器和输出驱动电路及控制电路组成。

由于 P0 口既可以作为通用 I/O 口使用，也可以作为地址/数据线使用，因此在 P0 口的电路中有一个多路转换开关(MUX)。在内部控制信号的作用下，MUX 可以分别接通锁存器输出和地址/数据线。

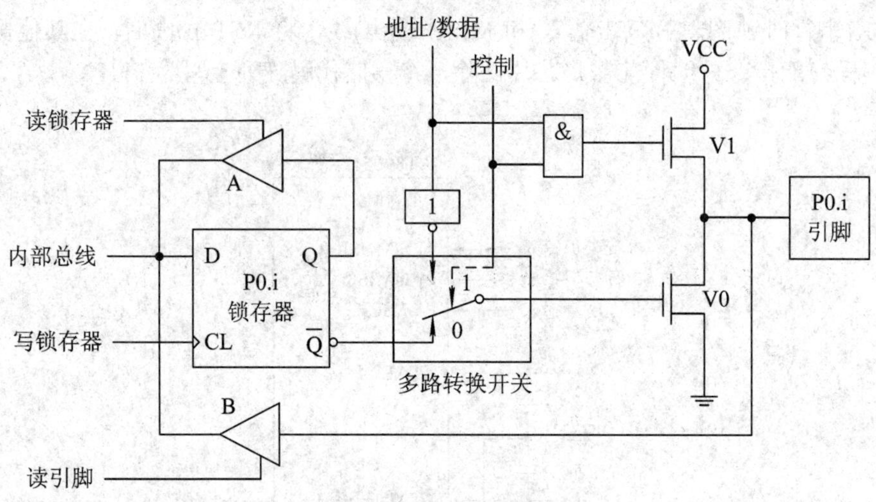

图 2.7　P0 口的 P0.i 位的结构图

1. P0 口作为 I/O 口

如图 2.7 所示，P0 口作为输出口使用时，数据通过内部数据总线加在锁存器 D 端，当 CL 端的脉冲出现后(即单片机发出的给 P0 口的写控制信号)，锁存器 D 端数据被传递到 Q 及 $\overline{Q}$ 端，Q 端数据经三态缓冲器反馈回 D 端(接在内部数据总线上)，$\overline{Q}$ 端接到二选一多路转换开关的一个数据输入端上。多路开关被来自 CPU 的控制信号所控制，若控制信号为 0，多路开关接到下面触点，则开关输出 $\overline{Q}$，同时场效应管 V1 截止，$\overline{Q}$ 经场效应管 V0 反向输出到 P0.i 的引脚上，经过两次反向后到达引脚上的值已经恢复为原数据值。由于输出为漏极开路式，因此需要外接上拉电阻，阻值一般取 5～10 kΩ。

当作为输入口时，端口中的两个缓冲器用于读操作。输入时，应先向锁存器写 1，令 V1、V0 管截止，读引脚打开三态缓冲器 B，外部引脚信号经输入缓冲器 3 送到内部数据总线。若不向锁存器写 1，则当锁存器输出状态为 0 时，V0 管导通，引脚电平钳位在 0 状态，无法读入外部的高电平信号。

2. P0 口作为数据/地址线

当控制信号线为高电平时，与门打开，MUX 开关接通地址/数据线，此时 P0 口作为外部扩展存储器时的地址/数据总线。在此情况下，输出驱动电路和外部引脚与内部的锁存器完全断开，场效应管 V0、V1 构成推拉式的输出电路。在数据/地址线信号的作用下，V0、V1 管交替导通和截止，将数据反映到外部引脚。外部数据输入时，经三态缓冲器 B 进入到内部总线。当然，此时 P0 口就不能再作为 I/O 口使用了。

2.4.3　P1 口

P1 口是作为通用 I/O 口使用的，也是最常用的 I/O 端口，其电路结构如图 2.8 所示。相对于 P0 口而言，因为不作数据/地址线，所以结构中没有多路开关进行数据/地址功能切换。

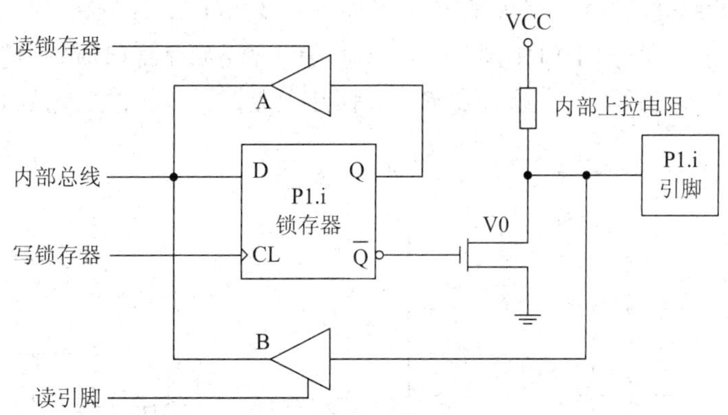

图 2.8　P1 口的结构图

P1 口的输出驱动部分与 P0 口不同，从图 2.8 可以看出，P1 口内部有上拉负载电阻与电源相连。当 P1 口输出高电平时，能向外提供上拉电流负载，所以不必再外接上拉电阻。端口功能由输出端转为输入端时，必须先向内部的锁存器写入 1，锁存器 $\overline{Q}$ 端输出 0，使 V0 截止。外部引脚上的信号由下方的读缓冲器 B 送至内部总线，完成读引脚操作。由于片内负载电阻较大，约为 20～40 kΩ，所以不会对输入的数据产生影响。

2.4.4　P2 口

P2 口的结构与 P0 口基本相似，如图 2.9 所示。

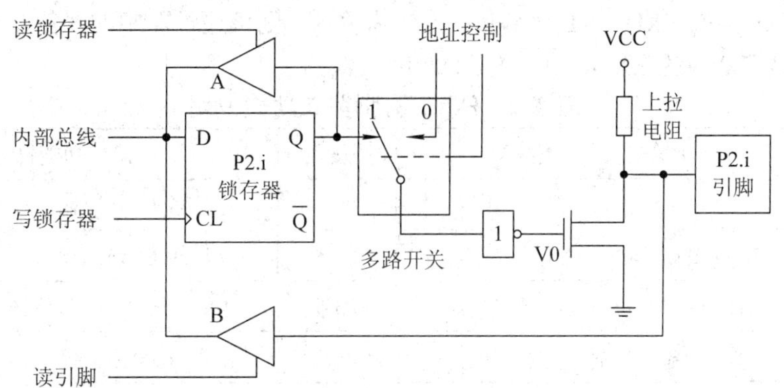

图 2.9　P2 口的结构图

从图 2.9 中可以看出，P2 口输出驱动电路是上拉电阻式。当 P2 口用作通用 I/O 口时，多路开关 MUX 转向锁存器的输出 Q 端，构成输出驱动电路。其功能和 P1 口一样。

在系统扩展片外程序存储器时，由 P2 口输出高 8 位地址(低 8 位由 P0 口输出)。此时，MUX 在 CPU 的控制下转向内部地址线的一端，因为访问片外程序存储器的操作频繁发生，P2 口要不断送出高 8 位地址，所以此时 P2 口无法再作为通用 I/O 口使用。

2.4.5　P3 口

P3 口的结构如图 2.10 所示，和 P1 口比较，P3 口增加了一个与非门和一个缓冲器，使其各端口线有两种功能选择。当处于第一功能(即通用 I/O 口)时，第二输出功能线为 1。此刻作输出时，工作原理与 P1 口相同，即内部总线信号经锁存器和场效应管输出；当作输入时，“读引脚”信号有效，三态缓冲器 B、C 打开，数据通过缓冲器送到 CPU 内部总线。

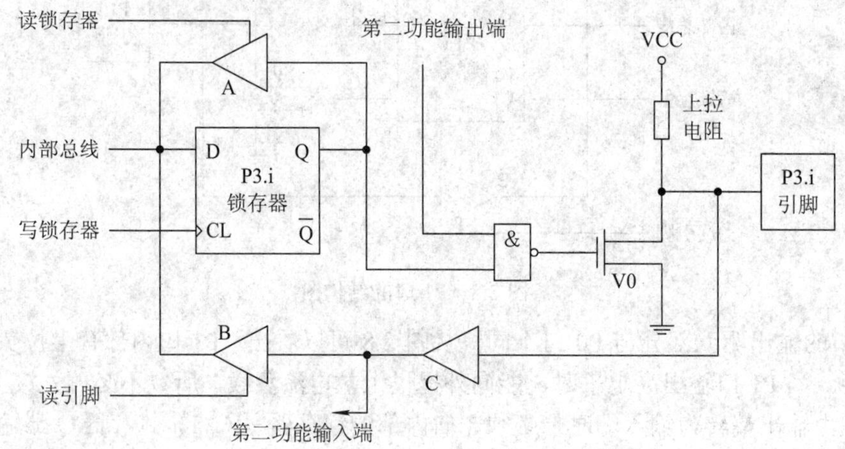

图 2.10　P3 口的结构图

当处于引脚的第二功能时，锁存器由硬件自动置 1，使与非门对第二功能信号畅通。此时，“读引脚”信号无效，三态缓冲器 B 不通，引脚上的第二功能输入信号经缓冲器 C 输入“第二功能输入端”。此时若引脚作为输出，则可通过图中的“第二功能输出端”输出，即为表 2.8 中的 TXD、$\overline{RD}$、$\overline{WR}$；若作为输入，则可通过图中的“第二功能输入端”输入，即为表 2.8 中的 RXD、$\overline{INT0}$、$\overline{INT1}$、T0、T1。

表 2.8　P3 口引脚第二功能说明

引脚名	第二功能描述	引脚名	第二功能描述
P3.0	RXD 串行口输入	P3.4	定时器 T0 外部输入
P3.1	TXD 串行口输出	P3.5	定时器 T1 外部输入
P3.2	$\overline{INT0}$ 外部中断 0(低电平有效)	P3.6	$\overline{WR}$ 外部 RAM 写信号(低电平有效)
P3.3	$\overline{INT1}$ 外部中断 1(低电平有效)	P3.7	$\overline{RD}$ 外部 RAM 读信号(低电平有效)

2.5　I/O 接口电路的作用

一个典型系统的组成除包括 CPU、存储器外，还必须有外部设备。CPU 通过输入/输出设备和外界进行联系。所用的数据以及现场采集的各种信息都要通过输入设备送到计算机中，而计算的结果和计算机产生的各种控制信号又需通过输出设备输出到外部设备。但是，通常来讲，计算机的三种总线并不直接和外部设备相连接，而通过各种接口电路接至外部设备，单片机本身就集成有一定数量的 I/O 接口电路。

计算机系统中共有两类数据传送操作：一类是 CPU 和存储器之间的数据存取操作；另一类则是 CPU 和外部设备之间的数据输入/输出操作。由于存储器基本上都采用半导体电路(指内存而言)，与 CPU 具有相同的电路形式，数据信号也是相同的(电平信号)，能相互兼容直接使用，因此存储器与 CPU 之间只要在时序关系上能相互满足即可正常工作。正因为如此，存储器与 CPU 之间的连接简单，除地址线、数据线外，就是读/写选通信号，实现起来非常方便。

但是 CPU 对 I/O 的操作(即 CPU 和外部设备之间的数据传送)却十分复杂，主要表现在以下几个方面：

(1) 外部设备的工作速度。外部设备的工作速度与计算机相比要低得多。例如，各种外部设备的工作速度快慢差异很大，慢速设备如开关、继电器、机械传感器等，每秒几乎提供不了 1 个数据；高速设备(如磁盘、CRT 显示器等)每秒可传送几千位数据。面对速度差异如此之大的各类外部设备，CPU 无法按固定的时序与它们以同步方式协调工作。

(2) 外部设备的种类。外部设备的种类繁多，不同种类的外部设备之间性能各异，对数据传送的要求也各不相同，无法按统一格式进行。

(3) 外部设备的数据信号的多样性。外部设备的数据信号是多种多样的，既有电压信号，又有电流信号，既有数字量，又有模拟量。

(4) 外部设备的数据传送距离。外部设备的数据传送有远有近，有的使用并行数据传送，而有的则使用串行数据传送。

上述原因使得数据的 I/O 操作变得十分复杂，无法实现外部设备与 CPU 进行直接同步数据传送，因而必须在 CPU 和外设之间设置接口电路，通过接口电路对 CPU 与外设之间的数据传送进行协调。

接口电路的主要功能有以下几项：

(1) 速度协调。传输速度的差异使得数据的 I/O 传送只能以异步方式进行，即只能在确认外设已为数据传送作好准备的前提下才能进行 I/O 操作。要知道外设是否准备好，就需要通过接口电路产生或传送外设的状态信息，以进行 CPU 与外设之间的速度协调。

(2) 数据锁存。数据输出都是通过系统的数据总线进行的，但是由于 CPU 的工作速度快，因此数据在数据总线上保留的时间十分短暂，无法满足慢速输出设备的需要。为此，在接口电路中需设置数据锁存器，以保存输出数据直至被输出设备所接收。

(3) 三态缓冲。数据输入时，输入设备向 CPU 传送的数据也要通过数据总线，但数据总线是系统的公用数据通道，总线连接许多数据源，工作忙。为了使数据总线上数据传送得“有序”，只允许当前时刻正在进行数据传送的数据源使用数据总线，其余数据源都必须与数据总线处于隔离状态。为此，要求接口电路能为数据输入提供三态缓冲功能。

(4) 数据转换。CPU 只能输入或输出并行的电平数字信号，但是有些外部设备所提供或所需要的并不是这种信号形式。为此需要使用接口电路来进行数据信号的转换，其中包括 A/D 转换、D/A 转换等。

2.5.1　接口与端口

接口这个术语在计算机领域中应用十分广泛，本章所讲述的接口特指单片机与外设之间在数据传送方面的联系，其功能主要是通过电路实现的，因此称为接口电路，简称接口。

通常来讲，每连接 1 个外设就需要 1 个 I/O 接口，但每 1 个接口都可以有不止 1 个端口。端口是指那些在接口电路中用以完成某种信息传送，并可由编程人员寻址进行读/写的寄存器。

2.5.2 I/O 接口的编址方式

在计算机中，凡需进行读/写操作的设备都存在着编址问题。具体来说，在计算机中有两种需要编址的器件：存储器和接口电路。存储器是对存储单元进行编址，而接口电路则是对其中的端口进行编址。对端口编址是为 I/O 操作作准备，因此也称 I/O 编址。常用的 I/O 编址有两种方式：独立编址方式和统一编址方式。

1. 独立编址方式

所谓独立编址，就是把 I/O 和存储器分开进行编址。这样在一个计算机系统中就形成了两个独立的地址空间：存储器地址空间和 I/O 地址空间，从而使存储器读/写操作和 I/O 操作变成针对两个不同存储空间的数据操作。因此在使用独立编址方式的 CPU 指令系统中，除存储器读/写指令之外，还有专门的 I/O 指令进行数据输入/输出操作。

此外，硬件方面还需在计算机中定义一些专用信号，以便对存储器访问和 I/O 操作进行硬件控制。独立编址方式的优点是不占用存储器的地址空间，不会减少内存的实际容量；缺点是需用专门的 I/O 指令和控制信号，从而增加了系统的复杂性。

2. 统一编址方式

统一编址就是把系统中的 I/O 和存储器统一进行编址。在这种编址方式中，把端口当作存储单元来对待，也就是让端口占用存储器单元地址。采用这种编址方式的单片机只有一个统一的地址空间，这个空间既供存储器编址使用，也供 I/O 编址使用。

MCS-51 单片机使用统一编址方式，因此在接口电路中的 I/O 编址也采用 16 位地址，和片外 RAM 单元的地址长度一样，而片内的 4 个 I/O 端口则与片内 RAM 统一编址。

统一编址方式的优点是不需要专门的 I/O 指令，可直接使用存储器指令进行 I/O 操作，不但简单方便，功能强，而且 I/O 地址范围不受限制；其缺点是端口占用了一部分内存空间，使内存的有效容量减少，而 16 位的端口地址太长，会使地址译码变得复杂。此外，存储器指令与专用的 I/O 指令相比，指令长且执行速度慢。

2.6 输入/输出传送方式

在计算机中，实现数据的输入/输出传送共有 4 种控制方式：无条件传送方式、查询传送方式、中断传送方式和直接存储器存取(DMA)方式。在单片机中主要使用前 3 种方式，下面分别加以介绍。

2.6.1 无条件传送方式

无条件传送也称为同步程序传送方式，类似于 CPU 和存储器之间的数据传送。只有那些一直为数据 I/O 传送作好准备的外部设备，才能使用无条件传送方式。这种传送方式不需要测试外部设备的状态，可以根据需要随时进行数据传送操作。

无条件传送方式适用于以下两类外部设备的输入/输出。

(1) 外设的工作速度非常快，足以和 CPU 同步工作。例如，当单片机和 A/D 转换器、D/A 转换器相连时，由于 A/D、D/A 转换器并行工作，速度快，因此 CPU 可以随时向其传送数据，进行相应的转换。

(2) 具有常驻的或变化缓慢的数据信号的外设。例如，机械开关、指示灯、发光二极管、数码管等可认为输入/输出数据处于“准备好”状态。

2.6.2　查询传送方式

查询传送又称为条件传送，即数据的传送是有条件的。在输入/输出之前，先要检测外设的状态，以了解外设是否已为数据输入/输出作好了准备。只有在确认外设已“准备好”的情况下，CPU 才能执行数据输入/输出操作。通常把通过程序对外设状态的检测称为“查询”，所以这种有条件的传送方式又叫做程序查询方式。查询的流程图如图 2.11 所示。

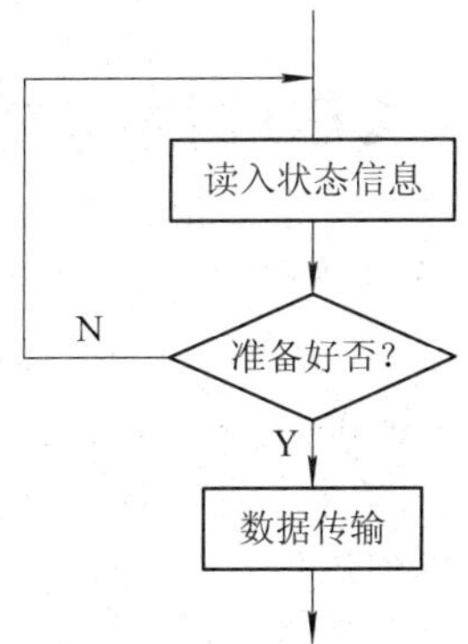

图 2.11　查询的流程图

为了实现查询方式的数据输入/输出传送，需要由接口电路提供外设状态，并以软件方式进行状态测试，因此这是一种软/硬件相结合的数据传送方式。

查询方式的优点是电路简单，通用性强，查询软件也不复杂，因此适用于各种外部设备的数据输入/输出传送；其缺点是需有一个等待过程，特别是在连续进行数据传送时，由于外设工作速度比 CPU 慢许多，所以 CPU 在完成一次数据传送后要等很长时间，才能进行下一次数据传送。在等待过程中，由于 CPU 不能进行其他操作，所以效率比较低，一般只适用于单通道作业与规模比较小的计算机系统。

2.6.3　中断传送方式

查询传送方式中，由于 CPU 主动要求传送数据，而它又不能控制外设的工作速度，因此只能用等待的方式来解决配合的问题。中断方式则是在外设为数据传送作好准备之后，就向 CPU 发出中断请求信号(相当于通知 CPU)，CPU 接收到中断请求信号之后立即作出响应，暂停正在执行的原程序(主程序)，而转去为外设的数据输入/输出服务，待服务完之后，程序返回，CPU 再继续执行被中断的原程序。

由于 CPU 的工作速度很快，因此传送 1 次数据(包括转入中断和退出中断)所需的时间很短。对外设来讲，似乎是对 CPU 发出数据传送请求的瞬间，CPU 就响应并完成了请求；

对主程序来讲，虽然中断了 1 个瞬间，但由于时间很短，也不会产生其他影响。

中断方式完全取消了 CPU 在查询方式中的等待过程，大大提高了 CPU 的工作效率。在单片机系统中，由于采用了中断方式，因此可以将多个外设同时接到 CPU 上，并且可以同时工作。

中断方式的另一个应用领域为实时控制，从现场采集到的数据通过中断方式被及时地传送给 CPU，经过计算后立即作出反应，实现实时控制。如果采用查询方式，则很难做到如此效果。

下面举例说明中断与查询方式的效果。

假设某外设准备一个数据需 100 ms，当采用查询方式传送这个数据时，仅查询就需要 100 ms。采用中断方式后，响应 1 次中断最多只需 8 个机器周期。若晶振频率为 6 MHz，1 个机器周期为 2 μs，那么只需要 16 μs 即可传送该数据。采用中断方式比查询方式所需时间小得可以忽略不计。所以说，中断传送方式是一种高效率的传送方式。

2.7　CPU 时序与复位

计算机的 CPU 是一种复杂的同步时序电路，所有工作都是在时钟信号控制下进行的，每执行一条指令，CPU 的控制器都要发出一系列特定的控制信号，这些控制信号在时间上的相互关系问题就是 CPU 的时序问题。

CPU 发出的控制信号有两类：一类用于计算机内部，这类信号对于用户而言可不作过多了解；另一类信号通过控制总线送到片外，对于这部分信号的时序，需要用户加以学习。单片机相对于计算机而言，时序要简单得多。

2.7.1　基本概念

51 系列单片机的一个机器周期包含 12 个时钟周期，指令的执行时间是以机器周期为单位的。单片机执行指令是在时序电路的控制下逐步进行的。下面以 Atmel 公司的 AT89C51 为例来说明，AT89C51 的时序定时单位共有 4 个：时钟周期、状态周期、机器周期和指令周期，如图 2.12 所示。

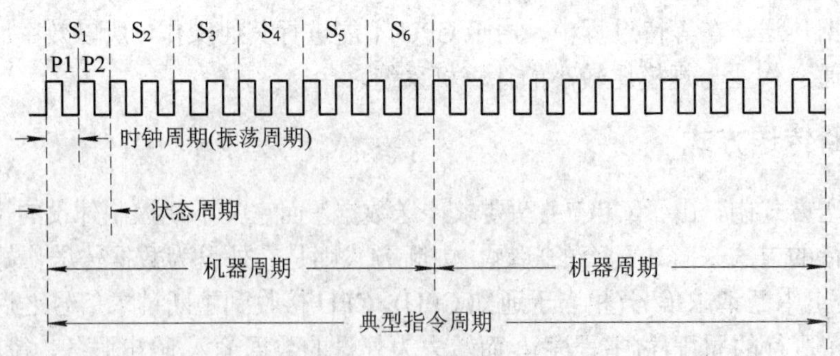

图 2.12　MCS-51 系列单片机各种周期间的关系图

1. 时钟周期(振荡周期)

振荡器产生的振荡脉冲的周期称为节拍 P。CPU 在一个振荡周期内仅完成一个基本操作，振荡周期越小，单片机工作速度越快。所以，经常提及的振荡频率与振荡周期成倒数关系。注意：在选用振荡频率时并不是越快越好，若振荡频率高，则系统对单片机外围电路工作芯片的工作速度要求也高，否则系统将无法正常工作。

2. 状态周期

单片机的时钟信号是振荡源经过 2 分频后形成的时钟脉冲信号，因此状态周期是振荡周期的两倍。状态周期 S 包含两个节拍，其前半周期对应的节拍叫 P1，后半周期对应的节拍叫 P2。

3. 机器周期

51 系列单片机规定一个机器周期的宽度为 6 个状态周期，并依次表示为 S1～S6。由于一个机器周期共有 12 个振荡脉冲周期，因此机器周期频率就是振荡频率的 1/12。比如，单片机外接晶振为 12 MHz，即振荡脉冲频率为 12 MHz 时，振荡周期是 1/12 μs，约为 0.0833 μs，时钟周期是 1/6 μs=0.167 μs，一个机器周期约为 1 μs，指令周期为 1～4 μs；若外接晶振为 6 MHz 时，则一个机器周期约为 2 μs。

机器周期是单片机的最小时间单位。

4. 指令周期

执行一条指令所需要的时间称为指令周期。指令周期是最大的时序定时单位。单片机的指令周期根据指令的不同，可包含 1、2、4 个机器周期。当振荡脉冲频率为 12 MHz 时，单片机的一条指令执行的时间最短为 1 μs，最长为 4 μs。

2.7.2　CPU 的时序

MCS-51 系列单片机的指令分单字节、双字节和三字节 3 种。其中，乘、除法指令的执行时间为 4 个机器周期，其余全部为 1 个或 2 个机器周期，三字节指令均为 2 个机器周期指令。图 2.13 为典型指令“ADD　A，#data”(这是一条加法指令)的 CPU 读指令的时序。

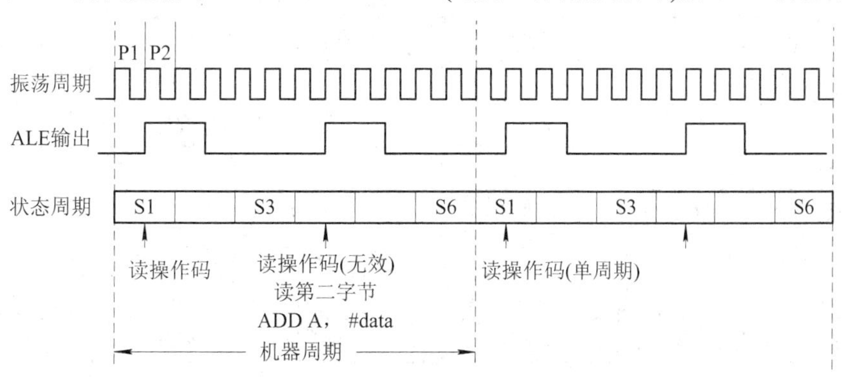

图 2.13　读指令周期时序图

指令的执行分取指和执行两个阶段，取指令的时间和 ALE 信号有关。如图 2.13 所示，ALE 信号在每一个机器周期出现两次，第一次在 S1P2、S2P1 期间，第二次在 S4P2、S5P1 期间，其频率为时钟的 1/6。每当 ALE 信号出现时，CPU 取指令一次。对于单字节单周期的指令，第一次 ALE 信号时取指，第二次 ALE 信号时仍取指，但此次所取数据丢弃不用，到一个机器周期结束时执行完毕。

2.7.3　复位电路与复位状态

单片机在启动后要从复位状态开始运行，因此上电时要完成复位工作，称为上电复位。上电复位电路如图 2.14(a)所示，上电复位时序见图 2.15。从时序图中可以看出，上电瞬间电容两端的电压不能发生跃变，RST 端为高电平 5 V，上电后电容通过 RC 电路放电，RST 端电位逐渐下降直至低电平 0 V，适当选择电阻、电容的值，使 RST 端的高电平维持 2 个机器周期以上即可完成复位。

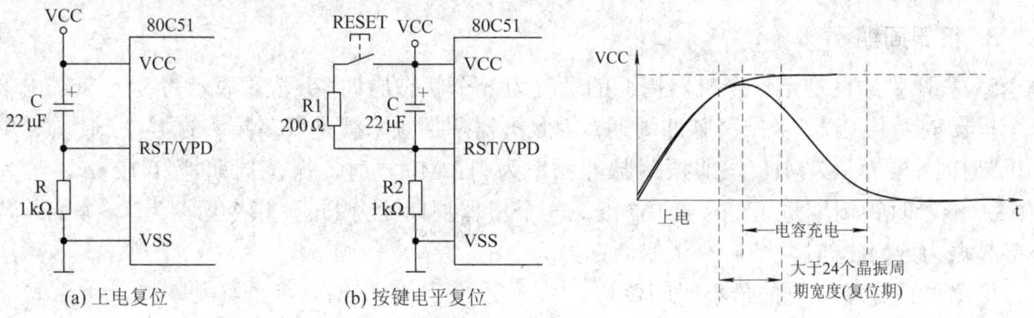

图 2.14　常见的两种单片机复位电路图　　　　图 2.15　上电复位时序图

单片机在运行中由于本身或外界干扰的原因会导致出错，此时可以使用按键复位，如图 2.14(b)所示。按键复位可以分为按键脉冲复位和按键电平复位两种。前者与上电复位的工作原理一致，是利用 RC 电路放电原理，使 RST 端能保持一段时间高电平，以完成复位操作；后者的按键时间也应该保持两个机器周期以上。

复位后，内部寄存器状态如表 2.9 所示。

表 2.9　复位后内部寄存器状态表

寄存器名称与符号	复位状态	寄存器名称与符号	复位状态
程序计数器 PC	0000H	定时器方式寄存器 TMOD	00H
累加器 ACC	00H	定时器控制寄存器 TCON	00H
辅助寄存器 B	00H	T0 计数器高字节 TH0	00H
程序状态字 PSW	00H	T0 计数器低字节 TL0	00H
堆栈指针 SP	07H	T1 计数器高字节 TH1	00H
数据指针 DPTR	0000H	T1 计数器低字节 TL1	00H
四个并行口 P0～P3	FFH	串行口控制寄存器 SCON	00H
中断优先级寄存器 IP	xxx00000	串行口数据寄存器 SBUF	xxH
中断允许寄存器 IE	0xx00000	电源控制寄存器 PCON	0xxx0000

值得注意的是，复位后程序计数器 PC 的值是 0000H，说明 51 系列单片机的程序起始位置在程序存储器的 0000H 单元，即程序的第一条指令必须存入 0000H 单元，程序才可能在复位后直接运行。

2.7.4　掉电与节电方式

电子系统发展到现在，如何降低功耗是一直备受关注的问题。单片机系统也不例外，目前使用的单片机基本上都有减少功耗的操作方式——节电工作方式。该方式不仅能节约能源，减少电磁污染，还可以防止噪声干扰引起的出错。节电工作方式通常分为空闲节电方式(待机)和掉电方式(停机)两种。下面以 CHMOS 型 51 单片机为例加以说明。

1. 空闲节电方式

在空闲工作模式，CPU 保持睡眠状态，而片内的其他外设保持激活状态。片内 RAM 和所有 SFR 的内容保持不变。空闲模式可由任何允许的中断请求或硬件复位中止。

空闲工作模式由软件产生，SFR 中有一个 PCON 寄存器，其 IDL(PCON.0)位和 PD(PCON.1)位分别用来控制单片机的节电(IDLE)和掉电(Power Down)两种工作方式。

当编程令 IDL 位为“1”时，单片机进入空闲工作方式。此时，内部的相关控制电路关闭了进入 CPU 的时钟，CPU 停止运行，但其状态(PC、PSW、SP、ACC 等的值)仍能完好保存；中断系统、定时计数器、串行口的功能仍保留，可通过中断或硬件复位退出空闲工作方式。

2. 掉电方式

通过编程将 PD(PCON.1)位置为“1”，可使单片机进入掉电工作方式。此时振荡器停振，进入掉电模式的指令是最后一条被执行的指令，片内的 RAM 和 SFR 中的数据保持不变，在终止掉电模式前都是被冻结的，包括中断系统在内的全部电路都将处于停止工作状态。要退出掉电工作方式，可采用硬件复位或由处于使能状态的外中断 INT0 和 INT1 激活。复位后将重新定义全部特殊功能寄存器，但不改变 RAM 的内容，在 VCC 恢复到正常工作电平前，复位应无效，且必须保持一定时间以使振荡器重新启动并稳定工作。

欲使单片机从掉电方式退出后继续执行掉电前的程序，必须在掉电前预先把 SFR 中的内容保存到片内 RAM 中，并在掉电方式退出后恢复 SFR 掉电前的内容。表 2.10 中列出了空闲和掉电期间外部引脚的状态。

表 2.10　空闲和掉电期间外部引脚的状态

模式	程序存储器	ALE	$\overline{\text{PSEN}}$	P0	P1	P2	P3
空闲	内部	1	1	数据	数据	数据	数据
空闲	外部	1	1	浮空	数据	地址	数据
掉电	内部	0	0	数据	数据	数据	数据
掉电	外部	0	0	浮空	数据	数据	数据

本章小结

本章重点介绍了 MCS-51 单片机的系统结构和工作原理。

MCS-51 系列单片机的内部结构由 8 部分组成。其内部按功能可划分为 CPU、存储器、I/O 端口、定时/计数器、中断系统等模块。

中央处理器(CPU)是单片机内部的核心部件，它决定了单片机的主要功能特性。CPU 由运算部件和控制部件两大部分组成。运算部件主要包括算术逻辑单元(ALU)、累加器(ACC)、程序状态字(PSW)、程序计数器(PC)、十六位数据指针(DPTR)、堆栈指针(SP)等。

控制部件是单片机的神经中枢，它包括定时和控制电路、指令寄存器、译码器以及信息传送控制等部件。

MCS-51 单片机存储器从物理结构上可分为片内、片外数据存储器与片内、片外程序存储器四个部分；从寻址空间分布上可分为程序存储器、内部数据存储器和外部数据存储器三大部分；从功能上可分为程序存储器 ROM、内部数据存储器 RAM、特殊功能寄存器 SFR 和外部数据存储器 RAM 四大部分。

MCS-51 系列单片机有 4 个 8 位并行输入/输出接口：P0 口、P1 口、P2 口和 P3 口，共计 32 根输入/输出线。这 4 个接口可以并行输入或输出 8 位数据，也可以按位使用，即每 1 位均能独立作输入或输出使用。每个口虽然功能有所不同，但都具有 1 个锁存器(即特殊功能寄存器 P0～P3)、1 个输出驱动器和 2 个(P3 口为 3 个)三态缓冲器。

计算机系统中共有两类数据传送操作：一类是 CPU 和存储器之间的数据存取操作；另一类则是 CPU 和外部设备之间的数据输入/输出操作。在计算机中，实现数据的输入/输出传送共有 4 种控制方式：无条件传送方式、查询传送方式、中断传送方式和直接存储器存取(DMA)方式。在单片机中主要使用前 3 种方式。

计算机的 CPU 是一种复杂的同步时序电路，所有工作都是在时钟信号控制下进行的，每执行一条指令，CPU 的控制器都要发出一系列特定的控制信号。CPU 发出的控制信号有两类：一类用于计算机内部；另一类通过控制总线送到片外。

习　题

1．MCS-51 单片机内部包含哪些主要逻辑功能部件？各个功能部件的主要功能是什么？

2．MCS-51 单片机的存储器可划分为几个空间？各自的地址范围和容量是多少？在使用上有什么不同？

3．8051 单片机如何确定和改变当前的工作寄存器组？

4．MCS-51 单片机的程序 ROM 中 0000H、0003H、000BH、0013H、001BH 和 0023H 这几个地址具有什么特殊的功能？

5．8051 单片机有哪几个特殊功能寄存器？可按位寻址的 SFR 有几个？

6．程序状态字 PSW 的作用是什么？常用标志位有哪些？其作用是什么？

7．MCS-51 单片机的 $\overline{EA}$ 信号有什么功能？如何正确地使用？

8．内部 RAM 的低 128 B 划分为几个区域？各有什么功能及特点？

9．ALE 信号有何功用？一般情况下它与机器周期的关系如何？在什么条件下 ALE 信号可用作外部设备的定时信号？

10．堆栈的作用是什么？堆栈指示器的作用又是什么？

11．MCS-51 单片机的 P0、P1、P2 和 P3 口各有什么特点？

12．试说明 MCS-51 单片机的时钟振荡周期、机器周期和指令周期之间的关系，以及机器周期是如何计算的。

13．单片机复位有几种方式？复位后的机器初始状态如何？

第 3 章　指令系统及汇编语言程序设计

教学提示：单片机指令系统是一套控制单片机系统如何运行的编码。指令系统体现了计算机的性能，是计算机的重要组成部分，也是应用计算机进行程序设计的基础。单片机应用系统的运行是依靠合理的硬件接口、用户程序和监控程序的完美结合来实现的，所以掌握单片机需要学习多样的汇编程序设计方法实现运算和控制功能。

教学目标：本章主要介绍 MCS-51 单片机的汇编指令的基础知识，包括指令格式、寻址方式、数据传送指令、算术运算指令、逻辑运算指令、位操作指令等。通过本章的学习，学生能掌握指令的功能及使用，学会程序设计的基本方法，对于一般设计目标，能够提出解决方法，画出流程图，用汇编语言编写出源程序代码。

在单片机指令系统中，一条指令可以用两种语言形式表示：机器语言指令和汇编语言指令。机器语言指令用二进制代码表示，又称为指令代码或机器代码，能直接被 CPU 识别、分析并执行，但是不易被人们识别、阅读、记忆和编程。为了便于学习指令和编写程序，人们创造了助记符，以形象地反映指令的功能和主要特征，代替机器语言指令来进行程序的读/写。用这种助记符形式表示的指令被称为汇编语言。用汇编语言编写出的程序不能直接被 CPU 识别和执行，必须通过编译器翻译成机器语言才行，这个过程称为编译。

本章所述的 MCS-51 的指令是 51 单片机的汇编语言指令，共有 111 条指令。若按指令字节数分类，汇编语言指令可分为：单字节指令(49 条)、双字节指令(46 条)和三字节指令(16 条)；若按指令执行的时间分类，则可分为单机器周期指令(64 条)、双机器周期指令(45 条)和四机器周期指令(2 条，分别为乘法和除法指令)。当晶体振荡频率为 12 MHz 时，上述指令的执行时间分别为 1 μs、2 μs 和 4 μs。若按指令功能分类，则可分为数据传送类指令(28 条)、算术运算类指令(24 条)、逻辑运算类指令(25 条)、控制转移类指令(17 条)和位操作类指令(17 条)共五大类。

3.1　MCS-51 单片机汇编语言与指令格式

3.1.1　单片机的汇编语言

由于计算机只能识别二进制机器语言代码，它是一种用二进制数 0、1 组成的代码，不易辨识、记忆和书写，因此难以直接用它来进行程序设计。

为了既能体现机器语言的特点，又便于人们理解、记忆和书写，计算机常采用助记符来编写指令。助记符是根据机器指令的不同功能和操作对象来描述指令的，它采用有关的英文缩写来描述指令的特征，因此便于记忆、理解和分类。这种采用助记符和其他一些符号所编写的指令程序称为汇编语言源程序。

汇编语言源程序只要经过编译就可变成计算机可执行的目标程序。单片机程序存储器中存储的程序或常数表格都是以二进制数形式存放的机器语言程序。

3.1.2 指令格式

MCS-51 的指令有 111 条，分别表征 30 多种基本指令功能。其汇编指令格式如下：

标号：操作码　目的操作数，源操作数　；注释

标号是该指令的符号地址，表明该指令在程序中的位置，在其他指令中可被引用，经常出现在转移指令中，可根据需要设置。标号后用"："与操作码分隔开。标号的命名应符合字符集，即英语的大小写字母(a～z，A～Z)、数字 0～9。标号严禁使用保留字符，如指令助记符、伪指令、常数等语言规范中已经使用了的符号，长度不能超过 8 个字符。

操作码和操作数是指令的核心部分，二者之间用空格分隔。操作码的作用是命令 CPU 作何操作；操作数则是该操作指令的作用对象，分为目的操作数和源操作数，二者之间用"，"分开。有些指令中无操作数，有些只有一个操作数。注释是对该指令功能的解释，主要是便于理解和阅读程序，可根据需要适当添加，编译器对注释是不作处理的。注释之前要用"；"与操作指令分开。

从指令的二进制代码表示的角度看，指令格式以 8 位二进制(1 B)为基础，分为单字节、双字节和三字节指令。

1. 单字节指令

单字节指令的二进制代码只有一个字节。单字节指令分为两类：一类是无操作数的单字节指令，其指令码只有操作码字段，操作数是隐含在操作码中的；另一类是含有操作数寄存器编号的单字节指令，其指令码由操作码字段和用来指示操作数所在寄存器号的地址码组成。其格式如下：

7	0
操作码	(地址码)

2. 双字节指令

双字节指令的二进制代码有两个字节：第一个字节是操作码(或操作码加操作数所在寄存器的地址码)，第二个字节是数据或数据所在的地址码。其格式如下：

	7	0
第一字节	操作码	(地址码)
第二字节	数据或地址码	

3. 三字节指令

三字节指令中，第一字节是操作码，第二和第三字节是操作数或操作数地址。其格式如下：

	7　　　　0
第一字节	操作码
第二字节	数据或地址码
第三字节	数据或地址码

3.1.3　指令中的常用符号

在分类介绍各类指令之前，下面先对描述指令的一些符号的意义进行简单约定。

(1) Ri 和 Rn：R 表示当前工作寄存器区中的工作寄存器；i 表示 0 或 1，即 R0 和 R1；n 表示 0～7，即 R0～R7。当前工作寄存器的选定是由 PSW 的 RS1 位和 RS0 位决定的。

(2) #data：# 表示立即数，data 为 8 位常数。#data 是指包含在指令中的 8 位立即数。

(3) #data16：包含在指令中的 16 位立即数。

(4) rel：相对地址，以补码形式表示的地址偏移量，范围为−128～+127，主要用于无条件相对短转移指令 SJMP 和所有的条件转移指令中。

(5) addr16：16 位目的地址。目的地址可在全部程序存储器的 64 KB 空间范围内，主要用于无条件长转移指令 LJMP 和子程序长调用指令 LCALL 中。

(6) addr11：11 位目的地址。目的地址应与下一条指令处于相同的 2 KB 程序存储器地址空间范围内，主要用于绝对转移指令 AJMP 和子程序绝对调用指令 ACALL 中。

(7) direct：表示直接寻址的地址，即 8 位内部数据存储器 RAM 的单元地址(0～127/255)，或特殊功能寄存器 SFR 的地址。对于 SFR，可直接用其名称来代替其直接地址。

(8) bit：内部数据存储器 RAM 和特殊功能寄存器 SFR 中的可直接寻址位地址。

(9) @：间接寻址寄存器或基地址寄存器的前缀(如@Ri、@DPTR)，表示寄存器间接寻址。

(10) (x)：表示 x 中的内容。

(11) ((x))：表示由 x 寻址的单元中的内容，即(x)为地址，该地址的内容用((x))表示。

(12) / 和→符号：/ 表示对该位操作数取反，但不影响该位的原值；→表示指令操作流程，将箭头一方的内容送入箭头另一方的单元中。

3.2　寻 址 方 式

指令通常由操作码和操作数组成，而操作数的两个重要参数即为目的操作数和源操作数。它们指出参加运算的数或该数所在的单元地址。获得这些操作数所在的地址就是寻址。MCS-51 单片机有 7 种寻址方式，即寄存器寻址、立即寻址、寄存器间接寻址、直接寻址、变址寻址、相对寻址和位寻址。

3.2.1　寄存器寻址

指令中的操作数是放在寄存器中的，找到了寄存器就可得到操作数，这种寻址方式称为寄存器寻址。寄存器寻址的工作寄存器指的是 R0～R7、累加器 A、寄存器 B、数据指针 DPTR、CY(作为位处理累加器)等。

例如：

机器码　　助记符

11101011　MOV　A，R3

这条指令表示寄存器送数给累加器，为一条单字节指令，低 3 位 011 代表工作寄存器 R3 的地址，高 5 位 11101 代表从寄存器往累加器 A 送数据的操作。该指令的低 3 位可从 000 到 111 变化，分别代表了 R0～R7。设 R3 中的操作数是 B9H，上述指令的寻址过程如图 3.1 所示。

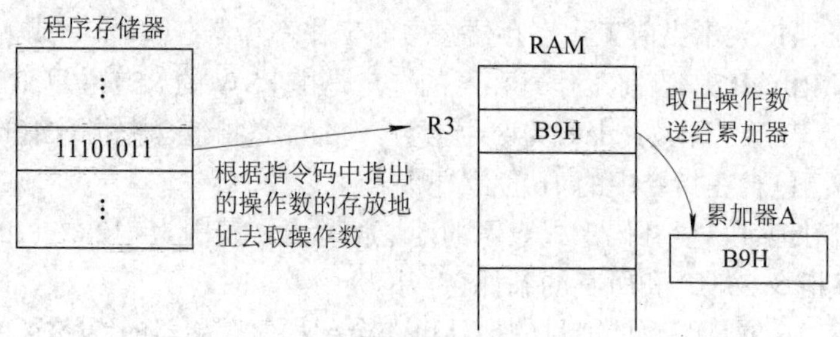

图 3.1　寄存器寻址方式示意图

3.2.2　立即寻址

指令的源操作数是一个数值，这种操作数被称做立即数，在指令中用“#”作为其前缀。含有立即数的指令的指令码中，操作码后面的字节内容就是操作数本身，不需要到其他地址单元去取，这种寻址方式被称为立即寻址方式。

例如：

机器码	助记符	注释
74　FA	MOV A，#0FAH	；A ← FAH

FAH 是立即数，74H 是操作码，指令功能是将立即数送入累加器 A。程序存储器中指令以机器码的形式存放(机器码由系统自动生成，实际编程不需要写出)，上述指令的寻址过程如图 3.2 所示。

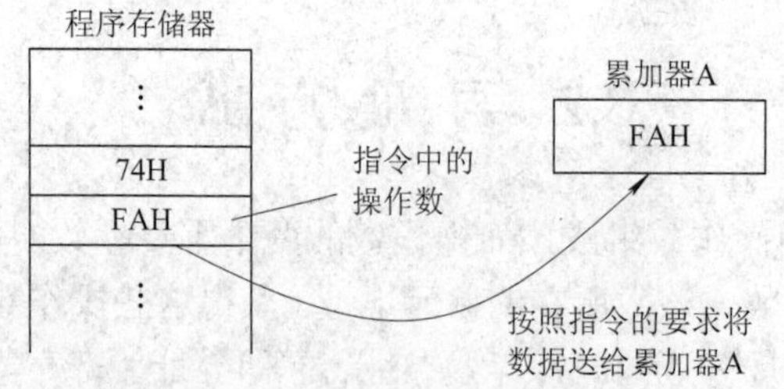

图 3.2　立即寻址方式示意图

在 MCS-51 指令系统中还有一条 16 bit 立即寻址指令。

例如：

机器码	助记符	注释
90 30 01	MOV　DPTR，#3001H	；DPH ← 30H，DPL ← 01H

上述指令的功能是将 16 bit 立即数 3001H 送给数据指针 DPTR。

3.2.3　寄存器间接寻址

寄存器的内容不是操作数本身，而是存放操作数的地址，要获取操作数需要通过寄存器间接得到，这种寻址方式称为寄存器间接寻址。

寄存器间接寻址只能使用寄存器 R0 或 R1 作为间接地址寄存器来寻址内部RAM(00H～FFH)中的数据。寄存器前用符号“@”表示采用间接寻址方式。对于内部 RAM 有 256 B 的 52 系列单片机，其高 128 B(80H～FFH)只能采用寄存器间接寻址方式，以避免和同样采用此区地址的 SFR 发生冲突。

寄存器间接寻址也适用于访问外部 RAM，用 DPTR 作为间接寻址寄存器可寻址 64 KB 空间。对于外部 RAM 的低 256 B 单元，也可用 R0、R1 作为间接寻址寄存器。

值得注意的是，寄存器间接寻址方式不能用于寻址特殊功能寄存器。

例如：

```
MOV   A，@R1          ； A←((R1))
```

上述指令的功能是把 R1 所指出的内部 RAM 单元中的内容送到累加器 A。若 R1 的内容为 40H，内部 RAM 的 40H 单元中的内容是 0A6H，则指令“MOV　A，@R1”的功能是将 0A6H 这个数送到累加器 A，如图 3.3 所示。

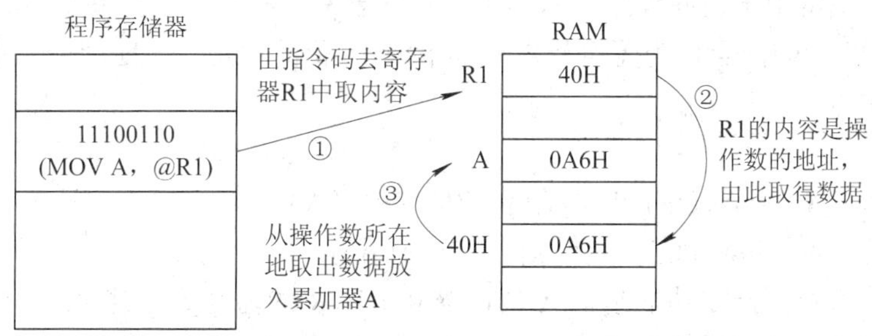

图 3.3　寄存器间接寻址示意图

若 R1 的内容是 90H，则“MOV　A，@R1”是将内部 RAM 90H(52 子系列)单元的值送给累加器 A。又因为 90H 是特殊功能寄存器 P1 的地址，所以要寻址 P1 的话，需要采用直接寻址的方式，即“MOV　A，90H”才表示将 P1 的内容送到累加器 A，请注意区别。

3.2.4　直接寻址

指令中直接给出操作数所在的存储器地址，以供寻址取数或存数的寻址方式称为直接寻址。

例如：

```
MOV  A，50H ；(A)←(50H)
```

该指令的功能是把内部数据存储器 RAM 50H 单元内的内容送到累加器 A。该指令直接给出了源操作数的地址 50H。该指令的机器码为 E5H 50H。

MCS-51 系列单片机的直接寻址可用于访问内部数据存储器，也可用于访问程序存储器。

直接寻址可访问内部 RAM 的低 128 B 单元(00H～7FH)，同时也是访问高 128 B 单元的特殊功能寄存器 SFR 的唯一方法。由于 SFR 占用片内 RAM 80H～FFH 间的地址，因此对于 MCS-51 系列单片机，片内 RAM 只有 128 B 单元，与 SFR 的地址没有重叠，对于 MCS-52 系列，片内 RAM 有 256 B 单元，其高 128 B 单元与 SFR 的地址是重叠的。

为避免混淆，单片机规定：

直接寻址的指令不能访问片内 RAM 的高 128 B 单元(80H～FFH)。若要访问这些单元，则只能用寄存器间接寻址指令，而要访问 SFR 只能用直接寻址指令。另外，访问 SFR 可在指令中直接使用该寄存器的名字来代替地址，如“MOV　A，80H”可以写成“MOV　A，P0”，因为 P0 口的地址为 80H。直接寻址还可直接访问片内 221 个位地址空间。

直接寻址访问程序存储器的有长转移指令 LJMP addr16、绝对转移指令 AJMP addr11、长调用指令 LCALL addr16 与绝对调用指令 ACALL addr11，它们都直接给出了程序存储器的 16 位地址(寻址范围覆盖 64 KB)或 11 位地址(寻址范围覆盖 2 KB)。执行这些指令后，程序计数器 PC 的低 16 位或低 11 位地址将更换为指令直接给出的地址，机器将改为访问以所给地址为起始地址的存储器区间。

3.2.5 变址寻址

这种寻址方式常用于访问程序存储器中的数据表格。变址寻址把基址寄存器(DPTR 或 PC)和变址寄存器 A 的内容作为无符号数相加形成 16 位的地址，该地址单元中所存放的数据为所需的操作数。

例如：

```
MOVC  A，@A+DPTR  ；(A)←((DPTR)+(A))
MOVC  A，@A+PC    ；(A)←((PC)+(A))
```

A 中为无符号数，指令功能是把 A 的内容和 DPTR 的内容或当前 PC 的内容相加得到程序存储器的有效地址，把该存储器单元中的内容送到 A。

“MOVC　A，@A+DPTR”的指令码是 93H，寻址过程如图 3.4 所示。

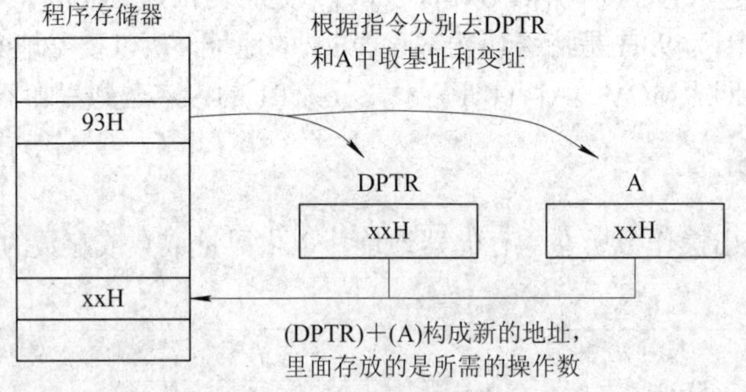

图 3.4　基址寄存器加变址寄存器寻址示意图

3.2.6 相对寻址

程序的执行中往往有相对转移的需要，即以当前指令的位置(PC 值)为基准点，加上指令中给出的相对偏移量(rel)来获得操作数所在的实际地址。这类寻址方式称为相对寻址，是转移指令中用到的寻址方式。偏移量 rel 是符号数，在−128～+127 范围内，用补码表示为 80H～7FH，实际应用中常用符号地址代替。

例如：

指令

```
JC   rel    ; C=1 跳转
```

上述指令的机器码为 40H rel。第一字节为操作码，第二字节就是相对于程序计数器 PC 当前地址的偏移量 rel。

注意：这里的“PC 当前地址”是指执行完这条“JC　rel”指令后的 PC 值，而不是指向该条指令的 PC 值。

若转移指令操作码存放在 0500H 单元，偏移量存放在 0501H 单元，则该指令执行后 PC 已为 0502H。若偏移量 rel 为 05H，则转移到的目标地址为 0507H，即当 C=1 时，将去执行 0507H 单元中的指令。具体过程见后面相关的指令介绍。

3.2.7　位寻址

MCS-51 系列单片机具有位寻址功能，即指令中直接给出位地址，可以对内部数据存储器 RAM 中的 128 位和特殊寄存器 SFR 中的 93 位进行寻址，并且位操作指令可对地址空间的每一位进行传送与逻辑操作。

例如：

```
SETB     PSW.3      ; (PSW.3)←1
```

该指令的功能是给程序状态字 PSW 中的 RS0 置 1。该指令为双字节指令，机器代码为 D2H D3H，指令的第二字节直接给出位地址 D3H (PSW.3 的位地址)。

综上所述，在 MCS-51 系列单片机的存储空间中，指令究竟对哪个存储器空间进行操作是由指令操作码和寻址方式确定的。7 种寻址方式及使用空间如表 3.1 所示。

表 3.1　7 种寻址方式及使用空间

寻 址 方 式	使 用 空 间
寄存器寻址	R0～R7、A、B、CY、DPTR 寄存器
立即寻址	程序存储器
寄存器间接寻址	内部 RAM 的 00H～FFH、外部 RAM
直接寻址	内部 RAM 的 00H～7FH、SFR、程序存储器
变址寻址	程序存储器
相对寻址	程序存储器
位寻址	内部 RAM 中 20H～2FH、SFR

3.3　MCS-51 单片机指令系统

MCS-51 单片机指令系统分为：数据传送类指令、算术运算类指令、逻辑运算及移位类指令、控制转移类指令和位操作(布尔操作)指令，共 5 大类，共计 111 条指令。现按其分类分别介绍各条指令的格式、功能、对状态标志的影响以及应用。

3.3.1 数据传送类指令

数据传送类指令共 29 条，是指令系统中最活跃、使用最多的一类指令。一般的操作是把源操作数传送到目的操作数，即指令执行后目的操作数改为源操作数，而源操作数保持不变。若要求在进行数据传送时，不丢失目的操作数，则可以用交换型传送指令。

数据传送类指令不影响进位标志 CY、半进位标志 AC 和溢出标志 OV，但当传送或交换数据后影响累加器 A 的值时，奇偶标志 P 的值应按 A 的值重新设定。

按数据传送类指令的操作方式，又可把传送类指令分为 3 种类型：数据传送、数据交换和堆栈操作，并使用 8 种助记符(MOV、MOVX、MOVC、XCH、XCHD、SWAP、PUSH 及 POP)。表 3.2 给出了各种数据传送类指令的助记符和对应的操作数。

表 3.2　数据传送类指令的助记符与操作数

功　能		助 记 符	操作数与传送方向
数据传送	内部数据存储器传送	MOV	A、Rn、@Ri、direct←#data DPTR←#data16 A⇌Rn 、@Ri、direct direct⇌direct、Rn、@Ri
	外部数据存储器传送	MOVX	A⇌@Ri、@DPTR
	程序存储器传送	MOVC	A←@A+DPTR、@A+PC
数据交换	字节交换	XCH	A⇌Rn、@Ri、direct
	半字节交换	XCHD	A 低四位⇌Ri 低四位
	A 高、低四位互换	SWAP	A 低四位⇌A 高四位
堆栈操作	压入堆栈	PUSH	SP⇌direct
	弹出堆栈	POP	

1．内部数据存储器数据传送指令

内部数据存储器 RAM 区是数据传送最活跃的区域，可用的指令数也最多，共有 16 条指令，指令操作码助记符为 MOV。内部 RAM 间的数据传递关系如图 3.5 所示。为了便于理解指令功能，下面按对源操作数的寻址方式逐一介绍各条指令。

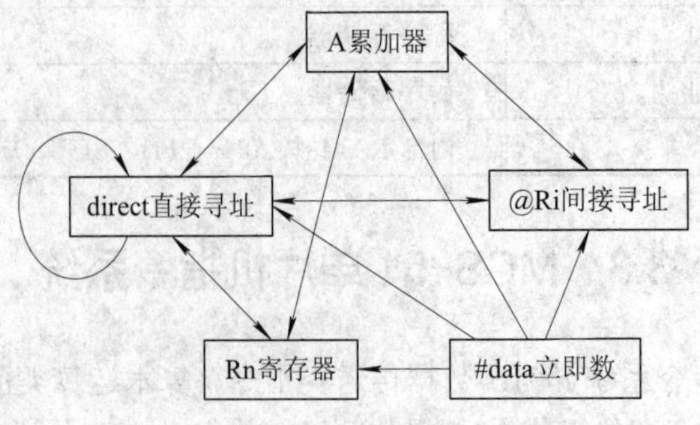

图 3.5　内部 RAM 间的数据传递关系图

1) 立即寻址

该寻址方式下，内部 RAM 区的数据传送指令有如下 5 条。这里描述指令格式的约定次序为操作码助记符、目的操作数、源操作数、功能注释，以下类同，不再说明。

操作码助记符	目的操作数	源操作数	功能注释
MOV	@Ri，	#data	；((Ri))←#data
MOV	Rn，	#data	；(Rn)←#data
MOV	DPTR，	#data16	；(DPTR)←#data16
MOV	A，	#data	；(A)←#data
MOV	direct，	#data	；(direct)←#data

这组指令表明，8 位立即数可以直接传送到内部数据区 RAM 的各个位置，并且可把 16 位立即数直接装入数据指针 DPTR。其他相关指令的功能及应用举例如下：

(1) MOV　direct，#data　　；(direct)←#data

该指令的功能是把立即数传送到内部数据存储器 RAM 的 00H～7FH 以及特殊功能寄存器 SFR 的各单元中。该指令为三字节指令。例如，把立即数 20H 传送到 RAM 的 30H 单元和 P1 口(口地址为 90H)，可采用如下指令：

```
MOV  30H，#20H        ；(30H)←#20H
MOV  P1，#20H         ；(90H)←#20H
```

(2) MOV　@Ri，#data　　；((Ri))←#data

该指令的功能是把立即数传送到由 R0 和 R1 寄存器的内容指出的片内数据存储器 RAM 的单元中(MCS-51 系列为 00H～7FH，MCS-52 系列为 00H～FFH)。当使用 R0 和 R1 寄存器时，机器代码分别为 76H 和 77H，而 R0、R1 属于片内 RAM 中的哪一组工作寄存器，则要由 PSW 中的 RS1 和 RS0 决定。如果要把立即数 60H 传送到 RAM 的 30H 单元，则需用如下两条指令：

```
MOV    R0，#30H        ；(R0)←#30H
MOV    @R0，#60H       ；((R0))←#60H
```

由此可见，完成同样的功能，所用指令不同，程序所占空间不同，执行效率也不同。因此，在实际编程时要注意程序的优化。

(3) MOV　Rn，#data　　；(Rn)←#data

该指令的功能是把立即数传送到内部寄存器 R0～R7 中，该指令为双字节指令，机器代码如下：

0　1　1　1　1　r　r　r	data

其中，rrr 取值为 000、001、…、110、111，对应 R0、R1、…、R6、R7 共 8 个寄存器，机器代码为 78、79、…、7E、7F。但在片内 RAM 中属于哪一组的 R0～R7，也要由 PSW 中 RSl 和 RS0 的设置而定。该指令共对应 8 条指令，但在 MCS-51 单片机指令系统中，该指令只统计为一条。

(4) MOV　DPTR，#data16　　；(DPTR)←#data16

该指令的功能是把 16 位立即数装入数据指针 DPTR 中。该指令是 MCS-51 系列单片机指令系统中唯一一条 16 位数据传送指令。该指令为三字节指令，第一字节为 90H，第二字节为高 8 位立即数，第三字节为低 8 位立即数。

例如，“MOV　DPTR，#5534H”指令执行后，DPTR 寄存器的高 8 位寄存器 DPH 的内容为 55H，低 8 位寄存器 DPL 的内容为 34H。该指令的机器代码为 90H 55H 34H。

2) 寄存器寻址

在该寻址方式下，内部 RAM 区的数据传送指令有以下 5 条：

```
MOV    direct，A     ；(direct)←(A)
MOV    @Ri，A        ；((Ri))←(A)
MOV    Rn，A         ；(Rn)←(A)
MOV    A，Rn         ；(A)←(Rn)
MOV    direct，Rn    ；(direct)←(Rn)
```

这组指令的功能是把累加器 A 的内容传送到内部数据区 RAM 的各个单元，或者把指定工作寄存器 R0～R7 中的内容传送到累加器 A、direct 所指定的片内 RAM 的 00H～7FH 单元或特殊功能寄存器 SFR 中。但不能用这类指令在内部工作寄存器之间直接传送数据。例如，不存在“MOV　R1，R2”这样的指令。

3) 直接寻址

在该寻址方式下，内部 RAM 区的数据传送指令有如下 4 条：

```
MOV  A，direct          ；(A)←(direct)
MOV  Rn，direct         ；(Rn)←(direct)
MOV  @Ri，direct        ；((Ri))←(direct)
MOV direct2，direct1    ；(direct2)←(direct1)
```

这组指令将直接地址所规定的内部 RAM 单元(片内 RAM 的 00H～7FH，SFR 的 80H～FFH 单元)的内容传送到累加器 A、寄存器 Rn，并能实现内部数据寄存器 RAM 之间、特殊功能寄存器 SFR 之间或 SFR 与内部 RAM 之间的直接数据传递。直接传递不需要通过累加器 A 或者工作寄存器来间接传送，从而提高了数据传送的效率。

注意：52 子系列单片机的片内 RAM 高 128 B 单元(80H～FFH)不能用直接寻址的方法传送到 RAM 的其他部分，而只能用间接寻址的方法来进行传送。另外，访问 SFR 80H～FFH 地址中没有定义的单元是没有意义的。

例如：

```
MOV  P2，P1          ；(P2)←(P1)
```

该指令的功能是不通过其他寄存器，直接把 P1 口(端口地址 90H)的内容传送到 P2 口(端口地址 A0H)输出，提高了效率。该指令为三字节指令，机器代码为 85H 90H A0H。

4) 寄存器间接寻址

在该寻址方式下，内部 RAM 区的数据传送指令有以下两条：

```
MOV    A，  @Ri       ；(A)←((Ri))
MOV    direct，@Ri    ；(direct)←((Ri))
```

这组指令把以 Ri 的内容作为地址进行寻址所得到的单元的内容，传送到累加器 A 或 direct 指定的片内 RAM 区单元。间接寻址可访问片内数据存储器的低 128 B 单元(00H～7FH)和高 128 B 单元(80H～FFH，对 52 子系列)，但不能用于寻址特殊功能寄存器 SFR。

例如：设内部 RAM(30H)=40H，(40H)=10H，(10H)=00H，端口(P1)=CAH，分析以下程序执行后各单元及寄存器、P2 口的内容。

```
MOV    R0，#30H     ；(R0)←30H
MOV    A，@R0       ；(A)←((R0))
MOV    R1，A        ；(R1)←(A)
MOV    B，@R1       ；(B)←((R1))
MOV    @R1，P1      ；((R1))←(P1)
MOV    P2，P1       ；(P2)←(P1)
MOV    10H，#30H    ；(10H)←30H
```

执行上述指令后结果为：(R0)=30H，(R1)=(A)=40H，(B)=10H，(40H)=CAH，(P1)=(P2)=CAH，(10H)=30H。

2．外部数据存储器数据传送指令

1) 16 位数传送指令

该指令将 16 位立即数送入 DPTR，高 8 位送入 DPH，低 8 位送入 DPL，如表 3.3 所示。这个 16 位立即数实质是外部 RAM/ROM 的地址，专门用来配合外部数据传送指令。

表 3.3　16 位数传送指令

汇 编 指 令	操　　作
MOV　DPTR，#data16；	(DPTR) ← #data16

2) 累加器与外部 RAM 的数据传送指令

该类指令在累加器 A 与外部数据存储器 RAM 之间传送一个字节的数据，采用间接寻址方式寻址外部数据存储器，如表 3.4 所示。

表 3.4　累加器与外部 RAM 的数据传送指令

汇 编 指 令	操　　作
MOVX　A，@Ri；	(A) ←((Ri))
MOVX　A，@DPTR；	(A) ←((DPTR))
MOVX　@Ri，A；	((Ri))←(A)
MOVX　@DPTR ，A；	((DPTR))←(A)

前两条指令将外部 RAM 的数据传送到累加器，后两条指令则是将累加器数据传送到外部 RAM。CPU 与外部 RAM 的数据交换只能通过累加器 A 进行。以工作寄存器 R0、R1 作间接寻址可寻址外部 RAM 的低 256 个数据单元，地址范围为 0000H～00FFH；以 16 位数据指针 DPTR 间接寻址可访问外部 RAM 的 64 KB 数据单元。

【例 3.1】　设外部 RAM 的 4FH 单元中的数据需要调入 CPU，处理完后的数据放入外部 RAM 的 1000H 单元。可采用如下指令完成：

```
MOV   R0，#4FH
MOVX  A，@R0
…                              ；设处理后的数据已经放入 A
```

```
MOV   DPTR，#1000H
MOVX   @DPTR，A
…
```

3. 程序存储器向累加器 A 传送数据指令

程序存储器向累加器 A 传送数据指令又称查表指令。该指令采用变址寻址方式，把程序存储器(ROM 或 EPROM)中存放的表格数据读出，传送到累加器 A，如表 3.5 所示。

表 3.5 程序存储器向累加器 A 传送数据指令

汇 编 指 令	操 作
MOVC A，@A+DPTR；	(A) ←((A)+(DPTR))
MOVC A，@A+PC；	(PC)← (PC)+1，(A) ←((A)+(PC))

上述两条指令的功能是把作为变址寄存器的累加器 A 中的内容与基址寄存器(DPTR 或 PC)的内容进行 16 位无符号数的加法操作，得到程序存储器某单元地址，再把该地址的内容送入累加器 A0，执行指令后基址寄存器 DPTR 的内容不变，PC 的内容为(PC)+1。由于执行 16 位加法，因此从低 8 位产生的进位将传送到高位，不影响任何标志位。

前一条指令采用 DPTR 作为基址寄存器，因此可以很方便地把一个 16 位地址送到 DPTR，实现在整个 64 KB 程序存储器单元到累加器 A 的数据传送。

【例 3.2】 7 段 LED 显示码按照 0～9 的顺序放在以 TAB 标识的表首地址的数据表中，对每个要显示的十进制数码，就用其单字节 BCD 码作为偏移量，加上表首地址，就可得到各个数码的显示码。

解：设要显示的数码 6 的 BCD 码已经放在内部 RAM 的 60H 单元，7 段显示码放在程序中以 TAB 标号的表中。以下程序段执行查表操作，将待显示的数据的 7 段显示码从字型码表中查出，并存放在 63H 单元。

```
          MOV   DPTR，#TAB
          MOV   A，60H
          MOVC A，@A+DPTR
          MOV   63H，A
          …
TAB：DB   xxH，xxH，…
```

以程序计数器 PC 作为基址寄存器有很大的局限性，由于执行到该语句时，PC 值已定，查表范围只能由累加器 A 的内容决定，所以表格只能存放在以 PC 当前值为起始地址的 256 字节单元范围内。一旦这条指令与表格之间的语句发生变化，则累加器 A 中的内容也要相应地变化才行，否则就会发生查表错误。

4. 数据交换指令

数据传送类指令一般用来将操作数自源地址传送到目的地址，指令执行后，源地址的操作数不变，目的地址的操作数则修改为源地址的操作数。如表 3.6 所示，数据交换指令使数据作双向传送，涉及传送的双方互为源地址、目的地址，指令执行后双方的操作数都已修改为对方的操作数。因此，两操作数均未冲掉、丢失。

表 3.6　数据交换指令

汇 编 指 令	操　　作
XCH　　A，direct	(A)⇌(direct)
XCH　　A，@Ri	(A)⇌((Ri))
XCH　　A，Rn	(A)⇌(Rn)
XCHD　A，@Ri	$(A)_{3\sim0}$⇌$((Ri))_{3\sim0}$
SWAP　　A	$(A)_{7\sim4}$⇌$(A)_{3\sim0}$

上述指令前 3 条是字节交换指令，表明累加器 A 的内容可以和内部 RAM 区中任何一个单元的内容进行交换。第 4 条是半字节交换指令，指令执行后，只将 A 的低 4 位和 Ri 地址单元的低 4 位交换，而各自的高 4 位内容保持不变。第 5 条指令是把累加器 A 的低半字节与高半字节进行交换。有了交换指令，多数据传送变得更为高效、快捷，且不会丢失信息。

例如，设(R0)=30H，(30H)=4AH，(A)=28H，则：

执行“XCH　A，@R0”，结果为(A)=4AH，(30H)=28H；

执行“XCHD A，@R0”，结果为(A)=2AH，(30H)=48H；

执行“SWAP A”，结果为(A)=82H。

5．堆栈操作指令

前已叙述，堆栈是用户自己设定的内部 RAM 中的一块专用存储区，按照“先进后出”规律存取数据，使用时一定先设堆栈指针，堆栈指针缺省为 SP=07H。

堆栈操作指令用于对堆栈执行数据传送，共有两条指令，如表 3.7 所示。

表 3.7　堆栈操作指令

汇 编 指 令	操　　作
PUSH　direct；	(SP) ←(SP)+1；(SP)←(direct)
POP　　direct；	(direct) ←(SP)；(SP)←(SP)−1

PUSH 指令是入栈指令，也称为压栈指令，用来将 direct 地址中的操作数传送到堆栈中。CPU 执行指令时分两步：第一步先将 SP 中的栈顶地址加 1，指向一个空的堆栈单元作为新的栈顶；第二步将 direct 单元中的数据送入该空的栈顶单元。

POP 指令是出栈指令，也称为弹出指令，用来将堆栈中的操作数传送到 direct 单元。执行该指令时同样是两步：第一步先将当前 SP 所指栈顶单元中的数据送到 direct 所指单元中；第二步则是将 SP 中的地址减 1，(SP)−1 成为当前的新的栈顶单元。

堆栈操作指令不影响标志位，主要应用于中断服务程序中临时保护数据、保护现场和恢复现场，即执行中断服务之前，先将必要的单元数据压入堆栈保存，执行完后，再将数据弹出。

【例 3.3】

```
        …
        MOV   SP，#50H          ；以 50H 单元作为栈顶地址
        …
INT0_:                          ；中断服务子程序
```

```
PUSH   ACC ┐
           ├ 入栈操作
PUSH   B   ┘
…
POP    B   ┐
           ├ 出栈操作
POP    ACC ┘
RETI
```

上述程序段中，给 SP 赋值 50H 作为栈顶地址，在 INT0 子程序中，先将累加器 A、B 寄存器的数据入栈，放置时 SP 指针先加 1，指向 51H 单元，将 A 中的数据放入，然后 SP 加 1，指向 52H，将 B 中的数据放入。到程序结束时，将压入堆栈的数据弹出，记住“先进后出，后进先出”原则，先弹出 52H 的数据到 B，然后 SP 减 1，指针指向 51H，弹出数据到 A，SP 再减 1。以上指令执行结果不影响程序状态字寄存器 PSW 中的标志位。

注意：堆栈操作指令是直接寻址指令，且必须是字节操作，要特别注意指令的书写格式。比如，例 3.3 中累加器用 ACC，而工作寄存器 R0～R7 要用直接地址 00H～07H。

3.3.2 算术运算类指令

算术运算类指令包含加、减、乘、除以及十进制调整等指令，使 51 单片机具有较强的运算能力。该类指令大多是双操作数指令，累加器 A 总是存放第一操作数，并作为目的地址存放操作结果。第二操作数可以是立即数，或某工作寄存器 Rn、内存单元、间接寻址单元的内容。运算操作将影响标志寄存器 PSW 中的某些位，如溢出位 OV、进位位 CY、辅助进位位 AC、奇偶标志位 P 等。程序中监视这些标志位，可方便地进行相关运算操作，如进位标志用于多字节加、减法等，溢出标志用于实现补码运算，辅助进位用于 BCD 码运算等。

1. 加法类指令

1) 加法指令

加法指令如表 3.8 所示。

表 3.8 加 法 指 令

汇 编 指 令	操　作
ADD A，Rn；	(A)←(A)+(Rn)
ADD A，direct；	(A)←(A)+(direct)
ADD A，@Ri；	(A)←(A)+((Ri))
ADD A，#data；	(A)←(A)+ data

参与运算的两个操作数都是 8 位二进制数，源地址的操作数和累加器 A 的操作数相加，和值存放于 A 中。指令的执行将影响标志寄存器 PSW 的位 AC、CY、OV、P。当和的第 3 位向第 4 位有进位(即半字节进位)时，将 AC 置 1；当和的最高位(第 7 位)有进位时，将 CY 置 1，否则为 0；和数中有奇数个 1 时，P 为 1；OV 位的值则取决于最高位 D7 是否有进位和次高位 D6 位是否有进位，即 OV=D7⊕D6。

【例 3.4】 设(A)=53H，(R5)=FCH，执行“ADD A，R5”后的结果及相关标志位

如图 3.6 所示。

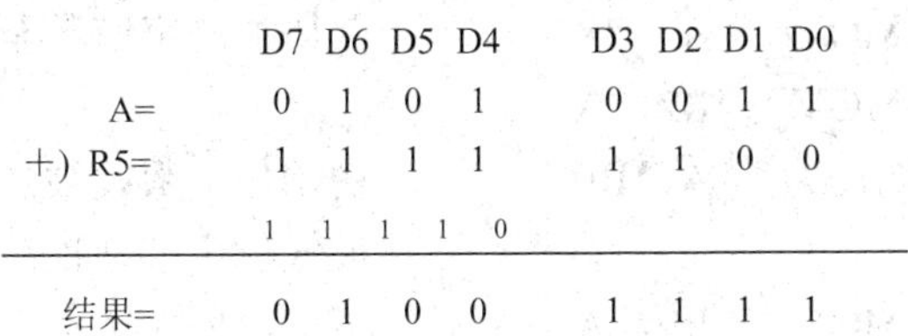

D7 D6 D5 D4　D3 D2 D1 D0
A=　0 1 0 1　0 0 1 1
+) R5=　1 1 1 1　1 1 0 0
1 1 1 1 0
结果=　0 1 0 0　1 1 1 1

图 3.6　例 3.4 的 ADD 指令执行示意图

标志 CY=1，OV= D7⊕D6=0。

运算结果是否正确需要考虑将操作数看做无符号数还是符号数。若将操作数视为符号数，则通常采用补码形式。若将操作数视做无符号数，则根据 CY 来判断运算结果是否溢出，若 CY=1，表明溢出，有进位；若视为符号数，则根据 OV 来判断结果是否溢出，若 OV=1，表明溢出，结果错误。

2) 带进位的加法指令

带进位的加法指令如表 3.9 所示。

表 3.9　带进位的加法指令

汇 编 指 令	操　　作
ADDC　A，Rn;	(A)←(A)+(Rn)+(CY)
ADDC　A，direct;	(A)←(A)+(direct)+(CY)
ADDC　A，@Ri;	(A)←(A)+((Ri))+(CY)
ADDC　A，#data;	(A)←(A)+ data+(CY)

这组指令执行的是将 A 中的操作数、另一个操作数与 CY 相加，结果存放于 A 中。此处的 CY 是指令执行前的值，而不是指令执行中产生的值。其对标志位的影响与不带进位加法指令的相同。

此种加法指令常用于多字节相加。

【例 3.5】　(1) 已知(A)=3CH，(R1)=0A9H，CY=1，执行如下指令后，A 和 CY 的值各为多少？

ADDC　A，R1

解：执行 ADDC 指令示意图如图 3.7 所示。

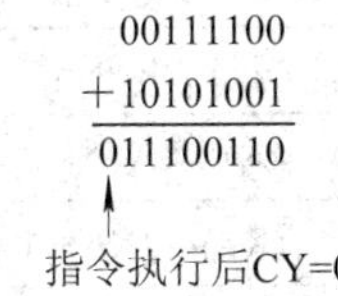

图 3.7　例 3.5 的 ADDC 指令执行示意图

执行结果：(A)=0E6H，CY=0。

(2) 试编程实现 3 字节无符号数的加法，设被加数的最高位字节的地址已经放在 R0 中，加数的最高位字节的地址已经放在 R1 中，加数和被加数都按从高位字节到低位字节的顺序放在 RAM 中，和值存回到被加数的存放处。程序如下：

```
        ORG   0200H
        MOV   A，#3          ；取待加的字节数至R2中
        MOV   R2，A
        ADD   A，R0          ；初始化加数及被加数数据指针，使之指向
                             最低位字节地址
        MOV   R0，A
        MOV   A，R2          ；重新取待加字节数
        ADD   A，R1
        MOV   R1，A
        CLR   C              ；清除进位位
ADD_MULTI：
        DEC   R0             ；(R0)←(R0)−1，调整数据指针
        DEC   R1
        MOV   A，@R0         ；(A)←((R0))
        ADDC  A，@R1         ；(A)←(A)+((R1))+(CY)，最低位字节相加
        MOV   @R0，A         ；和存回(R0)中
        DEC   R0             ；(R0)←(R0)−1，调整数据指针
        DEC   R1
        MOV   A，@R0         ；(A)←((R0))
        ADDC  A，@R1         ；(A)←(A)+((R1))+(CY)，中间字节相加
        MOV   @R0，A         ；和存回(R0)中
        DEC   R0             ；(R0)←(R0)−1，调整数据指针
        DEC   R1
        MOV   A，@R0         ；(A)←((R0))
        ADDC  A，@R1         ；(A)←(A)+((R1))+(CY)，最高位字节相加
        MOV   @R0，A         ；和存回(R0)中
        END
```

3) 加1指令

加1指令如表3.10所示。

表3.10　加1指令

汇编指令	操　作
INC　A;	(A)←(A)+1
INC　Rn;	(Rn)←(Rn)+1
INC　direct;	(direct)←(direct)+1
INC　@Ri;	((Ri))←((Ri))+1
INC　DPTR;	(DPTR)←(DPTR)+1

加1指令使指定单元的内容增加1，只有第1条指令“INC　A”能对奇偶标志位P产生影响，其余几条不会对任何标志位产生影响。第5条指令是对数据指针进行16位加1运

算，为地址加 1 提供了方便。

【例 3.6】 设(R0)=70H，(70H)=42H，(71H)=57H，执行如下指令后结果是什么？

(1) INC　@R0

(2) INC　R0

　INC　@R0

解：执行后：

(1) ((R0))+1=(70H)+1=42H+1=43H，即(70H)=43H。

(2) (R0)+1=70H+1=71H，即(R0)=71H。

　((R0))+1=(71H)+1=57H+1=58H，即(71H)=58H。

执行结果：(R0)=71H，(70H)=43H，(71H)=58H。

由此例可看出，加 1 指令可以非常灵活地运用于有递增需要的场合。

4) 十进制调整指令

十进制调整指令如表 3.11 所示。

表 3.11　十进制调整指令

汇 编 指 令	操　　作
DA　A;	对 A 中的 BCD 码加法结果进行校正

当 BCD 码按二进制数相加后，需用该指令对结果进行校正，才能得到正确的 BCD 码的和值。一个字节可包含两个 BCD 码，称为压缩的 BCD 码，调整过程如下：

若累加器 A 的低四位字节$(A)_{0\sim3}$>9 或(AC)=1，则$(A)_{0\sim3}=(A)_{0\sim3}$+06H;

同时，若累加器 A 的高四位$(A)_{4\sim7}$>9 或(CY)=1，则$(A)_{4\sim7}=(A)_{4\sim7}$+60H;

十进制调整指令仅对进位位 CY 产生影响，不影响 OV 标志。需要注意的是，本指令不能简单地把累加器 A 中的十六进制数变换成 BCD 码，也不能用于十进制减法的校正。

【例 3.7】 两个 4 位 BCD 码相加，设加数、被加数已经按压缩 BCD 码从高位到低位存放在内存单元中，被加数存于 RAM 的 32H、31H，加数存于 38H、39H，和存于 5EH、5FH，设和不会溢出。

解：程序如下：

```
ORG     0100H
MOV     A，31H      ；被加数的 BCD 码的低 2 位送 A
ADD     A，39H      ；与加数的 BCD 码的低 2 位相加
DA      A           ；作十进制调整
MOV     5FH，A      ；低 2 位和值存于 5FH
MOV     A，32H      ；被加数的高 2 位送 A
ADDC    A，38H      ；与加数的高 2 位相加
DA      A           ；作十进制调整
MOV     5EH，A      ；高 2 位和值存于 5EH
END
```

2. 减法类指令

1) 带借位减法指令

带借位减法指令如表 3.12 所示。

表 3.12　带借位减法指令

汇 编 指 令	操　作
SUBB　A，Rn；	(A)←(A)−(Rn)−(CY)
SUBB　A，direct；	(A)←(A)−(direct)−(CY)
SUBB　A，@Ri；	(A)←(A)− ((Ri))−(CY)
SUBB　A，#data；	(A)←(A)−data−(CY)

带借位减法指令是从累加器 A 中减去进位标志 CY 的值和指定变量的值，结果存放于 A 中，将影响标志位 CY、AC、OV、P。若第 7 位有借位，则 CY=1，否则为 0；若第 3 位有借位，则 AC=1，否则为 0；若操作数被视为符号数，则当有溢出时，OV=1；减法结果中 1 的个数为奇数时，P=1。

【例 3.8】 设有两个 3 字节无符号数相减，按照高位到低位的顺序，被减数存于 52H、51H、50H，减数存于 5AH、59H、58H，差值存于 52H、51H、50H。

解：程序如下：

```
ORG     0030H
CLR     C             ；清零操作，是一条位操作指令，令 CY=0
MOV     R0，#50H      ；被减数的低 8 位的地址传给 R0，以 R0 作为被减数的地
                      ；址指针
MOV     R1，#58H      ；减数的低 8 位的地址传给 R1，以 R1 作为减数的地址
                        指针
                      ；~~~~低 8 位相减~~~~
MOV     A，@R0        ；(A)←(50H)
SUBB    A，@R1        ；低 8 位相减
MOV     @R0，A        ；差值存回 50H
INC     R0            ；被减数的地址指针 R0 递增 1
INC     R1            ；减数的地址指针 R1 递增 1
                      ；~~~~中间 8 位相减~~~~
MOV     A，@R0
SUBB    A，@R1
MOV     @R0，A
INC     R0
INC     R1
                      ；~~~~高 8 位相减~~~~
MOV     A，@R0
SUBB    A，@R1
MOV     @R0，A
END
```

由此程序段可看出，相同的减法操作执行了 3 次，采用的是顺序执行模式，学习了后面的循环转移指令后，就可作简化处理。

2) 减 1 指令

减 1 指令如表 3.13 所示。

表 3.13　减 1 指令

汇 编 指 令	操　　作
DEC　A;	(A)←(A)−1
DEC　Rn;	(Rn)←(Rn)−1
DEC　direct;	(direct)←(direct)−1
DEC　@Ri ;	(Ri)←((Ri))−1

减 1 指令是将指定的地址或单元中的内容减 1，结果仍存放于原单元中。DEC A 指令会影响 PSW 的奇偶校检位 P，其余指令都不会影响标志位。

【例 3.9】　设(A)=0FEH，(R0)=60H，(60H)=0AH，试问下述指令的执行结果是什么？

(1) DEC　A;

(2) DEC　@R0;

(3) DEC　R0。

解：执行结果如下：

(1) (A) = 0FEH − 1 = 0FDH。

(2) (60H) = 0AH − 1 = 09H。

(3) (R0) = 60H − 1 = 5FH。

3. 乘法指令

乘法指令如表 3.14 所示。

表 3.14　乘 法 指 令

汇 编 指 令	操　　作
MUL　AB;	(B)(高 8 位)、(A)(低 8 位)←(A)×(B)

乘法指令是将累加器 A 和寄存器 B 中的两个无符号整数相乘，所得积的高 8 位存于 B，低 8 位存于 A。该操作将会对 OV、CY 和 P 标志产生影响：当乘积结果大于 255(0FFH)时，溢出标志 OV=1，否则为 0；进位标志 CY 总是被清零；当累加器 A 中 1 的个数为奇数时，奇偶校验标志位 P =1，否则为 0。

【例 3.10】　试编写程序完成 $100_d \times 55_d$，将结果存放于 60H(高 8 位)、61H(低 8 位)。

解：
```
ORG     0030H
MOV     A，#100      ；十进制被乘数赋值给 A
MOV     B，#55       ；十进制乘数赋给 B
MUL     AB           ；两数相乘
MOV     60H，B       ；积的高 8 位送 RAM 的 60H
MOV     61H，A       ；积的低 8 位送 RAM 的 61H
END
```

执行结果：(60H)=15H，(61H)=7CH

4. 除法指令

除法指令如表 3.15 所示。

表 3.15　除 法 指 令

汇 编 指 令	操　作
DIV　AB；	(B)(余数)、(A)(商数)←(A)÷(B)

除法指令是将累加器 A 中的 8 位无符号整数除以寄存器 B 中的 8 位无符号整数，所得商存放在 A 中，余数部分存放在 B 中。该操作对 CY 和 P 标志位的影响同乘法指令。当 B 中的值为 00H 时，执行结果是不确定的值，且置溢出标志 OV 为 1，表明该次除法是无意义的，其余情况均将 CY 清 0。

【例 3.11】 试编写程序完成 $240_d \div 55_d$，将结果存放于 50H(整数)、51H(余数)。

解：
```
ORG   0030H
MOV   A，#0F0H    ；将 0F0H(240)送累加器 A
MOV   B，#37H     ；将 37H(55)送寄存器 B
DIV   AB          ；执行除法指令
MOV   50H，A      ；将执行除法后的商送内部 RAM 的 50H 单元
MOV   51H，B      ；余数送 51H
END
```

执行结果：(50H)=04H(商)，(51H)=14H(余数)。

3.3.3　逻辑运算及移位类指令

逻辑运算及移位指令共有 24 条，其中逻辑指令有“与”“或”“异或”、累加器 A 清零和求反 20 条，移位指令 4 条。

1. 逻辑“与”运算指令

逻辑“与”运算指令如表 3.16 所示。

表 3.16　逻辑“与”运算指令

汇 编 指 令	操　作
ANL　A，Rn ；	(A)←(A)∧(Rn)
ANL　A，direct ；	(A)←(A)∧(direct)
ANL　A，@Ri ；	(A)←(A)∧((Ri))
ANL　A，#data ；	(A)←(A)∧ data
ANL　direct，A ；	(direct)←(direct)∧(A)
ANL　direct，#data ；	(direct)←(direct)∧ data

逻辑“与”运算指令将两个指定的操作数按位进行逻辑“与”操作。

例如，(A)=FAH=11111010B，(R1)=7FH=01111111B。

执行指令：

```
ANL   A，R1     ；(A)=11111010∧01111111
```

结果为：(A)=01111010B=7AH。

逻辑“与”(ANL)指令常用于屏蔽(置 0)字节中某些位。若清除某位，则用“0”和该位相与；若保留某位，则用“1”和该位相与。

例如，(P1)=D5H=11010101B，屏蔽 P1 口高 4 位。

执行指令：

```
ANL   P1，#0FH      ；(P1)←(P1)∧00001111
```

结果为：(P1)=05H=00000101B。

2. 逻辑“或”运算指令

逻辑“或”运算指令如表 3.17 所示。

表 3.17　逻辑“或”运算指令

汇 编 指 令	操　　作
ORL　A，Rn ；	(A)←(A)∨(Rn)
ORL　A，direct ；	(A)←(A)∨(direct)
ORL　A，@Ri ；	(A)←(A)∨((Ri))
ORL　A，#data ；	(A)←(A)∨ data
ORL　direct，A ；	(direct)←(direct)∨(A)
ORL direct，#data ；	(direct)←(direct)∨ data

逻辑“或”指令将两个指定的操作数按位进行逻辑“或”操作。该指令常用来使字节中某些位置“1”，欲保留(不变)的位用“0”与该位相或，而欲置位的位则用“1”与该位相或。

例如，若(A)=C0H，(R0)=3FH，(3F)=0FH。

执行指令：

```
ORL     A，@R0      ；(A)←(A)∨((R0))
```

结果为：(A)=CFH。

又如，根据累加器 A 中 4～0 位的状态，用逻辑“与”“或”指令控制 P1 口 4～0 位的状态，P1 口的高 3 位保持不变。

```
ANL     A，#00011111B       ；屏蔽 A 的高 3 位
ANL     P1，#11100000B      ；保留 P1 的高 3 位
ORL     P1，A               ；使 P1₄～₀ 按 A₄～₀ 置位
```

若上述程序执行前，(A)=B5H=10110101B，(P1)=6AH=01101010B，则执行程序后，(A)=15H=00010101B，(P1)=75H=01110101B。

3. 逻辑“异或”运算指令

逻辑“异或”运算指令如表 3.18 所示。

表 3.18　逻辑“异或”运算指令

汇 编 指 令	操　　作
XRL　A，Rn ；	(A) ←(A)⊕(Rn)
XRL　A，direct ；	(A)←(A)⊕(direct)
XRL　A，@Ri ；	(A)←(A)⊕((Ri))
XRL　A，#data ；	(A)←(A)⊕data
XRL　direct，A ；	(direct)←(direct)⊕(A)
XRL　direct，#data ；	(direct)←(direct)⊕data

逻辑“异或”指令常用来对字节中某些位进行取反操作，欲将某位取反，则该位与“1”相异或；欲将某位保留，则该位与“0”相异或。此外，还可利用异或指令对某单元自身异或，以实现清零操作。

例如，若(A)=B5H=10110101B，执行下列指令：

```
XRL    A，#0F0H    ；A 的高 4 位取反，低 4 位保留
MOV    30H，A      ；(30H)←(A)=45H
XRL    A，30H      ；自身异或使 A 清零
```

执行后结果：(A)=00H。

以上逻辑“与”“或”“异或”各 6 条指令具有如下共同特点：

(1) 逻辑“与”ANL、“或”ORL、“异或”XRL 运算指令除逻辑操作功能不同外，三者的寻址方式相同，指令字节数相同，机器周期数也相同。

(2) ANL、ORL、XRL 的前两条指令的目的操作数均为直接地址方式，可很方便地对内部 RAM 的 00H～FFH 任一单元或特殊功能寄存器的指定位进行清零、置位、取反、保持等逻辑操作。当 direct 为端口 P0～P3 地址时，这些指令均为“读—修改—写”指令。

(3) ANL、ORL、XRL 的后 4 条指令，其逻辑运算的目的操作数均在累加器 A 中，且逻辑运算结果也保存在 A 中。

4．累加器 A 清零与取反指令

累加器 A 清零与取反指令如表 3.19 所示。

表 3.19　累加器 A 清零与取反指令

汇编指令	操作
CLR　A；	(A)← 0
CPL　A；	$(A)\leftarrow(\overline{A})$

第 1 条是对累加器 A 清零指令，第 2 条是把累加器 A 的内容取反后再送入 A 中保存的对 A 求反指令，它们均为单字节指令。若用其他方法达到清零或取反的目的，则至少需用双字节指令。

5．移位指令

移位指令有循环左移、带进位位循环左移、循环右移和带进位位循环右移 4 条指令。移位只能对累加器 A 进行。

循环左移：

RL　　A；(An+1)←(An)，(A0)←(A7)

带进位位循环左移：

RLC　A；(An+1)←(An)，(CY)←(A7)，(A0)←(CY)

循环右移：

RR　A；(An)←(An+1)，(A7)←(A0)

带进位位循环右移：

RRC　A；(An)←(An+1)，(CY)←(A0)，(A7)←(CY)

以上移位指令操作可用图 3.8 表示。

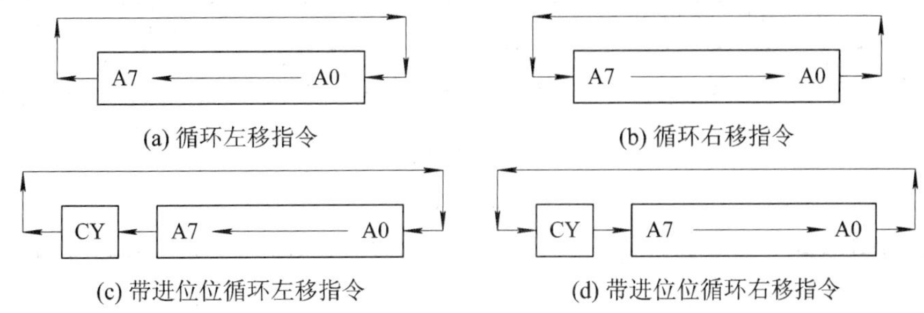

图 3.8　移位指令操作示意图

另外，值得一提的是，在前述数据传送类指令中有一条累加器 A 的内容半字节交换指令：

SWAP　　A　　；$(A)_{7\sim4}=(A)_{3\sim0}$

上述指令实际上相当于执行循环左移指令 4 次。该指令在 BCD 码的变换中是非常实用的。

3.3.4　控制转移类指令

控制转移类指令共计 17 条，可分为无条件转移指令、条件转移指令、子程序调用及返回指令。采用控制转移类指令能方便地实现程序的向前、向后跳转，并根据条件实现分支运行、循环运行、调用子程序等。

1. 无条件转移指令

无条件转移指令有如表 3.20 所示的 4 条指令，它们提供了不同的转移范围和寻址方式。

表 3.20　无条件转移指令

汇 编 指 令	操　　作
LJMP　addr16;	(PC) ← addr16
AJMP　addr11;	(PC)←(PC)+2，$(PC)_{10\sim0}$←addr11
SJMP　rel;	(PC)←(PC)+2，(PC)←(PC)+rel
JMP　@A+DPTR ;	(PC)←(PC)+(A)+(DPTR)

(1) LJMP 称为长转移指令，它是一条三字节指令，提供 16 位目标地址 addr16。执行该指令后，程序计数器 PC 的高 8 位为 $addr_{15\sim8}$ 的地址值，低 8 位为 $addr_{7\sim0}$ 的地址值，程序无条件地转向指定的目标地址去执行，不影响标志位。由于可直接提供 16 位目标地址，所以执行这条指令可以使程序从当前地址转移到 64 KB 程序存储器地址空间的任意单元，故称为“长转移”。

例如，在程序存储器 0000H 单元存放一条指令：

LJMP　　2000H　　；(PC)←2000H　，02 20 00

则上电复位后程序将跳到 2000H 单元去执行用户程序。

(2) AJMP 称为绝对转移指令，它是一条双字节指令。该指令的机器代码是由 11 位直接地址 addr11 和指令特有操作码 00001 按下列分布组成的：

a_{10}	a_9	a_8	0	0	0	0	1	a_7	a_6	a_5	a_4	a_3	a_2	a_1	a_0

该指令执行后，程序转移的目的地址由 AJMP 指令所在位置的地址 PC 值加上该指令字节数 2，构成当前的 PC 值。取当前 PC 值的高 5 位与指令中提供的 11 位直接地址形成转移的目的地址，即：

PC_{15}	PC_{14}	PC_{13}	PC_{12}	PC_{11}	a_{10}	a_9	a_8	a_7	a_6	a_5	a_4	a_3	a_2	a_1	a_0

由于 11 位地址的范围是 00000000000～11111111111，即 2 KB 范围，而目标地址的高 5 位是由 PC 当前值固定的，所以程序可转移的位置只能是和 PC 当前值在同一 2 KB 的范围之内。本指令转移可以向前，也可以向后，指令执行后不影响状态标志位。

例如，若 AJMP 指令地址(PC)=2300H。

执行指令：

```
AJMP   0FFH    ; (PC)←(PC)+2=2302H
               ; (PC)10~0←0001 1111111
```

结果：转移目的地址(PC)=20FFH，程序向前转向 20FFH 单元开始执行。

又如，若 AJMP 指令地址(PC)=2FFFH。

执行指令：

```
AJMP      0FFH     ; (PC)←(PC)+2=3001H
                   ; (PC)10~0=00011111111
```

结果：转移目的地址(PC)=30FFH，程序向后转向 30FFH 单元开始执行。

值得注意的是，AJMP 的机器代码是由指令提供的直接地址 addr11 与指令特有的操作码构成的。若 addr11 相同，则 AJMP 指令的机器代码相同，其转移目的地址是由 PC 当前值的高 5 位与 addr11 共同决定的，且转移范围为 PC 当前值所指的 2 KB 地址范围。

(3) SJMP 称为短转移指令，它是双字节指令，指令的操作数是相对地址 rel。由于 rel 是带符号的偏移量，所以程序可以无条件向前或向后转移，在 SJMP 指令所在地址 PC 值(源地址)加该指令字节数 2 的基础上，在以−128～+127 为偏移量(256 个单元)的范围内实现相对短转移，即

$$目的地址 = 源地址 + 2 + rel$$

例如，在 3100H 单元有 SJMP 指令，若 rel=5AH(正数)，则转移目的地址为 315CH；若 rel=F0H(负数)，则转移目的地址为 30F2H(3100H+2H+FFF0H)。该指令的执行不影响状态标志位。

这条指令的优点是：指令中只给出了相对转移地址，不具体指出地址值。在修改程序时，只要相对地址不发生改变，该指令就不需要作任何改动。对于前两条指令(LJMP、AJMP)，由于直接给出了转移地址，在程序修改时就可能需要修改该地址，所以短转移指令在子程序中应用较多。

采用汇编语言编程时，指令中的相对地址 rel 常常采用欲转移至的地址的标号(符号地址)表示，能自动算出相对地址值。rel 的计算公式如下：

向前转移：　　rel = FE − (源地址与目的地址差的绝对值)

向后转移：　　rel = (源地址与目的地址差的绝对值) − 2

若 rel 值大于 80H，则程序向前转移；若 rel 值小于 80H，则程序向后转移。

例如，设(PC)=2100H，若转向 215CH 去执行程序，则

$$rel = (215CH - 2100H) - 2H = 5AH$$

相应的转移指令如下：

```
2100：SJMP   rel   ；
```

其指令的机器代码为 805AH。

若转向 20F2H 去执行程序，则

$$rel = FE - (2100H - 20F2H) = F0H$$

另外，若 rel 取值为 FE，则目的地址=源地址。若在程序的最末端加上这样一条指令，则程序就不会再向后执行，而“终止”在这一句上，造成单指令的无限循环并进入等待状态。

通常表示如下：

```
    HERE：SJMP   HERE      ；
或  HERE：SJMP   $   ，80   FE
```

(4) JMP 称为间接长转移指令，它是以数据指针 DPTR 的内容为基址，以累加器 A 的内容为相对偏移量，在 64 KB 范围内可无条件转移的单字节指令。该指令的特点是转移地址可以在程序运行中加以改变。例如，当 DPTR 为确定的值时，根据 A 的不同值就可以实现多分支的转移，起到一条指令完成多条分支指令的功能。因此，该指令是一条典型的多分支选择转移指令。另外，该指令执行后不影响 DPTR 和 A 的原内容，也不影响任何状态标志。

例如，根据累加器 A 的数值，转至不同处理程序的入口。

程序如下：

```
        MOV    DPTR，#TABLE  ；表的首址送入 DPTR
        JMP    @A+DPTR       ；依据 A 值转移
TABLE： AJMP   TAB1          ；当(A)=0 时转 TAB1 执行
        AJMP   TAB2          ；当(A)=2 时转 TAB2 执行
        AJMP   TAB3          ；当(A)=4 时转 TAB3 执行
```

以上程序可依据 A 的内容进行多分支操作，由于 AJMP 是双字节指令，所以 A 的值必须为偶数。

2. 条件转移指令

条件转移指令的作用是当某种条件满足时，程序转移执行，条件不满足时，程序仍按原来的顺序继续执行。条件转移的条件可以是上一条指令或者更前一条指令的执行结果(体现在标志位上)，也可以是条件转移指令本身包含的某种运算结果。

该类指令共有 8 条，可以分为累加器判零条件转移指令、比较转移指令和减 1 条件转移指令 3 大类。 由于该类指令采用相对寻址，因此程序可在以当前 PC 值为中心的−128～+127 范围内转移。

1) 累加器判零转移指令

这类指令有 2 条，如表 3.21 所示。

表 3.21　累加器判零转移指令

汇 编 指 令	操　　作
JZ　rel ；	若(A)=0，则(PC)←(PC)+2+rel 若(A)≠0，则(PC)←(PC)+2
JNZ　rel ；	若(A)≠0，则(PC)←(PC)+2+rel 若(A)=0，则(PC)←(PC)+2

这是一组以累加器 A 的内容是否为零作为条件的双字节转移指令。累加器的内容是否为零，是由这条指令以前的其他指令执行的结果决定的，该指令本身不作任何运算，也不影响任何标志。

【例 3.12】 试编程从 P2 口读入数据，若为 0，则在本地循环等待；若不为 0，则顺序执行。

解：
```
WAIT：  MOV   A，P2      ；将 P2 口的内容送 A 中
        JZ    WAIT       ；若(A)=0，转到 WAIT，重复读取 P2 口的数据；若
                         ；(A)≠0，则程序向下顺序执行
```

2) 比较转移指令

比较转移指令如表 3.22 所示。

表 3.22　比较转移指令

汇 编 指 令	操　　作
CJNE　A，direct，rel；	PC←PC+3 若(A)>(direct)，则(PC) ←(PC)+rel，且 CY←0
CJNE　A，#data，rel；	若(A)<(direct)，则(PC) ←(PC)+rel，且 CY←1
CJNE　Rn，#data，rel；	若(A)=(direct)，则顺序执行，且 CY←0
CJNE　@Ri，#data，rel；	若((Ri))<data，则 CY←1；若((Ri))>data，则 CY←0

这组指令的功能是先对两个规定的操作数进行比较，根据比较结果来决定是否转移到目的地址。若两个操作数相等，则不转移，程序继续执行；若两个操作数不相等，则转移。两个操作数是按两个无符号数作减法来比较的(差不保留)。当目的操作数大于源操作数时，清进位标志 CY=0；反之，置进位标志 CY=1。若再选以 CY 作为条件的转移指令(后述)，则可以实现进一步的分支转移。

这 4 条比较转移指令均为三字节指令，因此目的地址应是 PC 加 3 以后再加偏移量 rel，程序可在以 PC 当前值为中心的−128～+127 范围内转移。

这 4 条指令的含义分别如下：

(1) 累加器内容与内部 RAM(包括特殊功能寄存器)内容比较，不相等则转移；

(2) 累加器内容与立即数比较，不相等则转移；

(3) 工作寄存器内容与立即数比较，不相等则转移；

(4) 内部 RAM 内容与立即数比较，不相等则转移。

以上 4 条指令的差别仅在于操作数的寻址方式不同，均完成以下操作：

若目的操作数=源操作数，则(PC)←(PC)+3；

若目的操作数>源操作数，则(PC)←(PC)+3+rel，CY=0；

若目的操作数<源操作数，则(PC)←(PC)+3+rel，CY=1；

偏移量 rel 的计算公式如下：

向前转移：　　　rel = FD − (源地址与目的地址差的绝对值)

向后转移：　　　rel = (源地址与目的地址差的绝对值) − 3

例如，当 P1 口输入为 3AH 时，程序继续进行，否则等待，直至 P1 口出现 3AH。参考程序如下：

```
        MOV     A，#3AH          ；立即数 3A 送 A
WAIT：  CJNE    A，P1，WAIT      ；(P1)≠3AH，则等待
```

3) 减 1 条件转移指令(循环转移指令)

减 1 条件转移指令如表 3.23 所示。

表 3.23　减 1 条件转移指令

汇 编 指 令	操　　作
DJNZ　Rn ，rel;	若(Rn)−1≠0，则(PC)←(PC)+2+rel 若(Rn)−1=0，则(PC)←(PC)+2，即顺序执行
DJNZ　direct，rel ；	若(direct)−1≠0，则(PC)←(PC)+3+rel 若(direct)−1=0，则(PC)←(PC)+3，即顺序执行

这是把减 1 功能和条件转移相结合在一起的一组指令。程序每执行一次该指令，就把第一操作数减 1，并且将结果保存在第一操作数中，然后判断操作数是否为零。若不为零，则转移到规定的地址单元，否则顺序执行。转移的目标地址在以 PC 当前值为中心的−128～+127 范围内。如果第一操作数原为 00H，则执行该组指令后，结果为 FFH，但不影响任何状态标志。

这组指令对于构成循环程序是非常有用的，可以指定任何一个工作寄存器或者内部 RAM 单元为计数器，对其赋以初值，利用上述指令进行减 1 后不为零就循环操作，构成循环程序。赋以不同的初值，可对应不同的循环次数，因此使用不同的工作寄存器或内部 RAM 单元就可派生出很多循环转移指令。

【例 3.13】　软件延时程序：

```
MOV       R1，#05H              ；给 R1 赋循环初值
DELAY：DJNZ    R1，DELAY        ；(R1)←(R1)−1，若(R1)≠0 则循环
```

由于“DJNZ　R1，DELAY”为双字节双周期指令，当单片机主频为 12 MHz 时，执行一次该指令需 24 个振荡周期，约 2 μs，因此，R1 中置入循环次数为 5 时，执行该循环指令可产生 10 μs 的延时。

【例 3.14】 将内部 RAM 中从 DATA 单元开始的 20 个无符号数相加，相加结果送 SUM 单元保存。

解：设相加结果不超过 8 位二进制数，则相应的程序如下：

```
        MOV  R0，#14H       ；给 R0 置计数器初值
        MOV  R1，#DATA      ；数据块首址送 R1
        CLR  A              ；A 清零
LOOP：  ADD  A，@R1         ；加一个数
        INC  R1             ；修改地址，指向下一个数
        DJNZ R0，LOOP       ；R0 减 1，不为零则循环
        MOV  SUM，A         ；存 20 个数相加和
```

3. 子程序调用及返回指令

在编写程序过程中，常常会遇到在一个程序中反复执行某一程序段的情况，如果在程序中反复写这一段程序，则会使整个程序冗长。为此，将重复的程序段写成一个独立的子程序，主程序在需要的地方通过调用来使用它，执行完毕后，再回到主程序。这样就需要子程序调用和返回指令。子程序的调用示意图如图 3.9 所示。

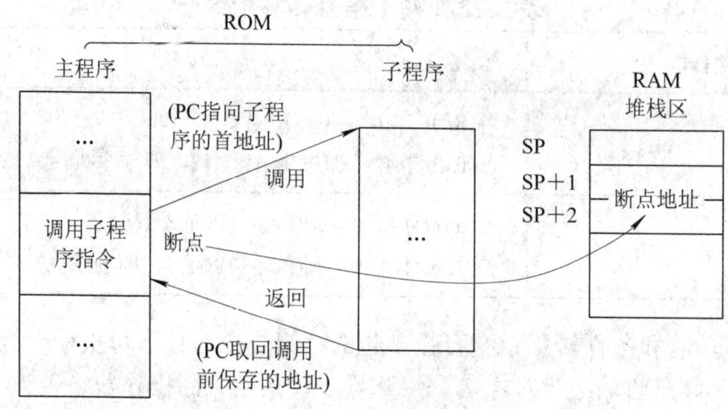

图 3.9　子程序调用示意图

主程序在调用子程序时，产生了一个程序断点，在此处单片机系统自动将断点处的地址保存在堆栈中，然后将调用指令中的子程序地址赋给 PC，从而转移到子程序去执行指令。子程序的最后一条指令是返回指令，执行到它时，系统将堆栈中保存的断点地址重新装入 PC，从而可继续执行主程序。

1) 绝对调用指令

绝对调用指令如表 3.24 所示。

表 3.24　绝对调用指令

汇编指令	操　作
ACALL　addr11;	(PC)←(PC)+2 (SP)←(SP)+1，(SP)=$(PC)_{7\sim0}$ (SP)←(SP)+1，(SP)=$(PC)_{15\sim8}$ $(PC)_{10\sim0}$ ← addr11

该指令是一条双字节指令。指令执行时，取出指令码后，将(PC)+2 的值(断点地址)压入堆栈，并保留其高 5 位，另将指令中给出的 addr11 放入 PC 的低 11 位，二者合并而成的新地址就是子程序的起始地址，程序转入该地址执行。一般在编程时，addr11 用标号表示。调用指令的地址 PC 加 2 后与所调用的子程序的起始地址应在同一个 2 KB 范围内。假设程序中有绝对调用指令，其地址为 1020H，则可调用的子程序的入口地址范围为 0001 0000 0000 0000B(1000H)～0001 0111 1111 1111B(17FFH)，如图 3.10 所示。

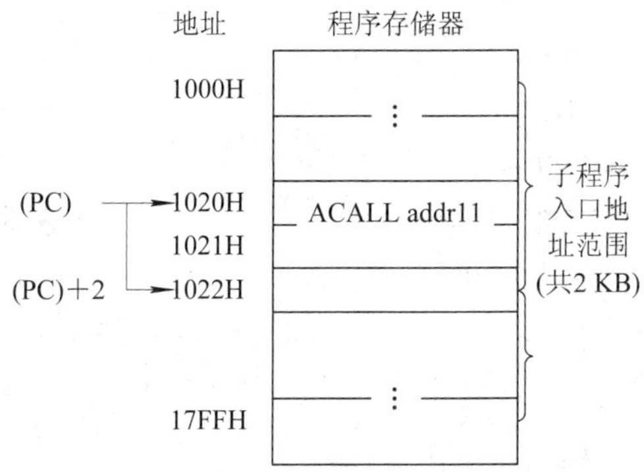

图 3.10　ACALL 指令的调用范围示意图

2) 长调用指令

长调用指令如表 3.25 所示。

表 3.25　长调用指令

汇编指令	操　作
LCALL　addr16;	(PC)←(PC)+3 (SP)←(SP)+1，(SP)=$(PC)_{7\sim0}$ (SP)←(SP)+1，(SP)=$(PC)_{15\sim8}$ (PC)← addr16

该指令是一条三字节指令。指令执行时，取出指令码后，将(PC)+3 的值(断点地址)压入堆栈，然后将指令中的 addr16 送入 PC，转去执行子程序，可在 64 KB 范围内调用。

3) 返回指令

子程序调用指令使程序转入子程序去执行，那么子程序执行完毕后，应当回到原来调用处继续向下执行，完成这一功能的就是返回指令，如表 3.26 所示。

表 3.26　返回指令

汇编指令	操　作
RET ;	$(PC)_{15\sim8}$ ←(SP)，(SP)←(SP)−1 $(PC)_{7\sim0}$ ← (SP)，(SP)←(SP)−1
RETI ;	$(PC)_{15\sim8}$ ←(SP)，(SP)←(SP)−1 $(PC)_{7\sim0}$ ← (SP)，(SP)←(SP)−1

RET 是子程序返回指令，用于子程序结尾处。其功能是从堆栈中取出断点地址并送入

程序计数器 PC，指示程序从断点处继续向下执行。

RETI 是中断服务子程序的返回指令，用于中断服务程序的结尾处。其功能除令程序返回断点处继续执行外，还能清除中断响应时被置位的优先级状态，以允许单片机响应低优先级的中断请求。

【例 3.15】 试编写一程序向 P1 口依次送 0～9 的 7 段显示码，每个码之间间隔约 0.2 s。单片机晶振频率为 12 MHz。

解：程序如下：

```
          ORG    0000H
          JMP    MAIN
          ORG    0100H
MAIN:  MOV    DPTR，#TAB          ；将显示码表的首地址送数据指针 DPTR
          MOV    R1，#00H           ；用 R1 存放 0～9
DISP:  MOV    A，R1               ；将要显示的数码送累加器 A
          MOVC   A，@A+DPTR         ；查表，将要显示的数码的 7 段显示码
                                    ；送 A
          MOV    P1，A               ；将显示码送 P1 口
          LCALL  DELAY              ；调用延时程序
          INC    R1                 ；将 R1 的数值递增 1
          CJNE   R1，#0AH，DISP      ；10 个数码是否都显示完毕
          SJMP   $
TAB:   DB     3FH，06H，5BH，4FH，66H，6DH，7DH，07H，7FH，6FH
DELAY:     MOV   R4，#2
DLY100MS: MOV   R5，#200
DLY0_5MS: MOV   R6，#250
LOOP:      DJNZ  R6，LOOP            ；延迟 0.5 ms
           DJNZ  R5，DLY0_5MS        ；延迟 100 ms
           DJNZ  R4，DLY100MS        ；延迟 0.2 s
           RET
```

注：因为单片机上电后从程序存储器的 0000H 单元开始执行，所以在 0000H 放一条跳转指令，使程序从指定处(0100H)开始。

程序中，TAB 一句是用伪指令 DB 定义的数据表格，用来存放数码管的显示码。

DELAY 这一段子程序的功能是延时大约 0.2 s。

4. 空操作指令

空操作指令如表 3.27 所示。

表 3.27 空操作指令

汇编指令	操作
NOP;	(PC)←(PC)+1

这条指令是单字节单周期指令，控制 CPU 不进行任何操作，仅仅使程序计数器 PC 加 1，常常用作等待或极短时间的延时。

3.3.5　位操作指令

位操作又称为布尔变量操作，它以位(bit)作为单位来进行运算和操作。MCS-51 系列单片机内设置了一个位处理器(布尔处理机)，它有自己的累加器(借用进位标志 CY)、自己的存储器(即位寻址区中的各位)，还有支持完成位操作的运算器等。与之对应，软件上也有专门可进行位处理的位操作指令集，共 17 条。这些指令集可以完成以位为对象的传送、运算、转移控制等操作。这一组指令的操作对象是内部 RAM 中的位寻址区，即 20H～2FH 中连续的 128 位(位地址 00H～7FH)，以及特殊功能寄存器 SFR 中支持位寻址的各位。在指令中，位地址的表示方法主要有以下 4 种(均以程序状态字寄存器 PSW 的第五位 F0 标志为例进行说明)。

(1) 直接位地址表示方式，如 D5H。

(2) 点操作符表示方式(说明是什么寄存器的什么位)，如 PSW.5 说明是 PSW 的第五位。

(3) 位名称表示方法，如 F0。

(4) 用户定义名表示方式，如用户定义用 FLG 这一名称(位符号地址)来代替 F0，则在指令中允许用 FLG 表示 F0 标志。

1. 位传送指令

位传送指令用于在可位寻址的位和累加位 CY 之间进行 1 位数据的传送，如表 3.28 所示。

表 3.28　位传送指令

汇编指令	操作
MOV　C，bit;	(CY)←(bit)
MOV　bit，C;	(bit)←(CY)

指令中的操作数 C 代表累加位 CY 的内容，操作数 bit 代表内存 RAM 中的可寻址位的内容，bit 可以是位地址，也可以是可位寻址字节的某一位。

【例 3.16】　试编程实现将 2FH 位的内容送到 P1.0(90H)。

解：
```
MOV   20H，C    ；将 CY 的内容暂存在 20H 位
MOV   C，2FH    ；2FH 位的内容送 CY
MOV   90H，C    ；CY 的内容送 90H 位，该句也可写成“MOV  P1.0，C”
MOV   C，20H    ；恢复 CY 的内容
```

【例 3.17】　比较“MOV　20H，A”和“MOV　20H，ACC.0”，20H 指的是同一个地址单元吗？

解：两条指令中的 20H 不是同一个地址单元，“MOV　20H，A”中的 20H 是 RAM 的 20H 字节单元，而“MOV　20H，ACC.0”中的 20H 是位单元，即字节单元 24H 的第 0 位(24H.0)。

2. 位置 1 和清零指令

位置 1 和清零指令如表 3.29 所示。

表 3.29　位置 1 和清零指令

汇 编 指 令	操　作
SETB　C　;	(CY)← 1
SETB　bit ;	(bit)← 1
CLR　C　;	(CY)← 0
CLR　bit ;	(bit)← 0

这 4 条指令完成的功能是将 0 或 1 送给累加位 CY 或可寻址位。

3. 位逻辑运算指令

位逻辑运算指令如表 3.30 所示。

表 3.30　位逻辑运算指令

汇 编 指 令	操　作
ANL　C，bit ;	(CY)←(CY)∧(bit)，　逻辑“与”
ANL　C，/bit;	(CY)←(CY)∧(/bit)，　逻辑“与”
ORL　C，bit;	(CY)←(CY)∨(bit)，　逻辑“或”
ORL　C，/bit;	(CY)←(CY)∨(/bit)，　逻辑“或”
CPL　C　;	(CY)←($\overline{CY}$)，　逻辑“非”
CPL　bit　;	(bit)←(/bit)，　逻辑“非”

注：指令中的“/bit”表示对位单元内容取反。

逻辑“与”指令 ANL 的功能是：当两个操作位的值都是 1 时，将 1 送给 C，否则送 0。

逻辑“或”指令 ORL 的功能是：当两个操作位的值都是 0 时，将 0 送给 C，否则送 1。

逻辑“非”(取反)指令 CPL 的功能是：操作位的值是 1 时，将 0 送操作位；操作位的值是 0 时，将 1 送操作位。

【例 3.18】　试说出下列程序段实现的操作。

```
(1)　MOV　C，P1.3　　；P1.3 的值送 CY
     ANL　C，ACC.0　；C=(C)∧(ACC.0)
```

显然，P1.3 和 ACC.0 均为 1 时，C 等于 1。

```
(2)　MOV　C，P1.3　　；P1.7 的值送 CY
     ORL　C，ACC.7　；C=C∨(ACC.0)
```

上述程序实现的是：P1.3 或 ACC.0 之一或全部为 1 时，C 等于 1。

4. 位条件转移指令

该组指令按位判决的对象及转移处理方式分为两组。

1) 判 C 转移指令

判 C 转移指令如表 3.31 所示。

表 3.31　判 C 转移指令

汇编指令	操作
JC　　rel;	若(CY)=1，则(PC)←(PC)+2+rel 若(CY)≠1，则(PC)←(PC)+2，即顺序执行
JNC　rel;	若(CY)=0，则(PC)←(PC)+2+rel 若(CY)≠0，则(PC)←(PC)+2，即顺序执行

这两条指令是根据 CY 的值来判断是否进行跳转的，满足条件就跳转，否则就顺序执行。同样地，rel 通常用标号地址表示，取值范围是以指令的当前 PC 为基准在−128～+127 字节之间。

【例 3.19】 试编写一段程序完成两个无符号数的比较，并将大的数放在内存 RAM 的 3FH 单元，设两个无符号数已放在 R1、R2 中。

解：MCS-51 指令中虽无专门的比较指令，但可利用字节比较转移指令及其对进位标志 CY 的影响来进行判断。程序如下：

```
COMP：MOV   A，R1              ；R1 的数送累加器 A
      MOV   3FH，R2            ；R2 的数送 RAM 的 3FH 单元
      CJNE  A，3FH，JUDGE      ；比较 A 和 3FH 的数，若(A)≠(3FH),
                               ；则跳到大小判决程序 JUDGE
      SJMP  ENDCOMP            ；若(A)=(3FH)，则返回
JUDGE：JC   ENDCOMP            ；若 CY=1，表明(A)<(3FH)，返回
      MOV   3FH，A             ；若 CY=0，表明(A)>(3FH)
ENDCOMP：RET
```

2) 判位变量转移指令

判位变量转移指令如表 3.32 所示。

表 3.32　判位变量转移指令

汇编指令	操作
JB　　bit，rel;	若(bit)=1，则(PC)←(PC)+3+rel 若(bit)≠1，则(PC)←(PC)+3
JNB　bit，rel;	若(bit)=0，则(PC)←(PC)+3+rel 若(bit)≠0，则(PC)←(PC)+3
JBC　bit，rel;	若(bit)=1，则(bit)← 0，(PC)←(PC)+3+rel 若(bit)≠1，则(PC)←(PC)+3

这三条指令是根据位变量 bit 的内容来确定程序的执行方向的。第三条指令除使程序转移外，还有清零 bit 内容的作用。

以上介绍了 MCS-51 系列单片机的指令系统。有关 111 条指令助记符、操作数以及字节数和指令周期一览表详见附录一。有关影响标志位的指令一览表见表 3.33。

表 3.33 影响标志位的指令一览表

指令助记符	有影响的标志位			备 注
	CY	OV	AC	
ADD	x	x	x	"x"：表示根据运行结果使该标志位置 1 或清 0；"0"：表示标志位清 0；"1"：表示标志位置 1
ADDC	x	x	x	
SUBB	x	x	x	
MUL	0	x		
DIV	0	x		
DA	x			
RRC	x			
RLC	x			
SETB C	1			
CLR C	0			
CPL C	x			
ANL C,bit	x			
ANL C, /bit	x			
ORL C,bit	x			
ORL C, /bit	x			
MOV C,bit	x			
CJNE	x			

3.4 汇编语言及汇编语言程序设计

3.4.1 机器语言、汇编语言和高级语言

程序设计语言一般可分为三种：机器语言、汇编语言和高级语言。

1．机器语言

机器语言是面向计算机系统的，是指计算机能直接识别和执行的二进制代码形式的指令，也称机器指令。

用机器语言编写的程序，常称为目标程序，它是能被计算机直接执行的唯一程序。通常，无论是用何种语言编写的计算机程序，都必须经过编译将它翻译成机器语言程序后才能在计算机中运行。但由于机器指令的二进制代码很难记忆和辨识，编写、阅读和修改困难，因此一般不采用机器语言来编写程序。

2．汇编语言

计算机所能执行的每条指令都对应一组二进制代码。为了容易理解和记忆计算机的指令，人们用一些英语的单词和字符以及数字作为助记符来描述每一条指令的功能。用助记

符描述的指令系统，称为机器的汇编语言系统，简称汇编语言。

用汇编语言编写程序，每条指令的意义清晰，给程序的编写、阅读和修改都带来了很大的方便。汇编指令与机器语言指令是一一对应的，即一条汇编语言的可执行指令对应着一条机器语言指令，反之亦然。因此，汇编语言可直接利用和发挥机器硬件系统的许多特性，如寄存器、标志位以及一些特殊指令等，能提高编程的质量和程序的运行速度，而且占用内存量少。一般来说，某些对时间和存储器容量要求较高的程序常用汇编语言来书写，如系统软件、实时控制系统、智能化仪器、仪表软件等。MCS-51 系列单片机是用 51 系列单片机的指令系统来编程的，其汇编语言的语句格式(也就是单片机的指令格式)如下：

[标号：]操作码 [操作数] [；注释]

汇编语言是面向机器的程序设计语言，与具体的计算机硬件有着密切的关系，然而汇编语言也有它的缺点，在用它编写程序时，必须熟悉机器的指令系统、寻址方式、寄存器设置和使用方法，而编出的程序也只适用于某一系列的计算机。因此，汇编语言可移植性差，不能直接移植到不同类型的计算机系统上。

3. 高级语言

高级语言(如 C 语言)克服了汇编语言的缺点，是一种面向对象或过程的语言。它是一种接近于自然语言和数学算法的语言，与机器的硬件无关，用户编程时不必仔细了解所用计算机的具体性能和指令系统。高级语言不但直观、易学、易懂，而且通用性强，可以在不同的计算机上运行，因此可移植性好。

用高级语言编写的程序需要由编译程序或解释程序将它们翻译成对应的目标程序后，机器才能接受。由于高级语言指令与机器语言指令不是一一对应的，往往一条高级语言指令对应着多条机器语言指令，因此，这个翻译过程比将汇编源程序翻译成目标程序花费的时间要长得多，产生的目标程序也较冗长，占用存储空间也大，执行的速度也较汇编语言慢。采用高级语言编写程序可以节省软件开发的时间，但它不允许程序员直接利用寄存器、标志位等这些计算机的硬件特性，因而也影响了许多程序设计的灵活性。

3.4.2　汇编程序与伪指令

1. 汇编程序

MCS-51 指令所编写的汇编语言源程序还必须经过从汇编源程序到机器语言目标程序的“翻译”，才能在该系列单片机中运行，这种翻译的过程称为汇编。汇编工作一般采用机器汇编，即采用计算机系统软件——汇编程序来完成。

汇编程序是将汇编源程序转变为相应目标程序的翻译程序。由于指令助记符与机器语言指令是一一对应的等价关系，所以汇编程序能很容易地将汇编源程序迅速、准确、有效地翻译成目标程序。此外，汇编程序的功能还有：根据程序员的要求，自动地编排目标程序中指令的存放地址，分配存储空间，自动地对源程序进行检查，分析其语法，若有错误，给出错误信息等。汇编程序的运行一般是借助于通用微型计算机(PC 机)来完成的，它利用 PC 机的串行口与单片机的通信口，把汇编成的目标代码传送到单片机的仿真器中去调试、执行，这种方式也称为交叉汇编。交叉汇编具有效率高，不易出错等特点。

2．伪指令

在汇编源程序的过程中，还有一些指令不要求计算机进行任何操作，也没有对应的机器码，不产生目标程序，不影响程序的执行，仅仅是能够帮助汇编进行的一些指令，这种指令称为伪指令。伪指令主要用来指定程序或数据的起始位置，给出一些连续存放数据的确定地址，或为中间运算结果保留一部分存储空间以及表示源程序结束等。不同版本的汇编语言，伪指令的符号和含义可能有所不同，但是基本用法是相似的。下面介绍几种常用的基本伪指令。

1) ORG 伪指令

ORG 伪指令通常用在源程序的开始处，用来规定目标程序的起始地址。

ORG 伪指令的格式如下：

```
ORG   addr16
```

addr16 是 16 位绝对地址，也可以用标号或表达式表示。

当在一个源程序中碰到一条 ORG 伪指令时，汇编程序就规定了紧随其后的下一条机器指令的地址就是 addr16 表达的地址。

【例 3.20】

```
        ORG     2000H
START：MOV      A，#7FH
```

上述程序表明标号为 START 的目标程序是从 2000H 单元开始存放的。

【例 3.21】

```
        ORG     0000H
        JMP     START
        …
        ORG     0100H        ；将程序的起始地址定为 0100H
START：
        CLR     A
        MOV     A，#0FFH
        …
```

2) END 伪指令

END 语句放在源程序结束的地方，用于告诉汇编程序源程序已经结束，对后面的指令都不用汇编。END 伪指令的格式如下：

```
END
```

END 语句不得有标号，而且只可以在它的行上出现一个注释。END 语句应当是程序的最后一行；否则，它将产生一个错误。

END 和 ORG 伪指令用来控制汇编程序的状态。

3) EQU 伪指令

EQU 伪指令把一个表达式或特殊的汇编符号赋予规定的名称。其格式如下：

　　符号名称 EQU 表达式

或　符号名称 EQU 特殊汇编符号

符号名称必须是有效的汇编符号。

汇编后，EQU 左边的符号名称就等同于 EQU 右边的表达式或汇编符号，这样在程序中该符号名称就可以作为立即数或地址(数据地址、代码地址、位地址或外部的数据地址)来使用。

特殊汇编符号 A、R0、R2、R3、R4、R5、R6 及 R7 可以用 EQU 伪指令重新由用户定义的符号表示。

由 EQU 伪指令定义的符号不能在别的地方定义。

下面的例子表示几种 EQU 的用法：

```
TAB：   EQU    2000H
TAB1：  EQU    TAB
```

前一条伪指令表示 TAB 地址的值为 2000H，后一条表示符号地址 TAB1 与 TAB 等值(可以互换)。需要注意的是，在同一程序中，用 EQU 伪指令对某标号赋值后，该标号的值在整个程序中不能再改变。例如：

```
SG   EQU  R0         ；SG 与 R0 等值
DE   EQU  40H        ；DE 与 40H 等值
MOV  A，SG           ；(A)←(R0)
MOV  R7，#DE         ；(R7)←#40H
MOV  SG，R7          ；(SG)←(R7)，即(R0)←#40H
                     ；其他指令
```

4) SET 伪指令

SET 伪指令类似于 EQU，也是用一个表达式的值命名一个符号，二者的区别在于以后可以用另一个 SET 伪指令对定义过的符号重新定义。

SET 伪指令的格式如下：

符号名称　SET　表达式

【例 3.22】　下面几个例子表示 SET 的几种用法。

```
VALU   SET   1          ；简单定义，VALU 被命名为数值 1
REG1   SET   R1         ；把寄存器 R1 赋给 REG1
VALU   SET   VALU+1     ；重新定义 VALU
```

5) BIT 伪指令

BIT 伪指令把一个位地址赋予规定的符号名称。当一个符号被定义为 BIT 后，不得在程序中别的地方重新定义。BIT 伪指令的格式如下：

符号名称　BIT　位地址

【例 3.23】

```
FLAG：   BIT    F0
AI：     BIT    P1.0
```

经以上伪指令定义后，在编程中就可以把 FLAG 和 AI 作为位地址来使用。

6) DATA 伪指令

DATA 伪指令把片内的数据地址赋予所规定的符号名称。数据地址指的是内存 00H～7FH 或位于 80H～FFH 的特殊功能寄存器。由 DATA 伪指令定义的符号可以用在程序中，不得在程序中的其他地方重新定义。DATA 伪指令的格式如下：

符号名称　DATA　数据地址

【例 3.24】 下面几个例子表示 DATA 的若干用法。

```
SERBUF   DATA   SBUF        ；定义 SERBUF 为串行口缓冲器的地址
RESULT   DATA   30H         ；定义符号 RESULT 为内存地址 30H
PORT0    DATA   80H         ；定义符号 PORT0 为 SFR 的 P0(80H)
…
MOV      SERBUF，RESULT      ；将 RESULT 的值送到 SERBUF，即 SBUF←(30H)
```

常用的伪指令还有一类是存储器初始化保留伪指令，用于对字、字节或位单位中的任何一种进行初始化并保留其空间。被保留的空间起始于当前起作用的段中由位置计数器所给出的当前值。这些伪指令前面可以放一标号。

7) DS 伪指令

DS 伪指令以字节为单位保留空间。DS 伪指令的格式如下：

[标号：] DS 表达式

DS 语句从当前地址开始保留空间，单元地址逐个递增，空间的大小由表达式的值来确定。

【例 3.25】

```
SUM：DS   20
```

表示从标号 SUM 代表的地址开始，保留连续的 20 个地址单元。

8) DB 伪指令

DB 伪指令用 8 字节形式初始化程序存储器的一段空间。DB 伪指令的格式如下：

[标号：] DB 表达式列表

即在程序存储器中，表达式列表中的每个字节依次存放在从标号地址开始的各个单元中。列表中的各项是一列由逗号(，)分开的一个或多个字节值或串。

例如：

```
PRIMES：DB  1，2，3，5，7，11，13，19，23，29，31，37，41，43，47，53
```

这条 DB 指令列出了 16 个质数(标号 PRIMES 的地址就是第一个数据 1 的地址)。

```
REQUEST：DB  'PRESS ANY KEY TO CONTINUE'，0
```

DB 指令可以接受多于 2 个字符的字符串，这些字符按 ASCII 码存储于连续的程序存储器单元中。

本命令常用于存放数据表格，比如数码管显示的字形码。

9) DW 伪指令

DW 伪指令用字(16 位)的表项对代码存储器进行初始化。DW 伪指令的格式如下：

[标号：] DW 表达式列表

DW 伪指令与 DB 的功能类似，所不同的是 DB 用于定义一个字节(8 位二进制数)，而 DW 则用于定义一个字(即两个字节，16 位二进制数)。在执行汇编程序时，机器会自动按高 8 位先存入、低 8 位后存入的格式排列，这和 MCS-51 指令中 16 位数据的存放方式一致。

【例 3.26】

```
        ORG     1000H
TAB2：  DW      1234H，80H
```

汇编以后：(1000H)=12H，(1001H)=34H，(1002H)=00H，(1003H)=80H。

3.5　基本程序设计方法

3.5.1　程序的基本结构

用汇编语言进行程序设计的过程和用高级语言进行程序设计的过程类似。对于要实现的控制程序必须先分析，提出解决问题的方法和步骤，然后用操作框、带箭头的流程线、框内外必要的文字说明等画出描述算法的流程图，最后根据流程图用程序设计语言来编制程序。

程序的基本算法结构有三种：顺序结构、分支(选择)结构和循环结构。

顺序结构如图 3.11 所示，虚框内 A 框和 B 框分别代表不同的操作，而且 A、B 顺序执行。

分支结构如图 3.12 所示，又称为选择结构。该结构中包含一个判断框，根据给定条件 P 是否成立来选择执行 A 框操作或 B 框操作。条件 P 可以是累加器是否为零，两数是否相等，以及测试状态标志或位状态等。这里需指出的是，无论条件 P 是否成立，只能执行 A 框或者 B 框，不可能既执行 A 框又执行 B 框。无论走哪一条路径执行，都经过 b 点脱离本分支结构。

循环结构如图 3.13 所示，该结构在一定的条件下，反复执行某一部分的操作。循环结构又分为 While(当)型循环结构和 Until(直到)型循环结构两种方式，见图 3.13(a)、(b)。当型循环是先判断条件，条件成立则执行循环体 A；直到型循环则是先执行循环体 A 一次，再判断条件，条件不成立则执行循环体 A。循环结构的两种形式可以互相转换。

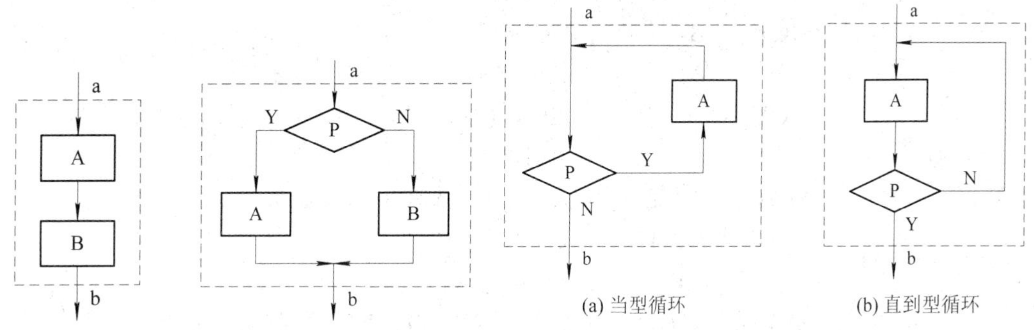

图 3.11　顺序结构图　　图 3.12　分支结构图　　图 3.13　循环结构图

任何一个复杂问题都可以最终分解成由以上三种基本结构按顺序组成的算法结构。这些基本结构就构成了我们常说的结构化算法。虽然在三种基本结构的操作框 A 或 B 中，可能是一些简单操作，也可能还嵌套着另一个基本结构，但是不存在无规律的转移，只在该基本结构内才存在分支和向前或向后的跳转。

用汇编语言编程和用高级语言编程两者存在一定的差别，即用汇编语言编程时，对于数据的存放位置以及工作单元的安排都由编程者自己安排，而用高级语言编程时，这些问题都是由计算机自动安排的，设计者在设计中可不考虑。例如，MCS-51 中有 8 个工作寄存器 R0～R7，而只有 R0 和 R1 可以用于间接寻址指令。因此编程者就要考虑哪些变量存放在哪个寄存器，以及 R0 和 R1 这样可间接寻址的寄存器若不够用又如何处理等。这些问题的处理和掌握将是编程的关键之一。

下面介绍基本结构的汇编语言程序设计的一些实例。

3.5.2　顺序结构程序设计

顺序结构是最简单的一种基本结构。如果某一个需要解决的问题可以分解成若干个简单的操作步骤，并且可以由这些操作按一定的顺序构成一种解决问题的算法，则可用简单的顺序结构来进行程序设计。

【例 3.27】　单字节 BCD 码转换程序。

解：单片机电路一般都带有的显示单元为 LED 数码管或者液晶。无论采用哪种显示方式，对于要显示的数值，都需要将各个数码位提取出来，送入显示单元显示。对于小于 256 的整数，采用如下的单字节 BCD 码转换程序，就可以提取出各位数码。

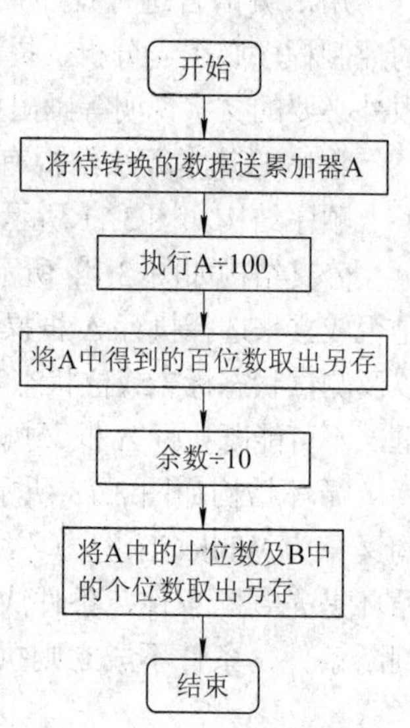

图 3.14　例 3.27 流程图

假设待转换的数值已经放在寄存器 R1 中，其流程图见图 3.14。

参考程序如下：

```
        ORG     0000H
        LJMP    MAIN
        ORG     0100H
MAIN：  MOV     A，R1    ；待转换的数值从 R1 送
                         ；累加器 A
        MOV     B，100   ；B←100
        DIV     AB       ；执行 A÷B
        MOV     30H，A   ；30H←(A)，将 A 中的商(即取出来的百位数)另存在
                           30H 单元
        MOV     A，B     ；A←(B)，将 B 中的余数送 A
        MOV     B，10    ；B←10
        DIV     AB       ；执行 A÷B
        MOV     31H，A   ；31H←(A)，取出的十位数存入 31H
        MOV     32H，B   ；32H←(B)，B 中的余数是个位数，存入 32H
        SJMP    $        ；停止
```

经过这样的连除操作，所得到的数码就已经是 BCD 码了，然后可以用查表操作获得显示码，或直接将 BCD 码送至某端口，由硬件完成译码并显示。

3.5.3　分支(选择)结构程序设计

在实际程序设计中，除顺序结构程序设计之外，有很多情况往往还需要程序按照给定的条件进行分支选择。这时就必须对某一个变量所处的状态进行判断，根据判断结果来决定程序的流向。这就是分支(选择)结构程序设计。

在编写分支程序时，关键是如何判断分支的条件。在 MCS-51 单片机指令系统中，有 JZ(JNZ)、CJNE、JC(JNC)及 JB(JNB)等丰富的控制转移指令，它们是分支结构程序设计的基础，可以完成各种各样的条件判断和分支选择。

【例 3.28】　假设 NUM 单元中存放的是经过处理的数据，如果数值在 0～99 之间，则图 3.15 电路中 P1.1 口接的 LED 亮；若在 100～180 之间，则无动作(即灯灭)；若在 181～255 之间，则 P1.0 口接的 LED 亮。

解：流程图如图 3.16 所示。

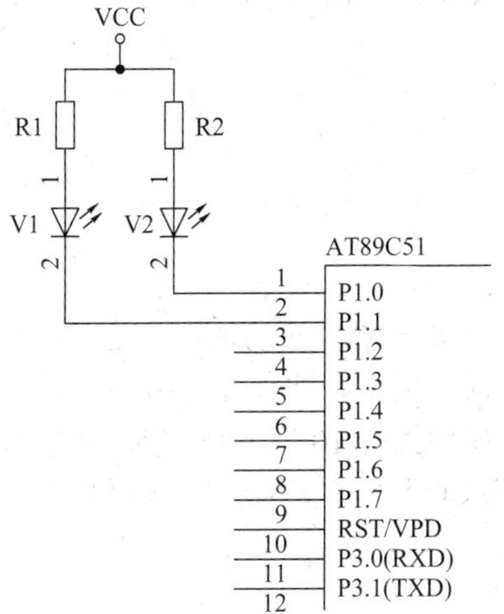

图 3.15　例 3.28 相关部分电路图

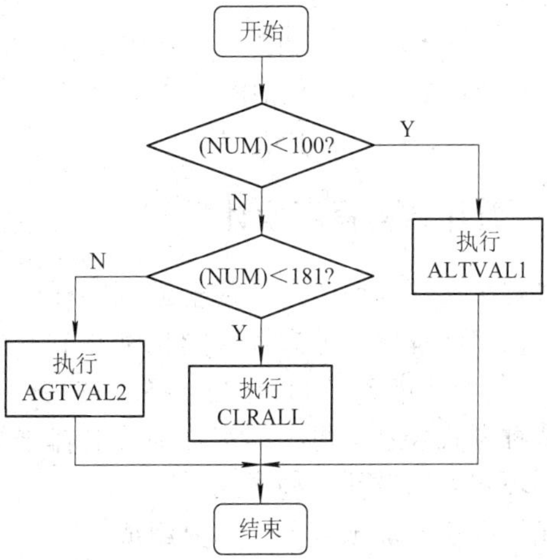

图 3.16　例 3.28 流程图

参考程序如下：

```
        ORG     0000H
        LJMP    MAIN
        ORG     0100H
MAIN:   NUM     DATA    7FH  ；给数据单元 NUM 赋值为 7FH
        VAL1    EQU     100  ；设置第一个比较值 VAL1=100
        VAL2    EQU     181  ；设置第二个比较值 VAL2=181
        MOV     A，NUM       ；将数据单元 NUM 的值送累加器 A
        CLR     C            ；清零进位位 CY
        SUBB    A，#VAL1     ；执行 A－100，若(A)<100，则 CY=1，否则
                             ；CY=0
        JC      ALTVAL1      ；若 CY=1，则转去 ALTVAL1 处执行，否则
                             ；向下执行
        CLR     C
        MOV     A，NUM       ；重新将数据单元 NUM 的值送累加器 A
        SUBB    A，#VAL2     ；执行 A－181，若(A)<181，则 CY=1，否则
                             ；CY=0
        JNC     AGTVAL2      ；若 CY=0，即(A)>181，则转到 AGTVAL2
                             ；处执行，否则向下执行
CLRALL: SETB    P1.0         ；置位 P1.0，熄灭 P1.0 口的 LED
        SETB    P1.1         ；置位 P1.1，熄灭 P1.1 口的 LED
        SJMP    OVER
```

```
ALTVAL1： CLR     P1.1      ；令 P1.1 口的值为 0，点亮其外部的 LED，
          SETB    P1.0      ；熄灭 P1.0 口的 LED
          SJMP    OVER
AGTVAL2： SETB    P1.1      ；令 P1.1 口的值为 1，熄灭其外部的 LED，
                            ；点亮 P1.0 口的 LED
          CLR     P1.0
OVER：    SJMP    $
          END
```

3.5.4　循环结构程序设计

在解决实际问题时，往往会遇到同样一组操作需要重复多次的情况，这时应采用循环结构，以简化程序、缩短程序的长度并节省存储空间。例如，要作 1～10 的加法，没有必要写 10 条加法指令，而只需写一条加法指令，使其循环执行 10 次即可。循环结构在图 3.13 中有两种形式表示，可根据实际情况选择采用当型或直到型循环结构。循环结构程序也有单重循环和多重循环两种形式。

循环程序一般由以下 3 部分组成：

(1) 置循环初值：设置循环开始时的状态，如使工作单元清零、置循环次数等。

(2) 循环体：要求重复执行的部分。这部分程序应尽量做到精简，因为它要重复执行许多次。

(3) 循环控制部分：包括循环参数修改和依据循环结束条件判断循环是否结束两部分。若循环次数减 1，则判断循环次数是否为 0，若为 0 则停止循环。当然，判断循环结束的条件可以是设置循环次数计数器，也可以是其他条件，如依据某位状态结束循环等。

【例 3.29】　采用循环结构实现软件延时。

解：在软件执行中，常常有定时的需要，其实现方式有两种：一种是采用单片机的定时器实现，另一种就是采用延时程序。延时程序就是用软件编写的一段有定时作用的程序。以下是典型程序：

```
       MOV     R4，#250
LOOP： DJNZ    R4，LOOP
```

DJNZ 指令的执行时间是 2 个机器周期。假设单片机的工作频率是 12 MHz，则一个机器周期是 1 μs。上述循环过程的执行时间就是：250×2 μs=500 μs。如果想延长时间，则可在循环体内加几条 NOP 指令，一条 NOP 指令的执行时间是 1 个机器周期。如果加两条 NOP 指令，则循环一次的时间是 4 μs，循环完成的时间是：250×4 μs=1 ms。

就一般应用而言，若还想加大延时时间，则可采用多重循环的方式，以上述单循环作为一个基本延时单位，再次循环。参考程序如下：

```
        MOV     R4，#100
LOOP1： MOV     R5，#250
LOOP2： NOP
        NOP
        DJNZ    R5，LOOP2
        DJNZ    R4，LOOP1
```

该延时程序的时间是：100×1 ms=100 ms，最大定时时间大约是 256 ms(考虑“MOV R5，#250”也在 LOOP1 循环中执行多次，实际延时要略长一些)。其他延时时长依此类推。当然，需要精确定时的场合应该采用定时器来实现。

以上分别论述了三种基本结构程序设计的方法。在解决复杂的实际问题时，往往存在着相互间的嵌套，无论程序如何复杂，都能分解成三种基本结构的组合，所以掌握了三种基本结构的设计方法，可编制任何复杂的程序。

3.5.5　子程序结构程序设计

在一个程序中，将反复出现的程序段编制成一个独立的程序段存放在内存中，这些能够完成某一特定任务、可被重复调用的独立程序段称为子程序。在汇编语言编程时，恰当地使用子程序可使整个程序的结构清楚，阅读方便，而且可减少源程序和目标程序的长度，减少重复书写指令的数量，提高编程效率。在汇编语言源程序中使用子程序需要注意两个问题，即子程序中参数传递和现场保护的问题。

在调用高级语言子程序时参数的传递是很方便的，通过调用语句中的参数以及子程序中的参数，很容易完成参数的往返传递。但在调用汇编语言子程序时会遇到一个参数如何传递的问题。例如，用指令(ACALL、LCALL)调用汇编语言子程序时并不附带任何参数，参数的互相传递需要靠编程者自己安排。其实质就是如何安排数据的存放以及工作单元的选择问题。参数传递的方法很多，同一个问题可以采用不同的方法来传递参数，相应的程序也会略有差别。汇编语言中参数的传递方法有以下三种。

(1) 用累加器或工作寄存器来传递参数。在调用子程序之前把数据送入寄存器 R0～R7 或者累加器 A。调用返回后运算结果仍由寄存器或累加器送回。

(2) 用指针寄存器传递参数。由于数据一般都存放在存储器中，因此可用指针来指示数据的位置，这样可大大节省传递数据的工作量，并可实现可变长度传递。若参数存放在内部 RAM 中，则通常可用 R0 或 R1 作指针寄存器；若参数存放在外部 RAM 或程序存储器中，则可用 DPTR 作指针。

(3) 用堆栈来传递参数。在调用子程序前，主程序可用 PUSH 指令把参数压入堆栈中，进入子程序后，再将压入堆栈的参数弹出到指定的工作寄存器或者其他内存单元。子程序运行结束前，也可把结果送入堆栈中。子程序返回主程序后，再由主程序调用 POP 指令得到结果参数。但要注意，调用子程序时，断点处的地址也要压入堆栈，占用两个单元，故在弹出参数时，不要把断点地址送出去。另外，在返回主程序时，要把堆栈指针指向断点地址，以便能正确地返回。

【例 3.30】　设内部 RAM 的 30H～37H 作为程序的数据显示码存储区，38H～3FH 作为显示数字的 BCD 码存储区。程序通过查表的方式，以 BCD 作为查表的偏移量，查出某个 BCD 码的 7 段显示码，并送入显示码存储区，然后送去显示。设显示位数是 6 位，采用共阴型 LED 数码管，a 段对应编码的最低位，b～g 段对应的编码位依次递增，详细编码过程见后续章节。

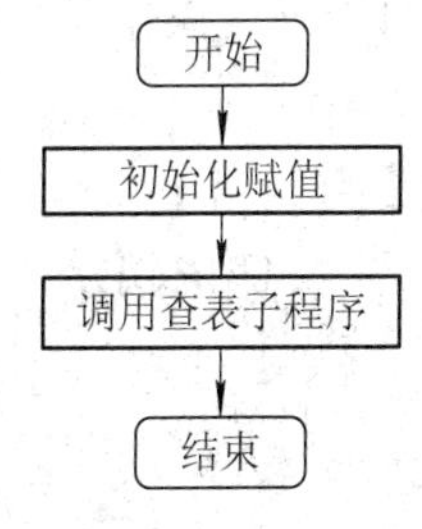

图 3.17　例 3.30 的流程图

解：程序的流程图如图 3.17 所示。

参考程序如下：

```
            ORG     0000H
            LJMP    MAIN
            ORG     0100H
MAIN:       MOV     DPTR，#TAB      ；数据表首地址送数据指针 DPTR
            MOV     R0，#38H        ；BCD 码存储区首地址送 R0
            MOV     R1，#30H        ；显示码存储区首地址送 R1
            MOV     R7，#6          ；R7 作为查表次数的计数器
            LCALL   TABLE           ；调用查表子程序
            LCALL   DISPLAY
            SJMP    $               ；结束
TABLE:      MOV     A，@R0          ；取 BCD 码送累加器 A
            MOVC    A，@A+DPTR      ；以 BCD 码作为偏移量查表，获得该码
                                    ；对应的显示码
            MOV     @R1，A          ；将查表得到的显示码送相应存储区
            INC     R0
            INC     R1
            DJNZ    R7，TABLE       ；判断 6 个 BCD 码的显示码是否都
            RET                     ；已取得返回
DISPLAY:    …
            RET
TAB:        DB 3FH，06H，5BH，4FH，66H，6DH，7DH，06H，7FH，6FH
                                    ；0～9 的 7 段显示码表
```

本例中，程序较为简单，将子程序放入主程序似乎也可以，但是采用子程序结构后，整个主程序显示条理清楚。显示子程序与具体的实现电路有关，后续章节中将进行介绍，此处不再赘述。

在进入汇编语言子程序，特别是进入中断服务子程序时，还应注意的另一个问题是现场保护问题，即对于那些不需要进行传递的参数，包括内存单元内容、工作寄存器的内容以及各标志的状态等，都不应因调用子程序而改变。这就需要将要保护的参数在进入子程序时压入堆栈，即保护起来，以空出这些数据所占用的工作单元，供子程序使用。在返回调用程序之前，将压入堆栈的数据弹出到原有的工作单元，恢复其原来的状态，使调用程序可以继续往下执行。这种现场保护的措施在中断时是非常必要的。

由于堆栈操作是“先入后出”，因此，先压入堆栈的参数应后弹出，才能保证恢复原来的状态。

【例 3.31】

```
SUBROU:     PUSH    A
            PUSH    PSW
            PUSH    DPL
            PUSH    DPH
```

```
POP    DPH
POP    DPL
POP    PSW
POP     A
RET
```

至于每个具体的子程序是否需要进行现场保护以及保护哪些参数，应视具体情况而定。

本 章 小 结

MCS-51 单片机的指令系统是一种简明、易掌握、效率较高的指令系统。在 MCS-51 单片机的指令系统中共使用 7 种寻址方式、42 种助记符，这些寻址方式与助记符组合起来，共形成 111 条指令，完成数据传送、算术运算、逻辑运算、控制转移以及位操作等方面的工作。

MCS-51 单片机共有 7 种寻址方式：立即寻址、直接寻址、寄存器寻址、寄存器间接寻址、变址寻址、相对寻址和位寻址。

MCS-51 单片机共有 111 条指令。按功能不同，MCS-51 单片机指令可分为 5 大类：数据传送指令(共 29 条)、算术操作指令(共 24 条)、逻辑操作指令(共 24 条)、控制转移指令(共 17 条)和布尔变量操作指令(共 17 条)。

MCS-51 单片机的汇编语言是以助记符的形式书写的程序语言。一条完整的汇编语言指令通常由标号、操作码、操作数和注释组成。在 MCS-51 单片机汇编语言程序设计中，程序设计主要采用三种结构：顺序结构、分支结构和循环结构。

习　　题

1. 什么是寻址方式？MCS-51 单片机有哪几种寻址方式？这几种寻址方式是如何寻址的？

2. 访问片内、片外程序存储器有哪几种寻址方式？

3. 若要完成以下的数据传送，应如何用 MCS-51 的指令来完成？

(1) R0 的内容送到 R1 中。

(2) 外部 RAM 的 20H 单元内容送 R0，送内部 RAM 的 20H 单元。

(3) 外部 RAM 的 2000H 单元内容送 R0，送内部 RAM 的 20H 单元，送外部 RAM 的 20H 单元。

(4) ROM 的 2000H 单元内容送 R0, 送内部 RAM 的 20H 单元，送外部 RAM 的 20H 单元。

4. 比较下列每组两条指令的区别。

(1) MOV　A, #24H　与　MOV　A ,24H。

(2) MOV　A, R0　与 MOV　A,　@R0。

(3) MOV　A, @R0 与　MOVX　A, @R0。

(4) MOVX　A，@R1 与 MOVX　A ，@DPTR。

5. 已知(A)=7AH，(B)=02H，(R0)=30H，(30H)=A5H，(PSW)=80H，写出以下各条指令执行后 A 和 PSW 的内容。

(1) XCH　　A，R0。

(2) XCH　　A，30H。

(3) XCH　　A，@R0。

(4) XCHD　A，@R0。

(5) SWAP　A。

(6) ADD　　A，R0。

(7) ADD　　A，30H。

(8) ADDC　A，#30H。

(9) ADDC　A，30H。

(10) SUBB　A，30H。

(11) SUBB　A，#30H。

(12) INC　　@R0。

(13) MUL　AB。

(14) DIV　　AB。

6. 已知(A)=02H，(R1)=7FH，(DPTR)=2FFCH，(SP)=30H，片外 RAM(7FH)=70H，片外 RAM(2FFEH)=11H，ROM(2FFEH)=64H，试分别写出以下指令执行后目标单元的结果。

(1) MOVX　@DPTR ，A。

(2) MOVX　A　，@R1。

(3) MOVC　A，@A+DPTR。

(4) PUSH　A。

7. “DA　A”指令有什么作用？怎么使用？

8. 设(A)=83H，(R0)=17H，(17H)=34H，分析当执行完下面的每条指令后目标单元的内容及 4 条指令组成的程序段执行后 A 的内容。

```
ANL   A，  #17H
ORL   17H，  A
XRL   A，   @ R0
CPL   A
```

9. 请写出达到下列要求的逻辑操作的指令。要求不得改变未涉及位的内容。

(1) 使累加器 A 的低位置“1”。

(2) 清累加器 A 的高 4 位。

(3) 使 A.2 和 A.3 置“1”。

(4) 清除 A.3、A.4、A.5、A.6。

10. 指令 LJMP addr16 与 AJMP addr11 的区别是什么？

11. 试说明指令“CJNE　@R1，#7AH，10H”的作用。若本条指令的地址为 2500H，则其转移地址是多少？

12. 下面程序执行后(SP)、(A)、(B)各为多少？试解释每条指令的作用。

```
         ORG     2000H
         MOV     SP，  #40H
         MOV     A，  #30H
         LCALL   2500H
         ADD     A，  #10H
         MOV     B，  A
HERE：   SJMP    HERE
         ORG     2500H
         MOV     DPTR，  #2008H
         PUSH    DPL
         PUSH    DPH
         RET
```

13. 已知 P1.7=1，ACC.0=0，C=1，FIRST=1000H，SECOND=1020H，试写出下列指令的执行结果。

(1) MOV　26H，C。

(2) CPL　ACC.0。

(3) CLR　P1.7。

(4) ORL　C，/P1.7。

(5) FIRST：JC　SECOND。

(6) FIRST：JNB　ACC.0，SECOND。

(7) SECOND ：JBC　P1.7，FIRST。

14. 下面程序段经过汇编后，从 2000H 开始的各有关存储器单元的内容是什么？

```
         ORG     2000H
TAB：    DB      10H，20H
         DW      2100H，23H
         DW      'TAB'
         DB      'WORK'
```

15. 试编写一段程序，将片内 RAM 的 20H、21H、22H 连续三个单元的内容依次存入 2FH、2EH 和 2DH 单元。

16. 试编写程序完成将片外数据存储器地址为 1000H～1030H 的数据块，全部搬迁到片内 RAM 的 30H～60H 中，并将源数据块区全部清零。

17. 试编写一段程序，将片内 30H～32H 和 33H～35H 中的两个 3 字节压缩 BCD 码十进制数相加，将结果以单字节 BCD 码形式写到外部 RAM 的 1000H～1005H 单元。

第 4 章 中断、定时/计数器与串行口

教学提示：51 系列单片机应用广泛的一个重要原因是它在一个芯片里集成了应用系统所需的大部分(或所有)硬件功能。本章叙述的是完成这些硬件功能的内部标准功能单元，它们构成了 51 系列单片机的核心体系结构。以这些内部标准功能单元为基础，通过简化单元部件，或新增其他功能单元，即可形成 51 系列单片机中的高档机型和低档机型。因此，掌握本章内容对了解 MCS-51 系列单片机的原理和应用是至关重要的。

教学目标：MCS-51 系列单片机片内标准功能单元主要包括中断系统、定时/计数器和串行通信口等。通过本章的学习，学生可掌握各功能模块特有的逻辑结构和基本功能，从而进一步了解各功能模块在实际研发中的应用，为后续章节的学习奠定重要的基础。

4.1 中　断

计算机系统运行过程中，经常会出现一个 CPU 资源需要面向多个处理任务，从而产生资源竞争的现象。为了解决这个问题，计算机操作系统中一般均设计有丰富的中断功能和完善的中断体系。单片机作为计算机的一个典型分支，此种功能也不例外，虽然其中断系统相对个人计算机而言简单了一些，但也配置了几个实用的中断源，使得单片机的处理能力大大提高，下面对其逐一进行详细介绍。

4.1.1 中断的概念

计算机与外设交换信息时，存在着高速的 CPU 和低速的外设之间的矛盾。若采用查询方式，则不但占用 CPU 的操作时间，还会降低其响应速度。另外，一般还要求 CPU 能够对外部随机或定时出现的紧急事件做到及时响应处理。为解决此类突发性问题，引入了“中断”的概念。

1. 中断

中断是指在工作时，打断当前某个正在正常进行的工作而去处理与本工作可能无关的突发事情，等到处理完突发事件后再返回到原来被打断的地方接着继续刚才所进行的工作。

在计算机中，若 CPU 正在处理当前某一程序时发生了另一突发事件，请求 CPU 迅速对其进行处理，CPU 暂时停止当前工作(被打断的地方称为断点)，转向处理突发事件的中

断服务程序，完成中断服务程序后，CPU 回到断点处，继续执行原来被打断的程序，这一处理过程称为中断。

对中断事件的整个处理过程，称为中断服务。处理完毕中断服务程序中的事情，再返回到原来被中断的地方(即断点)称为中断返回。

2. 中断事件

引起中断的原因或能发出中断申请的来源称为中断事件。在单片机中常见的中断事件有下列几种：

(1) 外部输入、输出设备。例如，按键输入、打印机、A/D 转换等工作完毕后发送的外部脉冲可以向 CPU 提出中断处理申请。

(2) 故障源。系统掉电等故障事件可以产生中断，以便系统响应并及时处理故障，恢复正常运行。

(3) 控制对象。实时控制中，当电压等检测量超出预设上下限时，也可作为中断事件申请中断。

(4) 定时/计数脉冲。当定时/计数器溢出时产生中断请求。

对于每种中断事件，要求其能够发出中断请求信号，而且要符合 CPU 响应中断的条件，即要明确属于哪种中断源。中断源是系统规定的可引起中断的部件或来源。

4.1.2　MCS-51 单片机的中断系统

对于上述提到的中断事件，MCS-51 系列单片机将其进行了归纳和分类，向用户提供了 5 个中断源，即外部中断 0、外部中断 1、定时/计数器 T0 溢出中断、定时/计数器 T1 溢出中断、串行口接收和发送中断。这些中断源均有两个中断优先级别可供选择，可实现两级中断服务程序的嵌套。MCS-51 单片机的中断系统结构示意图如图 4.1 所示。

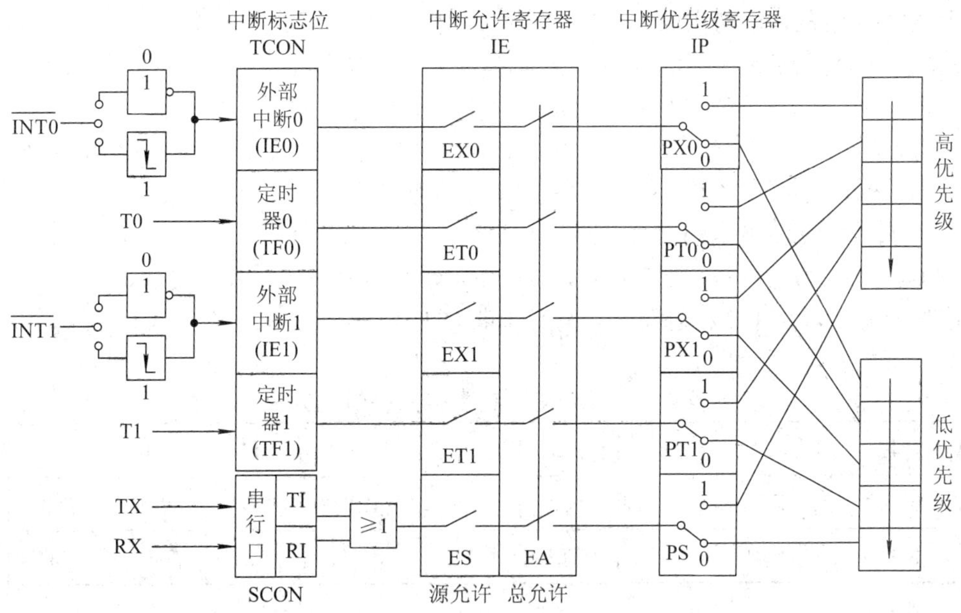

图 4.1　MCS-51 的中断系统结构示意图

由图 4.1 可知，一个中断的产生受到中断允许寄存器(IE)、中断优先级寄存器(IP)的控制。中断允许寄存器 IE 中的每一位对应不同的中断源，而且每一位均可由用户软件设定为“允许”或“禁止”中断。值得注意的是，欲使某中断源允许中断，设置 IE 对应位的同时还必须设置 IE 中的最高位 EA，使 EA=1，即 CPU 开放中断，EA 相当于中断允许的“总开关”。

至于中断优先级寄存器 IP，该寄存器的每一位也同样对应不同的中断源，其复位清“0”将会把对应中断源设置为低优先级，而置“1”将把对应中断源设置为高优先级。例如，对于外部中断请求 0 和定时器 T0 中断来说，若两者均在同一个优先级中，那么外部中断请求“0”中断要优先于 T0 中断；若要使 T0 中断的优先级高于外部中断请求 0 中断，则可将 PX0 清“0”，使之处于低优先级，而将 PT0 置“1”，使之处于高优先级。

注意：单片机复位后，IE 和 IP 均被清“0”，设计程序时，在程序初始化中用户应根据需要将上述寄存器中的相应位置“1”或清“0”，从而实现允许或禁止以及优先级设置等内容，这样中断程序才能正常执行。

4.1.3　中断源及优先级

1. MCS-51 单片机的中断源

所谓中断源，就是引起中断的事件。MCS-51 单片机提供了 5 个中断源，分述如下：

(1) $\overline{\text{INT0}}$：来自 P3.2 引脚上的外部中断请求(外部中断 0)。

(2) $\overline{\text{INT1}}$：来自 P3.3 引脚上的外部中断请求(外部中断 1)。

(3) T0：片内定时/计数器 T0 溢出中断请求 TF0。

(4) T1：片内定时/计数器 T1 溢出中断请求 TF1。

(5) 串行口：片内串行接口完成一帧数据的发送或接收后，产生中断请求 TI 或 RI。

2. 中断系统的控制与实现

MCS-51 单片机提供了 5 个中断源，而这 5 个中断源的控制与实现是通过 MCS-51 单片机片内的 4 个特殊功能寄存器(SFR)来实现的。这四个控制寄存器分别为：定时/计数器控制寄存器(TCON)、串行口控制寄存器(SCON)、中断允许控制寄存器(IE)和中断优先级控制寄存器(IP)。下面分别介绍和中断相关的特殊功能寄存器。

1) 定时/计数器控制寄存器(TCON)

TCON 是定时/计数器控制寄存器，其在 RAM 区的地址为 88H。TCON 主要用来控制 2 个定时/计数器溢出中断标志及 2 个外部中断 $\overline{\text{INT0}}$ 和 $\overline{\text{INT1}}$ 请求标志。TCON 控制寄存器各位的定义如表 4.1 所示。

表 4.1　TCON 控制寄存器各位的定义

位	D7	D6	D5	D4	D3	D2	D1	D0
TCON	TF1		TF0		IE1	IT1	IE0	IT0
位地址	8FH		8DH		8BH	8AH	89H	88H

(1) IT0：外部中断 $\overline{\text{INT0}}$ 触发方式控制位。当 IT0=0 时，外部中断 0 选择为电平触发方

式(低电平有效)；当 IT0=1 时，外部中断 0 选择为边沿触发方式(下降沿有效)。

(2) IE0：外部中断 0 中断请求标志位。

当 IT0=0 时，外部中断 0 选择为电平触发方式(低电平有效)。CPU 在每个机器周期的 S5P2 采样 $\overline{\text{INT0}}$ 引脚电平，当采样到低电平时，置 IE0=1，向 CPU 请求中断；当采样到高电平时，将 IE0 清“0”。值得一提的是，在电平触发方式下，CPU 响应中断时，不能自动清除 IE0 标志，IE0 的状态完全由 $\overline{\text{INT0}}$ 的状态决定，因此，中断返回前必须撤除 $\overline{\text{INT0}}$ 引脚的低电平。

当 IT0=1 时，外部中断 0 选择为边沿触发方式(下降沿有效)。CPU 在每个机器周期的 S5P2 采样 $\overline{\text{INT0}}$ 引脚电平，若在连续两个机器周期内，第一次采样到 $\overline{\text{INT0}}$ 引脚为高电平，第二个机器周期采样到 $\overline{\text{INT0}}$ 为低电平，则由硬件置位 IE0=1，并向 CPU 请求中断。当 CPU 响应中断并转向中断服务程序时，IE0 标志将由硬件自动清“0”。

注意： $\overline{\text{INT0}}$ 高低电平应至少保持一个机器周期。

对于外部中断 1 的 IT1、IE1，其触发方式的控制和标志位的管理完全与上述外部中断 0 类同，此处不再赘述。

(3) TF0(或 TF1)：片内定时/计数器 T0(或 T1)溢出中断请求标志位。在启动 T0(或 T1)计数后，T0(或 T1)即从初值开始加 1 计数。当计数值计满后从最高位产生溢出时，由硬件置位 TF0(或 TF1)，向 CPU 申请中断。CPU 响应中断时，硬件自动复位该标志位。

2) 串行口控制寄存器(SCON)

SCON 是串行口控制寄存器，其在 RAM 区的地址为 98H。与中断相关的是 SCON 的低 2 位，用来锁存串行口的接收中断和发送中断标志。SCON 的格式如表 4.2 所示。

表 4.2　SCON 控制寄存器各位的定义

位	D7	D6	D5	D4	D3	D2	D1	D0
SCON							TI	RI
位地址	9FH	9EH	9DH	9CH	9BH	9AH	99H	98H

(1) TI：串行口发送中断标志。当串行口以方式 0 发送时，每当发送完 8 位数据后，由硬件置位 TI；当以方式 1、2、3 发送时，在发送停止位的开始时，由内部硬件置位 TI，向 CPU 申请中断。值得注意的是，当 CPU 响应该中断后，转向中断服务程序时并不复位 TI，TI 必须由用户在中断服务程序中用软件清“0”，取消此中断请求。

(2) RI：串行口接收中断标志。若串行口接收器允许接收并以方式 0 工作，则当接收到第 8 位数据时置位 RI；若以方式 1、2、3 工作，且 SM2=0，则当接收器接收到停止位的中间时置位 RI；若串行口以方式 2 或方式 3 工作，且 SM2=1，则仅当接收到的第 9 位数据(RB8)为“1”时，接收到停止位的中间时置位 RI。RI 为“1”表示串行口接收器正向 CPU 申请中断，同样 RI 必须由用户在中断服务程序中清“0”。

单片机复位后，TCON 和 SCON 寄存器各位被清“0”。

3) 中断允许控制寄存器(IE)

IE 是中断允许控制寄存器，其在 RAM 区的地址为 A8H。CPU 对中断系统的所有中断以及某个中断源的“允许”和“禁止”都是由它来控制的。IE 的状态可通过程序由软件设定，某位设定为“1”表示相应的中断源被允许开放，相反设定为“0”表示相应的中断源被禁止使用。单片机复位后，IE寄存器各位被清“0”，禁止所有中断。IE寄存器各位的定义如表4.3所示。

表4.3　中断允许控制寄存器各位的定义

位	D7	D6	D5	D4	D3	D2	D1	D0
IE	EA			ES	ET1	EX1	ET0	EX0
位地址	AFH	AEH	ADH	ACH	ABH	AAH	A9H	A8H

4) 中断优先级控制寄存器(IP)

IP是中断优先级控制寄存器，其在RAM区的地址为B8H。MCS-51单片机中有两个中断优先级，可实现二级中断服务嵌套。每个中断源的中断优先等级均是由中断优先级控制寄存器(IP)来决定的。IP中各个位的状态可以由软件设定，当置为“1”时，相应的中断源被置为高优先级；相反当清为“0”时，相应的中断源被设为低优先级。IP寄存器各位的定义如表4.4所示。

表4.4　中断优先级控制寄存器各位的定义

位	D7	D6	D5	D4	D3	D2	D1	D0
IP				PS	PT1	PX1	PT0	PX0
位地址				BCH	BBH	BAH	B9H	B8H

(1) PX0：外部中断0优先级控制位。

(2) PT0：定时器T0中断优先级控制位。

(3) PX1：外部中断1优先级控制位。

(4) PT1：定时器T1中断优先级控制位。

(5) PS：串行口中断优先级控制位。

MCS-51单片机中规定上述对应位在设置为“1”时为高优先级，在设置为“0”时为低优先级。然而在多个中断源并存的情况下，面对同一优先级的中断源，单片机中规定了其中断优先的排队问题。同一优先级的中断其顺序由中断系统的硬件确定。其排列顺序如表4.5所示。

表4.5　各中断源响应优先级及中断服务程序入口地址

中断源	中断标志	入口地址	优先级顺序
外部中断0	IE0	0003H	高
定时器T0中断	TF0	000BH	↓
外部中断1	IE1	0013H	
定时器T1中断	TF1	001BH	
串行口中断	RI或TI	0023H	低

3. 中断优先级和中断嵌套

当CPU正在执行主程序时，突然发生了1个中断源请求中断，若这时CPU对中断是开放的，那么这个中断就会立即得到响应。然而由于中断是随机产生的，且中断源一般不止一个，往往会出现多个中断源并存、同时请求中断的现象。当某一个中断正在响应中(即正在执行该中断源的中断服务程序)，又有其他的中断源请求中断时，中断系统如何处理呢?

计算机是这样处理的，首先将各个中断源分成若干个优先级，再按如下原则处理。

(1) 不同级的中断源同时申请中断时，先响应高级后响应低级。

(2) 同级的中断源同时申请中断时，按事先规定执行。MCS-51 单片机中规定的同级中断优先顺序如表 4.5 所示。

(3) 处理低级中断又收到高级中断请求时，停止低级中断处理转去先执行高级中断。

(4) 处理高级中断又收到低级中断请求时，不响应它，等待做完高级处理后再处理低级中断。

因此，面对系统中多个中断源同时申请中断时，CPU 首先响应优先级别高的中断申请，服务结束后再响应级别低的中断源。

当 CPU 响应某一中断请求并正在运行该中断服务程序时，若有优先级高的中断源发出中断申请，则 CPU 中断正在处理的低级中断服务程序，保留断点，去响应高级别的中断申请，待完成了高级中断服务程序之后，再继续从断点处执行被打断的低级中断服务程序，这就是中断嵌套。

注意：当发生中断嵌套时，中断服务子程序编写中必须注意采用堆栈或其他方式对用户数据进行保护。

MCS-51 单片机的中断系统规定了两个中断优先级(即二级中断)，规定对于每一个中断源均可编程为高优先级中断或低优先级中断(对中断优先级寄存器 IP 的对应位设置)。在同级优先级中，对 5 个中断源的优先次序安排如下：外部中断 0(IE0)、定时/计数器 T0 溢出中断(TF0)、外部中断 1(IE1)、定时/计数器 T1 溢出中断(TF1)、串行口中断(RI+TI)。

4.1.4　中断响应的条件、过程和时间

1. 中断响应条件

单片机响应中断的条件为中断源有请求(中断允许寄存器 IE 相应位置 1)，且 CPU 开中断(即 EA=1)。这样，在每个机器周期内，单片机对所有中断源都进行顺序检测，并可在任一个周期的 S6 期间找到所有有效的中断请求，还对其优先级进行排队。但是，必须满足下列条件：

(1) 无同级或高级中断正在服务；

(2) 现行指令执行到最后 1 个机器周期且已结束；

(3) 若现行指令为 RETI 或需访问特殊功能寄存器 IE 或 IP 的指令，执行完该指令且紧随其后的另一条指令也已执行完，则单片机便在紧接的下一个机器周期的 S1 期间响应中断，否则，将丢弃中断查询的结果。

2. 中断响应过程

中断响应过程如图 4.2 所示。单片机一旦响应中断，首先对相应的优先级有效触发器置位，然后执行 1 条由硬件产生的子程序调用指令，把断

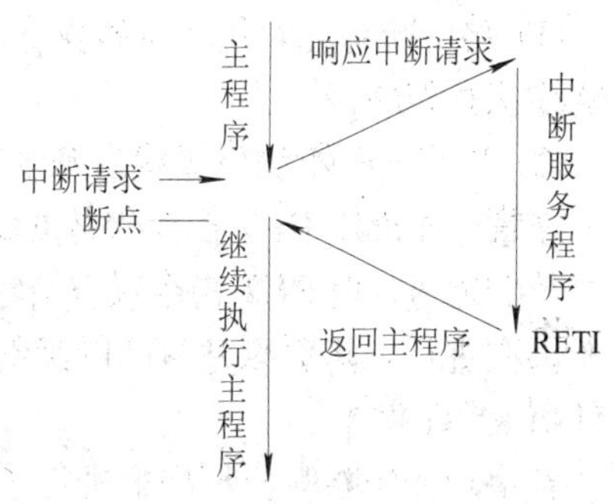

图 4.2　中断响应过程

点地址压入堆栈，再把与各中断源对应的中断服务程序的入口地址送入程序计数器 PC，同时清除中断请求标志(串行口中断和外部电平触发中断除外)，程序便转移到中断服务程序。以上过程均由中断系统自动完成。

由上述过程可知，MCS-51 单片机响应中断后，只保护断点而不保护现场(如累加器 A、工作寄存器 Rn 以及程序状态字 PSW 等)，且不能清除串行口中断标志 TI 和 RI，也无法清除外部中断的电平触发信号，所有这些应在用户编制中断服务程序时予以考虑。

CPU 从上面相应的地址开始执行中断服务程序直到遇到 1 条 RETI 指令为止。RETI 指令表示中断服务程序结束。CPU 执行该指令，一方面清除中断响应时所置位的优先级有效触发器，另一方面从堆栈栈顶弹出断点地址送入程序计数器 PC，从而返回主程序。若用户在中断服务程序的开始安排了保护现场指令(一般均为相应寄存器内容入栈或更换工作寄存器区)，则在 RETI 指令前应有恢复现场指令(相应寄存器内容出栈或换回原工作寄存器区)。

如果在中断服务程序中使用了堆栈，则应注意“对称”使用，即使用了几条入栈指令，就要有相应的几条出栈指令，从而确保堆栈指针 SP 的数值在执行 RETI 指令时与刚进入中断服务程序时一样，这样程序才能正确地返回到原来的主程序处继续执行。

3. 中断响应时间

所谓中断响应时间，是指从查询中断请求标志位到转入中断服务程序入口地址所需的机器周期数(对单一中断源而言)。

响应中断最短需要 3 个机器周期。若 CPU 查询中断请求标志的周期正好是执行 1 条指令的最后 1 个机器周期，则不需等待就可响应。响应中断执行 1 条长调用指令需要 2 个机器周期，加上查询的 1 个机器周期，共需要 3 个机器周期才开始执行中断服务程序。

中断响应的最长时间由下列情况所决定：若中断查询时正在执行 RETI 或者访问 IE(或 IP)指令的第 1 个机器周期，则连查询在内需要 2 个机器周期(以上 3 条指令均需 2 个机器周期)；若紧接着要执行的指令正好是 MUL 或 DIV 指令(两者均为 4 周期指令)，则需等该指令执行完后才能进入中断响应周期，再用 2 个机器周期执行 1 条长调用指令转入中断服务程序，这样一来总共需要 8 个机器周期。其他情况下的中断响应时间一般在 3～8 个机器周期之间。

4. 中断返回

中断服务程序的最后一条指令必须是中断返回指令 RETI。RETI 指令能使 CPU 结束中断服务程序的执行，返回到曾经被中断过的程序处，继续执行主程序。RETI 指令的具体功能如下：

(1) 将中断响应时压入堆栈保存的断点地址从栈顶弹出送回 PC，CPU 从原来中断的地方继续执行程序；

(2) 将相应中断优先级状态触发器清零，通知中断系统，中断服务程序已执行完毕。

注意：不能用 RET 指令代替 RETI 指令，因为用 RET 指令虽然也能控制 PC 返回到原来中断的地方，但 RET 指令没有清零中断优先级状态触发器的功能，中断控制系统会认为中断仍在进行，其后果是与此同级的中断请求将不被响应。所以，中断服务程序结束时必须使用 RETI 指令。

若用户在中断服务程序中进行了入栈操作，则在 RETI 指令执行前应进行相应的出栈操作，使栈顶指针 SP 与保护断点后的值相同，即在中断服务程序中 PUSH 指令与 POP 指令必须成对使用，否则不能正确返回断点。

4.1.5　外部中断的请求与撤除

1．外部中断

4.1.4 节已经介绍了 MCS-51 单片机中断系统的 2 个外部中断源的工作过程，它有两种触发方式，即电平触发和边沿触发。可通过将 TCON 寄存器中的 IT0 位和 IT1 位清 0 使其工作在电平触发方式，或置为 1 使其工作在边沿触发方式。

在电平触发方式下，单片机在每个机器周期的 S5P2 期间采样中断输入信号，若为低电平，则可直接触发外部中断。在这种触发方式中，中断源必须持续请求，直至中断产生为止，且要求在中断服务程序返回之前，必须撤除中断请求信号，否则机器将认为又发生了另一次中断请求。因此，电平触发方式适合于外部中断输入为低电平，且在中断服务程序中能清除该中断源的申请信号的情况。

在边沿触发方式中，单片机在采样中断输入信号时，如果连续采样到 1 个周期的高电平和紧接着 1 个周期的低电平，则中断请求标志位就被置位，并请求中断。这种方式下，CPU 响应中断进入中断服务程序时，请求标志位会被 CPU 自动清除。所以该方式适合于以负脉冲形式输入的外部中断请求。

由于外部中断源在每个机器周期被采样 1 次，所以输入的高电平或低电平必须至少保持 12 个振荡周期，以保证能被采样到。

2．中断请求的撤除

CPU 响应中断请求后，在中断返回前，必须撤除请求，否则会错误地再一次引起中断过程。如前所述，对于定时器 T0 与 T1 的中断请求及边沿触发方式的外部中断 0 和 1 来说，CPU 在响应中断后用硬件清除了相应的中断请求标志 TF0、TF1、IE0 与 IE1，即自动撤除了中断请求。

对于串行口中断，CPU 响应中断后没有用硬件清除中断标志位，必须由用户编制的中断外部服务程序来清除相应的中断标志，如用指令 CLR TI 或 CLR RI 来清除串行发送或串行接收中断标志。对于电平触发的外部中断，由于 CPU 对外部中断 0 和 1 引脚没有控制作用，因此需要外接电路来撤除中断请求信号。

图 4.3 描述了一种外部中断撤除的可行性方案。该外部中断请求信号通过 D 触发器加到单片机外部中断 0 或 1 引脚上。当外部中断信号使 D 触发器的 CLK 端发生正跳变时，由于 D 端接地，Q 端输出为 0，因此向单片机发出中断请求。CPU 响应中断后，利用 1 根口线(如 P1.0)作应答线。

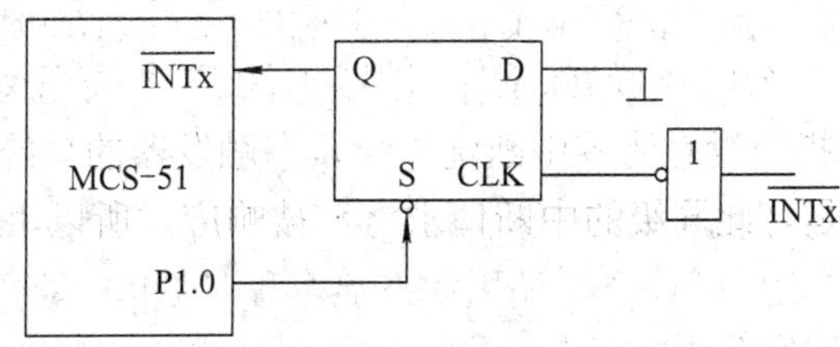

图 4.3　外部中断请求(电平触发方式)的撤除图

在中断服务程序中用以下两条指令来撤除中断请求：

```
ANL   P1，#0FEH        ；P1.0=0，则 S=1，D 触发器置位，Q=1
ORL   P1，#01H         ；P1.0=1，则 S=0，D 触发器接收信号
```

第 1 条指令使 P1.0 为 0，而 P1 口其他各位的状态不变。由于 P1.0 接至 D 触发器的置“1”端(S)，所以 D 触发器的 Q=1，从而撤除了中断请求信号。第 2 条指令又使 P1.0 为 1，即 S=0，以便能继续接收新的外部中断请求信号。

4.1.6 中断程序举例

MCS-51 共有 5 个中断源，由 4 个特殊功能寄存器 TCON、SCON、IE 和 IP 进行管理和控制。在使用中，需要用软件对以下 5 个内容进行设置：

(1) 中断服务程序入口地址的设定。

(2) 某一中断源中断请求的允许与禁止。

(3) 对于外部中断请求，还需进行触发方式的设定。

(4) 各中断源优先级别的设定。

(5) CPU 开中断与关中断。

中断程序一般包含中断控制程序和中断服务程序两部分。中断控制程序即中断初始化程序，一般不独立编写，而是包含在主程序中，根据上述 5 点通过编写指令来实现。

【例 4.1】 试编写设置外部中断 $\overline{\text{INT0}}$ 和串行接口中断为高优先级，外部中断 $\overline{\text{INT1}}$ 为低优先级，并屏蔽 T0 和 T1 中断请求的初始化程序段。

解：根据题目要求，只要能将中断请求优先级寄存器 IP 的第 0、4 位置“1”，其余位置“0”，将中断请求允许寄存器的第 0、2、4、7 位置“1”，其余位置“0”即可。

参考程序如下：

```
        ORG    0000H
        LJMP   MAIN
        ORG    0003H          ；外部中断 0 的入口地址
        LJMP   INT0_INT       ；跳转到外部中断 0 的中断服务程序
        ORG    0013H          ；外部中断 1 的入口地址
        LJMP   INT1_INT       ；跳转到外部中断 1 的中断服务程序
        ORG    0023H          ；串口中断的入口地址
        LJMP   SIO_INT        ；跳转到串口中断的中断服务程序
        ORG    0030H
MAIN：  …                     ；编写主程序
        MOV    IP，#00010001B ；设外部中断 INT0 和串行口中断为高优先级
        MOV    IE，#10010101B ；允许 INT0、INT1 和串行口中断，开 CPU
                              ；中断
```

【例 4.2】 利用单片机的定时/计数器来产生中断，假定单片机晶振选择 12 MHz，选择使用 T0 每 1 ms 产生一次中断请求，调用动态显示程序 DISP。

解：先安排好不同程序的入口地址，在主程序中完成定时器和中断的初始化，然后打开对应中断允许位和总中断允许位，在中断服务程序中调用显示子程序。

计算定时器初值：T0 工作在模式 1 时为 16 位，其最大计数为 65536。因系统时钟为 12 MHz，故一个机器周期为 1 μs，1 ms = 1000 μs。

T = M × 机器周期，代入即得 M = 1000，计数初值 $N = 2^{16} - 1000 = 64536$，将其转换为二进制数即为 FC18H。

主程序如下：

```
            ORG    0000H
            LJMP   MAIN              ；跳转到主程序入口
            ORG    000BH
            LJMP   DISP              ；跳转到定时器T0中断的入口地址
            ORG    0030H
    MAIN：…
    ；===进行定时器初始化===
            MOV    TMOD，#00000001B；设置T0工作在模式1
            MOV    TH0，#0FCH
            MOV    TL0，#18H         ；设置计数初值
            SETB   TR0               ；TR0=1，启动定时器T0开始计数
            SETB   ET0               ；开放定时器T0中断允许位
            SETB   EA                ；开放总中断允许位，等待T0计数满溢出
```

中断服务程序代码：

```
    DISP：
            PUSH   ACC
            PUSH   PSW               ；保护现场
            CLR    TR0               ；因为已经响应中断请求，所以停止定时器
                                     ；T0
            MOV    TH0，#0F8H
            MOV    TL0，#30H         ；重新赋计数初值
            SETB   TR0               ；重新启动定时器T0
            ….显示程序代码(略)…
            POP    PSW
            POP    ACC               ；按先入后出次序恢复现场
            RETI                     ；中断服务程序结束，返回断点，必须用RETI
                                     ；指令
```

4.2　定时/计数器

在工业控制、通信等领域的产品设计中，通常需要完成定时或计数的功能。定时功能一般可以采用以下三种方法来实现。

1. 硬件方法

采用硬件电路完成定时功能，不占用 CPU 的时间。当要求改变定时时间时，只能通过

改变电路中的元件参数来实现，此种方法缺乏灵活性。

2. 软件方法

软件定时是指执行一段循环程序来进行时间延时从而达到定时的目的。该法的优点是无额外的硬件开销，时间比较精确；其缺点是消耗了 CPU 的时间，所以软件延时时间不宜长，而在实时控制等对响应时间要求严格的场合也不能使用。

3. 可编程定时/计数器

可编程定时/计数器是一种可以通过软件编程来实现定时时间改变的集成电路。其定时是通过对系统的时钟脉冲计数来完成的，它也可以用来对外部脉冲进行计数。可编程定时/计数器有专用芯片可供选用，比如 Intel 8253。

MCS-51 单片机在设计中也充分考虑了方便用户应用的问题，它的内部提供了两个定时/计数器(简称 T/C)，并且这两个 T/C 可以通过软件的方式进行设置使其工作在不同的方式，这给设计者带来了极大的方便，下面将对其作详细介绍。

4.2.1　定时/计数器的结构及工作原理

MCS-51 单片机定时/计数器的结构如图 4.4 所示。

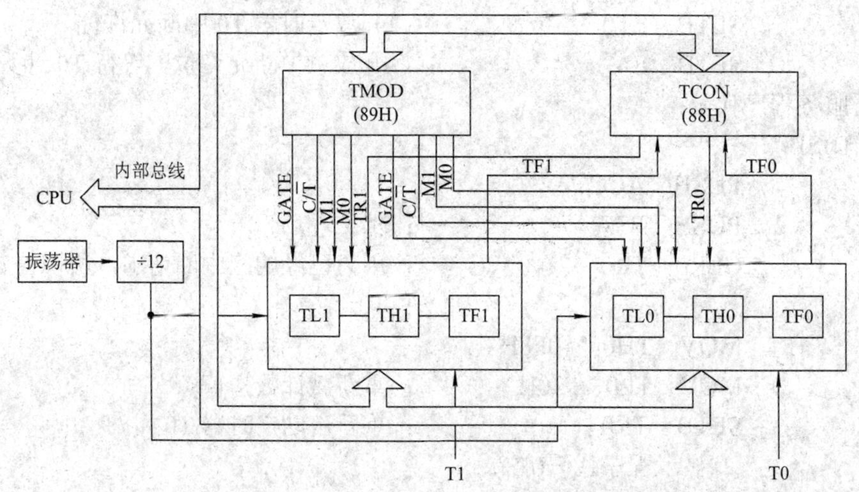

图 4.4　定时/计数器 T0、T1 的内部结构框图

由图 4.4 可知，其内部主要部件包括：2 个 16 位寄存器 T0 和 T1，每个又分成两个 8 位寄存器，用来存放定时/计数初值；2 个特殊功能位寄存器 TMOD 和 TCON，分别用来控制 T/C 的工作模式(定时或计数)以及 T/C 启动、停止和溢出标志位。

T/C 的核心部件是 1 个加 1 计数器，用来对其输入端的脉冲数进行计数。加 1 计数器的输入脉冲源有两种：一种是外部脉冲源，另一种是系统机器周期(时钟振荡器经 12 分频以后的脉冲信号)。计数器对两个脉冲源之一(可选择)进行输入计数，每输入 1 个脉冲，计数值加 1。当计数器计满后，会从最高位溢出 1 个脉冲，使特殊功能寄存器 TCON 中的 TF0 或 TF1 置 1，作为 T/C 的溢出中断标志，供 CPU 查询。若 T/C 工作在定时状态，则表示定时时间到；若工作在计数状态，则表示计数回零。

(1) 当 T/C 处于定时方式时，输入脉冲是由内部时钟振荡器的输出经 12 分频后送来的，加 1 计数器在每个机器周期加 1，因此，也可以把它看做在累计机器周期。由于一个机器周期包含 12 个振荡周期，所以它的计数速率是振荡频率的 1/12。若晶体振荡频率为 12 MHz，则一个机器周期是 1 μs，定时器每接收一个输入脉冲的时间为 1 μs。

(2) 当 T/C 处于计数方式时，输入脉冲信号是由外部加在 T0 或 T1 端进入计数器的。在每个机器周期的 S5P2 期间采样 T0 或 T1 外部引脚电平，若某一个周期的采样值为 1，而下一个周期的采样值为 0，则计数器加 1。由于计数器是下降沿触发计数的，检测一个从“1”到“0”的下降沿需要两个机器周期，因此一般要求被采样的电平至少要维持一个机器周期，以保证电平再次变换前至少被采样一次。

所以，对外部输入信号的最高计数速率是机器周期的 1/2(晶振频率的 1/24)，同时外部输入信号的高电平与低电平的保持时间均需大于 1 个机器周期。若晶体振荡频率为 12 MHz，则计数脉冲的周期要大于 2 μs。

4.2.2　定时/计数器的控制与实现

MCS-51 单片机中的定时/计数功能都是通过软件设定来控制和实现的。与控制实现相关的寄存器主要有 2 个，分别为工作方式寄存器(TMOD)和控制寄存器(TCON)。另外，定时/计数器除了可用作定时器或计数器之外，还可用作串行接口的波特率发生器。

1. 工作方式寄存器 TMOD

工作方式寄存器(TMOD)用于设置定时/计数器的工作方式，其各位的定义如图 4.5 所示。

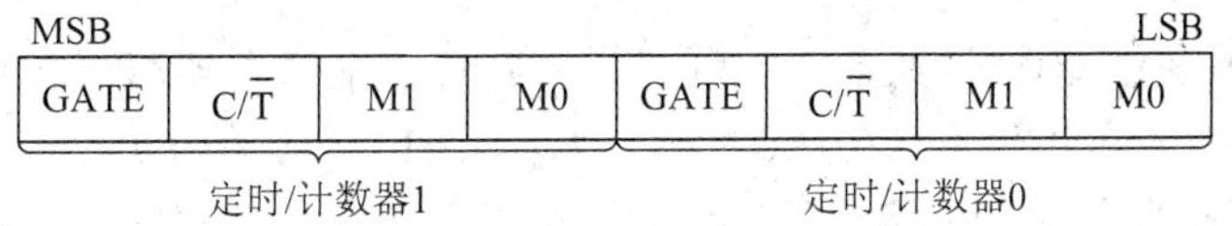

图 4.5　TMOD 各位的定义

寄存器的高 4 位用于管理定时器 T1，低 4 位用于管理定时器 T0。图 4.5 中各位的含义如下：

GATE：门控位。若 GATE=1，则只有 $\overline{INT0}$ (或 $\overline{INT1}$)引脚为高电平，且由软件使 TR0(或 TR1)置 1 时，才能启动定时器工作，即以外部中断启动定时器；若 GATE=0，则只要用软件使 TR0(或 TR1)置位就可以启动定时器工作，不需要参考 $\overline{INT0}$ 或 $\overline{INT1}$ 的引脚状态。

C/$\overline{T}$：定时/计数器方式选择位。C/$\overline{T}$=1 时选择计数器，C/$\overline{T}$=0 时选择定时器。

M1、M0：工作模式定义位。工作模式选择如表 4.6 所示。

表 4.6　工作模式选择

M1 M0	工作方式	功 能 描 述
0　0	0	13 位定时/计数器
0　1	1	16 位定时/计数器
1　0	2	8 位自动重装载定时/计数器
1　1	3	仅适用于 T0，T0 分成两个 8 位定时/计数器，T1 在此方式下停止工作

2. 定时器控制寄存器 TCON

定时器控制寄存器 TCON 的作用是控制定时器的启动、停止，溢出标志位，以及外部中断触发方式。TCON 支持位寻址操作，其各位的定义如表 4.7 所示。

表 4.7　TCON 各位的定义

位地址	8FH	8EH	8DH	8CH	8BH	8AH	89H	88H
位功能	TF1	TR1	TF0	TR0	IE1	IT1	IE0	IT0

TF1：定时/计数器 T1 的溢出标志。T1 计数满产生溢出时，由硬件使该位置 1，并申请中断。若中断开放，则进入中断服务程序后，由硬件自动清 0。若中断被禁止，则可以采取查询方式，用软件清 0。

TR1：T1 的运行控制位。用软件控制，置 1 时，启动 T1；清 0 时，停止 T1。

TF0：T0 的溢出标志。T0 计数溢出时，该位由内部硬件置位。若中断开放，即响应中断，则进入中断服务程序后，由硬件自动清 0；若中断禁止，则在查询方式下用软件清 0。

TR0：T0 的运行控制位。用软件控制，置 1 时，启动 T0；清 0 时，停止 T0。

IE1：外部中断 1 下降沿触发标志位。

IE0：外部中断 0 下降沿触发标志位。

IT1：外部中断 1 触发类型选择位。

IT0：外部中断 0 触发类型选择位。

TCON 的低 4 位与中断有关，请参见本章“中断”部分。

注意：复位后 TCON 的所有位均清 0，T0 和 T1 均处于停止状态。

4.2.3　定时/计数器的工作方式

MCS-51 单片机的定时/计数器可以通过设置特殊功能寄存器 TMOD 使其工作在四种不同的模式。T0 有 4 种工作方式(方式 0、1、2、3)，T1 有 3 种工作方式(方式 0、1、2)。此外，T1 还可以作为串行通信接口的波特率发生器。下面以定时器 T0 为例对其四种工作模式进行介绍。

1．方式 0

当 M1M0=00 时，T/C 设定为工作方式 0，构成 13 位的 T/C。其逻辑结构如图 4.6 所示。在此工作方式下，T/C 为 13 位计数器，由 THx 的 8 位和 TLx 的低 5 位组成(高 3 位未用)，满计数值为 2^{13}。T/C 启动后立即加 1 计数，当 TLx 的低 5 位计数溢出时向 THx 进位，THx 计数溢出则对相应的溢出标志位 TFx 置位，以此作为定时器溢出中断标志。当单片机进入中断服务程序时，由内部硬件自动清除该标志。

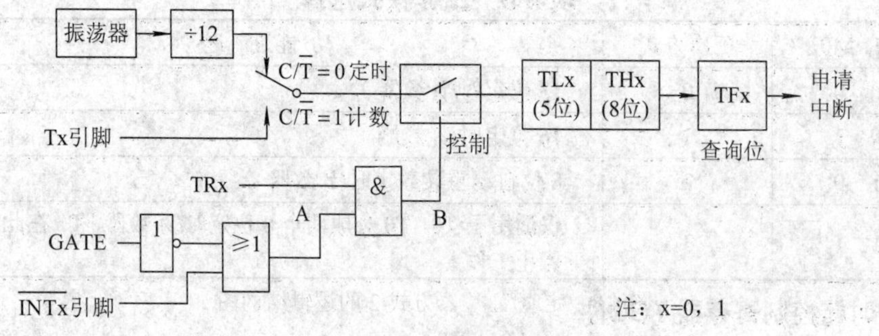

图 4.6　定时/计数器方式 0 的逻辑结构图

当 TMOD 寄存器中的 $C/\overline{T}$=0 时，为定时方式，将振荡器 12 分频的信号作为输入脉冲进行计数；当 $C/\overline{T}$=1 时，为计数方式，对外部脉冲输入端 Tx 输入的脉冲进行计数。计数脉冲能否加到计数器上由启动信号来控制。当 GATE=0 时，或门输出为 1，与门处于开启状态，只要 TRx=1，与门输出就为 1，T/C 启动；当 GATE=1 时，启动信号 TRx • $\overline{\text{INTx}}$，此时 T/C 的启动受 TRx 与 $\overline{\text{INTx}}$ 信号的双重控制。

2. 方式 1

当 M1M0=01 时，T/C 设定为工作方式 1，构成 16 位定时/计数器，其中 THx 作为高 8 位，TLx 作为低 8 位，满计数值为 2^{16}，其余同方式 0 类似。其逻辑结构如图 4.7 所示。

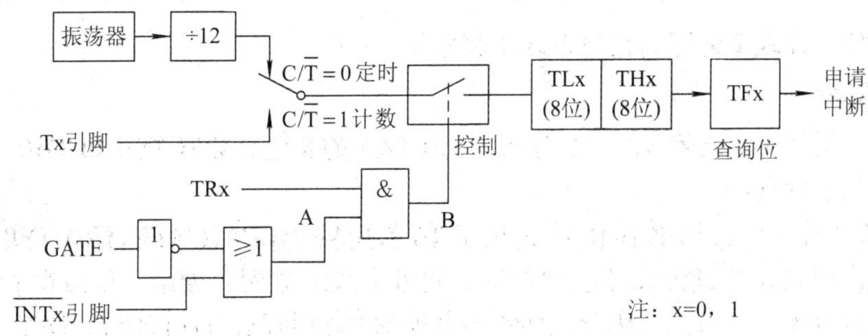

图 4.7　定时/计数器方式 1 的逻辑结构图

方式 1 构成 16 位加 1 定时/计数器，计数个数 M 与计数初值 N 的关系如下：

$$M = 2^{16} - N$$

用于定时功能时，定时时间 t 的计算公式为

$$t = M \times 机器周期 = (2^{16} - N) \times 机器周期$$

若晶振频率为 12 MHz，则机器周期为 1 μs，初值 N=0～65536 时，可定时范围为 1～65536 μs。

3. 方式 2

当 M1M0=10 时，T/C 工作在方式 2，构成 1 个 8 位的自动重装初值的定时/计数器。其逻辑结构如图 4.8 所示。

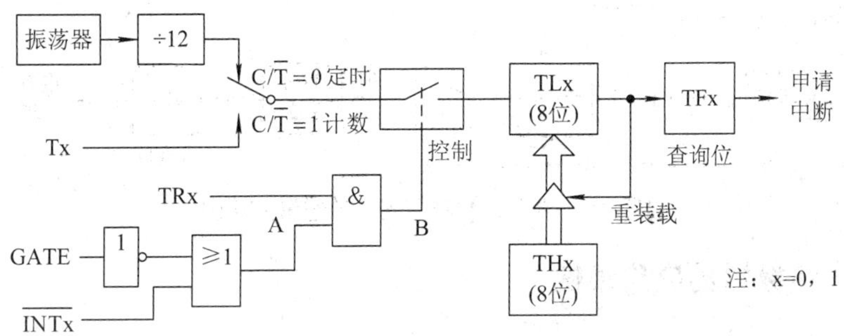

图 4.8　定时/计数器方式 2 的逻辑结构图

在前述的方式 0 和方式 1 中，当计数满后，下一次定时/计数需用软件向 THx 和 TLx 重新预置计数初值。在方式 2 中，THx 和 TLx 被当作两个 8 位计数器。在计数过程中，THx

寄存 8 位初值并保持不变，由 TLx 进行 8 位计数。计数溢出时，由硬件使 TF0 置“1”产生溢出中断标志，并向 CPU 请求中断，此时还自动将 THx 中的初值重新装到 TLx 中，即重装初值。

计数个数 M 与计数初值 N 的关系如下：

$$M = 2^8 - N$$

用于定时功能时，定时时间 t 的计算公式为

$$t = M \times 机器周期 = (2^8 - N) \times 机器周期$$

若晶振频率为 12 MHz，则机器周期为 1 μs，初值 N=0～255 时，可定时范围为 1～256 μs。

除此之外，方式 2 的控制也与方式 1 类似。

4．方式 3

方式 3 只适用于定时器 T0。T0 分成为两个独立的 8 位计数器 TL0 和 TH0，在使用时应注意以下几个特点。

(1) TL0 可作为定时/计数器使用，占用了 T0 的控制位($C/\overline{T}$、GATE、TR0、TF0 和 $\overline{INT0}$)，其功能和操作与方式 0 或方式 1 完全相同；TH0 只能作定时器使用，仅占据了定时器 T1 的两个控制信号 TR1 和 TF1。因此，TH0 不受外部 $\overline{INT1}$ 控制，TH0 的启、停受 TR1 控制，TH0 的溢出将置位 TF1。

(2) T1 只能作为定时器运行，当 T0 为方式 3 时，定时器 T1 虽仍可用于方式 0、1、2，但不能使用中断方式。当作为波特率发生器使用时，只需设置好工作方式，便可自行运行。如要停止工作，则只需送入一个把它设置为方式 3 的方式控制字即可。定时器 T1 不能在方式 3 下使用，如果硬把它设置为方式 3，则相当于停止工作。方式 3 的逻辑结构如图 4.9 所示。

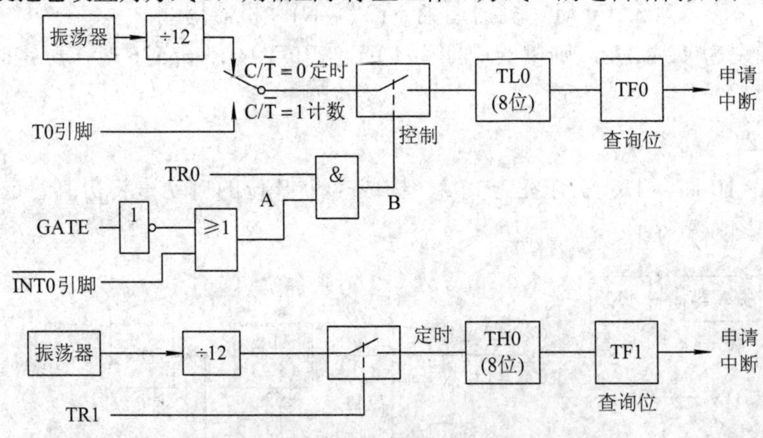

图 4.9　定时/计数器方式 3 的逻辑结构图

4.2.4　定时/计数器的应用举例

MCS-51 单片机中的定时/计数器是可编程的，一般要求在使用之前必须进行初始化。在编程时需要注意两点：

(1) 正确写入控制字；

(2) 正确计算计数初值。

1. 初始化步骤

初始化步骤如下：

(1) 确定工作方式：对 TMOD 各位按功能赋值。

(2) 预置定时或计数初值：可以直接将初值写入 TH0、TH1 或 TL0、TL1 中。

(3) 根据需要开放定时/计数器中断：直接对 IE 中的位进行位操作。

(4) 启动定时/计数器，分为以下两种情况：

① 采用软件启动时，将对应的 TR0 或 TR1 置 1；

② 采用外部中断启动时，需要给外部中断引脚($\overline{\text{INT0}}$或$\overline{\text{INT1}}$)加启动电平。

当实现了启动要求后，定时器就按规定的工作方式和初值进行计数或定时。

2. 定时/计数器的初值计算

定时/计数器有 4 种工作方式，不同工作模式下计数器的位数不同，其最大计数模值也不同。设最大计数模值为 A，若机器周期为 1 μs，则各模式的 A 表达式如下：

方式 0：13 位计数器，$A=2^{13}=8192$，最大定时时间是 8.192 ms；

方式 1：16 位计数器，$A=2^{16}=65\,536$，最大定时时间是 65.536 ms；

方式 2：8 位计数器，$A=2^{8}=256$，最大定时时间是 0.256 ms；

方式 3：定时器 0 分成两个 8 位计数器，所以两个 A 都是 256；定时器 1 停止计数。

定时/计数器工作时，是从计数初值开始作加 1 计数的，并在计数到最大值(全“1”)时溢出并产生中断。定时工作时，初值 M 的计算如下：

$$M = A - \frac{T_{time}}{12T_{OSC}}$$

式中，T_{time} 是定时时间；T_{OSC} 是单片机的晶振周期，$12T_{OSC}$ 是机器周期。

【例 4.3】 设单片机工作在 12 MHz 主频下，要产生 100 μs 的定时时间，请问工作于模式 2 时，计数器初值应该是多少？

解：工作主频是 12 MHz，则机器周期是 1 μs，计数次数为

$$\frac{100\,\mu s}{1\,\mu s} = 100\text{ 次}$$

工作在模式 2 时，计数初值为

$$M = A - 100 = 256 - 100 = 156 = 9CH$$

3. 定时/计数器应用实例

1) 方式 1、方式 0 的应用

【例 4.4】 若单片机时钟频率是 12 MHz，计算定时 1 ms 所需的定时器初值。

分析：定时器工作在方式 3 和方式 2 时最大定时时间仅为 0.256 ms，所以该例必须选择工作模式为方式 0 或方式 1。余下的工作主要就是根据定时 1 ms 得知需要加 1 的次数为 1000 次，然后计算定时初值。

若采用方式 0，定时器初值为 M=A−计数值=8192−1000=7192=1C18H=1110000011000B，在二进制表达式中用空格区分传给不同寄存器的值，即 TH0=11100000B=E0H，TL0=11000B=18H(TL0 只用低 5 位，高 3 位补 0)。

若采用方式 1，则定时器初值为 M=A−计数值=65536−1000=64536=FC18H，即

TH0=FCH，TL0=18H。

【例 4.5】 选择 T1 方式 0 用于定时，在 P1.2 口输出周期为 1 ms 的方波，晶振选择 6 MHz。

分析：根据题意，系统机器周期=2 μs，只要使 P1.2 每隔 500 μs 取反一次即可得输出周期为 1 ms 的方波，因而 T1 的定时时间为 500 μs，定时计数为 250 次，定时器初值为 M=A−计数值=8192−250=7942=1F06H=1111100000110B，所以 TH1=F8H，TL1=06H。

相应程序如下：

```
        MOV    TL1，#06H        ；给 TL1 置定时初值
        MOV    TH1，#0F8H       ；给 TH1 赋值
        SETB   TR1              ；启动 T1
LP1：   JBC    TF1，LP2         ；查询计数溢出否
        AJMP   LP1              ；没有溢出，则继续计数
LP2：   MOV    TL1，#06H        ；计数溢出，则重新设置计数初值
        MOV    TH1，#0F8H       ；
        SETB   TR1
        CPL    P1.2             ；输出取反
        AJMP   LP1              ；重复循环
```

2) *方式 2 的应用*

【例 4.6】 用 T1 方式 2 计数，要求每计满 100 次，将 P1.0 端取反。

解：外部计数信号由 T1(P3.5)引入，每跳变一次计数器加 1，由程序查询 TF1。

计数初值 M = A−计数值 = 256−100 = 156 = 9CH，TH1 = TL1 = 9CH，根据题意可设置 TMOD=60H。

源程序如下：

```
        MOV    TMOD，#60H     ；设置 T1 为方式 2 计数器
        MOV    TH1，#9CH      ；赋初值
        MOV    TL1，#9CH      ；
        SETB   TR1            ；启动计数器工作
DEL：   JBC    TF1，REP       ；查询计数是否溢出
        AJMP   DEL            ；
REP：   CPL    P1.0           ；若计数溢出，则输出取反
        AJMP   DEL
```

4.3 串 行 接 口

通常人们把计算机与外界之间的数据交换和传送称为通信。通信的基本方式有两种：并行通信和串行通信。随着科技的发展，特别是在工业控制、计算机和通信信息领域，以单片机为核心的智能控制器得到了广泛的应用，一个控制系统不再是单台仪器仪表或控制器，而是由多个智能仪器、仪表或控制器共同组合构成的一个分布式(DCS)采集、控制系统。系统上位机由 PC 机充当并进行集中管理，而下位机由许多以单片机为核心的具有通信功能的智能终端控制器或仪表组成。它们之间的通信是多机通信，比较复杂。下面我们对其逐一进行介绍。

4.3.1　串行通信的基本知识

1. 并行传送方式与串行传送方式

计算机的数据交换传送方式可分为两种：并行数据传送方式和串行数据传送方式。

1) 并行传送方式

在数据传输时，如果一个数据编码字符的各位都同时发送、并排传输，又同时被接收，则将这种传送方式称为并行传送方式。并行传送方式要求物理信道为并行内总线或者并行外总线。

并行数据传送方式的特点是传送速度快，效率高。但由于需要的传送数据线多，因而传输成本高。并行数据传输的距离通常小于 30 m。计算机内部的数据都是并行传送的。

2) 串行传送方式

在数据传输时，如果一个数据编码字符的所有各位都不是同时发送，而是按一定顺序，一位接一位地在信道中被发送和接收，则将这种传送方式称为串行传送方式。串行传送方式的物理信道为串行总线。串行通信可借助串行 I/O 口实现数据传送，数据依次按位发送或接收，排列成队，仅用一条传输线路。因此，串行通信节省传输成本，尤其适于大数据量和远距离的数据通信。

串行数据传送方式的特点是成本低，但速度慢。通常计算机与外界的数据传送大多采用串行方式，其传送距离为几米到上千千米。

2. 串行数据的传送方式

在串行数据传送方式中，按照信号传输的方向和同时性来分类，一般可将传送方式分为单工方式、半双工方式和全双工方式三种，如图 4.10 所示。

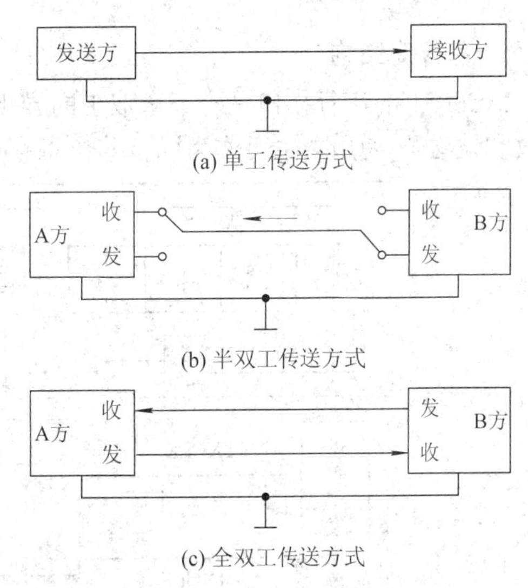

图 4.10　串行通信方式示意图

1) 单工方式

信号(不包括联络信号) 在信道中只能沿一个方向传送，而不能沿相反方向传送的工作方式称为单工方式。

2) 半双工方式

通信的双方均具有发送和接收信息的能力，信道也具有双向传输性能，但是通信的任何一方都不能同时既发送信息又接收信息，即在指定的时刻只能沿某一个方向传送信息。这样的传送方式称为半双工方式。半双工方式大多采用双线制。

3) 全双工方式

信号在通信双方之间沿两个方向同时传送，任何一方在同一时刻既能发送又能接收信息，这样的方式称为全双工方式。

3. 异步传输和同步传输

在数据通信中，为保证发送的信号能在接收端被正确地接收，需要采用同步技术。常用的同步技术有两种方式：一种称为异步传输，也称为起止同步方式；另一种称为同步传输，也称为同步字符同步方式。

1) 异步传输

异步传输以字符为单位进行数据传输，每个字符都用起始位、停止位包装起来，在字符间允许有长短不一的间隙。在单片微机中使用的串行通信都是异步传输。

2) 同步传输

同步传输用来对数据块进行传输，一个数据块中包含着许多连续的字符，在字符之间没有空闲。同步传输可以方便地实现某一通信协议要求的帧格式。

4. 波特率(Baud Rate)

串行通信的传送速率是指数据传送的速度，一般用波特率来表征。波特率定义为串行通信时每秒钟传送“位”的个数，比如 1 s 传送 1 bit，就是 1 波特，即 n 波特=n b/s(位/秒)。

在 RS-232C 标准中，串行通信的波特率已有规定，如波特率为 600、1200、2400、4800、9600、19200 等。

假如数据传送速率为 120 字符/s，而每一个字符帧已规定为 10 个数据位，则传输速率应为 120 × 10 = 1200 b/s，即波特率为 1200，每一位数据传送的时间为波特率的倒数，即

$$T = 1 \div 1200 \approx 0.833\ \text{ms}$$

4.3.2 MCS-51 串行接口及其控制

1. 串行口结构

MCS-51 的串行接口是一个全双工的异步串行通信接口，它既可作为 UART(通用异步接收和发送器)使用，也可作为同步移位寄存器使用。其结构如图 4.11 所示。

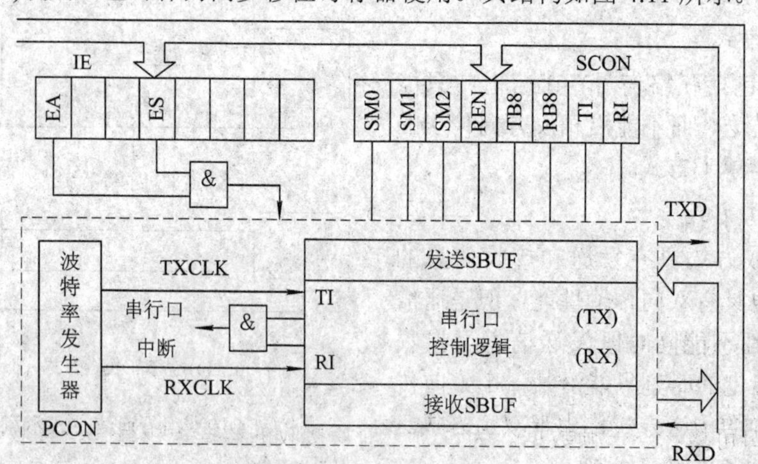

图 4.11 MCS-51 串行接口结构图

1) 波特率发生器

波特率发生器主要由 T0、T1 及内部的一些控制开关和分频器所组成。它为串行口提供时钟信号，即 TXCLK(发送时钟)和 RXCLK(接收时钟)。相应的控制波特率发生器的特殊

功能寄存器有 TMOD、TCON、PCON、TL1、TH1、TL2、TH2 等。

2) 串行口内部

(1) 串行数据缓冲寄存器 SBUF。缓冲寄存器 SBUF 分为接收缓冲器 SBUF 和发送缓冲器 SBUF，以便 CPU 能以全双工的方式进行通信。它们在物理上是独立的，但是占用同一地址(99H)。

(2) 串行口控制寄存器 SCON。SCON 用来控制串行通信接口的工作方式，并指示串行口的工作状态。

(3) 串行数据输入/输出引脚。接收方式下，串行数据从 RXD(P3.0)引脚输入，串行口内部在接收缓冲器之前接有移位寄存器，它们共同构成了串行接收的双缓冲结构，可以避免在数据接收过程中出现帧重叠错误。所谓帧重叠，是指在下一帧数据来时，前一帧数据还未被读走。

在发送方式下，串行数据通过 TXD(P3.1)引脚输出。

3) 串行口控制逻辑

(1) 接收来自波特率发生器的时钟信号 TXCLK(发送时钟)和 RXCLK(接收时钟)。

(2) 控制内部的输入移位寄存器将外部的串行数据转换为并行数据。

(3) 控制内部的输出移位寄存器将内部的并行数据转换为串行数据输出。

(4) 控制串行中断(RI 和 TI)。

4) 串行数据收发流程

串行口进行数据接收和发送的控制流程如图 4.12 所示。

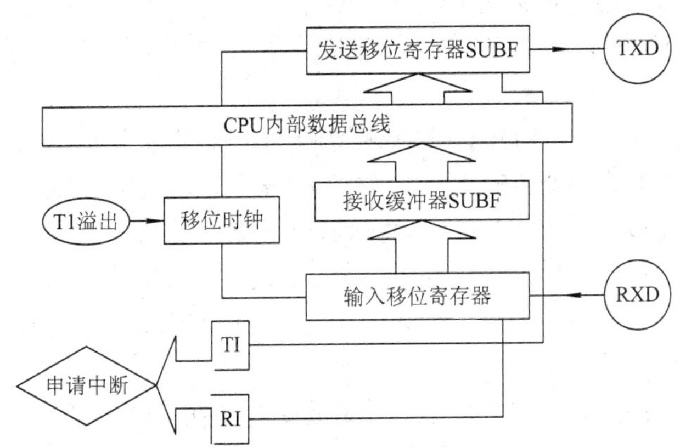

图 4.12　串行口进行数据接收和发送的控制流程

在进行串行接收通信时，外部数据通过引脚 RXD 输入，先进入输入移位寄存器，再送入接收缓冲器 SBUF。当一帧数据全部进入 SBUF 后，串行口发出中断请求，通知 CPU 读取数据。CPU 执行一条读 SBUF 的指令，从而将数据送入某个寄存器或者存储单元，与此同时接收端口可接收下一帧数据。为了避免前后接收的数据发生重叠，接收器采用了双缓冲结构。

在进行串行发送通信时，CPU 将数据通过内部数据总线传到发送移位寄存器中，移位寄存器再逐位地把数据通过引脚 TXD 发送出去。在发送时由于 CPU 主动进行操作，不会产生数据重叠问题，所以只需要保持最大传送速率即可，缓冲器不用双缓冲结构。

2. 串行口控制与实现相关功能的寄存器

1) 串行数据寄存器 SBUF

SBUF 是两个在物理上独立的发送、接收缓冲器，可同时发送、接收数据。两个缓冲器共用一个字节地址 99H，可通过指令对 SBUF 的读/写来区别是对接收缓冲器的操作还是对发送缓冲器的操作。CPU 写 SBUF 即修改发送缓冲器；CPU 读 SBUF 即读接收缓冲器。串行口对外也有两条独立的收发信号线 RXD 和 TXD，因此可以同时发送和接收数据，实现全双工传送。

例如，"MOV A，SBUF"指令表示读 SBUF，访问接收数据寄存器；"MOV SBUF，A"指令表示写 SBUF，访问发送数据寄存器。

2) 状态控制寄存器 SCON

串行口状态控制寄存器 SCON 用来控制串行通信的方式选择，指示串行口的中断状态。寄存器 SCON 支持字节寻址，也支持位寻址，字节地址为 98H，位地址为 98H～9FH。其格式如表 4.8 所示。

表 4.8　状态控制寄存器的格式

D7	D6	D5	D4	D3	D2	D1	D0
SM0	SM1	SM2	REN	TB8	RB8	TI	RI

(1) SM0、SM1：串行口工作方式选择位。

(2) SM2：允许方式 2、3 中的多处理机通信位。

方式 0 时，SM2 不用，设置为 0。

方式 1 时，若 SM2=1，则在接收电路接收到有效的停止位时，接收中断标志位 RI 才被硬件置 1。

方式 2 和方式 3 时，若 SM2=1，则只有当接收到的第 9 位数据(RB8)为 1 时，才将接收到的前 8 位数据送入缓冲器 SBUF 中，并把 RI 置 1，同时向 CPU 申请中断。如果接收到的第 9 位数据(RB8)为 0，则 RI 置 0，将接收到的前 8 位数据丢弃。当 SM2=0 时，不论接收到的第 9 位数据是 0 还是 1，都将前 8 位数据装入 SBUF 中，并申请中断。

(3) REN：允许串行接收位。当 REN=1 时，允许串行接收；当 REN=0 时，禁止串行接收。该位用软件置位/清零。

(4) TB8：方式 2 和方式 3 中要发送的第 9 位数据。在通信协议中，常规定 TB8 作为奇偶校验位。该位根据需要由软件置位和复位。

(5) RB8：方式 2 和方式 3 中接收到的第 9 位数据。方式 1 中接收到的是停止位。方式 0 中不使用这一位。

(6) TI：发送中断标志位。方式 0 中，在发送第 8 位末尾置位；在其他方式中，在发送停止位开始时置位。该位由硬件置位，必须用软件清除。

(7) RI：接收中断标志位。方式 0 中，在接收第 8 位末尾置位；在其他方式中，在接收停止位中间置位。该位由硬件置位，用软件清除。

注意：系统复位后，SCON 中的所有位都被清"0"。

3) 电源控制寄存器 PCON

PCON 主要是为控制 CHMOS 型单片机的电源而设置的专用寄存器，单元地址为 87H，不支持位寻址。在 HMOS 单片机中，该寄存器除最高位外，其他位都是虚设的。最高位 SMOD 为串行口波特率选择位。当 SMOD=1 时，方式 1、2、3 的波特率加倍；当 SMOD=0 时，系统复位。电源控制寄存器的格式如表 4.9 所示。

表 4.9　电源控制寄存器的格式

D7	D6	D5	D4	D3	D2	D1	D0
SMOD						PD	IDL

另外，中断允许寄存器 IE 与串行通信也有关，可参阅本章“中断”的有关章节，此处不再赘述。

4.3.3　串行口的工作方式

在串行通信中，收发双方对接收或发送的数据传输速度(即波特率)要有一定的约定，通过软件可以设定。MCS-51 的串行口共有四种工作方式，可以利用 SM0 和 SM1 位的设置来决定串行口的工作方式。这四种方式中，方式 0 和方式 2 采用固定波特率，方式 1 和方式 3 的波特率可变，由定时器 T1 的溢出控制，如表 4.10 所示。

表 4.10　串行口的工作方式

SM0	SM1	工作方式	帧格式	波特率
0	0	方式 0	8 位移位寄存器	f_{OSC}/12(f_{OSC}是晶振频率)
0	1	方式 1	10 位 UART	由定时器控制
1	0	方式 2	11 位 UART	f_{OSC}/64 或 f_{OSC}/32
1	1	方式 3	11 位 UART	由定时器控制

注：UART(Universal Asynchronous Receiver/Transmitter)为通用异步收发器。

1. 方式 0

这种工作方式实质上是一种同步移位寄存器方式，此时串口相当于一个并入串出(发送)或串入并出(接收)的移位寄存器。其工作特点是：数据传输波特率固定为 f_{OSC}/12；由 RXD 引脚输入或输出数据；由 TXD 引脚输出同步移位时钟；一次接收/发送的是 8 位数据，传输时低位在前，高位在后。帧格式如下：

…	D0	D1	D2	D3	D4	D5	D6	D7	…

发送时，将一个数据写入发送缓冲器 SBUF，即执行“MOV SBUF，A”指令，串口就把 8 位数据以 f_{OSC}/12 的波特率从 TXD 端送出，待数据发送完毕，置中断标志 TI=1，参见图 4.13。

从图 4.13 中可以看出，TXD 每发送一个移位脉冲，RXD 就发送一位数据，发完 8 个移位脉冲后，一帧数据发送完成，置位中断标志。以上过程都是由系统根据用户的编程实现的。MCS-51 单片机串口工作在方式 0 时一般总要外接一个移位寄存器。单片机发送数据时，接收对象常常使用 74HC164、CD4094 等串并转换电路。图 4.13 中采用的是 74HC164，输出端接发光器件，若收到数据为高则点亮发光器件，为低则不点亮，以此来表示传输的数据值。74HC164 等外接电路往往可以多级串接，实现串口扩展为并口，但是会降低并行输出速度，在对传输速度要求不高的情况下可以考虑多级串接。

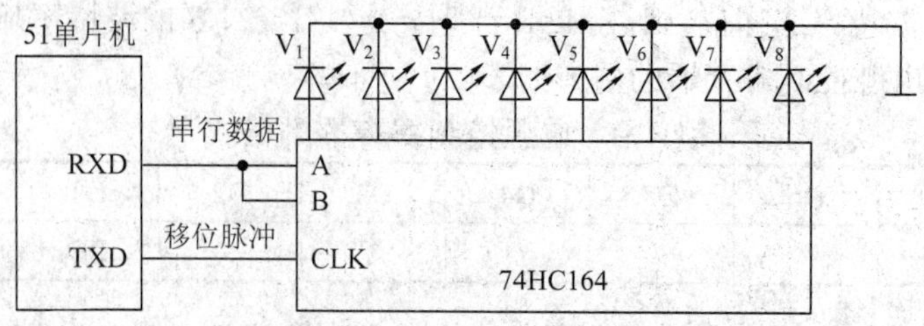

图 4.13　串行口工作方式 0 发送数据电路图

接收时，由软件置位 REN 的值，即令 REN=1，表示允许接收。TXD 会发送 8 个移位脉冲，开始从 RXD 端以 $f_{OSC}/12$ 的波特率输入数据。TXD 每发送一个移位脉冲，RXD 就接收一个输入的数据位。当接收了一个字节的数据(8 位)后，硬件会置中断标志 RI=1。CPU 做出响应并进行相关处理后，若要继续接收数据，则需要用软件将 REN、RI 位清 0。

单片机接收数据时，常使用 74LS165、CD4014 等并入串出移位寄存器完成数据的并串转换。图 4.14 中以两片 74LS165 为例，74LS165 输入端接外部并行数据，输出端逐级串接，最后接在单片机的 RXD 引脚上。

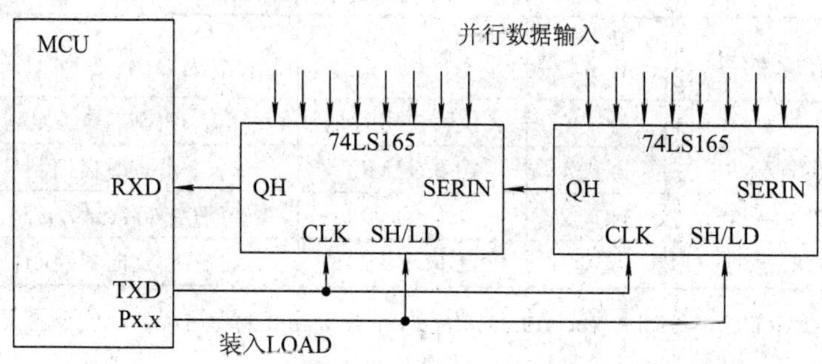

图 4.14　串行口方式 1 接收工作原理图

2. 方式 1

方式 1 下串口是 10 位通用异步 UART。发送或接收都以一帧数据为基本单位，包括 1 位起始位“0”、8 位数据和 1 位停止位“1”，其波特率可变。方式 1 的工作特点如下：

(1) 由 TXD(P3.1)引脚发送数据。

(2) 由 RXD(P3.0)引脚接收数据。

(3) 发送或接收一帧信息为 10 位：1 位起始位“0”、8 位数据位(低位在前)和 1 位停止位“1”。帧格式如下：

…	起始	D0	D1	D2	D3	D4	D5	D6	D7	停止

发送时，数据从引脚 TXD 端输出，当数据写入发送缓冲器 SBUF 时，就启动发送器发送，发送完一帧数据后，置中断标志 TI=1，并申请中断，通知 CPU 可以发送下一个数据。

接收时，同方式 0 一样，需要置位 REN=1，清除 RI=0，以允许接收。串口的接收电路对引脚 RXD 采样，当采样到数据出现“1”到“0”的跳变时，确认是起始位“0”，就开始接收一帧数据。当第 9 位数据(即停止位)到来后，在被确认是 1 的情况下，把停止位送入状态控制寄存器 SCON 的 RB8 位，前面收到的 8 位数据送 SBUF，然后置位中断标志 RI=1，申请中断，通知 CPU 取走接收到的一帧数据。以上过程都是由硬件自动完成的，用户只需在程序中使用相关指令进行正确设置即可实现数据的收/发。

3. 方式 2 和方式 3

方式 2、3 都是 11 位异步通信方式，其数据通信波特率有所不同，并且与电源控制寄存器 PCON 的 SMOD 位有关。

发送前，先用软件清零 TI 位，根据通信协议将第 9 位数据写入状态控制寄存器 SCON 的 TB8 位(如设为奇偶校验位等)，然后将要发送的 8 位数据写入 SBUF 就可以启动发送器。发送过程是由执行任何一条以 SBUF 为目的寄存器的指令启动的，“MOV　SBUF，x”(x 可以是 A、Ri、地址等)指令将 8 位数据装入 SBUF 中，同时把 TB8 装到发送移位寄存器的第 9 位上，并通知发送控制器一起进行发送，这时数据就从 TXD 端输出。待一帧数据发送完毕，置 TI=1，通知 CPU 可以发送下一帧。

在接收时，先置 REN=1，同时将 RI 清零，然后根据 SM2 的状态和接收到的 RB8 的状态决定此时串口在信息来到后是否会使 RI 置“1”，并申请中断，接收数据。具体情况如下：

(1) SM2=0 时，无论 RB8 是 1 还是 0，串口接收发来的数据，并置 RI=“1”。

(2) SM2=1 时，若 RB8=1，则表示在多机通信下，接收的信息是地址帧，此时 RI 置“1”，串口将接收发来的地址；若 RB8=0，表示接收的是数据帧，但不是发给本机的，此时 RI 不能置 1，因而 SBUF 所接收的数据帧将丢失。

发送或接收一帧信息为 11 位：1 位起始位(0)、8 位数据位(低位在前) 、1 位可编程位和 1 位停止位(1)。发送时可编程位 TB8 可设置为 1 或 0，接收时可编程位进入 SCON 寄存器的 RB8 位。

方式 2 的波特率是固定的，为振荡器频率的 1/32 或 1/64。其帧格式如下：

…	起始	D0	D1	D2	D3	D4	D5	D6	D7	D8	停止

方式 3 的波特率则由 T1 和 T2 的溢出决定，可用程序设定。

4.3.4　多处理机通信方式

应用系统中，经常需要对多个终端对象进行控制，这就必须采用多处理机通信方式来实现。多机通信必须使用方式 2 或方式 3。图 4.15 所示为一典型的集散控制系统。该系统采用了多机通信处理方式。

在串行口控制寄存器 SCON 中设有多处理机通信位 SM2。当串行口以方式 2 或方式 3 接收时，若 SM2=1，则只有当接收到的第 9 位数据(RB8)为 1 时，才将数据送入接收缓冲器 SBUF，并使 RI 置 1，申请中断，否则数据将丢失；若 SM2=0，则无论第 9 位数据(RB8)是 1 还是 0，都能将数据装入 SBUF，并且向 CPU 发中断请求信号。利用这一特性，便可实现主机与多个从机之间的串行通信。图 4.15 中左边的 51 单片机为主机，其余的为从机，应保证每台从机在系统中的编址是唯一的。

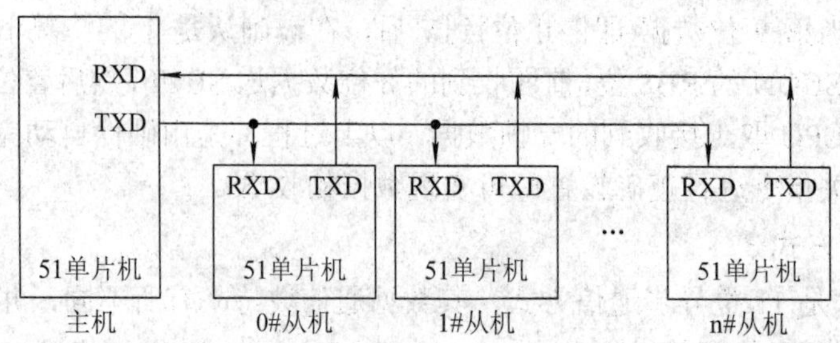

图 4.15 串行口方式 1 接收工作原理图

系统初始化时，将所有从机中的 SM2 位均置 1，使得从机串行口处于允许中断接收状态。

(1) 主机欲与某从机通信，先向所有从机发出所选从机的地址，从机地址符合后，接着才发送命令或数据。

在主机发出地址时，置第 9 位数据(RB8)为 1，表示主机发送的是地址帧；在主机呼叫某从机并联络正确后，主机发送命令或数据帧时，将第 9 位数据(RB8)清 0。

(2) 各从机由于 SM2 置 1，将响应主机发来的第 9 位数据(RB8)为 1 的地址信息。从机响应中断后，有两种不同的操作：

① 若从机的地址与主机点名的地址不相同，则该从机将继续维持 SM2 为 1，从而拒绝接收主机后面发来的命令或数据信息，等待主机的下一次点名。

② 若从机的地址与主机点名的地址相同，则该从机将本机的 SM2 清 0，继续接收主机发来的命令或数据，响应中断。

4.3.5 串行口的应用举例

1. 串行口波特率发生器的编程与应用

特殊功能寄存器 PCON 的最高位 SMOD 是串口波特率系数控制位。当 SMOD=1 时，波特率加倍。但是 PCON 不能使用位寻址，所以对 SMOD 的操作需用指令“ORL PCON，#7FH”，而清除 SMOD 可以使用指令“ANL PCON，#7FH”。

各种工作方式下的波特率计算见表 4.11。

表 4.11 波特率的计算公式

串口工作方式	计 算 公 式
0	$f_{OSC}/12$
1	$K\times f_{OSC}/[32\times 12\times(256-TH1)]$
2	$K\times f_{OSC}/64$
3	$K\times f_{OSC}/[32\times 12\times(256-TH1)]$

注：若 SMOD=0，则 K=1；若 SMOD=1，则 K=2。

当串行口工作在方式 1 和方式 3 时，波特率=2^{SMOD}×定时器 T1 溢出率/32，其中 T1 溢出率=1/T1 溢出周期。下面说明如何计算 T1 的溢出率和设置波特率。

1) 计算 T1 的溢出率

在方式 1 和方式 3 下，使用定时器 T1 作为波特率发生器，而 T1 可以工作在方式 0、方式 1、方式 2。其中，方式 2 是自动装入时间常数的 8 位定时器，使用时只需初始化，不

用安排中断服务程序来重装时间常数，是一种常用方式。MCS-51 定时器的定时时间为

$$T_C = (2^n - N) \times \frac{12}{f_{OSC}} \tag{4-1}$$

式中，T_C 为定时器的溢出周期；n 为定时器的位数；N 为时间常数(即定时器初值)；f_{OSC} 是振荡器频率。当定时器 T1 工作在方式 2 时，有：

$$\text{溢出周期} = (2^8 - N) \times \frac{12}{f_{OSC}} \tag{4-2}$$

$$\text{溢出率} = \frac{1}{\text{溢出周期}} = \frac{f_{OSC}}{12 \times (2^8 - N)} \tag{4-3}$$

2) 设置波特率

假设串口均工作于方式 1 或方式 3，定时器 T1 工作在方式 2，此时波特率设置公式为

$$\text{波特率} = 2^{SMOD} \times \frac{\text{T1溢出率}}{32}$$

$$= 2^{SMOD} \times \frac{f_{OSC}}{32 \times 12 \times (2^8 - N)} \tag{4-4}$$

在实际通信中，一般是按照所要求的通信波特率，设定 SMOD 后算出 T1 的时间常数，由式(4-4)可反推得定时器初值 N：

$$N = 256 - 2^{SMOD} \times \frac{f_{OSC}}{384 \times \text{波特率}} \tag{4-5}$$

常用的波特率及计算器初值见表 4.12，在用户需要使用时可以直接查阅该表进行串口波特率的设定。

表 4.12　常用波特率及计算器初值

波特率/(b/s)		f/MHz	SMOD	定　时　器		
				$C/\overline{T}$	方式	重新装入值
方式 0：1 M		12	x	x	x	x
方式 2：375 k		12	1	x	x	x
方式 2：187.5 k		12	0	x	x	x
方式 1、方式 3	62.5 k	12	1	0	2	FFH
	19.2 k	11.0592	1	0	2	FDH
	9.6 k	11.0592	0	0	2	FDH
	1.8 k	11.0592	0	0	2	FAH
	2.4 k	11.0592	0	0	2	F4H
	1.2 k	11.0592	0	0	2	E8H
	110	6	0	0	2	72H
	110	12	0	0	1	FEEBH

当时钟频率选用 11.0592 MHz 时，容易获得标准的波特率，因而实际应用中需要用到串口通信时，单片机的主频都是选用 11.0592 MHz 的晶振。

【例 4.7】 要求串行通信波特率是 2400 b/s，假设晶振频率是 12 MHz，SMOD=1，求时间常数 N。

解：第一步，根据公式(4-5)可以直接算出 $N=256-2^1\times12\times10^6/(384\times2400)\approx230=E6H$

第二步，设置定时器 T1 的工作方式、计数初值，并设置串口初始化。

程序代码如下：

```
MOV    TMOD，#20H    ；设置定时器 T1 工作在方式 2 进行定时
MOV    TH1，#0E6H    ；设置计数初值(即时间常数)
MOV    TL1，#0E6H
SETB   TR1           ；启动 T1 工作
ORL    PCON，#80H    ；设置串口的 PCON=1
MOV    SCON，#50H    ；设置串口工作在方式 1
```

当单片机执行程序后，即可使串口按照设定的方式运行。

2. 串行口方式 0 的编程和应用

串行口的方式 0 主要用于扩展并行 I/O 口。

【例 4.8】 使用 74HC164 的并行输出端接 8 只发光二极管，利用它的串入并出功能，把发光二极管从左向右依次点亮，并不断循环。电路连接见图 4.16。

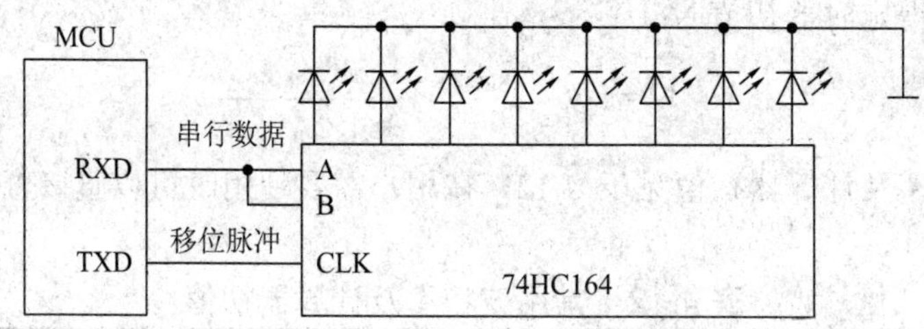

图 4.16 串行口方式 0 同步移位输出电路

解：分析该电路可发现，指定单片机按照串口的工作方式 0 进行数据传输，故先进行串口的工作方式初始化设置，关闭串口中断，等到数据准备完成后，打开中断，然后把数据依次发出。由于 74HC164 没有输出控制端，因此如果不对输出数据进行处理，则输出端的数据就会不停地发生变化，将导致 LED 灯处于无序的状态。所以在一般情况下，每发送一次数据，均调用一个延时子程序 DELAY，以维持 LED 灯的状态。按题意编程如下：

```
        MOV    SCON，#00H；设串行口为方式 0
        CLR    ES        ；设置 IE 寄存器的 ES 位为 0，先关闭串行口中断
        MOV    A，#80H   ；准备第一个发送的数据，即先显示最左边的发光
                         ；二极管
LED：   MOV    SBUF，A   ；数据送到发送缓冲器中
        JNB    TI，$     ；查询 TI 标志位，TI=0 则等待，TI=1 则向下
                         ；执行
        CLR    TI        ；清除发送中断标志，可以开始下一次发送
        ACALL  DELAY     ；调用延时子程序
        RR  A            ；A 的数据右移，即点亮邻位
```

```
        AJMP    LED         ；跳转到 LED 处，循环执行
```

3. 串行口方式 1 的编程和应用

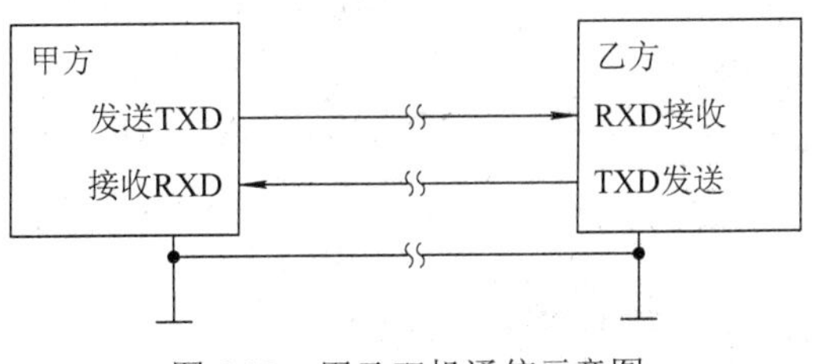

图 4.17　甲乙双机通信示意图

【例 4.9】 试编写双机通信程序。假设使用 6 MHz 晶振，甲、乙双方均为串行口方式 1，并以定时器 T1 的方式 2 为波特率发生器，SMOD 为 0，波特率为 2400 b/s。双机连接如图 4.17 所示。

解： (1) 波特率的计算。以 T1 的方式 2 制定波特率。此时 T1 相当于一个 8 位的计数器。

(2) 定时器 T1 的计数初值为

$$\begin{aligned}TH1 &= 2^8-(2^{SMOD}\times f_{OSC})\div(\text{波特率}\times 32\times 12)\\ &=256-(2^0\times 6\times 10^6)\div(2400\times 32\times 12)\\ &\approx 256-6.5=249.5=FAH\end{aligned}$$

编写程序，分为发送和接收两大模块。

(1) 甲机发送。要求甲机将片外 RAM 中 2000～201FH 单元内容通过串行口传至乙机，在发送前将数据块长度发送给乙机。

发送程序作如下约定：定时器 T1 按方式 2 工作，计数初值为 0FAH，SMOD=0；串口按方式 1 工作，允许接收；寄存器 R6 存放数据块长度 20H。

发送程序如下：

```
TRANS:  MOV     TMOD，#20H      ；置 T1 为定时器方式 2
        MOV     TL1，#0FAH      ；设置 T1 定时常数
        MOV     TH1，#0FAH
        SETB    TR1             ；启动定时器 T1
        MOV     PCON，#00H      ；设置 SMOD=0 ，即波特率不倍增
        CLR     TI              ；清除发送中断标志
        MOV     SCON，#50H      ；设置串行口为方式 1
WAIT:   MOV     DPTR，#2000H    ；
        MOV     R6，#20H        ；长度寄存器初始化
        MOV     SBUF，R6        ；发送长度
        JNB     TI，$           ；查询发送中断标志位 TI，为 0 则等待
                                ；发送结束
        CLR     TI              ；TI=1 表示一帧数据发送完成，软件清 0，
                                ；准备下一次传送
WAIT1:  MOVX    A，@DPTR        ；读取数据
        MOV     SBUF，A         ；发送数据
        INC     DPTR            ；修改地址指针，取下一个数据
        JNB     TI，$           ；等待发送
        CLR     TI
        DJNZ    R6，WAIT1       ；判断是否发送完 32 个数据
```

```
           JNB     RI，$          ；等待乙机回答
           CLR     RI             ；收到乙机回复信息，清除接收中断标
                                  ；志位
           MOV     A，SBUF        ；从接收缓冲器中取出来自乙机的信息
           JZ      RETURN1        ；若信息是 0，则发送成功，返回
           AJMP    WAIT           ；否则发送失败，重发
RETURN1：  RET
           END
```

(2) 乙机接收。乙机通过 RXD 引脚接收甲机发来的数据，接收波特率与甲机一样。接收的第 1 字节是数据块长度，第 2 字节开始是数据，接收到的数据依次存入乙机的片外数据存储器的同一地址中。接收程序约定同发送一致。

接收程序如下：

```
REVE：     MOV     TMOD，#20H     ；设 T1 为定时器方式 2
           MOV     TL1，#0FAH     ；置 T1 定时常数
           MOV     TH1，#0FAH
           SETB    TR1
           MOV     SCON，#50H     ；置串行口方式 1、接收
           MOV     PCON，#00H     ；SMOD=0
RPT：      MOV     DPTR，#2000H   ；数据指针指向片外 RAM 数据存放首
                                  ；地址
           JNB     RI，$          ；准备接收甲机的数据块长度信息
           CLR     RI             ；收到数据块长度信息，软件清除标
                                  ；志位
           MOV     A，SBUF
           MOV     R6，A          ；把数据块长度值依照约定存入寄存器
                                  ；R6 中
WTD：      JNB     RI，$          ；开始接收数据
           CLR     RI
           MOV     A，SBUF
           MOVX    @DPTR，A       ；依次存入以 2000H 地址开始的片外
                                  ；RAM 中
           INC     DPTR           ；修改地址指针
           DJNZ    R6，WTD        ；接收数据未完，继续
RETURN：   MOV     SBUF，#00H     ；接收完成，回复甲机 00H
           JNB     TI，$          ；发送完返回
           CLR     TI
           RET
           END
```

本章小结

本章介绍了单片机中断系统的结构、特点、中断优先级、嵌套，中断响应过程，中断的使用方法，还介绍了片内定时/计数器、全双工串行口以及它们的结构与使用方法。利用单片机的串行口资源可实现与外设之间的数据传送。其灵活的具有嵌套功能的可编程中断系统、定时/计数器使得应用系统可方便地实现定时器、通信以及外部事件的快速响应，并可广泛应用于各类数字测量与控制系统。全双工的串行口使得单片机双机通信和多机通信是本章的重点和难点。

习　题

1. MCS-51 单片机的中断源有哪些？其入口地址是什么？

2. MCS-51 单片机的中断优先级有几级？是如何设置的？

3. 各个中断源的开启和关闭受哪些寄存器的什么控制位控制？

4. MCS-51 的定时器和计数器工作方式的差别是什么？试举例说明这两种方式的用途。

5. 假定某单片机系统的晶振频率是 12 MHz，定时/计数器 1 工作于定时方式 1，要求定时时间是 40 ms，试给出定时器 1 的 TH1、TL1 的值。

6. 假定某单片机系统的晶振频率是 12 MHz，定时/计数器 1 工作于定时方式 1，试编程产生周期为 1 ms 的方波，从 P1.3 输出。

7. 试说明定时器方式寄存器 TMOD 中 GATE 位的作用。如何用 GATE 位测量外部脉冲的宽度？

8. 什么是串行异步通信？它有哪些特点？

9. 通信波特率是如何定义的？

10. 串行口的 4 种工作方式各有何特点？

11. 用定时器 T1 作波特率发送器，把系统设置成工作方式 1，系统时钟频率为 12 MHz，求可能产生的最高和最低波特率。

12. 假设 8051 串口工作在方式 1，晶振频率为 12 MHz，定时器 T1 工作在方式 2，作为波特率发生器，要求波特率为 1200 b/s，试计算 T1 的时间常数。

13. 设单片机的晶振频率为 6 MHz，利用定时器中断通过 P1.0 端口输出周期为 2 ms 的方波脉冲。

14. 设单片机的晶振频率为 12 MHz，要求用 T0 定时 150 μs，分别计算采用定时方式 0、方式 1、方式 2 的定时初值。

15. 试用中断法编写串口方式 1 的发送程序，设单片机主频是 11.0592 MHz，定时器 T1 作为波特率发生器，波特率为 2400 b/s，待发送的数据存放在内部 RAM 的 50H 单元为起始地址、长度为 LEN 的一段空间。要求先发送长度 LEN，随后发送数据。

第 5 章　单片机系统的扩展

教学提示：在 MCS-51 单片机的实际应用中，由于片内资源有限，因此通常需要对其进行系统扩展。MCS-51 单片机具有可供扩展的外部地址总线和数据总线，可扩展 64 KB 的程序存储器和 64 KB 的外部数据存储器。扩展外部 I/O 接口电路将占用外部数据地址空间。本章主要介绍 MCS-51 系列单片机的外部程序存储器的扩展与外部数据存储器和外部接口电路的扩展，以及一些常用外围电路与 MCS-51 的接口和编程方法。

教学目标：本章将介绍单片机扩展技术的工作原理、特点及应用实例，要求掌握外部总线的扩展、存储器扩展、显示器及键盘扩展、A/D 和 D/A 扩展电路的硬件设计及软件编程方法等。相关的扩展技术和软/硬件设计方法对其他系列的单片机也有一定的参考价值。

5.1　概　　述

采用 MCS-51 系列单片机构成的最小系统仅适用于一些较简单的应用场合，完成简单的控制器或者小型检测控制单元等。当应用系统复杂时，单片机片内所具有的功能部件就不能满足应用系统的要求，这就要求设计者必须在单片机的片外连接一些其他功能的外围芯片来满足系统要求，这就是系统的扩展。系统扩展按外围芯片的功能可分为存储器扩展、输入/输出接口的扩展、A/D 转换器和 D/A 转换器的扩展、键盘和显示电路的扩展等；按系统总线的连接方式可分为并行扩展和串行扩展。

5.2　系统总线扩展

单片微机系统总线扩展的方法有并行扩展法和串行扩展法两种。并行扩展法是指利用单片机本身具备的三组总线(AB、DB、CB)进行的系统扩展，并行扩展法应用较为广泛。近年来，由于集成电路设计、工艺和结构的发展，串行扩展法也得到了很快的发展，它利用 SPI 三线总线和 I^2C 双线总线进行系统扩展。甚至有的单片机应用系统可能同时采用并行扩展法和串行扩展法。

5.2.1　并行总线扩展

MCS-51 系列单片机的并行总线扩展法通常采用三总线结构，如图 5.1 所示，即地址总线(AB)、数据总线(DB)和控制总线(CB)。系统扩展中，外部芯片通过这三组总线与单片机连接。

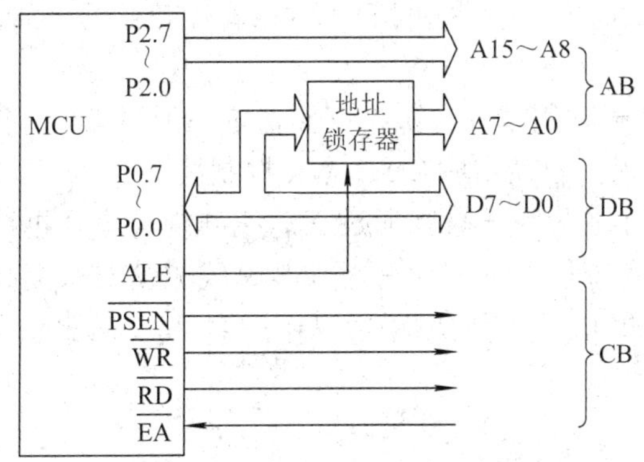

图 5.1　51 系列单片机三总线结构图

1．地址总线(AB)

MCS-51 系列单片机的地址总线宽度为 16 位，可寻址范围达 64 KB。其低 8 位地址 A0～A7 由 P0 口提供，高 8 位地址 A8～A15 由 P2 口提供。由于 P0 口既作为地址总线的低 8 位，又作为 8 位数据总线，时分复用，因此系统扩展时必须将低 8 位地址先锁存起来，与 P2 口输出的高 8 位地址共同组成 16 位地址，然后通过 P0 口对指向片外地址区的数据单元进行读/写操作。注意，P0 口输出的低 8 位地址一般采用 74LS373 一类的锁存器或者 8D 触发器进行锁存，而 P2 口具有输出锁存功能，不需外加锁存器。

单片机地址锁存信号 ALE 与锁存器的锁存控制信号端连接。在 ALE 的低电平期间(对于锁存器控制信号端，低电平有效)，将 P0 口输出的地址 A0～A7 锁存，此后 P0 口上出现的是数据，而 74LS373 的输出是低 8 位地址，实现了地址低 8 位和数据线的分离。P0、P2 口在系统扩展中用作地址线，因此不能作为一般 I/O 口使用。

2．数据总线(DB)

数据总线由 P0 口提供，用 D0～D7 表示。P0 口为三态双向口，是应用系统中使用最为频繁的通道。系统扩展时，单片机与外部扩展芯片之间的数据交换基本上都是通过 P0 口传送的。

多个扩展的外围芯片都并联在数据线上，单片机与外设芯片进行数据交换时，同一时刻有且仅有一个数据传送通道是有效的，即单片机仅与扩展芯片中的一个进行数据交换，哪个有效则是由地址线控制各个芯片的片选线和控制信号来共同选择的。

3．控制总线(CB)

系统扩展时，外部芯片的选通是由控制总线、外围芯片的片外选通信号或者控制总线与片外选通信号共同决定的。系统扩展采用的控制线有 ALE、$\overline{PSEN}$、$\overline{EA}$、$\overline{WR}$、$\overline{RD}$。

ALE：用于隔离 P0 口上输出的地址与数据信号，作为锁存 P0 口输出的低 8 位地址的控制线。一般情况下，采用 ALE 信号的下降沿控制锁存器来锁存地址数据，因此常选择下降沿选通的锁存器作为低 8 位地址锁存器。

$\overline{\text{PSEN}}$：输出信号，用于读片外程序存储器(EPROM)中的数据。读取 EPROM 中数据(指令)时，不能用 $\overline{\text{RD}}$ 信号，而只能用 $\overline{\text{PSEN}}$ 信号。

$\overline{\text{EA}}$：输出信号，用于选择片内或片外程序存储器。当 $\overline{\text{EA}}$=0 时，只访问外部程序存储器。当 $\overline{\text{EA}}$=1 时，先访问内部程序存储器，内部程序存储器全部访问完之后，再访问外部程序存储器。

$\overline{\text{WR}}$、$\overline{\text{RD}}$：输出信号，用于片外数据存储器(RAM)的读、写控制。当执行片外数据存储器操作指令 MOVX 时，自动生成 $\overline{\text{RD}}$、$\overline{\text{WR}}$ 控制信号。

总之，系统扩展中外围芯片一般都通过三总线结构与单片机进行连接，而总线的驱动能力是有限的，因此系统扩展中需要考虑加装总线驱动器来提高总线的驱动能力。目前常用的总线驱动器有两种，即单向驱动器 74LS244 和双向驱动器 74LS245，在后续章节将详细介绍。

5.2.2 串行总线扩展

串行扩展是单片机系统扩展的另外一种方法，它利用三线总线或双线总线进行系统扩展，即外围扩展芯片不像并行扩展那样需要数据线、地址线和控制线等，而通过三条或者两条总线将外围芯片与单片机连接，数据交换采用时钟时序与数据线配合的方式进行，对扩展的功能芯片采用地址码识别。采用串行总线扩展方式能够缩小单片机及外围芯片的体积，降低价格，简化互连线路，是系统扩展发展的新趋势。

近年来，制造商先后推出了专用于串行数据传输的各类器件和接口，其中 SPI(Serial Peripheral Interface)总线和 I^2C(Intel IC)总线等已获得广泛应用。这两种串行总线将在本书第 6 章进行详细介绍，此处不再赘述。

5.2.3 编址技术

编址问题是系统扩展的一个核心问题。所谓编址，就是通过对地址线进行组合给外部设备 I/O 口、存储器单元以及外部扩展的其他外围功能芯片等分配一个合适地址，每个地址和设备、存储单元都是一一对应的。

编址技术有两种方法：一种是寻址到该存储单元或外部设备 I/O 口单元所在的芯片，称为片选法；另一种是通过芯片本身所具有的地址线进行译码，确定唯一的存储单元或 I/O 口，称为字选法。

片选法保证每次读或写时，CPU 只选中某一个存储器芯片或 I/O 端口芯片。常用的方法有线选法和译码法。

1. 线选法

所谓线选法，是指直接以系统的最高几位空余地址线中的一条作为存储器芯片或 I/O 接口芯片的片选控制信号。采用线选法时，一般用高位地址线作片选信号，用低位地址线作片内存储单元寻址。线选法编址的优点是简单，不需要另外增加译码电路，成本低；其缺点是会浪费大量的存储空间，因此只适用于存储容量较小的小规模单片机系统。

2. 译码法

所谓译码法，是指使用地址译码器对系统的片外地址进行译码，以译码器输出作为存储器芯片的片选信号。译码法是一种最常用的存储器编址方法，能有效地利用存储空间，适用于大容量多芯片存储器的扩展。译码电路除采用一般的门电路译码器外，更多地则采用译码器芯片。常用的译码器芯片有：74LS138(3-8 译码器)和 74LS154(4-16 译码器)等。

近年来，随着可编程逻辑器件 PLD 的发展，有些复杂的系统也采用 PLD 器件进行译码，例如 PSD834F2，该芯片不但具有 PLD 逻辑电路的编码、译码功能，而且内部还具有 FLASH 功能。

译码法又分为完全译码和部分译码两种。

(1) 完全译码：地址译码器使用了全部地址线，地址与存储单元一一对应，即一个存储单元只占用一个唯一的地址。

(2) 部分译码：地址译码器仅使用了部分地址线，地址与存储单元不是一一对应，而是一个存储单元占用了几个地址。1 条地址线不接，一个单元占用 $2(2^1)$个地址；2 条地址线不接，一个单元占用 $4(2^2)$个地址；3 条地址线不接，则占用 $8(2^3)$个地址；以此类推。

使用部分译码将会大量浪费存储单元，使存储器的实际容量降低。对于要求存储器容量较大的单片微机系统来说，建议不采用。但是对于单片机系统来讲，由于实际需要的存储器容量往往低于所能提供的存储容量，而部分译码可简化译码电路，因此采用较多。

在设计地址译码器电路时，采用地址译码关系图将会带来很大方便。所谓地址译码关系图，是一种用符号表示全部地址译码关系的示意图，如图 5.2 所示。

A15	A14	A13	A12	A11	A10	A9	A8	A7	A6	A5	A4	A3	A2	A1	A0
·	0	1	0	0	×	×	×	×	×	×	×	×	×	×	×

图 5.2　地址译码关系图

上述标“×”的部分为片内译码，其地址变化范围为全“0”到全“1”；标“·”的位为空闲，不接任何地址线，只要有 1 个或 1 个以上的“·”，即为部分译码，该位为 0 或 1 均表示有效地址。显然，若只有 1 位不接，那么每个单元占用 $2^1=2$ 个地址号；若有 2 位不接，则每个单元占用 $2^2=4$ 个地址号；以此类推。实际使用时，为方便使用，往往取数值最小或最大的一组地址。“0”表示该位为“0”有效，“1”表示该位为“1”有效。

从上述的地址译码关系图上可以获得如下信息：

(1) 本系统所采用的是全译码还是部分译码；

(2) 系统所采用片内译码线和片外译码线各占用的地址线条数；

(3) 系统所占用的全部地址范围。

例如，上述关系图中有 1 个“·”(A15 为空)，表示部分译码，每个单元占用 2 个地址。片内译码线有 11 条(A10～A0)，片外译码线有 4 条。其所占用的地址范围如下：

当 A15 为 0 时，所占用的地址为 0010000000000000～0010011111111111，即 2000H～27FFH。

当 A15 为 1 时，所占用的地址为 1010000000000000～1010011111111111，即 A000H～A7FFH，共占用了两组地址，这两组地址在使用中同样有效。

5.3　存储器的扩展

5.3.1　存储器扩展概述

MCS-51 系列单片机具有 64 KB 的程序存储器空间，其中 51 型子系列芯片内含有 4 KB 的 ROM，52 型子系列芯片内含有 8 KB 的 ROM，而 8031 单片机则无片内 ROM。当采用上述系列单片机进行系统设计时，若片内 ROM 的容量不能满足要求，则需要进行系统程序存储器的扩展。

MCS-51 系列单片机的 RAM 与 ROM 的地址空间是互相独立的，其片外 RAM 的空间可达 64 KB，而片内 RAM 的空间只有 128 B 或者 256 B。如果设计中片内的 RAM 不够用，则同样需要进行 RAM 的扩展。

5.3.2　程序存储器的扩展

随着半导体技术的高速发展，芯片的存储空间和价格已经发生了很大变化，大容量芯片的价格不断降低，甚至反而比小容量芯片的价格还低。这就促使应用系统设计中，尽可能选择单片大容量存储器芯片，以避免存储器的扩展，从而减少印制板面积，降低开发成本。

显然，在系统设计中，ROM 的扩展已经不是必要的工作。但是作为系统扩展的基础知识，从培养学生基本能力的角度来讲，还是有必要作一简要介绍的。

1. 程序存储器扩展时的连接方式

程序存储器与单片机的一般连接方式如图 5.3 所示，单片机的 P0 口与存储器的数据输出口相连，同时 P0 口经地址锁存器连到存储器的低 8 位地址线(A7～A0)，P2 口接存储器的高 8 位地址线。这种接法意味着可扩展的存储器容量最大可达 64 KB。当存储器的容量小于 64 KB 时，只用到部分高位地址线。$\overline{\text{EA}}$ 为片外程序存储器读选择端，此引脚接地时单片机的所有片内程序存储器无效，只能访问片外程序存储器。$\overline{\text{PSEN}}$ 是单片机外部程序存储器读选通信号，将它接到存储器的 $\overline{\text{OE}}$ 端。

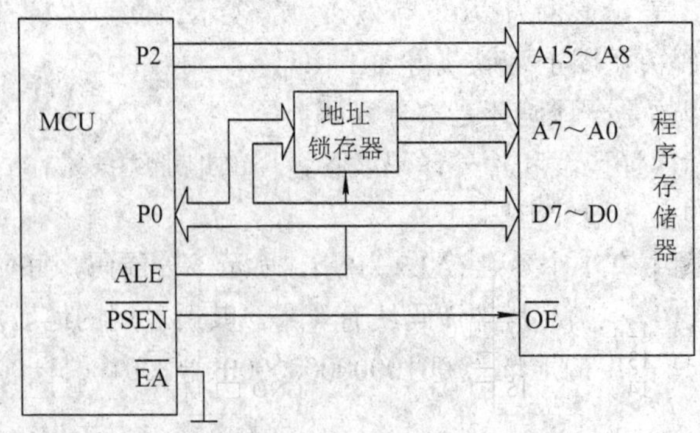

图 5.3　程序存储器与单片机的一般连接方式

2. 扩展片外程序存储器的硬件电路

单片机最小系统常用 74LS373 作为锁存器。74LS273、74HC573、Intel 8282 芯片也可用作地址锁存器，其中 74LS373、74HC573 使用最多，两者都是 DIP20 封装，制作印刷电路板较为方便。74LS373 和 74HC573 用作锁存器时的引脚连接电路如图 5.4 所示。

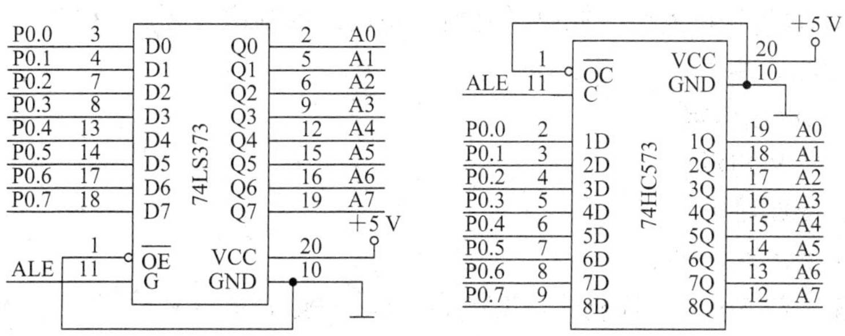

图 5.4　74LS373 与 74HC573 锁存器的引脚结构图

在系统程序存储器的扩展中，用 EPROM 作为单片机片外 ROM 是目前最常用的 ROM 扩展方法。常用的 EPROM 扩展芯片有：2716(2 KB×8)、2732(4 KB×8)、2764(8 KB×8)、27128(16 KB×8)、27256(32 KB×8)、27512(64 KB×8)等。通常仅需扩展一片或两片 EPROM 芯片就可以满足系统要求。图 5.5 为几种典型常见 EPROM 芯片的封装图和引脚图。

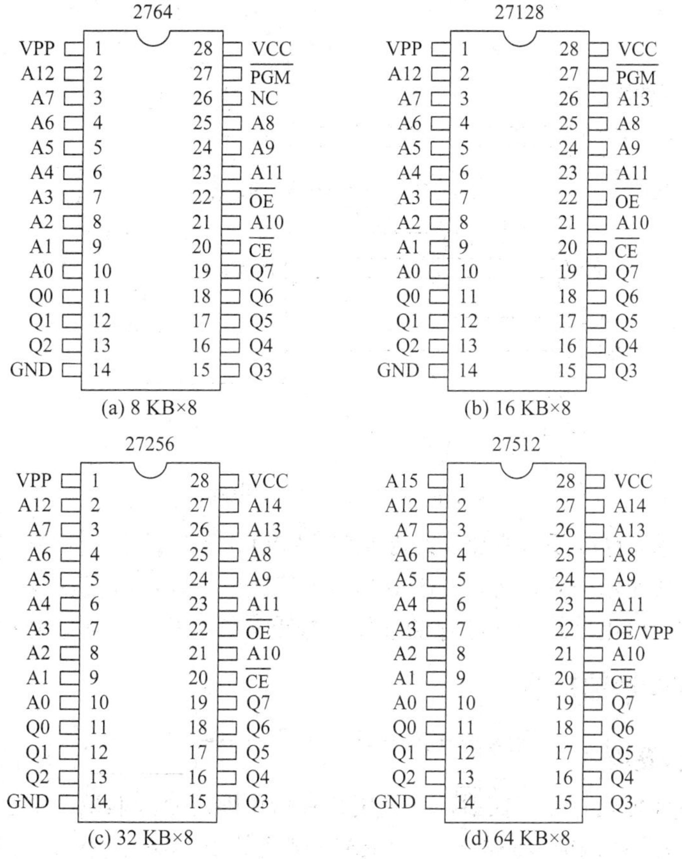

图 5.5　典型常用 EPROM 芯片的引脚图

图 5.5 中，引脚符号表示意义如下：

(1) A15～A0：地址线。

(2) Q7～Q0：双向三态数据线。

(3) $\overline{\text{CE}}$：片选信号输入线，低电平有效。

(4) $\overline{\text{OE}}$：选通信号输入线，低电平有效，与读出控制信号 $\overline{\text{PSEN}}$ 相连。

(5) NC：空端未用。

(6) VPP：编程电压端。

(7) VCC：+5 V 电源。

(8) GND：接地端。

(9) $\overline{\text{PGM}}$：编程脉冲端。

【例 5.1】 给 8051 单片机的外围扩展一片 16 K×8 位片外程序存储器，画出与单片机相连的地址线、数据线和控制线，并注明信号名称。

解：如图 5.6 所示，选择一片 27C128 的 EPROM 作为扩展存储器即可达到 16K×8 位的要求。在电路中 $\overline{\text{EA}}$ 接低电平，表示当前单片机访问的是片外程序存储器。27C128 是 16 KB 容量的 EPROM，具有 2^{14} 个存储单元，占用 14 根地址线 A0～A13；硬件电路采用了典型常见的 74LS373 作为地址锁存器。由于系统中只扩展了一片程序存储器，所以 27C128 的片选端始终接地，一直有效。

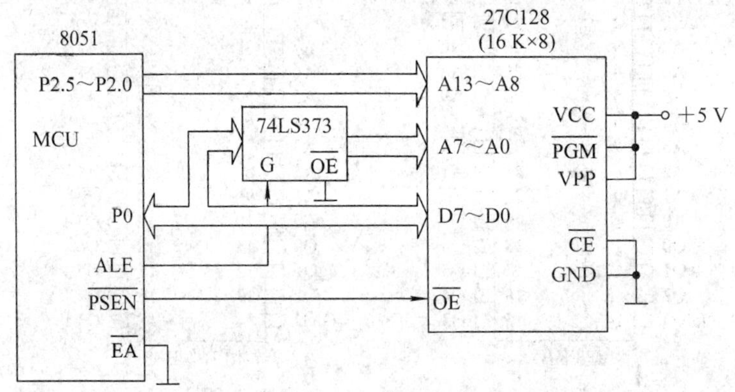

图 5.6　EPROM 的扩展电路图

对于上述要求，也可采用两片 8 K×8 位的 EPROM 进行扩展。两片 EPROM 的地址线、数据线和上述连接方法一致，区别在于 EPROM 的选通信号 $\overline{\text{OE}}$ (低有效)需要调整，即可利用单片机的高位空余地址线和程序存储选择信号线来共同控制和区分 EPROM1、EPROM2。

5.3.3　数据存储器的扩展

1．数据存储器概述

数据存储器即随机存取存储器，主要用来存放可随时修改的数据信息。它与 ROM 的最大不同在于：ROM 只能读不能写，而 RAM 既可进行读操作也可进行写操作。RAM 为易失性存储器，断电后所存信息立即消失。按半导体工艺的不同，RAM 分为 MOS 型和双极型两种。MOS 型集成度高，功耗低，价格便宜，但速度较慢；双极型的特点恰好相反。在单片机系统中多数采用 MOS 型数据存储器，使得输入/输出信号能与 TTL 相兼容，扩展后的信号连接也很方便。

RAM 按其工作方式可分为静态(SRAM)和动态(DRAM)两种。静态 RAM 只要电源加上，所存信息就能可靠保存；动态 RAM 使用的是动态存储单元，需要不断进行刷新以便周期性地再生，才能保存信息。动态 RAM 的集成密度大，所占芯片面积只是静态 RAM 的 1/4。另外，动态 RAM 的功耗低，价格便宜。由于动态存储器要增加刷新电路，因此只适用于较大的系统，而在单片机系统中则很少使用。

2．静态 RAM

6264 是一款典型的静态数据存储器芯片，其容量为 8 K×8 位。采用 CMOS 工艺制造，为 28 引脚双列直插式封装，其引脚图如图 5.7 所示。

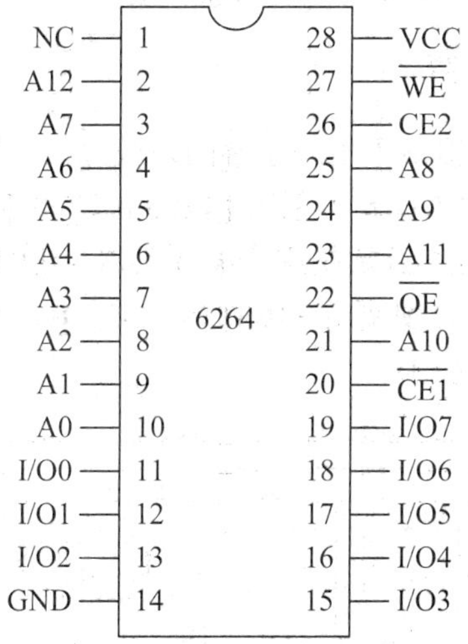

信号	引脚	6264	引脚	信号
NC	1		28	VCC
A12	2		27	$\overline{WE}$
A7	3		26	CE2
A6	4		25	A8
A5	5		24	A9
A4	6		23	A11
A3	7		22	$\overline{OE}$
A2	8		21	A10
A1	9		20	$\overline{CE1}$
A0	10		19	I/O7
I/O0	11		18	I/O6
I/O1	12		17	I/O5
I/O2	13		16	I/O4
GND	14		15	I/O3

A0～A12	地址线
I/O0～I/O7	双向数据线
$\overline{CE1}$	片选线1
CE2	片选线2
$\overline{WE}$	写允许线
$\overline{OE}$	读允许线

图 5.7　RAM 6264 的引脚图

系统扩展时，地址线、数据线分别与单片机的地址线和数据线连接；写允许信号线与单片机的 $\overline{WR}$ 信号相接；读允许信号线与单片机的 $\overline{RD}$ 信号相接。

值得一提的是，6264 有两个片选信号 $\overline{CE1}$ 和 CE2，只有当 $\overline{CE1}$=0，CE2=1 时，芯片才被选中。在实际应用中，一般仅用其中一个，而将另一个接成常有效模式，也可以将系统的片选信号以及取反后的信号分别接至 $\overline{CE1}$ 和 CE2 端。

3．数据存储器扩展

数据存储器的扩展与程序存储器的扩展类似，不同之处主要在于控制信号的接法不同，不用 $\overline{PSEN}$ 信号，而用 $\overline{RD}$ 和 $\overline{WR}$ 信号，且直接与数据存储器的 $\overline{OE}$ 端和 $\overline{WE}$ 端相连。

图 5.8 为单片机系统扩展一片 6264 的连接图。图中采用线选法将片选信号 $\overline{CE1}$ 与 P2.7 相连，片选信号 CE2 与 P2.6 相连。其所占用的地址如下：

第 1 组：4000H～5FFFH (A13=0，A14=0，A15=0)；

第 2 组：6000H～7FFFH (A13=1，A14=1，A15=0)。

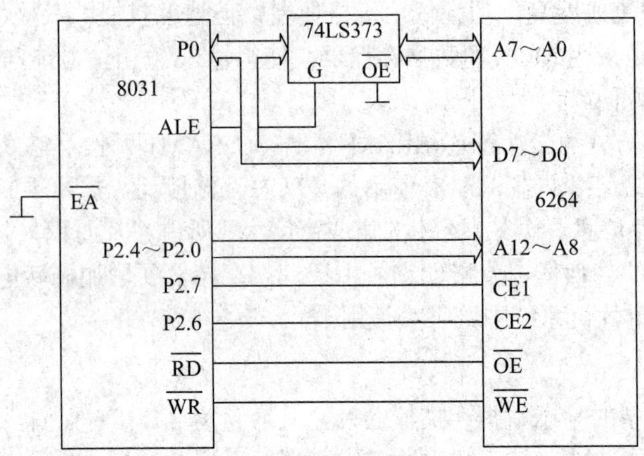

图 5.8　采用地址译码器扩展程序存储器的连接图

5.3.4　全地址范围的存储器最大扩展系统

下面以 8031 为例说明全地址范围的存储器最大扩展系统的构成方法。如图 5.9 所示，系统的片外 ROM 和 RAM 的地址空间各为 64 KB。若采用 EPROM 2764 和 RAM 6264 芯片，则各需 8 片才能构成全部地址空间。芯片的选通采用 3-8 译码器 74LS138 进行译码选择，片外地址线只有 3 根(A15、A14、A13)，分别接至 74LS138 的 C、B、A 端，其 8 路译码输出分别接至 8 个 2764 和 8 个 6264 的片选 $\overline{CE}$。

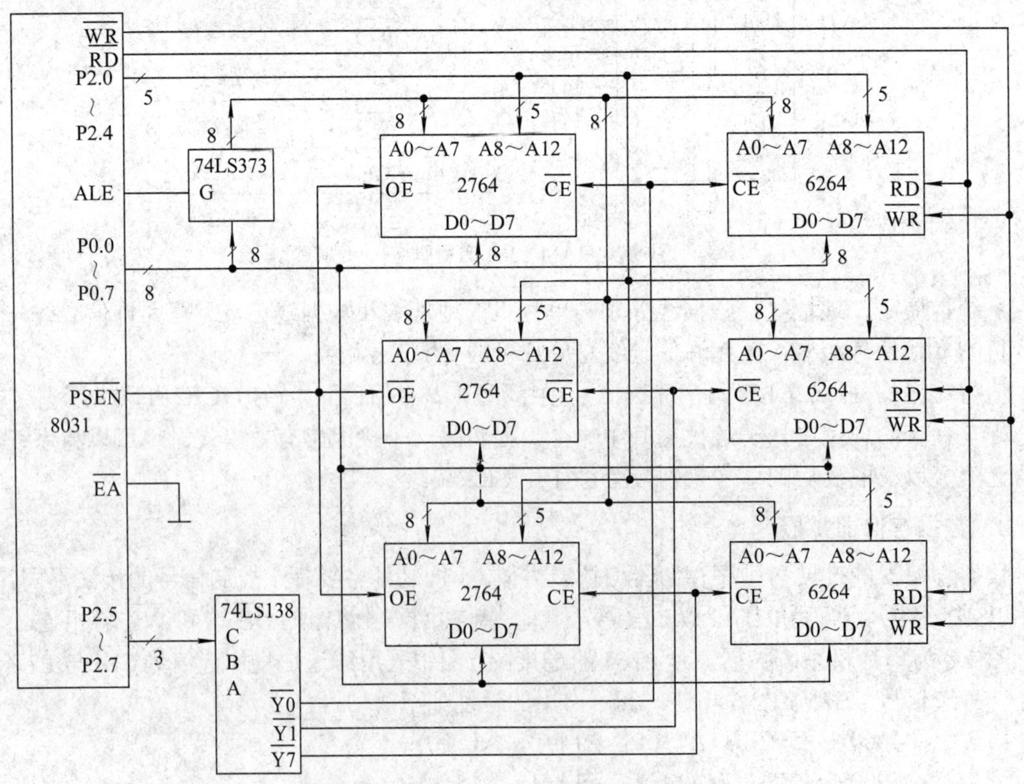

图 5.9　单片机外存储器最大扩展电路图

8 片 2764 的 $\overline{\text{OE}}$ 全部接至 8031 的 $\overline{\text{PSEN}}$，8 片 6264 的 $\overline{\text{OE}}$ 端(即 $\overline{\text{RD}}$ 端)与 $\overline{\text{WR}}$ 端则分别接至 8031 的 $\overline{\text{RD}}$ 端和 $\overline{\text{WR}}$ 端。

地址的低 8 位由锁存器 74LS373 提供，高 5 位由 P2 口的 P2.4～P2.0 提供，地址的高 3 位 P2.7～P2.5 接至地址译码器 74LS138 的 C、B、A 端。2764 与 6264 的数据 D7～D0 则直接与 P0 口相连。由于采用的是 8031，所以其 $\overline{\text{EA}}$ 端必须接地。

虽然使用时 2764 与 6264 的地址单元会被同时选中，但由于程序存储器读选通信号 $\overline{\text{PSEN}}$ 与片外数据存储器的 $\overline{\text{RD}}$、$\overline{\text{WR}}$ 信号不会同时产生，因此两者不会发生冲突。实际使用中，为提高总线的驱动能力，在 P0 口与其他芯片连接处接一双向总线驱动器 74LS245，在 P2 口接一单向总线驱动器 74LS244。

5.4　I/O 的扩展与应用

计算机扩展系统中有两种数据传送操作：一种是 CPU 和扩展存储器之间的数据读/写操作；另一种则是 CPU 和扩展外部设备之间的数据传输。

扩展存储器与 CPU 之间连接简单，仅需将地址线、数据线和控制读或写的选通信号线与系统连接，实现起来较为方便。CPU 和扩展外部设备之间的数据传送就比较复杂，因为存在高速 CPU 与低速外设的连接，以及 CPU 与外设数据传送距离等因素，因此在设计应用系统时，要考虑在 CPU 和外设之间提供接口电路，通过接口电路对 CPU 与外设之间的数据传送进行协调。

基于 MCS-51 系列单片机设计应用系统时，若 I/O 接口不够使用，则也需进行扩展。扩展 I/O 接口芯片同样需要进行编址，编址方式与存储单元编址类同，I/O 接口的编址和存储器等外设的编址是统一处理的。下面将详细介绍 I/O 接口的扩展技术。

5.4.1　用 TTL 芯片扩展 I/O 口

简单的 I/O 口扩展可以采用 TTL 或 CMOS 电路锁存器，将三态门等作为扩展芯片，通过单片机本身的 I/O 接口来实现扩展。TTL 或 CMOS 电路锁存器等具有数据缓冲或锁存功能，该类芯片具有数据输入/输出和时钟端，但是无地址线和读/写控制线，因此其选通端或时钟端应与由地址线和控制线共同构成的逻辑组合选通控制线连接。它具有电路简单、成本低以及配置灵活等特点。典型芯片有 74LS373、74LS377、74LS244、74LS245 等，下面分别以最常用的 74LS373、74LS244 为例来介绍 I/O 口的扩展。

1. 用 74LS373 扩展 8 位并行输入口

系统设计中，对外部被控设备的某些信号进行采集时，若输入数据信号为暂态，则要求 CPU 读入接口芯片具有锁存功能，可以选择具有选通锁存功能的芯片 74LS373 作接口。关于 74LS373 芯片在系统总线扩展部分已作详细介绍，此处不再赘述。图 5.10 为利用 74LS373 与 80C51 接口构成一个 8 位并行输入接口的电路图。

该电路使用线选法实现片选信号选择。当 P2.4=0 和 $\overline{\text{RD}}$ 为低电平时，在选通脉冲的有效电平期间，锁存器将数据送上数据线并传给单片机的 P0 口。

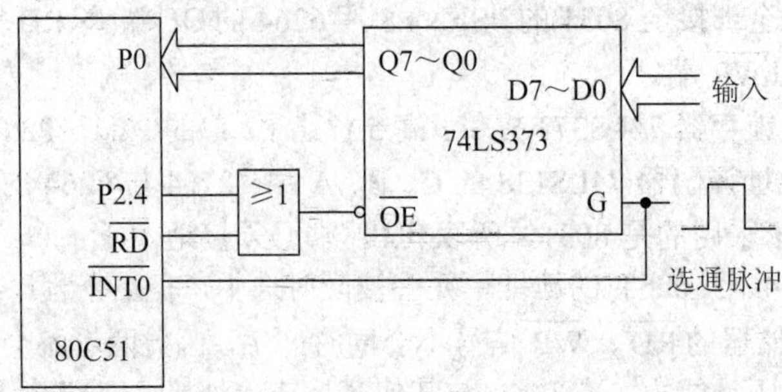

图 5.10　用 74LS373 扩展 8 位并行输入接口的电路图

2. 用 74LS244 扩展 8 位并行输入口

系统设计中，对于外部被控设备的某些信号进行采集时，若输入数据信号为常态，则要求接口芯片具有三态缓冲功能，可以选择具有三态缓冲功能的芯片 74LS244 作接口。图 5.11 为利用 74LS244 与 80C51 构成两个 8 位并行输入接口的电路图(74LS244 芯片资料参见其他教材)。

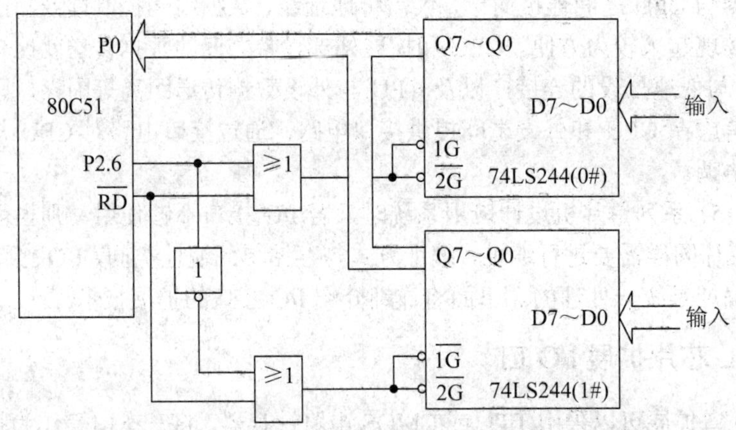

图 5.11　用 74LS244 扩展 8 位并行输入接口的电路图

由图 5.11 可知，该电路也采用线选法，利用 P2.6 和 $\overline{\text{RD}}$ 组成或门来选择两个芯片之一的数据输入到单片机的 P0 口。

3. 用 74LS377 扩展 8 位并行输出口

系统设计中，当外部被控设备所需要的输出信号较多，而系统本身的 I/O 接口有限时，就必须进行 I/O 口的扩展，同时输出信号作为控制信号需要保持一定的时间，因此还必须考虑输出信号的锁存，所以可以采用带有输入允许端的 8D 触发器，且将具有锁存功能的芯片 74LS377 作为输出口。图 5.12 为采用 74LS377 与 80C51 接口构成两个 8 位并行输出口的电路图。

由图 5.12 可知，电路采用线选法，利用 P2.7 来选择 2 个 74LS377 芯片，P0 口把要输出的数据都送到两个锁存器上，但哪个锁存器输出则由 P2.7 的状态决定，若 P2.7 = 1 则为 0#锁存器输出，若 P2.7 = 0 则为 1#锁存器输出。

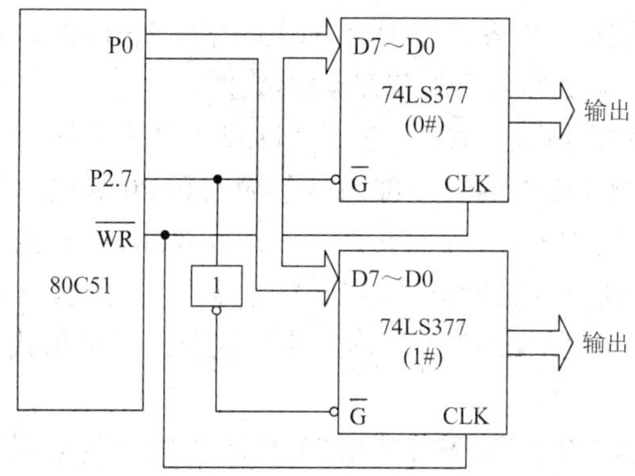

图 5.12　用 74LS377 扩展 8 位并行输出口的电路图

4. I/O 口的扩展实例

【例 5.2】　试以 87C51 芯片为例设计一应用系统，P1、P3 口已作它用，要求能将 8 个开关量都读入，并能将不同的开关动作信号用发光二极管指示出来。

解：因 P1、P3 口已作它用，故单片机仅余 P0 口可用，P0 口系统扩展时既作为数据线又作为地址线使用。因为该设计采用 87C51 芯片，其中片中含 256 B RAM、4 KB ROM，可以满足需要，不需进行存储器扩展，所以 P0 口可以作为 I/O 口使用。由于开关信号是输入信号，发光二极管控制为输出信号，系统需要 8 个输出口和 8 个输入口，因此如图 5.13 所示，选用 74LS244 作为扩展输入、74LS273 作为扩展输出构成简单的 I/O 口扩展电路。

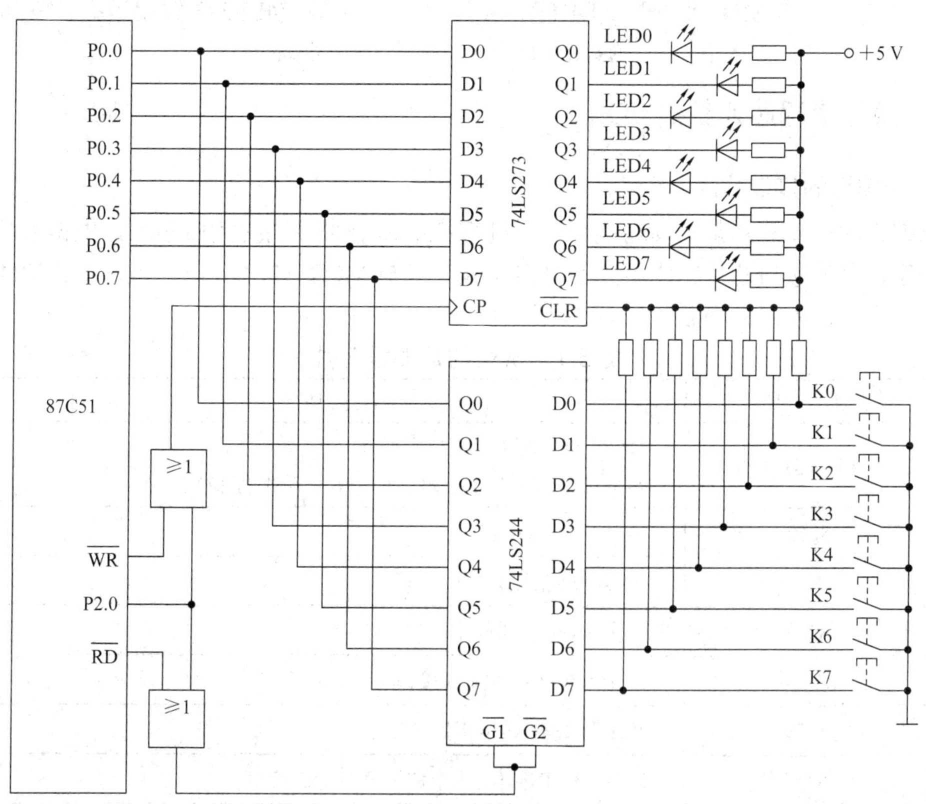

图 5.13　简单 I/O 口的扩展电路图

(1) 芯片与 CPU 的连接。在图 5.13 所示的电路中，P0 口作为双向 8 位数据线，既能够从 74LS244 输入数据，又能够向 74LS273 输出数据。

74LS244 的输入控制信号$\overline{G1}$、$\overline{G2}$由 P2.0 和$\overline{RD}$相“或”后得到。当 P2.0 和$\overline{RD}$都为 0 时，$\overline{G1}$、$\overline{G2}$有效，选通 74LS244，外部的信息输入到 P0 数据总线上。若与 74LS244 相连的按键都没有被按下，则输入端引脚 Di(i = 0～7)的值为 1；若按下某键，则其值为 0。

74LS273 的输出控制信号由 P2.0 和$\overline{WR}$相“或”后得到。当二者均为 0 时，选通 74LS273，P0 上的数据传递到 74LS273 的输出端并锁存；当某条数据线输出为 0 时，相应的 LED 发光。

(2) I/O 口的地址。因 74LS244 和 74LS273 都是在 P2.0 为 0 时被选通的，故二者的口地址都为 FEFFH(该地址必须保证 P2.0 = 0，其他地址位若选择为“1”，则十六进制为 FEFFH；也可以其他位发生变化，如选择都是“0”，但是 P2.0=0 不变，则地址变成 0000H)。

虽然使用同一个地址，但由于分别由$\overline{WR}$和$\overline{RD}$控制，而两个信号不可能同时为 0(当执行输入指令，如“MOVX　A，@DPTR”或“MOVX　A，@Ri”时，$\overline{RD}$有效；当执行输出指令，如“MOVX　@DPTR，A”或“MOVX　@Ri，A”时，$\overline{WR}$有效)，所以逻辑上二者不会同时被单片机执行，不会发生冲突。

(3) 编程。下述程序实现的功能是按下任意键，对应的 LED 发光。

```
START1：MOV     DPTR，#0FEFFH     ；数据指针指向口地址
        MOVX    A，@DPTR          ；检测按键，向 74LS244 读入数据
        MOVX    @DPTR，A          ；向 74LS273 输出数据，驱动 LED
        SJMP    START1            ；循环
```

5.4.2 用可编程芯片扩展 I/O 口

1. 可编程的接口芯片

可编程的接口芯片是指其功能可由微处理机的命令来控制的接口芯片，根据编程的不同控制字，可使接口芯片完成不同的接口功能。可与 MCS-51 系列单片机进行接口相连的功能芯片很多，常用外围芯片如表 5.1 所示。

表 5.1　常用的可编程芯片

型　号	芯 片 功 能
8155/8156	256×8 位 RAM、14 位定时器 两个可编程 8 位 I/O 口、一个 6 位可编程 I/O 口
8212	一个 8 位 I/O 接口
8251A	可编程通信接口
8253	三个 16 位可编程定时器
8255A	三个 8 位可编程 I/O 接口
8279	可编程键盘/显示接口(64 键)
8355	2 K×8 位 ROM，两个通用 8 位 I/O 接口
8755A	2 K×8 位 EPROM，两个通用 8 位 I/O 接口

可编程接口芯片很多，8255 和 8155 是两个 MCS-51 单片机常用的典型接口芯片。8255 在“微机原理与应用”课程中已作过详细介绍，在此不再赘述。下面以 8155 为例介绍单片机与可编程芯片的扩展原理和过程。

2. 可编程芯片 8155

8155 是一种通用的多功能可编程 RAM/IO 扩展集成电路。可编程是指其功能可由计算机的指令来加以改变。8155 片内有 3 个可编程并行 I/O 接口(A 口、B 口为 8 位，C 口为 6 位)，还有 256 B 静态 RAM 和一个 14 位定时/计数器，常用作单片机的外部扩展接口，与键盘、显示器等外围设备连接。

1) 8155 的结构及引脚

8155 的内部结构和引脚示意图如图 5.14 所示。

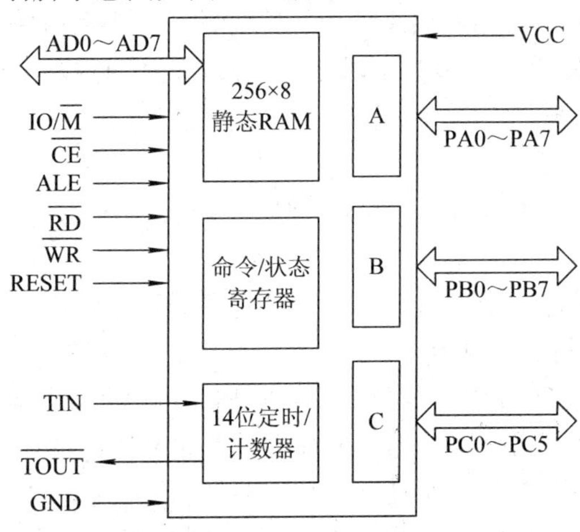

图 5.14　8155 的内部结构框图

从 8155 的内部结构图可知，其内部功能模块如下：

(1) 256 B SRAM，存取时间≤400 ns。

(2) 有 3 个可编程的通用 I/O 口，分别是 A 口、B 口和 C 口。其中，A 口和 B 口是 8 位口，C 口是 6 位口，可用作控制和状态口，可选择 4 种不同的工作方式。

(3) 内含一个 14 位的可编程定时/计数器。

(4) 内含一个地址公用、物理空间独立的命令/状态寄存器。

(5) 内部有地址锁存器、地址/数据多路转换开关，采用+5 V 电源，双列直插封装 40 条引脚。

8155 各引脚的功能如下：

(1) AD0～AD7：三态地址/数据线，8 位，是低 8 位地址与数据复用线引脚。地址可以是 8155 片内 RAM 单元地址或是 I/O 端口地址。AD0～AD7 上的地址由 ALE 的下降沿锁存到 8155 片内地址锁存器，也就是由 ALE 信号来区别 AD0～AD7 上出现的是地址信息还是数据信息。

(2) ALE：地址锁存允许信号。在 ALE 信号的下降沿将 AD0～AD7 上的 8 位地址信息、$\overline{CE}$ 片选信号及 IO/$\overline{M}$(IO 接口/RAM 选择)信号都锁存到 8155 内部锁存器中。

(3) IO/$\overline{M}$：I/O 端口和 RAM 选择信号。当 IO/$\overline{M}$=1 时，AD0～AD7 的地址为 8155 的

I/O 端口的地址，选择 I/O 端口；当 IO/$\overline{\text{M}}$=0 时，AD0～AD7 的地址为 8155 片内 RAM 单元地址，选择 RAM 存储单元。

(4) $\overline{\text{CE}}$：片选信号线，低电平有效。由 ALE 信号的下降沿锁存到 8155 内部锁存器。

(5) $\overline{\text{RD}}$：读选通信号，低电平有效。当 $\overline{\text{RD}}$ = 0，且 $\overline{\text{CE}}$ = 0 时，开启 AD0～AD7 的缓冲器，被选中的片内 RAM 单元(IO/$\overline{\text{M}}$=0)或 IO 口(IO/$\overline{\text{M}}$ = 1)的内容送到 AD0～AD7 上。

(6) $\overline{\text{WR}}$：写选通信号，低电平有效。当 $\overline{\text{CE}}$、$\overline{\text{WR}}$ 都有效时，CPU 把输出到 AD0～AD7 上的信息写到 8155 片内 RAM 单元或 I/O 端口。

(7) PA0～PA7：A 口的 I/O 线(8 位)。

(8) PB0～PB7：B 口的 I/O 线(8 位)。

(9) PC0～PC5：C 口的 I/O 线(6 位)。

(10) TIN：定时器输入。定时器工作所需的时钟信号由此端输入。

(11) $\overline{\text{TOUT}}$：定时器输出。根据定时器工作方式，TOUT 端可输出方波或脉冲。

(12) VCC：+5 V 电源。

(13) GND：接地。

(14) RESET：复位信号，5 μs 正脉宽，8155 复位。

2) 命令/状态寄存器

在 8155 的控制逻辑电路中设置有一个命令寄存器和一个状态寄存器，其工作方式由写入到命令寄存器中的控制字来决定。

(1) 命令寄存器。8155 片内的 8 位命令寄存器只能写入，不能读出。8155 I/O 接口的工作方式是由 CPU 写入到命令寄存器中的命令控制字来决定的。

命令寄存器的低 4 位定义 A 口、B 口和 C 口的工作方式，D4 和 D5 两位确定 A 口和 B 口以选通 I/O 方式工作时是否允许申请中断，D6 和 D7 两位定义定时器的操作命令。8155 命令寄存器的具体格式如图 5.15 所示。

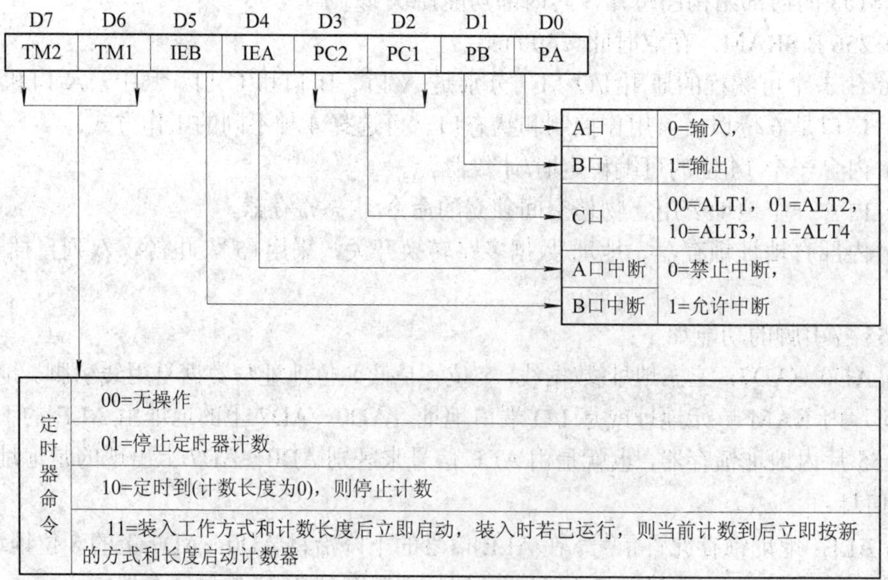

图 5.15　8155 命令寄存器的格式

8155 的 A 口和 B 口都可以工作在输入或输出方式。但 A 口和 B 口是工作在基本 I/O 方式(无条件传送)还是工作在选通方式(如中断传送)不是由 A 口和 B 口的方式决定的，而是由 C 口的方式决定的。

C 口有四种工作方式，分别称为 ALT1、ALT2、ALT3 和 ALT4。其中，ALT1 为输入方式；ALT2 为输出方式；ALT3 方式中，PC0～PC2 作为 A 口的联络线，PC3～PC5 为输出；ALT4 方式中，PC0～PC2 作为 A 口的联络线，PC3～PC5 为 B 口联络线。表 5.2 给出了 8155 四种 ALT 方式下各 I/O 端口的功能。

表 5.2　8155 各种 ALT 方式下 A、B、C 口的功能

<table>
<tr><th></th><th>ALT1</th><th>ALT2</th><th>ALT3</th><th>ALT4</th></tr>
<tr><td>PC0</td><td rowspan="6">输入</td><td rowspan="6">输出</td><td>A INTR(A 口中断)</td><td>A INTR(A 口中断)</td></tr>
<tr><td>PC1</td><td>A BF(A 口缓冲器满)</td><td>A BF(A 口缓冲器满)</td></tr>
<tr><td>PC2</td><td>A $\overline{STB}$ (A 口选通)</td><td>A $\overline{STB}$ (A 口选通)</td></tr>
<tr><td>PC3</td><td rowspan="3">输出</td><td>B INTR(B 口中断)</td></tr>
<tr><td>PC4</td><td>B BF(B 口缓冲器满)</td></tr>
<tr><td>PC5</td><td>B $\overline{STB}$ (B 口选通)</td></tr>
<tr><td>A 口</td><td rowspan="2">基本 I/O</td><td rowspan="2">基本 I/O</td><td>选通 I/O</td><td rowspan="2">选通 I/O</td></tr>
<tr><td>B 口</td><td>基本 I/O</td></tr>
</table>

由表 5.2 可知，8155 在 ALT1 或 ALT2 方式下，A 口、B 口和 C 口均可工作于基本 I/O 方式；在 ATL3 方式下，A 口定义为选通 I/O 方式，C 口低 3 位作为 A 口联络线，C 口其余位作输出线；在 ALT4 方式下，A 口、B 口都为选通 I/O 方式，C 口为之提供对外的联络线。这三种联络线的具体定义如下：

INTR：中断请求输出信号，高电平有效，作为 CPU 的中断源。当 8155 的 A 口或 B 口缓冲器接收到外设送来的数据或外设从缓冲器中取走数据时，中断请求 INTR 变为高电平(仅当命令寄存器相应中断允许位为“1”时)，向 CPU 申请中断。CPU 响应此中断，对 8155 的相应 I/O 端口进行一次读/写操作，然后使 INTR 信号恢复为低电平。

BF：I/O 端口缓冲器标志输出信号，高电平有效。缓冲器有数据时，BF 为高电平，否则为低电平。

$\overline{STB}$：由外设提供的选通信号，输入低电平有效。

(2) 选通输入/输出方式的操作过程。输入时，$\overline{STB}$ 是外设送来的选通信号。在 $\overline{STB}$ 有效后，把输入数据装入 8155，然后 BF 变高，表明缓冲器已装满。当 STB 恢复高电平时，INTR 变高，向 CPU 申请中断。当 CPU 开始读取输入数据时($\overline{RD}$ 信号下降沿)，INTR 恢复低电平。读取数据完毕时($\overline{RD}$ 信号上升沿)，BF 恢复低电平，一次数据输入结束。

输出时，当外设取走并处理完数据后，向 8155 发出 $\overline{STB}$ 负脉冲，在 STB 变高后使 INTR 有效，开始申请中断，即要求 CPU 发出下一个数据。当 CPU 把数据写到 8155 后，使 BF 变高，以通知外设可以再来取下一个数据。

(3) 状态寄存器。8155 状态寄存器的口地址和命令寄存器的口地址相同，状态寄存器只能读，不能写。CPU 可通过读状态寄存器来查询 I/O 口和定时器的状态。状态寄存器的格式如图 5.16 所示。

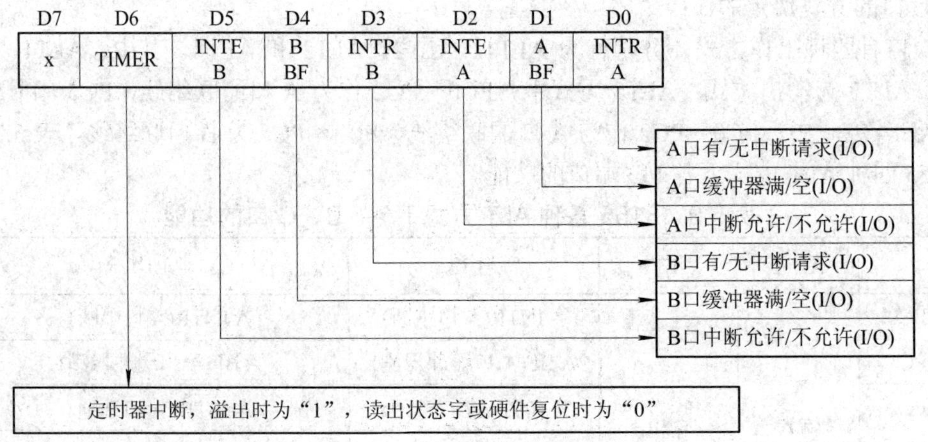

图 5.16 状态寄存器的格式

状态寄存器只定义了 7 位。其中，低 6 位表示 A 口、B 口的状态；D6 用来表示定时器的状态。状态寄存器的 D7 未定义。

3) 8155 的 RAM 单元和 I/O 端口寻址

IO/$\overline{M}$ 是 8155 的内部 RAM 和 I/O 端口选择信号。当 IO/$\overline{M}$=0 时，选中 8155 片内 RAM，这时 AD0～AD7 是 RAM 地址，对 256 B RAM 寻址，其地址范围为 00H～FFH。

当 IO/$\overline{M}$=1 时，对 8155 I/O 端口寻址，共有 A 口、B 口、C 口、命令/状态寄存器、定时器低 8 位和定时器高 8 位 6 个端口，因此要用 3 位地址(A0、A1 和 A2)来编址，其地址如表 5.3 所示。

表 5.3 8155 端口寻址表

AD7～AD0								端口寻址
A7	A6	A5	A4	A3	A2	A1	A0	
x	x	x	x	x	0	0	0	命令/状态寄存器
x	x	x	x	x	0	0	1	A 口
x	x	x	x	x	0	1	0	B 口
x	x	x	x	x	0	1	1	C 口
x	x	x	x	x	1	0	0	定时器低 8 位
x	x	x	x	x	1	0	1	定时器高 8 位

4) 定时/计数器

8155 内部提供了一个定时器，实际上它是一个 14 位的减法计数器，其主要用于定时或计数。在 TIN(第 3 引脚)端输入计数脉冲，每输入一个脉冲，计数器减 1，当计数器减到“0”时，向 TOUT(第 6 引脚)端输出一个脉冲或方波信号。

对定时器的使用分两步管理：① 由写入命令寄存器的控制字(D7、D6 位)确定定时器的启动、停止或装入常数；② 由写入到定时器的两个寄存器的内容确定计数长度和输出方式。

命令寄存器的控制字 D7 和 D6 位决定定时器的操作方式，可分为以下 4 种操作方式。

00：无操作，不影响定时/计数器操作；

01：停止定时器操作；

10：定时时间到(计数长度减为 0)，则停止计数；

11：装入工作方式和计数长度后立即启动。装入时，若已运行，则当前计数到后立即按新的方式和长度启动定时器。

在对命令寄存器写入控制字后，再通过对定时器的两个寄存器写入初值确定定时长度和输出方式。定时器本身占用两个端口地址。A2A1A0=100 时为定时器低 8 位 TL；A2A1A0=101 时，为定时器高 8 位，如表 5.4 所示。

表 5.4　定时器端口地址

位	D7	D6	D5	D4	D3	D2	D1	D0	端 口 地 址
TL	T7	T6	T5	T4	T3	T2	T1	T0	xxxxx100B
TH	M2	M1	T13	T12	T11	T10	T9	T8	xxxxx101B

TL 低 8 位(T0～T7)和 TH 高 6 位(T8～T13)组成 14 减 1 计数器，计数长度为 0002H～3FFFH。TH 高 2 位(M1、M2)用于选择定时器的 4 种不同输出方式，如表 5.5 所示。

表 5.5　定时器的输出方式

M2	M1	输 出 方 式
0	0	单次方波
0	1	连续方波
1	0	单次脉冲
1	1	连续脉冲

在计数长度为偶数时，方波的输出是对称的；当计数长度为奇数时，方波的输出是不对称的，高电平的半个周期比低电平的半个周期多计一个数。

8155 复位后，定时器停止工作。因此必须注意重新发出启动命令。

3. 8155 与单片机的连接方法

8155 与单片机的连接比较简单。由于 8155 有内部锁存器，并且有 ALE 控制信号，因此 8155 的 AD0～AD7 可以直接和单片机的 P0.0～P0.7 连接，其余的各输出控制端(ALE、$\overline{\text{RD}}$、$\overline{\text{WR}}$ 和 RESET)可直接和单片机的各同名端相连。8155 与单片机的连接关键在于考虑 IO/$\overline{\text{M}}$ 控制信号和 $\overline{\text{CE}}$ 片选信号。产生 IO/$\overline{\text{M}}$ 和 $\overline{\text{CE}}$ 信号的方法很多，应根据实际情况进行决定。同时应注意扩展 I/O 口和扩展 RAM 的地址分配问题。

图 5.17 给出了 8155 和 80C51 连接的一种方案。图中，80C51 的 P2.7 和 8155 的 $\overline{\text{CE}}$ 连接，P2.6 和 IO/$\overline{\text{M}}$ 连接，P0.0～P0.7 与 AD0～AD7 直接相连。

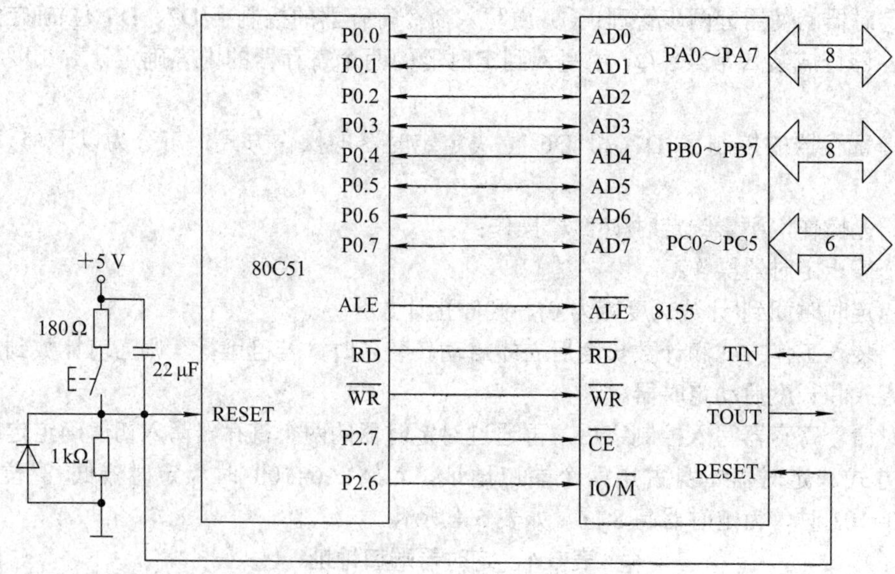

图 5.17　8155 与 80C51 的连接图

根据接口地址分配原则，该 8155 的 256 B RAM 和各接口的地址分配如表 5.6 所示。

表 5.6　8155 的 256 B RAM 和各接口的地址分配表

P2.7　P2.6	P0.0～P0.7	片内 RAM 或 I/O 接口或寄存器	地　址
0　0	00H～FFH	片内 RAM	0000H～00FFH
0　1	xxxxx000	命令/状态寄存器	4000H
0　1	xxxxx001	A 口	4001H
0　1	xxxxx010	B 口	4002H
0　1	xxxxx011	C 口	4003H
0　1	xxxxx100	定时器低 8 位	4004H
0　1	xxxxx101	定时器高 8 位	4005H

对 8155 的操作如同访问外部数据存储器一样，可以用“MOVX　@Ri”或“MOVX @DPTR”指令访问 8155。下面通过具体例子说明 8155 的操作过程。

【例 5.3】 结合图 5.17，将 8155 片内 RAM 中 0050H 单元的数据送至 8155 的 A 口输出。

解： 若使用 8 位地址的传送指令，则程序段如下：

```
CLR     P2.7              ；使 CE=0，选中 8155
SETB    P2.6              ；使 IO/M=1，对端口操作
MOV     A,     #01H       ；命令控制字，A 口为输出
MOV     R0,    #00H       ；指向命令寄存器
MOVX    @R0,   A          ；写入命令控制字
CLR     P2.6              ；使 IO/M=0，对 RAM 操作
MOV     R1,    #50H       ；指向 RAM 50H 单元
MOVX    A,     @R1        ；取 RAM 单元中的数据
```

```
SETB    P2.6              ; 使IO/M̄=1，对I/O口操作
INC     R0                ; 指向A口
MOVX    @R0,    A         ; 从A口输出
```

如果用 16 位地址的数据传送命令，则完成上述任务的程序段如下：

```
MOV     A,      #01H      ;
MOV     DPTR,   #4000H    ; 8155初始化操作，
MOVX    @DPTR,  A         ; A口为输出
MOV     DPTR,   #0050H    ;
MOVX    A,      @DPTR     ; 取出RAM单元中的数据
MOV     DPTR,   #4001H    ;
MOVX    @DPTR,  A         ; 将数据送A口输出
```

5.5　LED 数码显示器

显示单元是智能终端装置和计算机控制系统的重要组成部分，用来显示中间和最终的计算结果。一般常用的显示器件有 LED 显示器和 LCD(液晶)显示器。LED 显示器简单易用，其内部为一发光二极管，在发光二极管正极加上正向电压，负极通过限流电阻接地，则发光二极管发光。LED 显示器常见的有发光二极管、点阵 LED 管、7 段 LED 管和米字形 LED 管，后三者是发光二极管的不同组合结构。下面将简要介绍 LED 显示器的工作原理和过程。

5.5.1　LED 的结构与显示编码方式

1. LED 数码显示器的结构

LED 数码显示器是一种由 LED 发光二极管组合显示字符的显示器件。它由 8 个 LED 发光二极管组成“日”字型结构，其中 7 个用于显示笔画字符，1 个用于显示小数点，故通常称之为 7 段(也有称做 8 段)发光二极管数码显示器，其内部结构如图 5.18 所示。

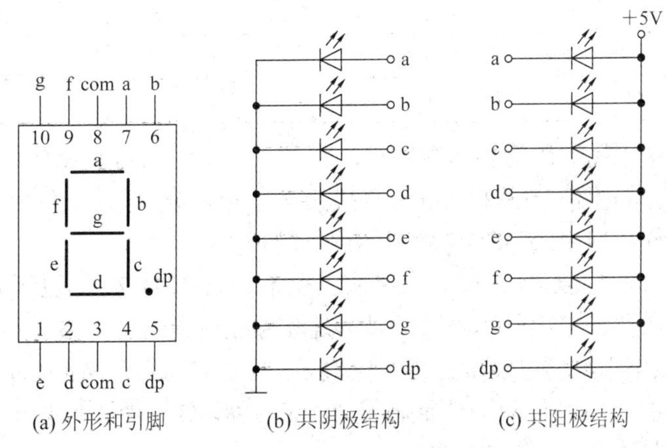

(a) 外形和引脚　　(b) 共阴极结构　　(c) 共阳极结构

图 5.18　7 段 LED 数码显示器

LED 数码显示器有如下两种连接方法：

(1) 共阳极法：把发光二极管的阳极连在一起构成公共阳极，使用时公共阳极接+5 V，每个发光二极管的阴极通过限流电阻与输入端相连。当阴极端加载低电平时，对应段的发光二极管就导通点亮，而加载高电平时则不导通点亮。

(2) 共阴极法：把发光二极管的阴极连在一起构成公共阴极，使用时公共阴极接地，每个发光二极管的阳极通过限流电阻与输入端相连。当阳极端加载高电平时，对应段的发光二极管就导通点亮，而加载低电平时则不导通点亮。

使用 LED 数码显示器时要注意区分这两种不同的接法，在器件出厂时其内部的公共端已连接好，用户可根据自己的需要正确选用共阳极接法或共阴极接法。

2. LED 显示字形的编码方式

采用 7 段 LED 显示器可以显示数字 0～9 和字母 A～F，其显示字型与对应段的点亮是有规律的。7 段 LED 显示器包含 7 段发光二极管和小数位发光二极管，共 8 位，正好用一个字节来表示，通常将控制二极管点亮的 8 位二进制数称为段选码。共阳极与共阴极的段选码互为反码。下面介绍共阴型 7 段 LED 显示器作数字显示时字型码的编码方式。7 段 LED 数码管字型显示代码表如表 5.7 所示。

表 5.7　7 段 LED 数码管字型显示代码表

显示数字	共阴型								
	dp	g	f	e	d	c	b	a	十六进制显示代码
0	0	0	1	1	1	1	1	1	3FH
1	0	0	0	0	0	1	1	0	06H
2	0	1	0	1	1	0	1	1	5BH
3	0	1	0	0	1	1	1	1	4FH
4	0	1	1	0	0	1	1	0	66H
5	0	1	1	0	1	1	0	1	6DH
6	0	1	1	1	1	1	0	1	7DH
7	0	0	0	0	0	1	1	1	07H
8	0	1	1	1	1	1	1	1	7FH
9	0	1	1	0	1	1	1	1	6FH

在单片机系统中采用数码管显示数字时，其显示字型的编码方式有如下两种。

(1) 采用外接集成电路。单片机 I/O 口直接接 7 段译码器，单片机将要显示内容的 BCD 码送至译码器，由译码器完成 BCD 7 段显示码的转换。

(2) 通过软件实现译码过程。设计中由系统程序完成 BCD 7 段显示码的转换，直接送出即为显示码，不需要外接 7 段译码器。以下是软件完成译码的步骤。

① 从待显示数字中分离出显示的每一位数字：方法是将显示数除以十进制的权，比如要显示 123，则先将 123 除以 100，得到商是 1，然后除以 10 得到商是 2，最后就是个位上的数 3，这样就完成了对显示数的分离。

② 将分离出的显示数字转换为显示字段码：一般采用查表的方法进行，将表 5.7 按顺序存放在 ROM 表中，通过编写查表指令即可完成查表工作。

5.5.2　LED 数码显示器的接口方法与显示电路

采用 LED 显示信息时，往往仅用一位是无法显示全部信息的，通常需要由多个 LED 显示器共同构成多位显示器。在显示过程中，数据输出方式有并行输出和串行输出两种；显示电路主要有静态显示和动态显示两种。

1. 静态显示

LED 显示器工作在静态显示时，其公共阳极(或阴极)接 VCC(或 GND)，一直处于显示有效状态，每一位的段选线与一个 8 位并行 I/O 口相连送出显示字符。但是当位数较多时，占用的 I/O 口线较多，浪费资源，所以通常将每一位的显示内容由各自的锁存器加以锁存，这样可以节约 I/O 资源，显示各位，又相互独立。

如图 5.19 所示，芯片 4511 为一译码带锁存的集成电路，3 位 LED 数码管的 8 位段码输入端接在 BCD 译码器 4511 的输出端，BCD 译码器 4511 的输入端 ABCD 接 P1.0～P1.3，单片机的 P1.4～P1.6 接 BCD 译码器的片选端，分别控制百位、十位、个位的 LED 有效。

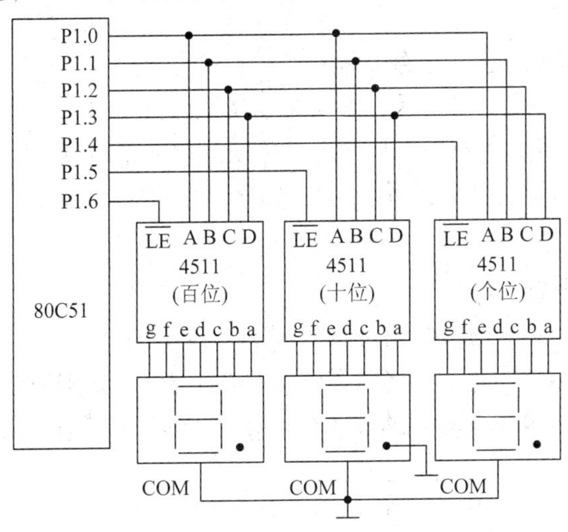

图 5.19　BCD 码静态显示电路

【例 5.4】　按图 5.19 所示的静态显示电路原理图，试编制一段显示子程序(小数点固定在第二位)。已知显示数据的个位、十位和百位分别存放在内存 30H～32H 中。

解：该题目为三位显示，译码方式采用硬件电路实现，不需软件编写；显示位为三位，译码器同时接至单片机的 P1.0、P1.1、P1.2、P1.3，需要显示的 BCD 码从这四个口输出；每次只能给一位送数，故必须区分是送到哪一位，且需要有位选(片选)，由 P1.4～P1.7 分别有效来控制。编程如下：

```
SEND：MOV    P1，#11100000B      ；令 P1.4=0，P1.5=P1.6=1，选通个位
      ORL    P1，30H             ；输出个位显示数
      MOV    P1，#11010000B      ；令 P1.5=0，P1.4=P1.6=1，选通十位
      ORL    P1，31H             ；输出十位显示数
      MOV    P1，#10110000B      ；令 P1.6=0，P1.5=P1.4=1，选通百位
      ORL    P1，32H             ；输出百位显示数
       RET
```

2. 动态显示

LED 显示器的动态显示是将所有显示位的段选线的同名端并联在一起，并由一个 8 位 I/O 口控制，形成段选线的多位复用，而各显示位的公共阳极端或公共阴极端则分别由相应的 I/O 口线控制，实现各位的分时选通，即同一时刻只有被选通位的数码管能显示相应的字符，而其他所有位都是熄灭的。由于人眼有视觉暂留现象，因此只要每位显示间隔足够短，就会造成多位同时点亮的假象。这就需要单片微机不断地对显示进行刷新控制，牺牲 CPU 时间来换取元件的减少以及显示功耗的降低。常见的动态显示电路结构见图 5.20。

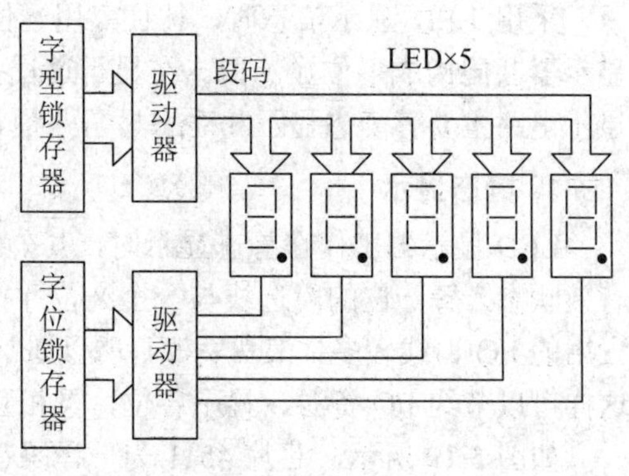

图 5.20　常见的动态显示电路结构图

动态显示的工作过程如下：

首先，将字型代码送入字型锁存器锁存，这时所有的显示块都具有显示这个相同字符的能力(即段选)。到底由哪一位显示，则还需要确定位选。其次，将需要显示的“位置”代码送入字位锁存器锁存(即位选)，从而选通位置码对应的选通位。最后注意：显示后，应保持几毫秒的延时。为防止闪烁，每位显示时间应保持 1～2 ms，然后显示下一位，CPU 需要不断地进行显示刷新。

3. 动态显示电路举例应用

如图 5.21 所示，3-8 译码器 74LS138 输入端接单片机的 P1.0～1.2，输出端分别接 8 个数码管的各自公共端 GND，从而实现 8 个数码管的位码选择。74LS377 为带有输入允许端的 8D 触发器。利用 74LS377 与单片机接口构成 1 个 8 位并行输出口电路，输出数码管的 8 位段码。

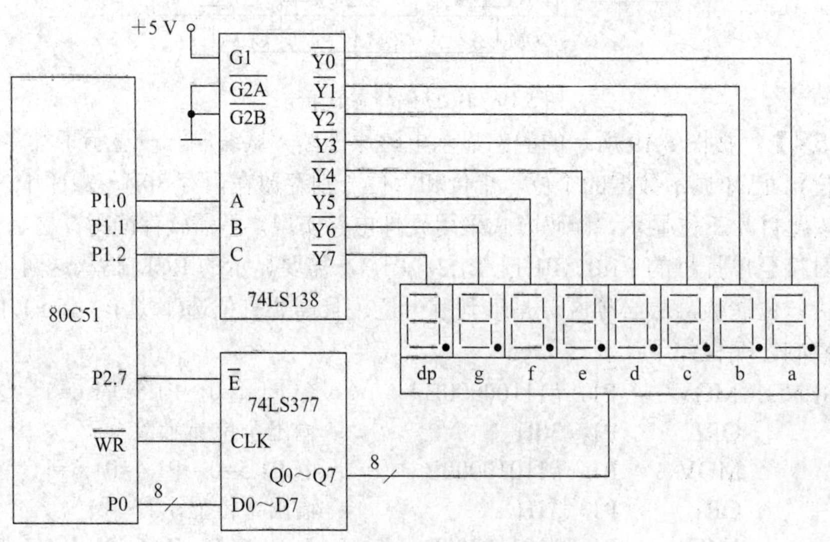

图 5.21　共阴极动态显示电路图

【例 5.5】　按图 5.21，试编制循环扫描(10 次)显示子程序。已知被显示的字段码已经存放在以 40H(低位)为首址的连续 8 B 内部 RAM 中。

解：先确定 74LS377 的端口地址，由于 P2.7 接 74LS377 的片选端，所以只需 P2.7=0 即可使得 74LS377 芯片有效。从电路图中可知，74LS138 的使能端已经有效，所以不必在代码中设置其端口地址了。然后，从低位开始依次发送显示码，每发送一个显示码就必须调用延时 2 ms 的子程序，执行动态刷新后，再发送下一位的显示代码，如此重复直至发完所有数据。

参考程序如下：

```
DIR4:   MOV     R1，#10              ；置循环扫描次数
        MOV     DPTR，#7FFFH         ；置 74LS377 口地址
DLP1:   ANL     P1，#11111000B       ；令 P1.0=P1.1=P1.2=0，第 0 位先显示
        MOV     R0，#40H             ；置 R0 为显示字段码首址
DLP2:   MOV     A，@R0               ；读显示字段码
        MOVX    @DPTR，A             ；输出显示字段码
        LCALL   Delay_2ms            ；调用延时 2 ms 子程序
        INC     R0                   ；指向下一位字段码
        INC     P1                   ；选通下一位显示
        CJNE    R0，#48H，DLP2       ；判断 8 位扫描显示完否，未完则继续
        DJNZ    R1，DLP1             ；8 位扫描显示完毕，判断 10 次循环完否
        CLR     A                    ；10 次循环完毕，显示暗
        MOVX    @DPTR，A
        RET                          ；子程序返回
```

5.5.3　LED 数码显示器应用举例

前述的显示电路无论是静态显示还是动态显示，其段选线上的数据都是通过并行口锁存器输出的，本节介绍一种采用串行方式进行电路显示的扩展方法。

【例 5.6】　通过串行口方式 0 设计扩展的键盘/显示器接口电路。图 5.22 所示的是通过串行口实现键盘接收和显示的电路。

解：74LS164 是一种串行输入、并行输出的移位寄存器，每接一片 74LS164 可扩展一个 8 位并行输出口。图 5.22 中扩展了 2×8 矩阵式键盘，由 P3.4、P3.5 两个引脚作为 2 根行线，采用一片 74LS164 作为键盘的 8 根列线。键盘显示采用静态显示方式，使用三个 74LS164 分别作为三个 LED 的段选输入。

由图 5.22 可知，当 P3.3=0 时，无论 TXD 的信号是高或低，与门输出都为低，74LS164 芯片片选无效，关闭显示输入。

显示子程序如下：

```
DIR:    SETB    P3.3                 ；开放显示传送控制
        MOV     SCON，  #00H         ；串行口方式 0
        MOV     R0，        #35H     ；先指向显示缓冲区 35H
        MOV     DPTR，  #SEGPT       ；字型表首址
LOOP:   MOV     A，     @R0          ；取待显示的数
```

```
        MOVC  A,          @A+DPTR       ; 查表，找字型码
        MOVA        SBUF,  A            ; 字型送串行口
WAIT:   JNB         TI,    WAIT         ; 等待发送完一帧
        CLR         TI                  ; 送完，清标志
        DEC         R0                  ; 指向上一个缓冲单元
        CJNE        R0,    #2FH, LOOP   ; 6位数未显示完，则继续
        RET                             ; 显示一遍，返回
SEGPT:  DB    0C0H, 0F9H, 0A4H, 0B0H, 99H  ; 字型表
              DB    92H, 82H, 0F8H, 80H, 90H
              DB    88H, 83H, 0C6H, 0A1H, 86H
              DB    8EH, 0FFH
```

键扫描子程序(出口参数：键值在 A 中)如下：

```
KEY:    CLR    P3.3             ; 关闭显示传送
        ORL    P1,     #06H     ; P3.4、P3.5为输入
PK0:    MOV    SBUF,   #00H     ; 使所有列线为全0
KE0:    JNB    TI,     KE0      ; 等待
        CLR    TI               ; 输出完，清标志
KE1:    JNB    P3.4,   PK1      ; P3.4=0，有键闭合，转PK1
        JB     P3.5,   KE1      ; P3.5=1，两行均无键闭合，继续搜索
PK1:    LCALL  D10MS            ; 延时10 ms去抖动
        JNB    P3.4,   PK2      ; P3.4行键稳定闭合，转PK2
        JB     P3.5,   KE1      ; P3.5行无键闭合，继续搜索
PK2:    MOV    R7,     #08H     ; 共扫描8列
        MOV    R6,     #0FEH    ; 列扫描码，从0列开始
        MOV    R5,     #00H     ; 列号计数器，初值为00H
        MOV    A,      R6
KE2:    MOV    SBUF,   A        ; 送出列扫描码
KE3:    JNB    TI,     KE3      ; 列扫描开始
        CLR    TI               ; 送完，清标志
        JNB    P3.4,   PK3      ; P3.4行有键闭合，转PK3
        JB     P3.5,   NEXT     ; P3.5行无键闭合，转NEXT
        MOV    R4,     #08H     ; P3.5行有键闭合，行首键号08H
        SJMP   PK4
PK3:    MOV    R4,     #00H     ; P3.4行有键闭合，行首键号00H
PK4:    MOV    SBUF,   #00H     ; 等待键释放
KE4:    JNB    TI,     KE4
               CLR     TI
KE5:    JNB    P3.4,   KE5      ; P3.4行键未释放，等待
```

```
        JNB     P3.5，   KE5          ；P3.5 行键未释放，等待
        MOV     A，      R4
        ADD     A，      R5           ；键值=行首键号+列号
        RET
NEXT：  MOV     A，      R6           ；取列扫描码
        RL      A                     ；左移 1 位
        MOV     R6，     A            ；暂存
        INC     R5                    ；列号+1
        DJNZ    R7，     KE2          ；8 列未扫描完，继续扫描
        LJMP    PK0                   ；扫描完，但按键无效，从头开始
D10MS： MOV     R3，     #0AH
DL1：   MOV     R2，     #DL2
DL2：   DJNZ    R2，     DL2
        DJNZ    R3，     DL1
        RET
```

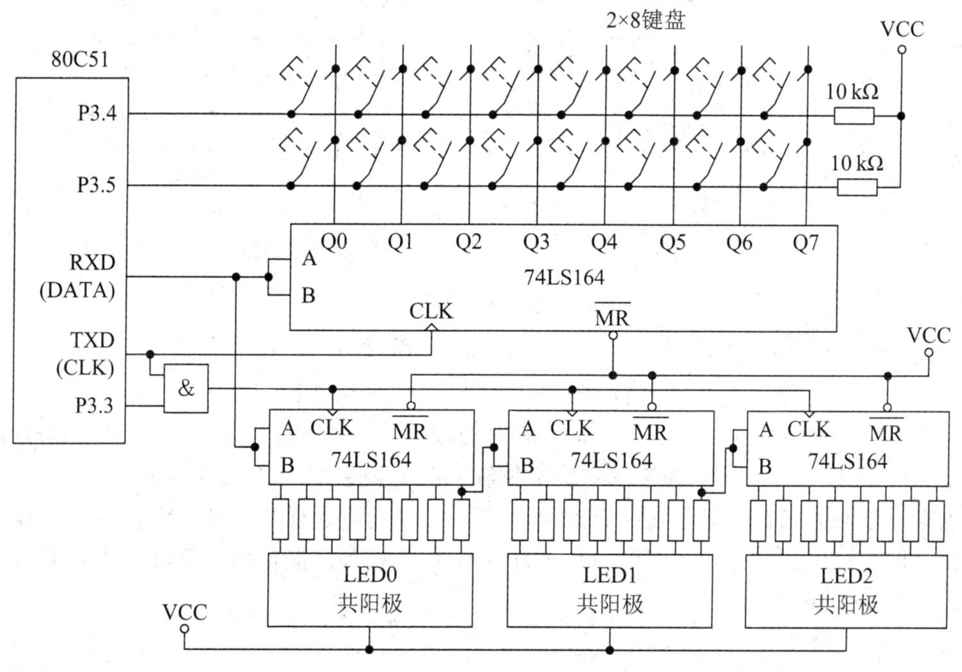

图 5.22　利用串行口设计的键盘接收和显示电路图

5.6 键盘接口

键盘是单片机系统与外界进行数据交换的主要方式，操作者通过键盘实现与单片机的人机交互，它是应用系统的一个重要组成部分。

5.6.1 键盘接口的工作原理

1. 键盘连接方式

在应用系统设计中，根据单片机外围键盘的按键的连接方式，可以将单片机的键盘分为两类：独立式键盘和矩阵式键盘。

1) 独立式键盘

所谓独立式键盘(又称线性键盘)，是一种最简单的键盘电路，各键相互独立，每个按键独立地与一根单片机的I/O端口线相连接，如图5.23所示。

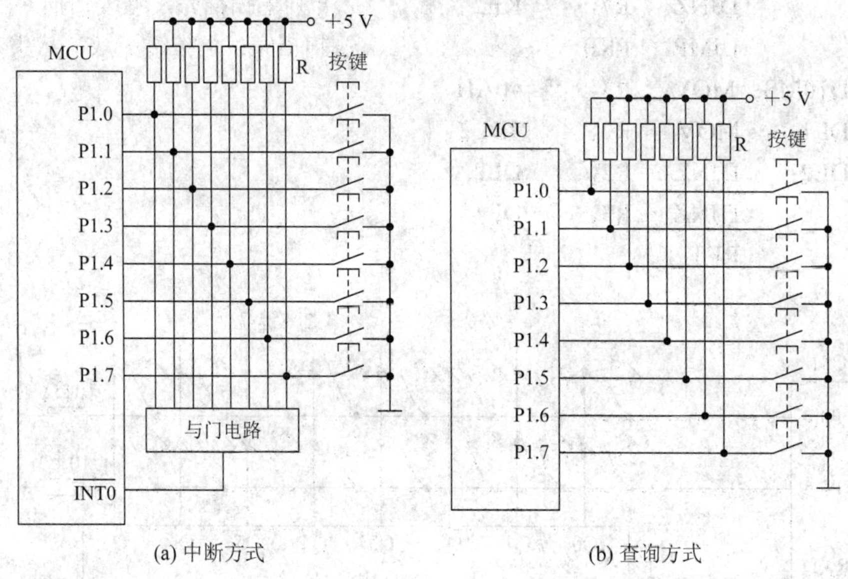

(a) 中断方式　　(b) 查询方式

图5.23　独立式按键接口电路

图5.23(a)为中断方式，任何一个按键按下时，通过与门电路都会向CPU申请中断，CPU响应中断后，去读P1口的值，然后判断是哪一个按键按下。

图5.23(b)为查询方式，无键按下时，所有的数据输入线都通过上拉电阻连接至+5 V(高电平)；当有键按下时，与之连接的对应数据输入线将被接地(拉至低电平)。

可见，独立式按键的各按键电路相互独立，可以灵活设置并对键盘进行定义，其软件编程相对简单，但当按键数较多时，所需的I/O端口较多，浪费系统资源，因此常常用于按键数量较少的场合。

2) 矩阵式键盘

所谓矩阵式键盘，是指把所有按键排列成行列矩阵形式的键盘。如图5.24所示，设选用P1端口中的P1.0～P1.3为四根行线，P1.4～P1.7为四根列线，行线和列线的交叉处放置一按键，当键按下时行列线接通，构成一个4×4的矩阵键盘，可定义16个按键。

矩阵式键盘占用I/O端线较少，软件程序设计复杂。矩阵式键盘的关键是如何正确识别出被按下的键，这要求行线和列线上必须为不同电平。如图5.24所示，行线接至高电平，则列线上就必须送低电平。这样当按键按下时，行与列接通，从而改变行线的信号，就可以通过循环判决的方式来判断是哪个键被按下。

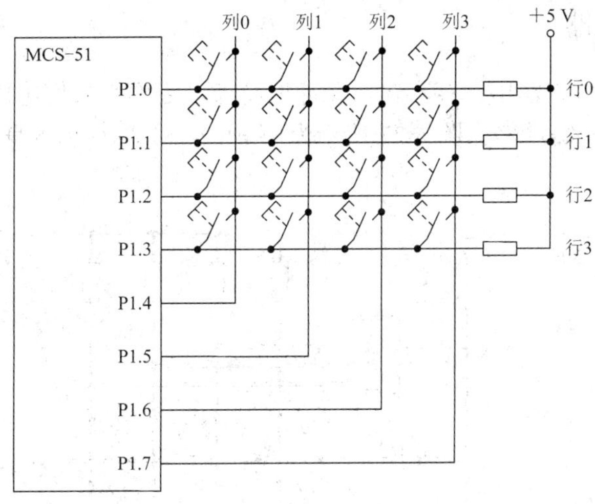

图 5.24　4×4 矩阵式键盘结构图

2. 键盘消抖处理

按键一般是由弹簧片构成的。按键被接入单片机，当按键被按下时，簧片总是存在抖动现象，抖动一段时间才能和触点完全接触好。因此需要采取按键消抖措施，以消除按键在闭合和断开瞬间的抖动所带来的错误判断。如图 5.25 所示，键盘的抖动时间一般为 5～10 ms，抖动现象一般会引起 CPU 对一次按键操作进行多次处理，从而产生误判断。

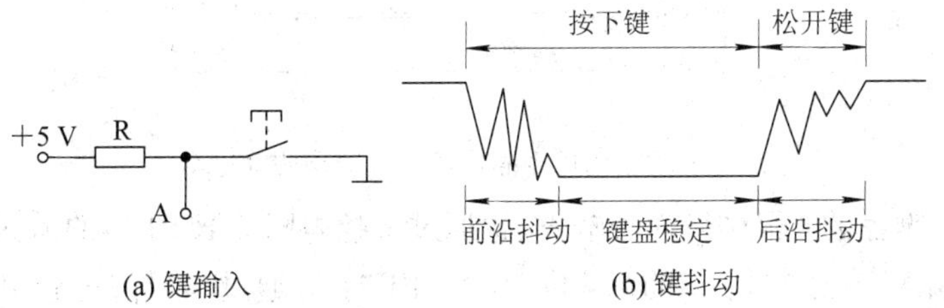

(a) 键输入　　(b) 键抖动

图 5.25　键操作和键抖动示意图

为保证 CPU 对按键的每次闭合(或断开)仅作一次键输入处理，就需要采取消除抖动的措施。常见的消抖方式有两种，即硬件和软件消抖方式。图 5.26 中给出了几种常用硬件消抖电路。其中，RC 滤波电路简单实用，效果较好。有时为了简化硬件电路，也可采用软件去抖法，即在程序中检测接入的键盘，如图 5.24 所示的 P1 口，若检测到按键按下，则延时 10 ms 后再次确认该键是否确实按下，从而消除抖动的影响。

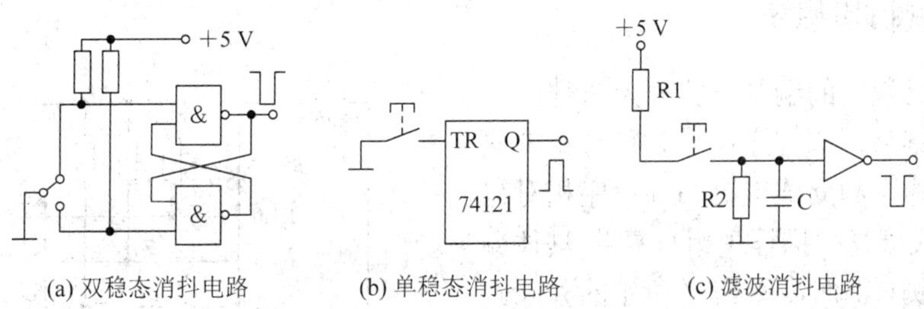

(a) 双稳态消抖电路　　(b) 单稳态消抖电路　　(c) 滤波消抖电路

图 5.26　几种常用硬件消抖电路图

5.6.2 键盘接口电路

80C51 的 I/O 口具有输出锁存和输入缓冲的功能，因而用它们组成键盘电路时，可以省掉输出锁存器和输入缓冲器。图 5.27 所示为由 MCS-51 单片机本身的 P1 口构成的 4×4 矩阵式键盘。

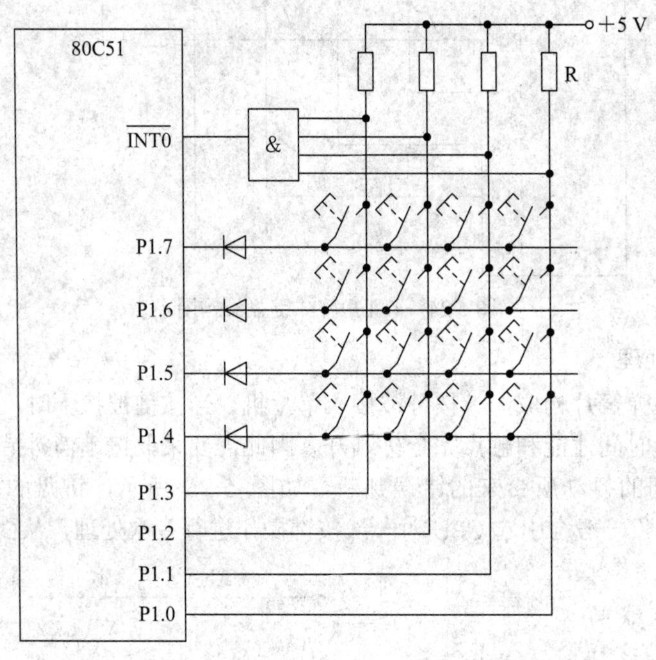

图 5.27 采用中断申请方式的矩阵式键盘

图 5.27 中，键盘的 4 根列线作为输出口，通过上拉电阻连到 P1 口的低四位(P1.0～P1.3)，4 根行线作为输入口，连到 P1 口的高 4 位(P1.4～P1.7)，并通过“与”门连到中断请求端 $\overline{\text{INT0}}$。在行输入电路中，每行都串联一个二极管是为了防止多键同时按下时，输入口可能会短路。

键扫描开始时，单片机先对 4 根列线输出低电平，然后检测输入端口的行线电平。当无键按下时，由于上拉电阻的作用，所有行线为高电平，所以 $\overline{\text{INT0}}$ 为高电平；当键盘中有键按下时，对应行线电平变低，经过与门后 $\overline{\text{INT0}}$ 端变为低电平，向 CPU 发中断请求。若 CPU 开放外部中断 0($\overline{\text{INT0}}$)，则响应中断，执行中断服务程序，在中断服务程序中进行键盘扫描，判断哪个键被按下。

5.6.3 键盘扫描程序

键盘扫描程序的编制方法分为两种：一种是独立式键盘扫描程序，另一种是矩阵式键盘扫描程序。独立式键盘扫描程序相对简单，而矩阵式键盘扫描程序相对复杂(具体编写见本节实例)。下面以图 5.28 所示的独立式键盘接口电路为例进行详细说明。

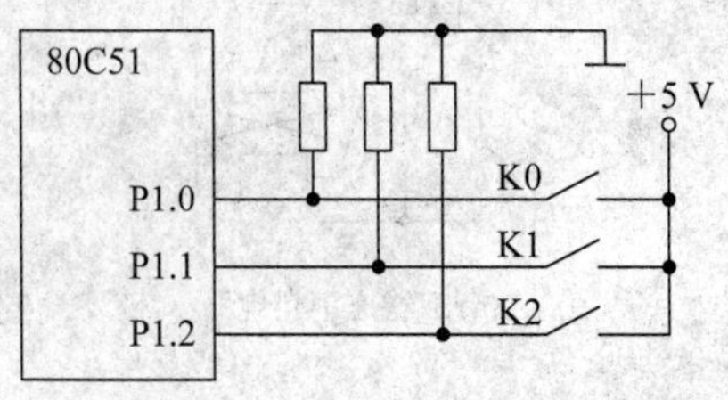

图 5.28 独立式键盘接口电路图

【例 5.7】　编制图 5.28 所示的独立式键盘接口电路的按键扫描子程序。

解：经过分析可知，在图 5.28 中 P1 口用作输入口，当无键按下时，P1 口被下拉电阻接地，状态为低电平；当有键按下(键闭合)时，P1 口的状态改变为高电平。因此，编程如下：

```
START： ORL     P1，#07H         ；置 P1.0～P1.2 为输入态
        MOV     A， P1           ；读键值，键闭合相应位为 1
        ANL     A， #00000111B   ；屏蔽高 5 位，保留有键值信息的低 3 位
        JZ      START            ；全 0，无键闭合，返回
        LCALL   Dely_10 ms       ；非全 0，有键闭合，延时 10 ms，软件去
                                 ；抖动
        MOV     A，P1            ；重读键值，键闭合相应位为 1
        ANL     A，#00000111B    ；屏蔽高 5 位，保留有键值信息的低 3 位
        JZ      Back             ；全 0，无键闭合，返回；非全 0，确认有键
                                 ；闭合
        JB      ACC.0，F0        ；转 0#键功能程序
        JB      ACC.1，F1        ；转 1#键功能程序
        JB      ACC.2，F2        ；转 2#键功能程序
Back：  RET
F0：    LCALL   EXCUTE0          ；执行 0#键功能子程序
        RET
F1：    LCALL   EXCUTE1          ；执行 1#键功能子程序
        RET
F2：    LCALL   EXCUTE2          ；执行 2#键功能子程序
        RET
```

5.6.4　键盘接口实例

下面分别举例说明独立式键盘和矩阵式键盘扩展电路以及各自程序的编制。

1. 独立式键盘扩展电路实例

图 5.29 所示为一个采用并行 I/O 扩展的独立式键盘电路。电路中 74LS373 锁存器用作输入接口，请读者试着编写图 5.29 的按键扫描程序。编写程序时需对 74LS373 的端口进行设置，在单片机 $\overline{RD}$ 和 P2.7 输出的控制信号有效时，使 74LS373 的 $\overline{OE}$ 端低电平有效，从而接收来自按键的信息，读取 P0 口的信息值，然后逐位判断是否有对应按键按下。

当对总线进行读操作时，锁存器被选通，由图知此时必须使 P2.7=0，因此锁存器的端口操作地址可设为 7FFEH。

```
K_SCAN：  MOV     DPTR，#7FFFH   ；P2.7=0，设置锁存器的选通地址
          MOVX    A，@DPTR       ；R0=0，允许锁存器选通，并读入数据
          CPL     A              ；A 中内容取反，若有键闭合，则相应
                                 ；位为 1
          JZ      BACK           ；A=0，无键闭合，返回
          LCALL   Delay_10 ms    ；A≠0，有键闭合，延时 10 ms，软件
```

```
        MOVX   A，@DPTR        ；去抖动重新读键值
        CPL    A
        JZ     BACK
        JB     ACC.0，F0       ；若 ACC.0=1，即 K0 键闭合，跳转至 F0
        JB     ACC.1，F1；
        JB     ACC.2，F2；
        ⋮
        JB     ACC.7，F7
BACK：  RET
F0：    LCALL  EXKEY0         ；执行 K0 键对应的功能子程序
        RET
F1：    LCALL  EXKEY1
        RET
F2：    LCALL  EXKEY2
        ⋮
F7：    LCALL  EXKEY7
        RET
```

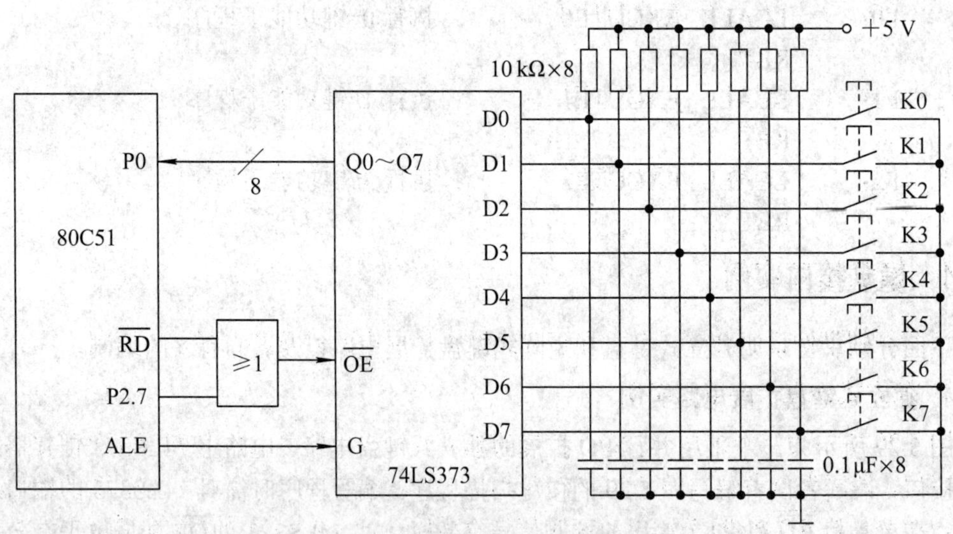

图 5.29　采用并行 I/O 扩展的独立式键盘电路图

2. 矩阵式键盘扩展电路实例

【例 5.8】　图 5.30 所示为一个采用 P1 口扩展的矩阵式键盘接口电路，编制中断方式键盘扫描程序，将键盘序号存入内部 RAM 的 30H 单元中。

解：由图 5.30 可知，可使 P1.0～P1.3 作为行线输入口，P1.4～P1.7 作为列线输出口。程序的编写分为两部分，即主程序和键盘中断扫描判断子程序。主程序主要完成接口的初始化，开放外部中断寄存器等，完成初始化后，就进入循环等待状态。若有键按下，则转入中断服务子程序。中断服务子程序主要完成判断键位和读取键值的功能。

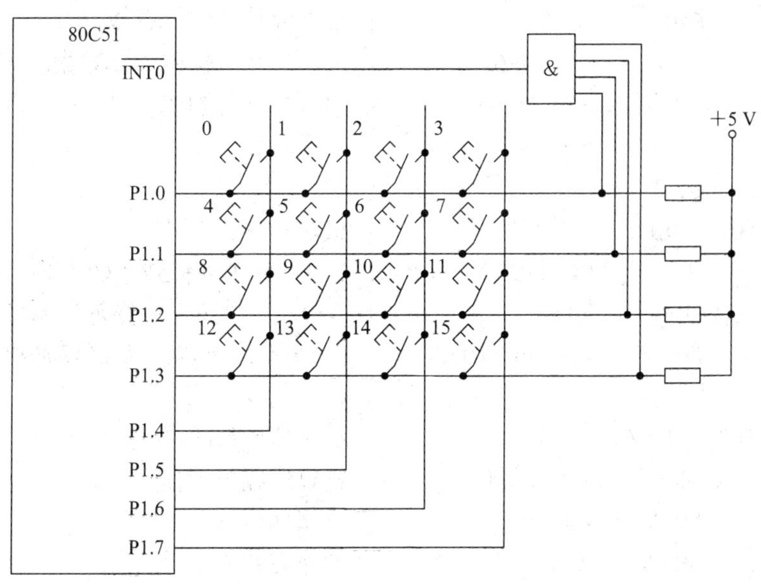

图 5.30　用 P1 口扩展的矩阵式键盘接口电路图

主程序代码如下：

```
    ORG   0000H                    ；系统复位首地址
          LJMP   MAIN              ；转初始化程序
          ORG    0003H             ；外部中断 0 中断入口矢量地址
          LJMP   PINT0             ；转中断服务程序
          ORG    0100H             ；主程序
    MAIN：MOV    SP，#60H          ；设置堆栈指针
          SETB   IT0               ；设置外部中断 INT0 为边沿触发方式
          MOV    IP，#00000001B    ；设置为高优先级中断
          MOV    P1，#00001111B    ；设置 P1.0～P1.3 位为输入，P1.4～P1.7 输出 0
          SETB   EA                ；开总中断
          SETB   EX0               ；开 INT0 的中断
          LJMP   MAIN              ；转主程序，并等待有键按下时进入中断
```

中断服务子程序代码如下：

```
    OGR    2000H                   ；中断服务程序首地址
    PINT0：PUSH   ACC              ；保护现场
           PUSH   PSW
           MOV    A，P1            ；读行线(P1.0～P1.3)数据
           CPL    A                ；数据取反，“1”有效
           ANL    A，#0FH          ；屏蔽列线，保留行线数据
           MOV    R2，A            ；存行线(P1.0～P1.3)数据(R2 低 4 位)
           MOV    P1，#0F0H        ；行线置低电平，列线置输入态
           MOV    A，P1            ；读列线(P1.4～P1.7)数据
```

```
        CPL   A             ；数据取反，“1”有效
        ANL   A，#0F0H      ；屏蔽行线，保留列线数据(A 中高 4 位)
        MOV   R1，#03H      ；取列线编号初值
        MOV   R3，#03H      ；置循环数
        CLR   C
PINT01：RLC   A             ；依次左移入 C 中
        JC    PINT02        ；C=1，该列有键按下(列线编号存 R1)
        DEC   R1            ；C=0，无键按下，修正列编号
        DJNZ  R3，PINT01    ；判循环结束否，未结束则继续寻找有键
                            ；按下列线
PINT02：MOV   A，R2         ；取行线数据(低 4 位)
        MOV   R2，#00H      ；置行线编号初值
        MOV   R3，#03H      ；置循环数
PINT03：RRC   A             ；依次右移入 C 中
        JC    PINT04        ；C=1，该行有键按下(行线编号存 R2)
        INC   R2            ；C=0，无键按下，修正行线编号
        DJNZ  R3，PINT03    ；判循环结束否，未结束则继续寻找有键
                            ；按下行线
PINT04：MOV   A，R2         ；取行线编号
        CLR   C
        RLC   A             ；行编号×2
        RLC   A             ；行编号×4
        ADD   A，R1         ；行编号×4+列编号=按键编号
        MOV   30H，A        ；存按键编号
        POP   PSW
        POP   ACC
        RETI
END
```

5.7　A/D 转换器

自动化控制系统是单片机应用的一个重要领域。在自动控制领域中，除开关量(数字量)之外，通常会遇到另一种物理量，比如温度、速度、压力、电流、电压等模拟量，它们都是连续变化的物理量。由于计算机只能处理数字量，因此对于有模拟量参与的控制系统，就必须进行模拟量向数字量或者数字量向模拟量的转换，即通常所说的数/模(D/A)转换和模/数(A/D)转换。

随着集成电路技术的发展，目前市场上增强型的单片机中有的已经集成了简单的 A/D 转换器和 D/A 转换器(有的集成有 PWM 转换器，它可以完成 D/A 转换功能)，但是其转换技术指标不能完全满足系统的设计要求，因此有时还须进行 D/A 转换器和 A/D 转换器的扩

展。下面将分别介绍 D/A 转换器和 A/D 转换器。

5.7.1　A/D 转换器概述

A/D 转换器是一种用来将连续的模拟信号转换成适合于数字处理的二进制数的器件，它是能够将一个模拟信号值编制成与其大小相对应的二进制码的编码器。

与之相对应，D/A 转换器可以理解为一个解码器。模拟量与数字量之间有一一对应的关系，设 D 为 N 位二进制数字量，U_A 为电压模拟量，U_{REF} 为参考电压，无论 A/D 转换器或 D/A 转换器，其转换关系都为

$$U_A = D\times \frac{U_{REF}}{2^N}$$

其中：$D=D_0\times 2^0+D_1\times 2^1+\ \cdots\ +D_{N-1}\times 2^{N-1}$。

转换结果的数字量的位数常常作为衡量 A/D 转换器精度的指标。位数越多，其转换精度越高，常见 A/D 转换器有 8、10、12 位等。

5.7.2　典型 A/D 转换器芯片——ADC0809

8 位 A/D 转换器芯片较多，有单通道和多通道之分。单通道的有 ADC0801、ADC0802、ADC0803、ADC0804、ADC0805；8 通道的有 ADC0808、ADC0809 和 16 通道的 ADC0816、ADC0817。下面将以 ADC0809 为例详细介绍 8 位逐次逼近式 A/D 转换器的工作过程。

1. 主要技术指标

ADC0809 的分辨率为 8 位，不必进行调零和调满量程；最大不可调误差小于±1LSB；输入电压范围为 0～+5.000 V(5 V 单电源供电)；转换时间为 100 μs 左右；输出 8 位二进制数字量，与 TTL 电平兼容；具有锁存控制的 8 路多路选择模拟开关(8 选 1)。

2. ADC0809 的引脚说明

典型 8 位 A/D 转换器 ADC0809 的内部结构及引脚如图 5.31 所示。一个典型 A/D 转换器的内部由 4 部分组成，即地址译码电路、多路模拟选择电路、转换器和三态锁存缓冲器。其封装形式为双列直插式 DIP28 脚形式。

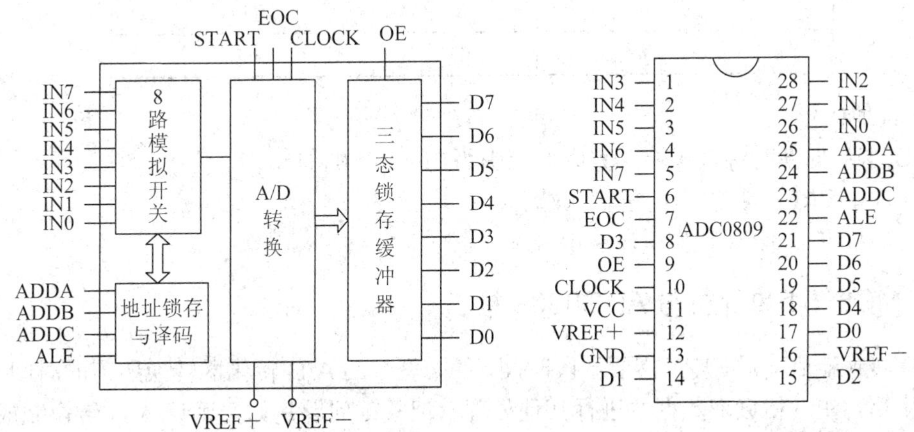

图 5.31　ADC0809 的内部结构及引脚图

引脚图中信号说明如下：

(1) 数据信号。

IN0～IN7：8 路模拟量输入通道，可以由 ADDA、ADDB 和 ADDC 三根线的状态进行通道选择。

D0～D7：8 位数据输出线，为三态缓冲输出形式，可以和单片机的数据总线直接相连(D0 为最低位，D7 为最高位)。

(2) 控制信号。

EOC：转换结束信号脉冲输出端，EOC=1 时表示 A/D 转换结束，EOC=0 时表示正在转换。在与单片机联络中，EOC 常接至外部中断或采用查询方式读取转换结果时的判别信号。

OE：输出允许信号，用于控制三态输出锁存器向单片机输出转换得到的数据。OE=0 时，输出数据线呈高阻；OE=1 时，输出转换结果数据。

START：A/D 启动控制信号，上升沿复位 A/D 转换器，下降沿启动 A/D 转换器，常简称为 ST。

ALE：地址锁存控制信号端，当 ALE 为 1 时，锁存某输入通道，确保 A/D 转换时采集的数据为指定通道上的数据，常与 START 共同使用。

ADDA，ADDB，ADDC：8 路模拟开关的三位地址选通输入端，以选择对应的输入通道，如表 5.8 所示。

表 5.8 通道选择表

ADDC	ADDB	ADDA	选中通道
0	0	0	IN0
0	0	1	IN1
0	1	0	IN2
0	1	1	IN3
1	0	0	IN4
1	0	1	IN5
1	1	0	IN6
1	1	1	IN7

(3) 其他信号。

CLOCK：外部时钟输入端，其频率范围为 10～1280 kHz。

VREF+、VREF−：参考电压输入端。

VCC、GND：+5 V 工作电源、电源地。

5.7.3 MCS-51 单片机与 ADC0809 接口

A/D 转换器启动后，转换需要一段时间，不同型号的 A/D 转化器转换所需的时间不同。转换结束后，单片机读取数据并进行其他处理。但关键问题是如何确认 A/D 转换完成，因为只有确认转换结束后，读取数据才是准确的。一般有如下三种方式可以采用。

(1) 定时传送方式：对于已选定的 A/D 转换器，其技术指标(转换时间是技术指标中的一项)是已知的。比如，ADC0809 的转换时间为 128 μs，当 MCS-51 单片机的晶振为 6 MHz 时，其转换所需时间为 64 个机器周期，可据此设计一个延时大于 128 μs 的子程序，A/D 转换启动后即调用此子程序，延迟时间到，确定转换结束，读取转换结果并进行处理。

(2) 查询方式：一般 A/D 转换芯片都有一个表征转换结束的状态信号，例如 ADC0809 的 EOC 端。因此可以用查询方式测试 EOC 的状态，即可判断转换是否结束，并读取转换结果。

(3) 中断方式：把表征转换结束的状态信号(EOC)作为外部中断请求信号，以中断方式进行数据读取处理。

无论使用上述哪种方式，一旦确定转换结束，即可通过软件相关指令进行转换结果的读取。

图 5.32 所示为 ADC0809 与单片机组成的一个 8 路模拟量输入的巡回监测系统连接图。

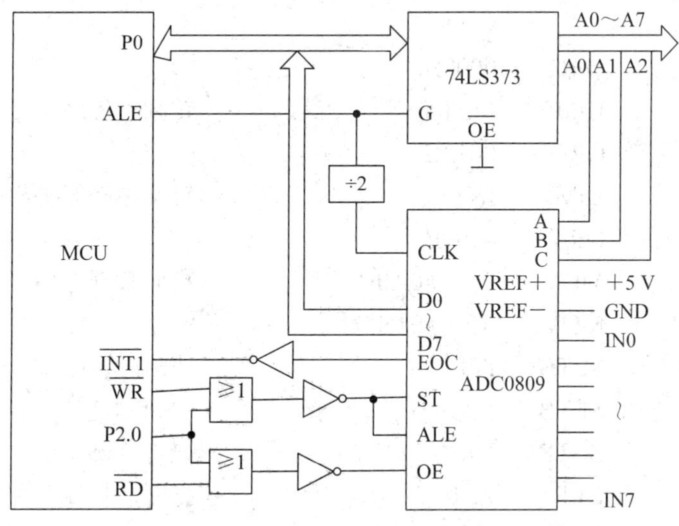

图 5.32　ADC0809 与单片机的连接图

从图 5.32 中可知，ADC0809 的时钟信号由 ALE 二分频后提供，其模拟通道的选择由地址线低 3 位 A0、A1 和 A2 控制，数据端口与单片机的 P0 口数据线直接相连，A/D 转换器的启动信号由 P2.0 和写信号 $\overline{\mathrm{WR}}$ 共同通过逻辑门电路决定，片选信号 OE 的选通由 P2.0 和读信号 $\overline{\mathrm{RD}}$ 共同通过逻辑门电路决定。转换结束信号接至外部中断 1，采用中断方式采集 A/D 转换结果数据。

先设定无关的地址线取 1，P2.0 是 ADC0809 的总控制端，当 P2.0 有效时，ADC0809 的转换启动和数据传送由单片机的读/写信号通过两个或门控制，则通过分析可知 P2.0=0 时有效，ADC0809 的启动端口地址如表 5.9 所示。

表 5.9　ADC0809 的端口地址范围

A15	A14	A13	A12	A11	A10	A9	A8	A7	A6	A5	A4	A3	A2	A1	A0
1	1	1	1	1	1	1	0	1	1	1	1	1	0	0	0
1	1	1	1	1	1	1	0	1	1	1	1	1	1	1	1

ADC0809 的地址为 0FEF8H～0FEFFH，分别对应不同的输入通道 IN0～IN7。ADC0809 的工作过程如下：

(1) 先清 P2.0=0，令其控制的两个或门开启，然后通过单片机的 P3.6($\overline{WR}$)送一次高电平，再送一次低电平，经过反相器后获得一个脉冲的上升沿，到达 A/D 的启动端 ST 和通道锁存端 ALE，实现 A/D 转换器复位和通道锁存的功能。

(2) P3.6 再送一次高电平信号，经过反相后形成一个下降沿，完成启动 A/D 转换的工作。

(3) 等待中断信号的产生，一旦检测到外部中断 1 信号为 0，就表示有中断产生，则响应中断服务程序。

(4) 在中断服务程序中，若 P3.7($\overline{RD}$)引脚为低电平，则反相后到达 A/D 的 OE 端；若 P3.7 引脚为高电平，则表示允许转换后的数据传入 P0 口，从 P0 口读取数据。

主程序如下：

```
            ORG     0000H
            LJMP    MAIN                ；转到主程序
            ORG     0013H
            LJMP    INT1                ；转到中断服务程序
            ORG     0100H
MAIN：      MOV     R0，#0A0H           ；指向数据存储区首地址
            MOV     R2，#08H            ；8 路计数器
            SETB    IT1                 ；边沿触发方式
            SETB    EA                  ；中断允许
            SETB    EX1                 ；允许外部中断 1 中断
            CLR     P2.0                ；打开总控制开关
            SETB    P3.7                ；禁止取转换数据
            MOV     DPTR，#0FEF8H       ；选择 A/D 转换器 0 通道
CONVERT：   MOV     @DPTR，A
            SETB    P3.6                ；先产生上升沿复位 A/D
            CLR     P3.6
            SETB    P3.6                ；产生下降沿，启动 A/D
HERE：      SJMP    HERE                ；等待中断
```

中断服务程序如下：

```
            ORG     0200H
INT1：      PUSH    ACC
            PUSH    PSW
            CLR     P3.7            ；设置允许 A/D 输出数据的控制
                                    ；信号为 OE=1
            MOVX    A，@DPTR        ；从选择的端口地址读入转换后的数据
```

```
            MOV     @R0，A          ；把数据存入指定地址
            INC     DPTR            ；指向下一模拟通道
            INC     R0              ；指向数据存储器的下一单元
            MOVX    @DPTR，A        ；选择下一通道
            DJNZ    R2，ADEND       ；判断是否完成 8 路转换，未完成则返回
                                    ；主程序完成 8 路转换，关闭中断
            CLR     EX1
ADEND：     POP     PSW
            POP     ACC
            RETI                    ；中断返回
```

当然，上述程序也可以采用查询方式读取 A/D 转换器的转换结果，此处不再赘述。

5.7.4 A/D 转换器应用举例

为了提高 A/D 转换的精度，可采用更多位数的 A/D 转换器，例如 10 位或 12 位的 A/D 转换器。下面以 12 位 A/D 转换器 AD574 为例，介绍 MCS-51 单片机与 A/D 转换器的连接及使用方法。

AD574 采用快速逐次逼近法，转换速度为 25 μs；内设时钟和参考电压源，输出带有三态缓冲器，输出数据可以为 12 位，也可以为 8 位；输入模拟信号可以为单极性 0～+10 V 或 0～+20 V，也可以选择为双极性±5 V 或±10 V。其引脚控制信号功能如表 5.10 所示。

表 5.10　AD574 的引脚控制信号功能表

CE	$\overline{CS}$	R/$\overline{C}$	12/$\overline{8}$	A0	功 能 描 述
1	0	0	x	0	12 位 A/D 转换启动
1	0	0	x	1	8 位 A/D 转换启动
1	0	1	+5 V	x	12 位数据输出
1	0	1	地	0	高 8 位数据输出
1	0	1	地	1	低 4 位数据输出
0	x	x	x	x	不工作，禁止状态
x	1	x	x	x	不工作，禁止状态

图 5.33 为 8051 单片机与 AD574 的一种连接方案。该系统采用查询方式，将状态线 STS 与单片机的 P1.0 相连，当启动 A/D 进行转换时，STS=1；当 A/D 转换结束时，STS=0。单片机执行对外部数据存储器的写指令，使 CE=1、$\overline{CS}$=0、R/$\overline{C}$=0、A0=0 时，启动 A/D 转换器，然后通过 P1.0 线不断查询 STS 的状态。

当 STS=0 时，表示转换结束，单片机可通过两次读外部数据存储器操作，读取 12 位转换结果：第一次 CE=1、$\overline{CS}$=0、R/$\overline{C}$=1、A0=0，读取高 8 位；第二次 CE=1、$\overline{CS}$=0、R/$\overline{C}$=1、A0=1，读取低 4 位。

当 STS=1 时，表示转换正在进行，继续循环等待查询。

在图 5.33 中，AD574 的 $\overline{CS}$ 与主机的地址线 Q7 相连。A0 与主机地址线 Q0 相连，R/$\overline{C}$ 与主机的地址线 Q1 相连。因此，AD574 的 12 位启动转换地址为 00H，高 8 位数据输出地址为 02H，低 4 位数据输出地址为 03H。

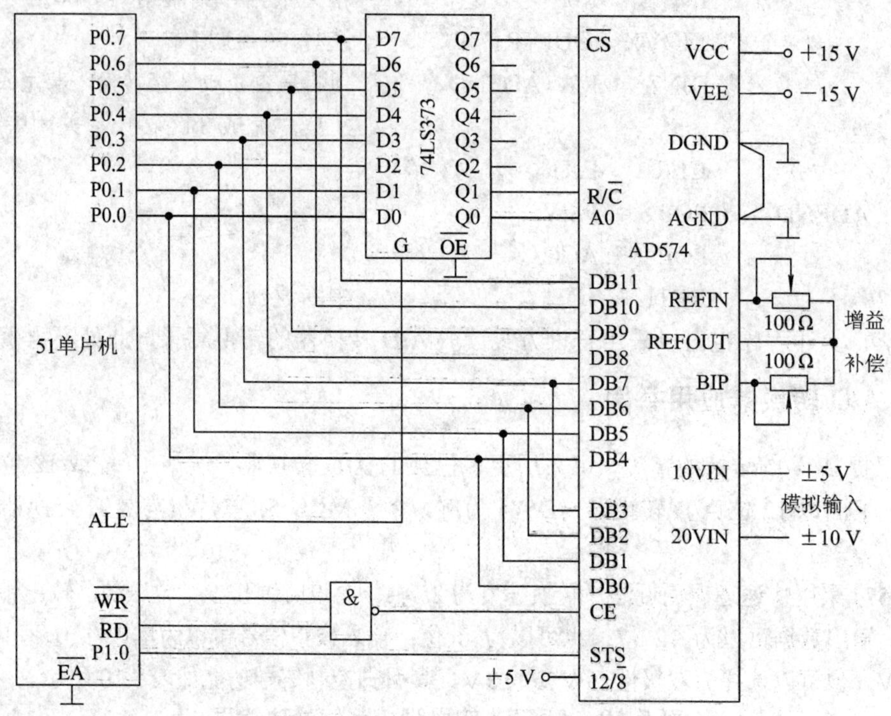

图 5.33　8051 与 AD574 的连接原理图

采用查询方式的 A/D 转换程序如下：

```
        MOV     R0,     00H         ；送 A/D 转换端口地址
        MOVX    @R0,    A           ；启动 A/D 转换
        SETB    P1.0                ；P1.0 为输入
WAIT：  JB      P1.0,   WAIT        ；检测 STS 状态
        INC     R0
        INC     R0
        MOVX    A,      @R0         ；读高 8 位数据
        MOV     31H,    A           ；存转换结果的高 8 位
        INC     R0
        MOVX    A,      @R0         ；读低 4 位数据
        ANL     A,      #0FH        ；屏蔽高 4 位
        MOV     30H,    A           ；存转换结果的低 4 位
```

5.7.5　串行 A/D 转换接口芯片 TLC1543

前一节介绍了并行 A/D 转换器与单片机的连接方式，并行连接所需占用单片机的 I/O 资源较多。为了节省资源，提高开发效率，串行 A/D 转换器应运而生，它与单片机的接口采用串行通信方式，具有输入通道多、转换精度高、传输速度快、价格低廉等优点，易于和单片

机接口，可广泛应用于各种数据采集系统，例如采用 SPI 总线接口的 TLC5615。下面以 10 位 A/D 转换器 TLC1543 为例介绍具有串行总线接口技术的 A/D 转换器的原理和应用。

1. TLC1543 的基本功能

1) TLC1543 的基本特点

TLC1543 为一种 CMOS 型 10 位开关电容逐次逼近模/数转换器。该芯片含有 3 个输入端和一个三态输出端，即片选($\overline{\text{CS}}$)、输入/输出时钟(I/O CLOCK)、地址输入(ADDRESS)和数据输出(DATAOUT)。微处理器通过四线接口和它进行连接。

TLC1543 片内含有 14 通道多路选择器，可以自行选择 11 个外部输入信号中的任何一个，也可以选择 3 个内部自测试(SELF-TEST)电压信号中的任一信号。片内设有自动采样-保持电路。在转换结束时，“转换结束”信号(EOC)输出端改变为高电平来指示转换结束。系统时钟由片内产生并由 I/O CLOCK 同步。内部转换器的精度为 10 位(不可调整误差≤±1 LSB)，转换速度为 10 μs。

2) 引脚排列及功能

TLC1543 采用 20 脚双列直插式 DIP 封装，其内部结构如图 5.34(a)所示，其内部功能由 8 部分组成，即 14 通道模拟开关、采样-保持、10 位 A/D 转换器、输入地址寄存器、输出数据寄存器、10-1 数据选择与驱动、系统时钟控制逻辑 I/O 计数器和自检参考。

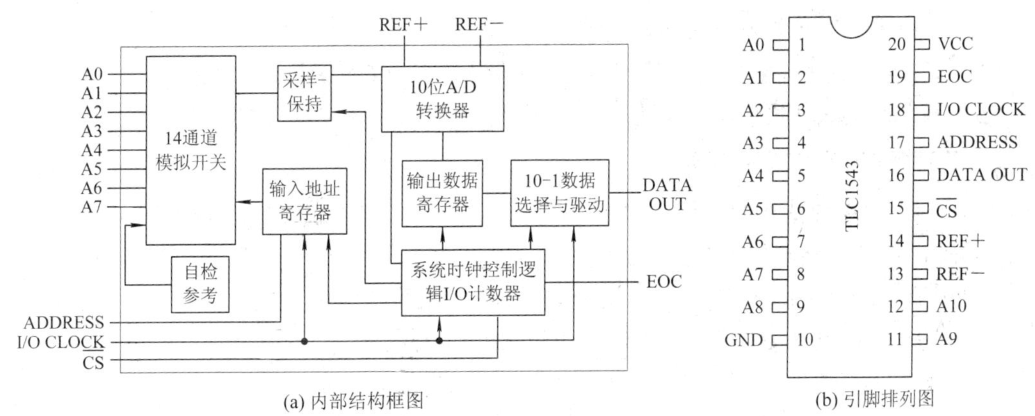

图 5.34　TLC1543 的内部结构框图和引脚排列图

TLC1543 的引脚排列如图 5.34(b)所示，各个引脚功能描述如下。

(1) A0～A10：11 路模拟信号输入端。11 路模拟信号输入由内部多路选择器控制，驱动源的阻抗必须小于等于 1 kΩ。

(2) $\overline{\text{CS}}$：片选端。在$\overline{\text{CS}}$端的一个由高至低的电平将复位内部计数器，并控制和使能 DATA OUT、ADDRESS 和 I/O CLOCK。一个由低至高的电平将在设置时间内禁止 ADDRESS 和 I/O CLOCK。

(3) ADDRESS：串行数据输入端。采用 4 位串行地址选择下一路即将被转换的模拟输入量或测试电压量的地址码。串行数据以 MSB 为前导，并在 I/O CLOCK 的前 4 个上升沿被移入，在 4 个地址位被读入地址寄存器后，这个输入端将对后续信号无效。

(4) DATA OUT：三态串行输出端，用于输出 A/D 转换结果。DATA OUT 在$\overline{\text{CS}}$为高电平时处于高阻状态，在$\overline{\text{CS}}$为低电平时处于激活状态。$\overline{\text{CS}}$一旦有效，按照前次转换结果的

MSB 值将 DATA OUT 从高阻状态转变成相应的逻辑电平。I/O CLOCK 的下一个下降沿将根据 MSB 的下一位将 DATA OUT 置为相应的逻辑电平，剩下的各位依次移出，而 LSB 在 I/O CLOCK 的第 9 个下降沿出现，在 I/O CLOCK 的第 10 个下降沿 DATA OUT 端被置为低电平。因此，当多于 10 个时钟时，串行接口传送的是“0”。

(5) EOC：转换结束端。在第 10 个 I/O CLOCK 信号该输出端从高电平变为低电平并保持，直到转换完成，即数据准备传输。

(6) GND：内部电路接地端。

(7) I/O CLOCK：输入/输出时钟端。I/O CLOCK 接收串行输入并完成以下 4 个功能：

① 在 I/O CLOCK 的前 4 个上升沿，它将 4 个输入地址信息存入地址寄存器。在第 4 个上升沿后，多路选择器地址有效。

② 在 I/O CLOCK 的第 4 个下降沿，多路选择器选定的输入端上的模拟输入电压开始向电容器充电并持续到 I/O CLOCK 的第 10 个下降沿。

③ I/O CLOCK 将前次转换的数据的其余 9 位移出 DATA OUT 端。

④ 在 I/O CLOCK 的第 10 个下降沿，它将转换的控制信号传送到内部的状态控制器。

(8) REF+：正基准电压端。基准电压的正端(通常为 VCC)被加到 REF+。最大的输入电压范围取决于加在该端和加在 REF−端的电压差。

(9) REF−：负基准电压端。基准电压的负端(通常为 GND)被加到 REF−。

(10) VCC：正电源端，范围为 4.4～5.5 V，典型值为 5 V。

2. TLC1543 的控制和实现

TLC1543 有 6 种基本的串行接口工作方式，这些工作方式取决于 I/O CLOCK 的脉冲数和 $\overline{CS}$ 的工作状态。这 6 种方式如下：

(1) 具有 10 时钟和 $\overline{CS}$ 在 A/D 转换周期无效(高)的快速转换方式。

(2) 具有 10 时钟和 $\overline{CS}$ 连续有效(低)的快速转换方式。

(3) 具有 11～16 时钟和 $\overline{CS}$ 在转换周期无效(高)的快速转换方式。

(4) 具有 16 时钟和 $\overline{CS}$ 连续有效(低)的快速转换方式。

(5) 具有 11～16 时钟和 $\overline{CS}$ 在转换周期无效(高)的慢速转换方式。

(6) 具有 16 时钟和 $\overline{CS}$ 连续有效(低)的慢速转换方式。

TLC1543 有 6 种工作方式，不同的工作方式其工作过程各异。下面以常用的方式 1 为例详细介绍其工作过程。其他工作方式可参见该芯片的 Data Sheet 资料。

TLC1543 的工作过程分为 2 个周期：访问周期和采样周期，其工作时序如图 5.35 所示。TLC1543 的工作状态由 $\overline{CS}$ 使能或禁止，当 $\overline{CS}$ 被置为高电平时，I/O CLOCK、ADDRESS 被禁止，同时 DATA OUT 为高阻状态；当正常工作时，$\overline{CS}$ 被置为低电平，EOC 为高电平，TLC1543 开始数据转换，I/O CLOCK、ADDRESS 使能，DATA OUT 脱离高阻状态。随后，CPU 向 ADDRESS 提供 4 位通道地址(MSB 在前)输入到地址寄存器，按照输入地址选择 11 个外部模拟通道或者 3 个内部自测电压信号之一(如表 5.11 所示)并控制选通其中 1 路送到采样保持电路。

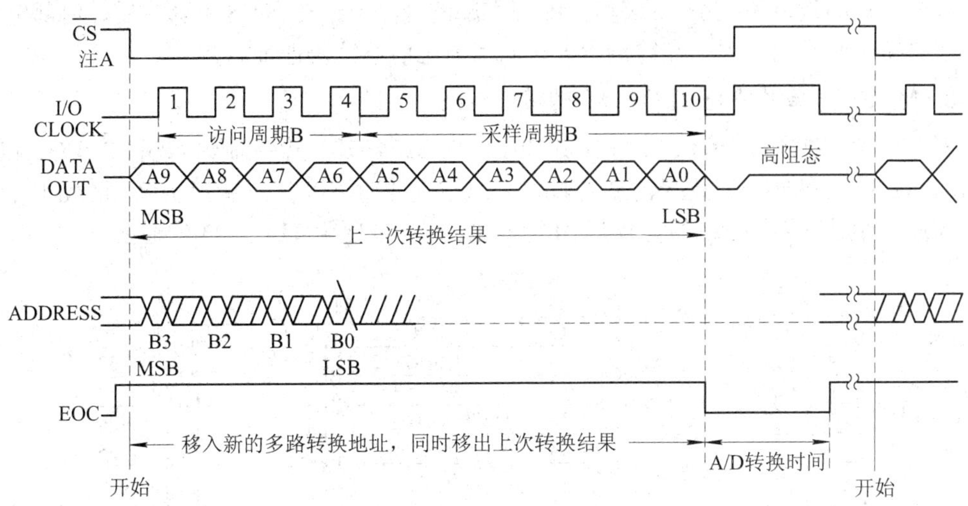

图 5.35　TLC1543 工作方式 1 的时序图

表 5.11　模拟输入通道的地址选择

输入端选择		存入地址寄存器的值
外部模拟输入信号端选择	A0	0000
	A1	0001
	A2	0010
	A3	0011
	A4	0100
	A5	0101
	A6	0110
	A7	0111
	A8	1000
	A9	1001
	A10	1010
内部测试电压选择	[(VREF+)+(VREF−)]/2	1011
	VREF+	1100
	VREF−	1101

同时，I/O CLOCK 端输入时钟时序，CPU 从 DATA OUT 端接收前一次 A/D 转换结果。I/O CLOCK 从 CPU 接收 10 个时钟长度的时钟时序。前 4 个时钟把 4 位地址从 ADDRESS 端存入地址寄存器，选择所需的模拟通道，后 6 个时钟对模拟输入的采样提供控制时序。模拟输入的采样起始于第 4 个 I/O CLOCK 的下降沿，而采样一直持续 6 个 I/O CLOCK 周期，并保持到第 10 个 I/O CLOCK 的下降沿。转换过程中，$\overline{\text{CS}}$ 的下降沿使 DATA OUT 引脚脱离高阻状态并启动一次 I/O CLOCK 的工作过程。$\overline{\text{CS}}$ 的上升沿终止这个过程并在规定的延时内使 DATA OUT 引脚返回到高阻状态，经过 2 个系统时钟周期后禁止 I/O CLOCK 和 ADDRESS 端。

值得一提的是，为减小 $\overline{CS}$ 端信号噪声引起的误差，一般在 $\overline{CS}$ 下降沿后、内部电路响应之前等待一段时间，因此在等待设置时间消逝之前不输入地址。

3. MCS-51 单片机与 TLC1543 的接口电路

图 5.36 为 TLC1543 和 80C51 的接口电路。TLC1543 的三个控制输入端 $\overline{CS}$、I/O CLOCK 和 ADDRESS 与另外一个数据输出端 DATA OUT 都遵守 SPI 串行接口协议，因此工作过程中，需通过微处理器的 I/O 接口模拟 SPI 总线接口，以便于 TLC1543 的通信。

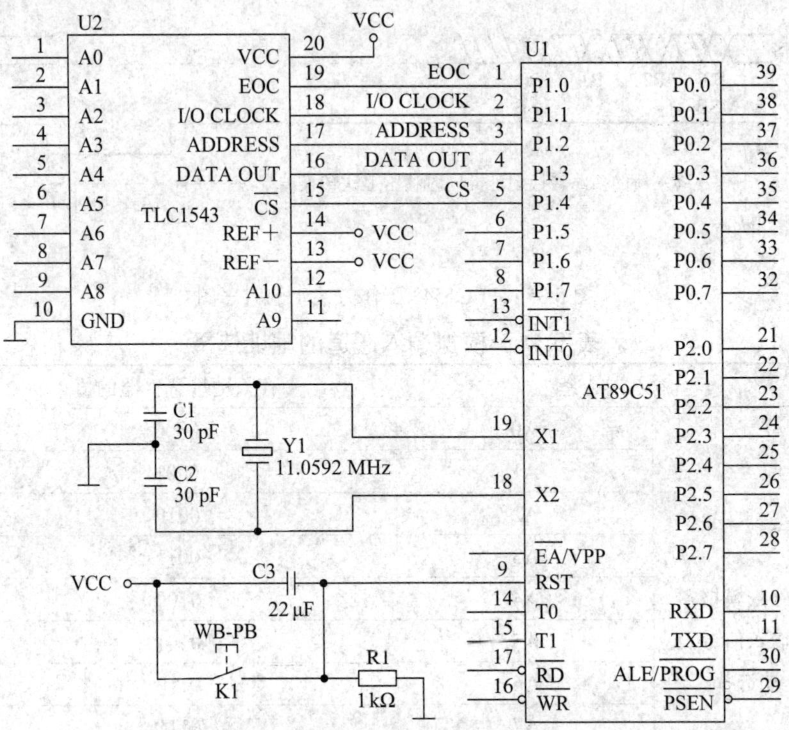

图 5.36　TLC1543 与单片机的接口电路图

VREF+和 VREF−为 TLC1543 的两个基准电压，决定了模拟输入电压的最大和最小极限，以及转换中相应产生的满量程和零读数。输入不能超过正电源或低于 GND。当输入信号等于或高于 VREF+时，数字输出为零。一般地，REF−和 REF+端应分别与 GND 和电源(VCC)连接。

4. TLC1543 应用设计实例

TLC1543 与单片机接口程序必须完全按照 TLC1543 提供的工作时序要求进行编写。下面以图 5.36 所示的原理图为例，编写单片机顺序采样外部 11 个模拟量信号的应用程序。

应用程序由两部分组成：主程序和转换子程序。主程序包含定义和初始化 SPI 总线接口以及转换后数据的存储；子程序包含合成 SPI 的操作以及 TLC1543 与 CPU 之间的数据交换过程。

在进行软件编写时，要求 TLC1543 通道地址必须写入字节的高 4 位，而 CPU 读入的数据是芯片上次的 A/D 转换结果。主程序如下：

(1) 引脚定义：

```
EOC          BIT     P1.0
IOCLK        BIT     P1.1
ADIN         BIT     P1.2
DOUT         BIT     P1.3
```

(2) TLC1543 转换子程序为 AD_CONVERT，它能采集某一通道模拟信号并读取 A/D 的转换结果(注：采用方式 1，使 $\overline{CS}$ 为快速 10 时钟转换)。R4 中存储的内容为下一次转换通道地址；R2、R3 分别存储转换结果的高 2 位(D9、D8)和低 8 位(D7～D0)；R0 存储脉冲个数。

```
AD_CONVERT：  CLR     IOCLK
              SETB    CS
              SETB    DOUT
              JNB     EOC，$
              MOV     A，R4              ；读下一次转换地址到 A
              SWAP    A                  ；取 4 位地址
              CLR     CS                 ；置CS为低电平，选中 TLC1543
              MOV     R0，#10            ；I/O CLOCK 脉冲数放入 R0
LOOP1：       NOP
              NOP
              MOV     C，  DOUT          ；读转换数据到 C
              RLC     A                  ；转换数据移到 A 的最低位，通道
                                         ；地址移入 C
              MOV     ADIN，C            ；写入通道地址
              SETB    CLK                ；置 I/O CLOCK 为高
              NOP
              CLR     CLK                ；置 I/O CLOCK 为低
              CJNZ    R0，#20H，LOOP2     ；判断 8 个数据是否送完，
                                         ；未完则跳转
              MOV     R2，A              ；转换结果高 8 位放入 R2
LOOP2：       DJNZ    R0，LOOP1          ；10 个脉冲是否结束，没有则跳转
              MOV     R3，A              ；转换结果低 2 位放入 R3
                                         ；以下采样数据结果的高 2 位
                                         ；R2，低 8 位放入 R3 中
              MOV     A，R2              ；读转换结果的高 8 位到 A
              MOV     R1，A              ；高 8 位暂存于 R1 中
              RL      A                  ；取高 2 位
              RL      A
              ANL     A，#03H
              MOV     R2，A              ；转换结果的高 2 位(D9、D8)
                                         ；放入 R2
              MOV     A，R3
```

```
        RR      A
        RR      A
        RLC     A               ；D1 送 CY
        MOV     R3，A
        MOV     A，R1
        RLC     A
        MOV     R1，A
        MOV     A，R3
        RLC     A
        MOV     A，R1
        RLC     A
        MOV     R3，A
        RET
```

5.8　D/A 转换器

在自动控制系统中，被控对象不全是开关量，有时是连续调节的模拟量，这就要求控制器的输出也必须为模拟量。比如，要调节的对象可能是压力、流量、温度等，要调节压力可以通过调节阀门的开度进行，要调节温度可以通过控制加热系统的电能大小进行。但是在单片机控制系统中，CPU 仅能识别数字量，因此常需采用 D/A 转换器将数字量转为模拟量来对系统进行控制和调整。

根据与单片机的接口形式，D/A 转换器可分为并行接口和串行接口两大类；根据其输出形式，可分为电流输出型和电压输出型两种；根据转换原理的不同可分为权电阻型、T 形电阻型、倒 T 形电阻型、电容型和权电流型等。D/A 转换器的位数越高，则转换精度越高。若以转换精度来划分，则可分为基本 8 位和具有较高精度的 10、12 位。各种 DAC 的电路结构一般都是由基准电源、解码网络、运算放大器和缓冲寄存器等部件组成的。不同 DAC 的差异主要表现在采用的解码网络不同。其中，T 形电阻、倒 T 形电阻解码网络的 DAC 因具有简单、转换速度快、误差小等优点而被广泛应用。

对于 DAC 的工作原理，数字电子技术的相关书籍中已经作过详细介绍，此处不再赘述。下面仅介绍 D/A 转换器的关键技术指标以及 DAC0832 与单片机的接口技术和编程应用。

5.8.1　D/A 转换器的技术性能指标

D/A 转换器的输入为数字量，经转换后输出为模拟量。D/A 转换器的技术性能指标很多，例如绝对精度、相对精度、线性度、输出电压范围、温度系数、输入数字代码种类(二进制或 BCD 码)等。对上述技术性能指标，这里不作详细介绍，仅对与接口有关的关键性能指标加以介绍。

(1) 分辨率。分辨率是 D/A 转换器对输入量变化敏感程度的描述，与输入数字量的位数有关。如果数字量的位数为 n，则 D/A 转换器的分辨率为 2^n。这就意味着 D/A 转换器能对满刻度的 2^n 输入量作出反应。例如，8 位数的分辨率为 1/256，10 位数的分辨率为

1/1024。因此，数字量的位数越多，分辨率就越高(数值越小)，即转换器对输入量变化的敏感程度也就越高。使用时，应根据分辨率的需要来选定转换器的位数。

(2) 建立时间。建立时间是描述 D/A 转换速度快慢的一个参数，指从输入数字量变化到输出达到终值误差 ±1/2 LSB(最低有效位)时所需的时间。通常以建立时间来表明转换速度。转换器的输出形式为电流时，建立时间较短，而输出形式为电压时，由于建立时间还要加上运算放大器的延迟时间，因此建立时间要长一点。但总的来说，D/A 转换速度远高于 A/D 转换，例如快速的 D/A 转换器的建立时间仅为 1 μs。

(3) 接口形式。D/A 转换器与单片机的接口方便与否，主要取决于转换器本身是否带数据锁存器。通常有两类 D/A 转换器：一类不带锁存器，另一类则带锁存器。对于不带锁存器的 D/A 转换器，为了保存来自单片机的转换数据，需在接口处另加锁存器，因此这类转换器必须接在口线上而不能直接接在数据总线上；对于带锁存器的 D/A 转换器，可以把它直接接在数据总线上。

5.8.2　典型 D/A 转换器芯片——DAC0832

图 5.37 为 DAC0832 的引脚图和内部原理框图。由图 5.37 可知，该芯片采用 20 脚双列直插式 DIP 封装，各引脚的含义描述如下：

(1) DI0～DI7：数字量输入线。它和 CPU 的数据总线相连，用于接收 CPU 送来的待转换数字量，DI7 为最高位。

(2) ILE：数据锁存允许信号。ILE 为高电平时有效，允许待转换的数字量输入。

(3) $\overline{CS}$：片选信号。输入寄存器选择信号，低电平有效。

(4) $\overline{WR1}$：输入寄存器的写选通信号，低电平有效。$\overline{WR1}$ 用于控制数字量输入到输入寄存器。由控制逻辑可以看出，片内输入寄存器的锁存信号 $\overline{LE1}=\overline{\overline{CS}}\cdot\overline{\overline{WR1}}\cdot ILE$。当 $\overline{CS}$=0，$\overline{WR1}$=0，ILE=1 时，$\overline{LE1}$=1，输入寄存器处于接收信号状态，其状态随数据输入线的状态变化；当上述三个信号有一个不满足时，$\overline{LE1}$=0，输入寄存器锁存 DI0～DI7 上输入的数据。

(5) $\overline{WR2}$：DAC 寄存器的写选通信号。$\overline{WR2}$ 用于控制 DAC 转换器的转换时间。由控制逻辑可知，DAC 寄存器的锁存信号 $\overline{LE2}=\overline{\overline{WR2}}\cdot\overline{\overline{XFER}}$。当 $\overline{WR2}=\overline{XFER}$=0 时，$\overline{LE2}$=1，DAC 寄存器的输出随输入状态变化；当 $\overline{LE2}$=0 时，锁存输入状态。$\overline{WR1}$、$\overline{WR2}$ 的脉冲宽度要求不小于 500 ns，即使工作电源 VCC 升高至 15 V，其脉冲宽度也要求不小于 100 ns。

(6) $\overline{XFER}$：数据传送控制信号，低电平有效。

(7) VREF：基准电压输入线，可在±10 V 范围内调节。

(8) Rfb：运算放大器反馈信号输入线，连接到运算放大器的输出端。

(9) IOUT1 和 IOUT2：模拟电流输出线。IOUT1 与 IOUT2 的和为常数，若输入数字量为全“1”，则 IOUT1 最大，IOUT2 最小；若输入数字量为全“0”，则 IOUT1 最小，IOUT2 最大。IOUT1 随 DAC 寄存器的内容线性变化，在单极性输出时，IOUT2 通常接地，在双极性输出时接运放输入端。

(10) VCC：工作电源线，一般在+5～+15 V 范围内。

(11) DGND：数字量地线。

(12) AGND：模拟信号地。通常 AGND 和 DGND 接在一起。

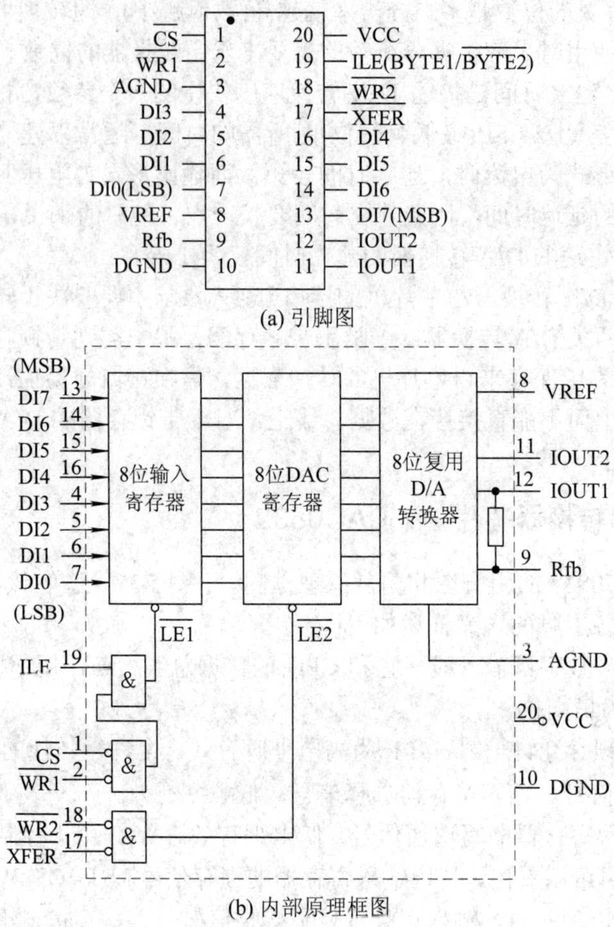

图 5.37　DAC0832 的引脚图和内部原理框图

5.8.3　MCS-51 单片机与 DAC0832 接口

单片机和 DAC0832 的接口方式有三种：直通方式、单缓冲方式和双缓冲方式。

1. 直通方式

DAC0832 内有两个起数据缓冲作用的寄存器，即输入寄存器和 DAC 寄存器，分别受 $\overline{\text{LE1}}$ 和 $\overline{\text{LE2}}$ 的控制。只要这两个引脚信号为高电平，DI7～DI0 上的数字信号就可直通到达第三级“8 位复用 D/A 转换器”进行 D/A 转换。因此，ILE 接高电平，$\overline{\text{CS}}$、$\overline{\text{XFER}}$、$\overline{\text{WR1}}$ 和 $\overline{\text{WR2}}$ 接低电平时，DAC0832 就工作在直通方式下。这种方式常用于不带微机的系统中。

2. 单缓冲方式

单缓冲方式是指内部的一个寄存器工作于直通状态，另一个工作于受控状态。在不要求多相 D/A 同时输出时，可以采用单缓冲方式，此时只需一次写操作，就开始转换，可以提高 D/A 的数据吞吐量。

图 5.38 所示为单缓冲工作方式的原理图，图中输入寄存器工作于受控状态，而 DAC 寄存器工作于直通状态。

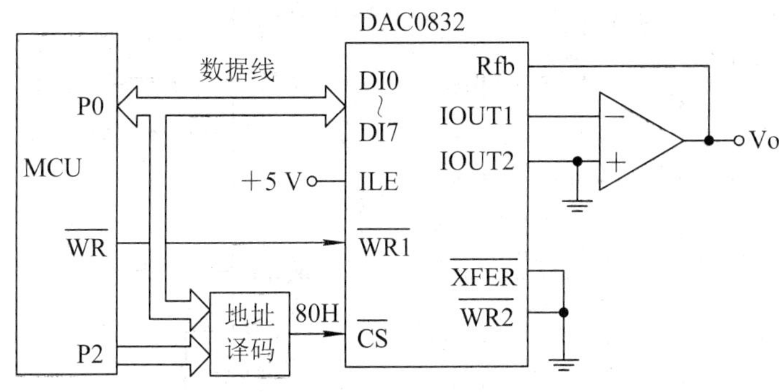

图 5.38　DAC0832 单缓冲工作方式的原理图

设 DAC0832 的片选地址是 80H，则执行“写”外部 RAM 的操作，就可以使 DAC0832 接收单片机送来的数字量。设数字量已放在累加器 A 中，部分程序如下：

```
MOV     R0，#80H
MOVX    @R0，A
```

应用这种单缓冲工作方式可以构成波形发生器。

【例 5.9】　根据图 5.38 所示的电路图，写出三角波发生器的程序。

解：三角波的每半个周期是一条线性变化的曲线，只需要将数字量从 00H 到 FFH 依次递增一遍，再从 FFH 到 00H 依次递减一遍，就可得到一个周期。图 5.38 中，输出端运算放大器的接法是单极性模式，故输出电压是单极性。程序如下：

```
        ORG     0100H
START： CLR     A
        MOV     R0，#80H    ；将 DAC0832 的片选地址送 R0
S1：    MOVX    @R0，A      ；前半周期初值送 DAC0832
        INC     A           ；A 的值递增 1
        JNZ     S1          ；判断 A 的值是否为 0，不为 0 则跳转到 S1 继续
        CPL     A           ；A 的值已经递增到溢出又变为 0，将其值取反
S2：    MOVX    @R0，A      ；后半周期的初值送 DAC0832
        DEC     A           ；A 的值递减 1
        JNZ     S2          ；判断 A 的值是否为 0，不为 0 则跳转到 S2 继续
        LJMP    S1          ；整个周期完成回到 S1，开始下一周期
        END
```

3. 双缓冲方式

双缓冲方式是指两个寄存器均工作于受控状态。由单片机通过控制 $\overline{\text{LE1}}$ 来锁存待转换的数字量，通过控制 $\overline{\text{LE2}}$ 来启动 D/A 转换，因此在双缓冲方式下，每个 DAC0832 应为 CPU 提供两个 I/O 接口。图 5.39 所示为 DAC0832 双缓冲工作方式原理图。设采用译码器设定 $\overline{\text{CS}}$ 输入寄存器选择信号的片选地址为 80H，$\overline{\text{XFER}}$ 数据传送控制信号的地址为 C0H，分两次进行操作，第一次写入数据有效，第二次启动转换有效。

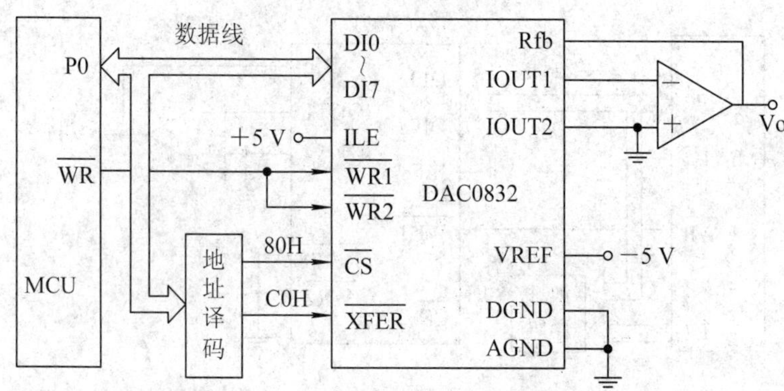

图 5.39　DAC0832 双缓冲工作方式原理图

启动程序如下：

```
            ORG     0100H
START：     CLR     A
            MOV     R0，#80H
            MOVX    @R0，A
            MOV     R0，#C0H
            MOVX    @R0，A
                    …
            END
```

5.8.4　串行 D/A 转换接口芯片 TLC5615

D/A 转换器的种类较多，分类形式多种多样，但是从接口形式来讲，可以分为两大类：并行接口 D/A 转换器和串行接口 D/A 转换器。单片机发展初期，D/A 转换器一般采用并行接口。随着半导体集成电路技术的发展，为节省硬件资源(I/O 接口)，目前一些著名的 IC 制造商陆续推出了新的具有串行总线通信协议的 D/A 转换器(如采用 SPI 总线接口的 TLC5615)，并且得到了广泛的应用。下面以 10 位 D/A 转换器 TLC5615 为例介绍采用串行总线接口技术的 D/A 转换器的原理和应用。

1. TLC5615 的基本功能

TLC5615 为一种 CMOS 型 10 位电压输出型数/模转换器。该芯片具有 3 线串行总线接口，具有高阻抗基准电压输入端，转换后的最大输出模拟电压是基准电压值的两倍；输出电压具有和基准电压相同的极性，最大功耗为 1.75 mW；供电方式简单，采用+5 V 单电源方式；内部带有上电复位功能，可将 DAC 寄存器复位至全零。

1) TLC5615 的内部结构

TLC5615 内部由基准电压缓冲电路、数/模转换器、上电复位电路、串行读/写控制逻辑、2 倍程放大器和同步串行接口等电路组成，其内部结构框图和引脚图分别如图 5.40(a)和(b)所示。

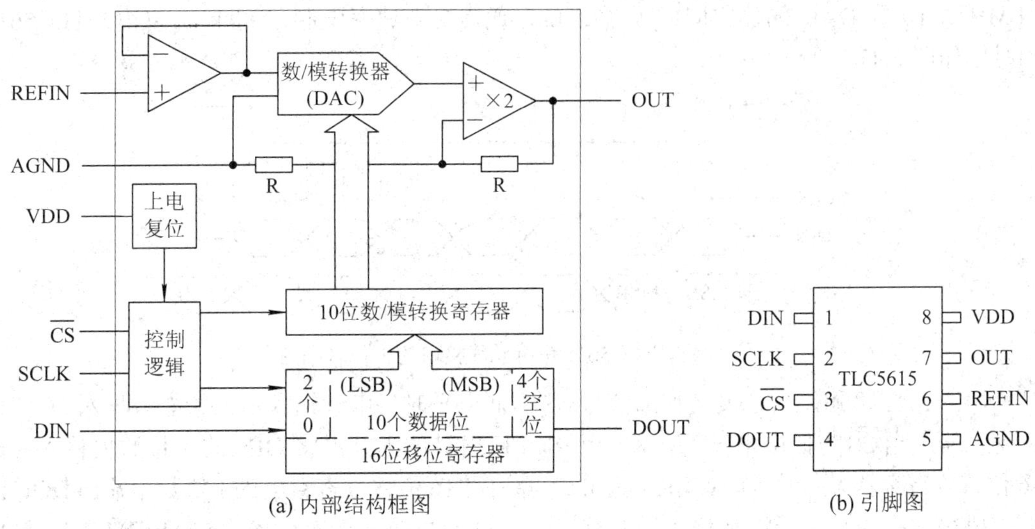

(a) 内部结构框图　(b) 引脚图

图 5.40　TLC5615 内部结构框图及其引脚图

(1) 基准电压：外部基准电压 REFIN 决定数/模转换器的满刻度输出，REFIN 经过基准电压缓冲电路后使得数/模转换器的输入电阻与代码无关。

(2) 控制逻辑模块：串行读/写控制逻辑模块用于控制 TLC5615 从外部同步串行输入数据，并进行数/模转换。逻辑输入端电平可以用 TTL，也可用 CMOS 电平，但使用满电源电压幅度时，CMOS 逻辑电平可使功耗最小；当使用 TTL 逻辑电平时，功耗增加约 2 倍。

(3) 10 位数/模转换寄存器：将 16 位移位寄存器中的 10 位有效数据取出，并送入数/模转换模块进行转换，转换后的结果通过放大倍数为 2 的放大电路放大后，由 OUT 引脚输出。

2) TLC5615 引脚含义

图 5.40(b)所示为双列直插式 DIP 封装的 TLC5615 引脚排列图，各引脚功能说明如下：

DIN：串行数据输入端，用于输入需要转换的数字量。

SCLK：串行时钟输入端。

$\overline{\text{CS}}$：片选信号输入端，低电平有效。

DOUT：用于有级联时的串行数据输出端。

AGND：模拟地。

REFIN：基准电压输入端，REFIN 端的输入基准电压范围为 2V～(VDD−2)V。

OUT：DAC 模拟电压输出。

VDD：正电源端。

2. TLC5615 的控制与实现

TLC5615 通过固定增益为 2 的运放缓冲电阻网络把 10 位数字数据转换为模拟电压。上电时，内部电路把 D/A 寄存器复位为“0”。其输出具有与基准输入相同的极性，表达式为

$$\text{VOUT} = \frac{2\times\text{VREFIN}\times\text{N}}{2^{10}}$$

式中，VREFIN 为参考电压，N 为串行输入数据接口输入的 10 位二进制数。

(1) TLC5615 的时序分析。TLC5615 工作时，其最大的串行时钟速率要求小于等于

14 MHz，10 位 DAC 的建立时间为 12.5 μs，通常更新速率限制在 80 kHz 以内。TLC5615 的时序如图 5.41 所示。

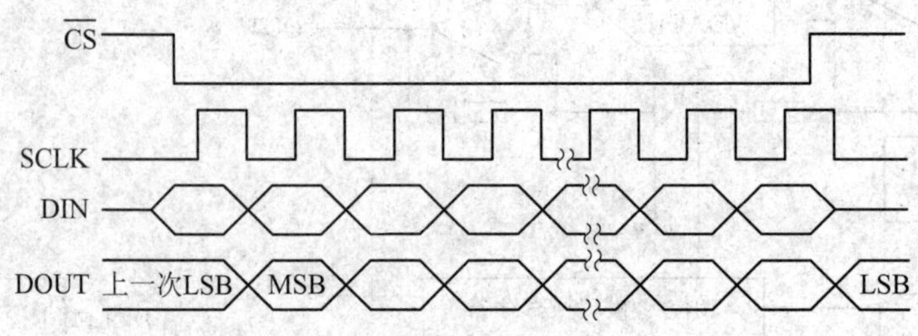

图 5.41　TLC5615 串行总线接口的工作时序图

由图 5.41 可知，当且仅当片选信号 $\overline{CS}$ 为低电平时，串行输入数据才能被移入 16 位移位寄存器；当 $\overline{CS}$ 为低电平时，在每一个 SCLK 时钟的上升沿将 DIN 的 1 位数据移入内部 16 位移位寄存器，在每一个 SCLK 时钟的下降沿将 16 位移位寄存器的 1 位数据输出 DOUT。

值得一提的是，无论是移入还是移出，二进制数据总是最高有效位(MSB)在前，最低有效位(LSB)在后。接着，$\overline{CS}$ 的上升沿将 16 位移位寄存器的 10 位有效数据锁存于 10 位 DAC 寄存器，供 DAC 电路进行转换。当片选 $\overline{CS}$ 为高电平时，DIN 不能由时钟同步送入 16 位移位寄存器，DOUT 保持最近的数值不变而不进入高阻状态。注意：$\overline{CS}$ 的上升沿和下降沿都必须发生在 SCLK 为低电平期间。

(2) 两种工作模式。串行数/模转换器 TLC5615 的使用有两种方式，即级联方式和非级联方式。

由图 5.40 可以看出，16 位移位寄存器分为高 4 位虚拟位、低 2 位填充位以及 10 位有效位。在 TLC5615 工作时，仅需向 16 位移位寄存器按先后顺序输入 10 位有效位和低 2 位填充位，2 位填充位数据任意，这是非级联方式，输入的是 12 位数据序列。

非级联方式输入数据序列的格式如下：

D9，D8，D7，D6，D5，D4，D3，D2，D1，D0，0，0

第二种方式为级联(菊花链)方式，即在 DIN 串行输入端应该传递的是 16 位数据序列，16 位输入数据中的高 4 位是无效的虚拟位，而最低位 LSB 后的两位同样是“0”(因为 TLC5615 的 DAC 输入锁存器为 12 位宽，因此在 10 位数字中的最低位之后填充两位“0”)。

级联方式输入数据序列的格式如下：

x，x，x，x，D9，D8，D7，D6，D5，D4，D3，D2，D1，D0，0，0

DOUT 端输出同步串行数据需要 16 个 SCLK 下降沿。采用级联方式连接多个 TLC5615 器件时，数据除了传送这 16 个输入时钟外，还须加上一个额外的输入时钟下降沿使数据在 DOUT 端输出，因此数据需要 4 个虚拟的高位。为了与 12 位数据转换器负责数据传送的软硬件兼容，在其有效数据位 D0 后加两位数据“0”。

3. MCS-51 单片机与 TLC5615 的接口电路

TLC5615 与单片机的接口采用标准的 SPI 串行总线协议。图 5.42 给出了 TLC5615 和 80C51 单片机的接口电路。在电路中，TLC5615 的连接采用非级联方式，分别用单片机的 P1.0、P1.1 模拟片选 $\overline{CS}$ 和 SCLK，待转换的二进制数从 P1.2 输出到 TLC5615 的数据输入端 DIN。单片机控制 TLC5615 输出电压信号。由于 TLC5615 的基准电压 REFIN 端的输入基准电压范围为 2 V～(VDD−2)V，此参考电压由 MC1403 提供，MC1403 可提供精确的电源电压的一半作为输出，因此最大模拟输出电压为 5 V。

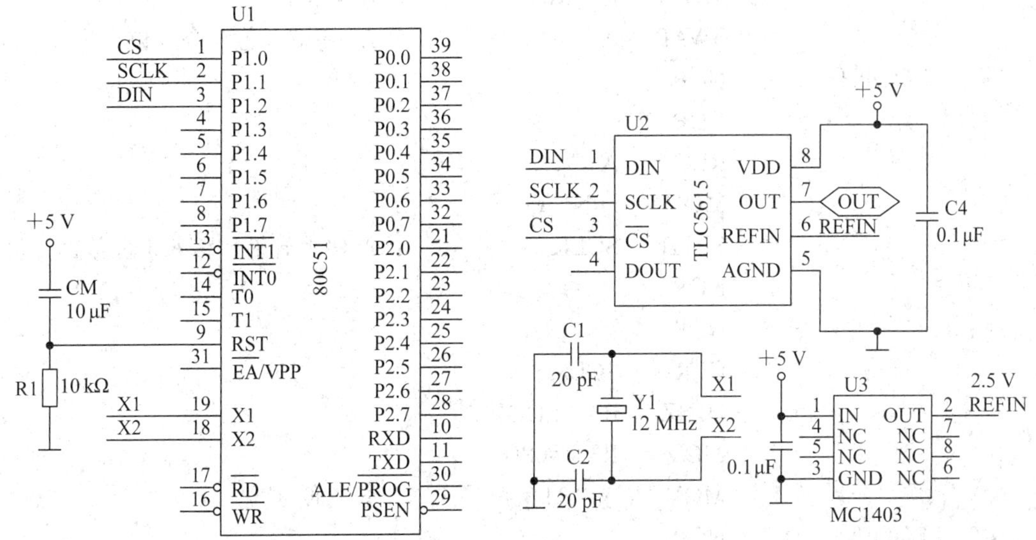

图 5.42　TLC5615 与单片机 80C51 的接口电路图

使用 TLC5615 时，要绘制印制电路板，建议尽可能地将模拟地和数字地分离出来，而在低阻抗处将模拟地与数字地连接在一起，以提高系统的抗干扰能力。图 5.42 所示的 TLC5615 的 VDD 和 AGND 之间应连接一个 0.1 μF 的滤波电容，且应当用短引线安装在尽可能靠近器件的地方。当系统不使用 D/A 转换器时，应把 DAC 寄存器设置为全“0”，用来使基准电阻阵列和输出负载的功耗降为最小。

4. TLC5615 应用设计实例

TLC5615 与单片机接口程序必须完全按照 TLC5615 提供的工作时序要求进行编写。下面以图 5.42 所示的 TLC5615 与单片机 80C51 的接口电路图为例，编写 CPU 对 TLC5615 读、写操作的数/模转换程序子程序，设系统晶振为 12 MHz。

接口定义与读、写控制子程序如下。

(1) 引脚定义如下：

```
CS          BIT     P1.0
SCLK        BIT     P1.1
DIN         BIT     P1.2
```

(2) 读、写控制子程序为 RW_TLC5615。RW_TLC5615 读、写控制子程序能够实现将要进行 D/A 转换的 12 位数据(R0 高 4 位，R1 低 8 位)按高位到低位顺序排列，在同步串行时钟(SCLK)的作用下，通过 DIN 脚从单片机输出到 TLC5615，从而使 TLC5615 的 OUT 引脚输出得到模拟电压值。注意：在调用该子程序之前应把待转换的 10 位数据转换为 12 位数据(见非级联方式输入数据序列的格式)，需要转换的二进制数据存放在 R0R1 单元中。

```
RW_TLC5615：   SETB    CS
               CLR     SCLK
```

```
        CLR     CS          ；选通 TLC5615
        MOV     R3，#04H
        MOV     A，R0       ；高 4 位值
        SWAP    A           ；R0 中低 4 位与高 4 位交换
LOOPH： NOP
        NOP
        RLC     A
        MOV     DIN，C
        SETB    SCLK        ；产生上升沿，移入 1 位数据
        NOP
        NOP
        CLR     SCLK
        DJNZ    R3，LOOPH
        MOV     R3，#08H
        MOV     A，R1       ；装入低 8 位
LOOPL： NOP
        NOP
        RLC     A
        MOV     DIN，C
        SETB    SCLK
        NOP
        NOP
        CLR     SCLK
        DJNZ    R3，LOOPL
        RET
```

本 章 小 结

MCS-51 单片机系统扩展的主要电路包括程序 ROM、数据 RAM、I/O 口等。本章重点介绍了 MCS-51 单片机存储器和并行口的扩展，以及单片机与 LED 数码显示器、键盘、ADC、DAC 的接口技术。

习　　题

1．什么是系统外部扩展芯片的片选及字选？
2．单片机为什么需要 I/O 接口电路？
3．说明 8155 的内部结构和特点。
4．8155 有几种工作方法？使用时应如何选择？

5．MCU 与 74LS377 的接口见图 5.43，如果将一个数据字节从 74LS377 输出，请写出简单的程序代码。(注：不必写出完整的程序段。)

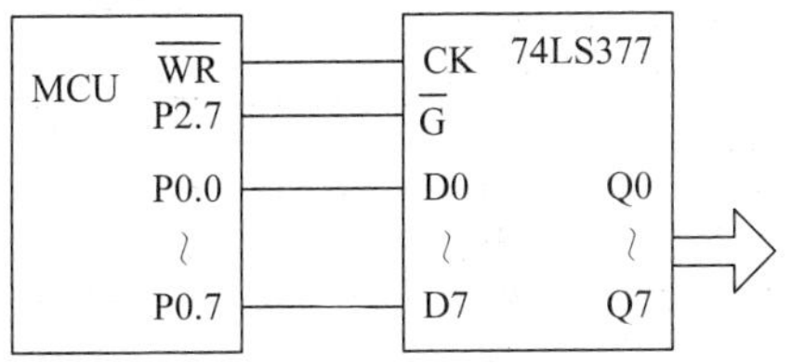

图 5.43　MCU 与 74LS377 的接口

6．图 5.44 是用 74LS244 通过 P0 口扩展的 8 位并行输入口，其端口地址为 BFFFH。请写出从 P0 口读入数据的代码。

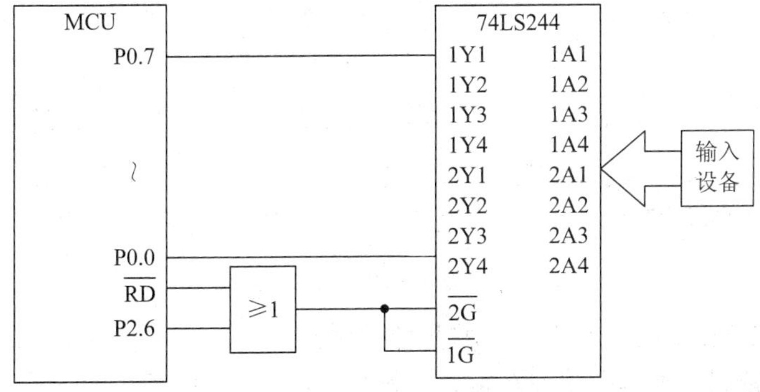

图 5.44　扩展 8 位并行输入口

7．用一片 27128 EPROM 和地址锁存器 74LS373 构成 AT89S51 的外部程序存储器，试给出硬件连接图。(提示：27128 EPROM 芯片的地址范围为 0000～3FFFH(16 KB)。)

8．利用两片 2764 扩展 16 KB 程序存储器(线选法)，如图 5.45 所示。

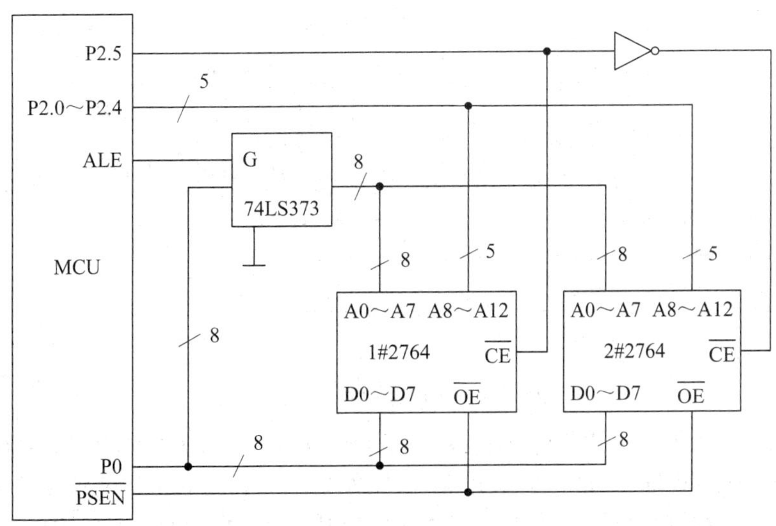

图 5.45　ROM 的线选法扩展

请写出两片 2764 对应的地址范围。

9. 利用两片 2764 扩展 16 KB 程序存储器(全译码法)，如图 5.46 所示，试写出两片 2764 对应的地址范围。

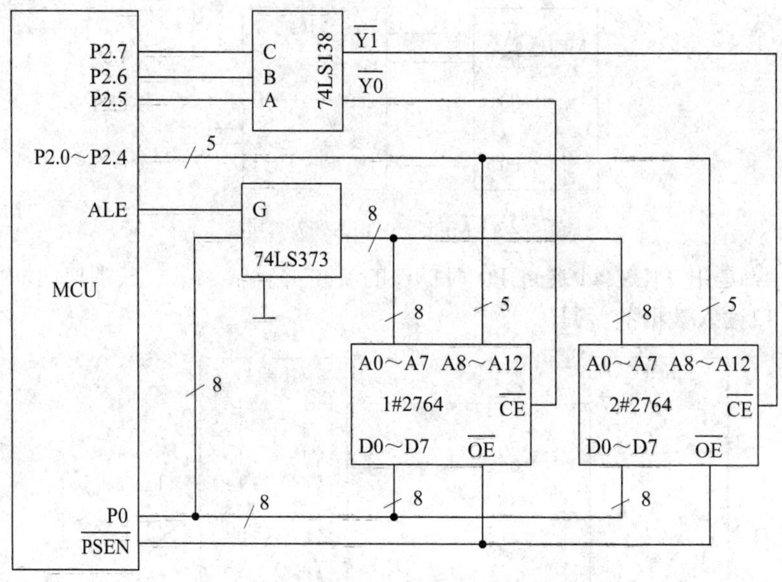

图 5.46　ROM 的全译码法扩展

10. 7 段数码管按公共端极性分为哪几种类型？

11. 设 7 段数码管的各个字段在编码中按如下顺序排列：dp、g、f、e、d、c、b、a，请写出共阳极型数码管的显示代码(二进制或十六进制均可，只需写出 0～9 的编码)。

12. 按图 5.47 编制显示子程序，显示数(≤255)在 RAM 30H 中。

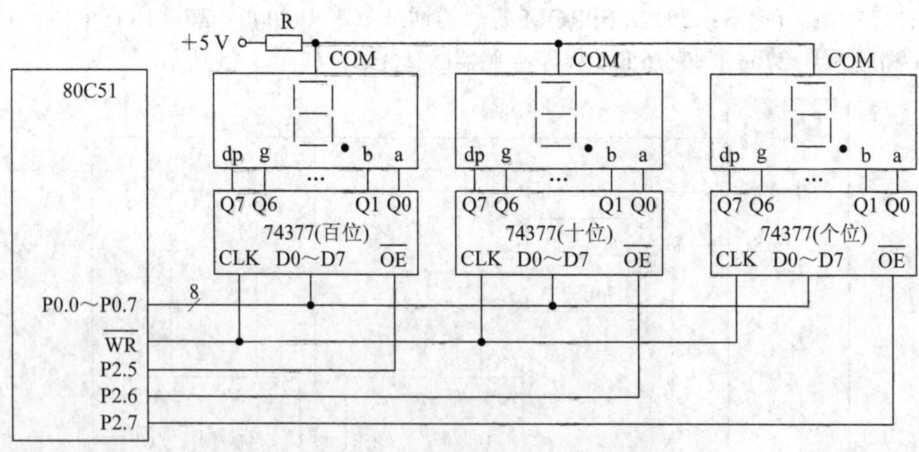

图 5.47　并行扩展数码管静态显示电路

13. 设某单片机系统采用 12 MHz 晶振，系统中接有一片 ADC0809，其地址为 7FF8H～7FFFH。试画出有关逻辑框图，并写出 ADC 初始化程序和定时采样通道 2 的程序(假设采样周期为 50 ms，每次采样 4 个数据，存于 89S51 内部 RAM 70H～73H 中)。

14. 电路图如图 5.48 所示，要求输出锯齿波如图 5.49 所示，幅度为 VREF/2 = 2.5 V。

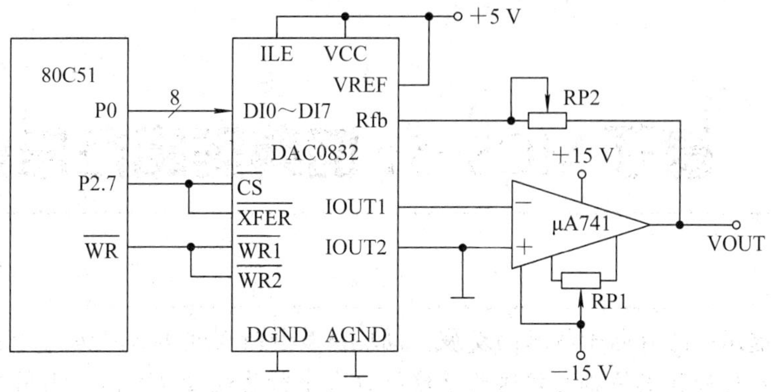

图 5.48　DAC0832 单缓冲工作方式时的接口电路

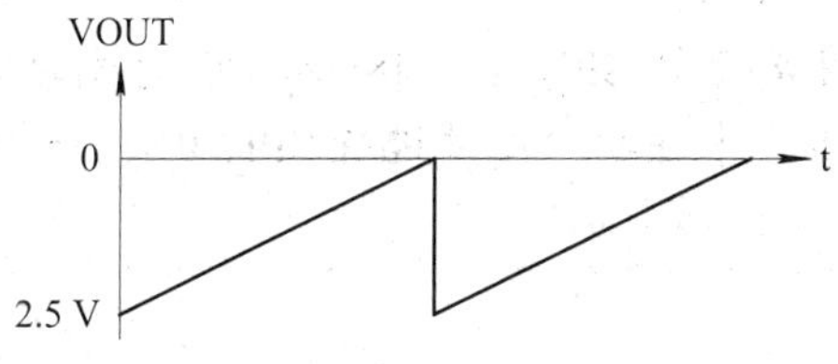

图 5.49　输出锯齿波波形

15．单片机要扩展 4 KB 外部 RAM，要求地址范围为 1000H～1FFFH，画出完整的电路图。

第 6 章　基于 MCS-51 的典型串行总线设计

教学提示：随着电子技术的发展，涌现出多种新型的串行数据传输总线。目前，许多新型外围器件都支持这些总线接口。串行总线接口灵活，占用单片机资源少，系统结构简单，极易形成用户的模块化结构。因此，现代单片机应用系统广泛采用串行总线接口技术。

教学目标：本章主要介绍 SPI、RS-485 和 I^2C 总线的工作原理，旨在培养学生利用 MCS-51 单片机与相关接口芯片进行 SPI、RS-485、I^2C 总线的硬件电路设计和软件设计的能力。

6.1　概　　述

微型计算机、单片机系统大都采用总线结构。这种结构采用一组公共的信号线作为微型计算机各部件之间的通信线，这组公共信号线就称为总线。单片机的常用总线有并行总线与串行总线两种。

串行总线可以显著减少引脚数量，简化系统结构。随着外围器件串行接口的发展，单片机串行接口的普遍化和高速化使得并行扩展接口技术日渐衰退，后来推出了删去并行总线的非总线单片微机，需要外扩器件(存储器、I/O 等)时，采用串行扩展总线，甚至用软件虚拟串行总线来实现。

常用的串行总线包括 RS-232、CAN、RS-485、I^2C 总线、SPI 总线等。其中，RS-232、RS-485、CAN 为外总线，它们是系统之间的通信用总线；I^2C、SPI 是内总线，主要用于系统内芯片之间的数据传输。

本章主要介绍 SPI、RS-485 和 I^2C 总线的原理。

6.2　SPI 总 线

串行外围设备接口(Serial Peripheral Interface，SPI)总线技术是 Motorola 公司推出的一种同步串行外设接口，允许单片机等微控制器与各种外部设备以同步串行方式进行通信以交换信息。由于 SPI 总线一共只需 3～4 条数据线和控制线即可实现与具有 SPI 总线功能的各种 I/O 器件的连接，而扩展并行总线则需要 8 条数据线、8～16 条地址线、2～3 条控制线，因此，采用 SPI 总线接口可以简化整个电路的设计，节省更多常规电路中的接口器件和 I/O 口线，提高了系统的可靠性。

6.2.1　SPI 总线的工作原理

Motorola 公司生产的绝大多数 MCU(微控制器)都配有 SPI 硬件接口。SPI 用于 CPU 与各种外围器件进行全双工、同步串行通信。这些外围器件可以是简单的 TTL 移位寄存器、复杂的 LCD 显示驱动器、A/D 和 D/A 转换子系统或其他的 MCU。SPI 只需四条线就可以完成 MCU 与各种外围器件的通信，这四条线是：串行时钟线(SCK)、主机输入/从机输出数据线(MISO)、主机输出/从机输入数据线(MOSI)、低电平有效从机选择线($\overline{CS}$)。当 SPI 工作时，在移位寄存器中的数据逐位从输出引脚(MOSI)输出(高位在前)，同时从输入引脚(MISO)接收的数据逐位移到移位寄存器(高位在前)。发送一个字节后，从另一个外围器件接收的字节数据进入移位寄存器中。主 SPI 的时钟信号(SCK)用来保证传输的同步。SPI 总线的典型系统结构如图 6.1 所示。

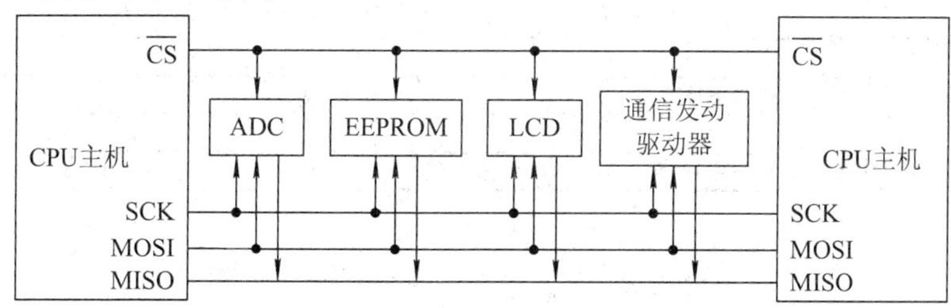

图 6.1　SPI 总线的典型系统框图

SPI 总线的主要特点如下：

(1) 全双工三线同步传送。

(2) 可设置为主机或从机的工作方式。

(3) 可程控串行时钟的极性和相位。

(4) 具有结束发送中断标志和写冲突保护标志。

(5) 主机方式时，位频率可以有四种(可编程设置)，最高可达 1.05 MHz；从机方式时，位频率由外部时钟决定，最高可达 2.1 MHz。

(6) 有多主机方式出错保护，防止多个 MCU 同时成为串行总线的主机。

(7) 可方便地与各种串行扩展器件接口。

6.2.2　SPI 总线的通信时序

SPI 模块和外设进行数据交换时，根据外设工作要求，其输出串行同步时钟的极性和相位可以进行配置。图 6.2 为 SPI 总线工作的四种方式，其中使用最为广泛的是 SPI0 和 SPI3 方式。

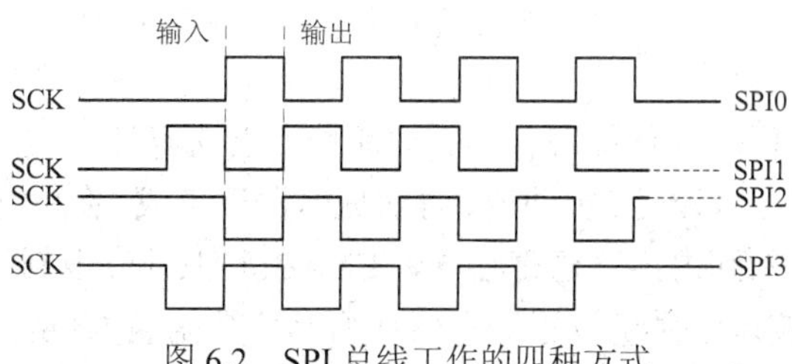

图 6.2　SPI 总线工作的四种方式

时钟极性(CPOL)对传输协议没有重大影响，若 CPOL = 0，则串行同步时钟的空闲状态为低电平；若 CPOL = 1，则串行同步时钟的空闲状态为高电平。时钟相位(CPHA)能够配置为选择两种不同的传输协议之一进行数据传输。若 CPHA = 0，则在串行同步时钟的第一个跳变沿(上升或下降)数据被采样；若 CPHA = 1，则在串行同步时钟的第二个跳变沿(上升或下降)数据被采样。SPI 主模块和与之通信的外设时钟的相位和极性应该保持一致。SPI 总线接口时序如图 6.3 和图 6.4 所示。

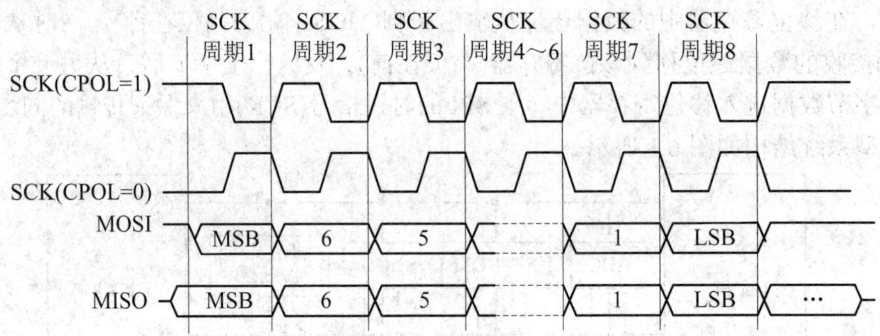

图 6.3　CPHA=0 时 SPI 总线数据传输时序

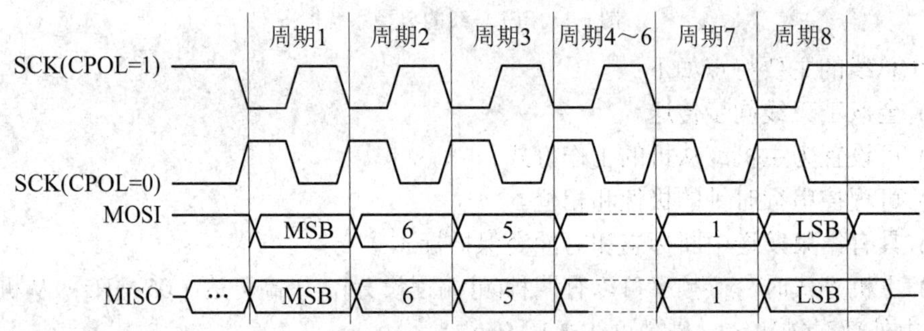

图 6.4　CPHA=1 时 SPI 总线数据传输时序

6.2.3　硬件电路设计

MC14489 是 Motorola 公司生产的 5 位 7 段 LED 译码驱动芯片，能直接驱动 LED 数据显示器。MC14489 使用一个外接电阻 Rx 即可控制每一段的输出电流，有三线串行接口(SPI)，可直接与具有 SPI 接口的 CPU 相连，也可通过软件模拟与没有 SPI 接口的 CPU 配合工作。

1. 工作原理

MC14489芯片由24位输入移位寄存器、位系统设置寄存器、位显示寄存器以及位选开关、段选开关、位驱动器、段译码、驱动器、内部振荡器等组成。在串行输入使能端 $\overline{\text{ENABLE}}$ 为低有效时串行数据输入到内部移位寄存器，$\overline{\text{ENABLE}}$ 上升沿根据移位寄存器中的数据位数不同自动将8位数据装入位系统设置寄存器或将24位数据装入位显示寄存器。

2. 引脚介绍

图 6.5 给出了 MC14489 芯片的引脚图。

引脚 3：VDD 为电源的正极输入，范围为 4.5 V～6 V。

引脚 14：VSS 为地。

引脚 11：CLOCK 为串行数据时钟输入端，时钟频率范围为 0～4 MHz。

引脚 12：DATAIN 为串行数据输入端。

引脚 18：DATAOUT 为串行数据输出端，用于将 MC14489 各级级联使用。

引脚 8：Rx 为外接电流设置电阻，阻值范围为 700 Ω 至无穷大。

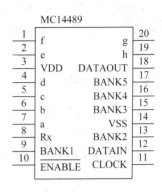

MC14489

引脚	名称	名称	引脚
1	f	g	20
2	e	h	19
3	VDD	DATAOUT	18
4	d	BANK5	17
5	c	BANK4	16
6	b	BANK3	15
7	a	VSS	14
8	Rx	BANK2	13
9	BANK1	DATAIN	12
10	$\overline{\text{ENABLE}}$	CLOCK	11

图 6.5　MC14489 芯片的引脚图

引脚 10：$\overline{\text{ENABLE}}$ 为使能信号输入端，低电平有效。

引脚 7、6、5、4、2、1、20、19：a～h 为阳极驱动电流源，若接共阴极 LED 数码管，则 a～g 驱动 7 段笔画，h 驱动小数点；若接发光二极管，则应采用非译码方式，使用 a、b、c 和 d 共可控制 20 只发光管，同时 h 也可控制 5 只，在此方式下 e、f 与 g 不使用。

引脚 9、13、15、16、17：BANK1～BANK5 为阴极开关，可分别接至 5 组数码管或者发光管的公共阴极。

3. 硬件连接电路

图 6.6 为 AT89C52 与 MC14489 的硬件连接电路。AT89C52 不带 SPI 串行总线接口，所以使用软件来模拟 SPI 的操作，包括串行时钟、数据输入和数据输出。

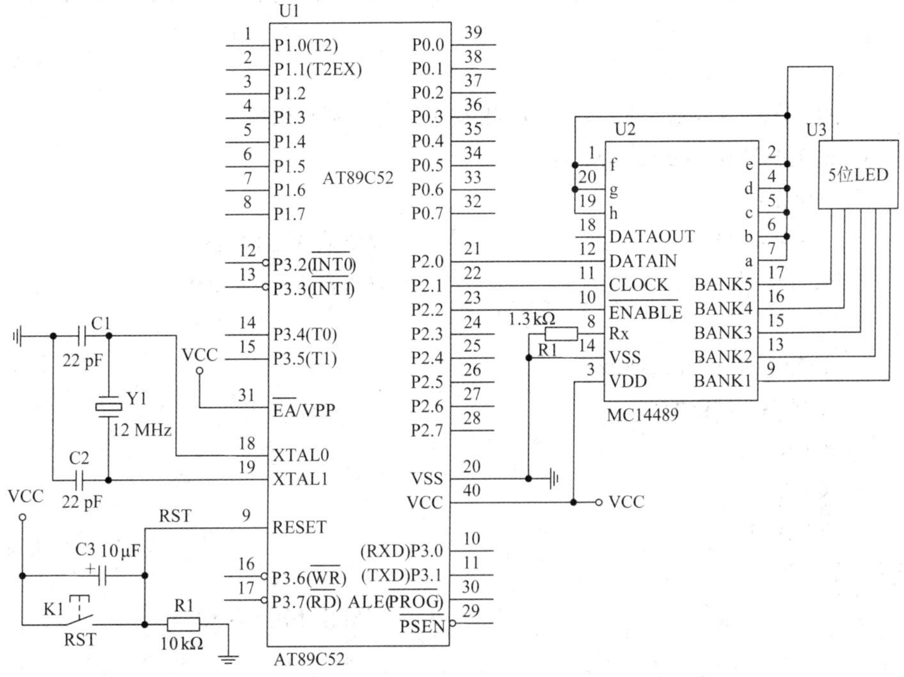

图 6.6　AT89C52 与 MC14489 接口设计电路原理图

AT89C52 的 P2.0、P2.1 和 P2.2 引脚分别连到 MC14489 的 DATAIN、CLOCK 和 $\overline{\text{ENABLE}}$，用来模拟 SPI 接口；BANK1～BANK5 连接到 LED 的阴极；a～h 连接到 LED 的阳极。

6.2.4 软件设计

以下为在 5 位 LED 上显示“HELLO”的程序代码。

```
#include<reg52.h>
#define uchar unsigned char

sbit DATA=P2^0;          //定义 P2.0 为 DATAIN
sbit CLK=P2^1;           //定义 P2.1 为 CLOCK
sbit ENA=P2^2;           //定义 P2.2 为 ENABLE

void DSPCMD(uchar CMD); //单字节命令函数，写入 MC14489 内部设置寄存器
void DSPDATA(uchar DSCMD, uchar DSDATA1, uchar DSDATA2);
//多字节命令函数，写入 MC14489 显示寄存器

void main()
{
   DSPCMD(0xEF);                    //写内部设置寄存器
   DSPDATA(0x82, 0xE5, 0x5F); //在 5 位 LED 上显示 HELLO，满亮度显示
}

/*单字节命令函数，写入 MC14489 内部设置寄存器*/
void DSPCMD (uchar CMD)
{  uchar i;
   ENA=0;                                  //使能 MC14489
  for (i=8; i>=1; i--)                     //写入单字节命令
  {
   DATA=CMD&0x80;
   CMD=CMD<<1;
   CLK=0;
   CLK=1;
   ENA=1;
  }
}                                          //禁止 MC14489

/*多字节命令函数，写入 MC14489 显示寄存器*/
void DSPDATA (uchar DSCMD,  uchar DSDATA1, uchar DSDATA2)
```

```
{   uchar DSP,  i,  j;
    i=0;
    ENA=0;                                  //使能 MC14489
while (i<24)                                //写入 3 字节显示数据
  {
   if (i<8) {DSP=DSCMD; }
   else if (i<16){DSP=DSDATA1; }
   else {DSP=DSDATA2; }

   for (j=8; j>=1; j--)
        {
         DATA=DSP&0x80;
         DSP=DSP<<1;
         CLK=0;
         CLK=1;
        }
   i=i+8;
   }
  ENA=1;
}                                           //禁止 MC14489
```

6.2.5　小结

本节介绍了基于单片机 AT89C52 与 MC14489 的 SPI 接口设计的硬件连接与软件设计，主要侧重于用单片机接口模拟 SPI 接口时序。

在进行设计时应注意以下几个问题：

(1) 由于 SPI 接口有四种时序方式，所以事先必须确定所选用的时序方式，一般 SPI0 和 SPI3 方式较为常用。

(2) 如何用 C 程序实现时序中的起始条件、停止条件等。

6.3　RS-485 总线

RS-232 是串行数据接口标准，最初由电子工业协会(EIA)在 1962 年制定并发布，命名为 EIA-232-E，用于保证不同厂家产品之间的兼容。为了改进 RS-232 通信距离短、速率低的缺点，RS-422 定义了一种平衡通信接口，将传输速率提高到 10 Mb/s，传输距离延长到 1219.2 米(4000 英尺)(速率低于 100 kb/s 时)，并允许在一条平衡总线上最多连接 10 个接收器。

为扩展应用范围，EIA 又于 1983 年在 RS-422 基础上制定了 RS-485 标准，增加了多点、双向通信能力，即允许多个发送器连接到同一条总线上，同时增加了发送器的驱动能力和冲突保护特性，扩展了总线共模范围。后来 EIA 将 RS-485 标准重新命名为 TIA/EIA-485-A 标准。由于 EIA 提出的建议标准都是以“RS”作为前缀的，所以在通信工业领域，仍然习惯将上述标准以 RS 作前缀表示。RS-485 具有以下特点：

(1) RS-485 的电气特性：逻辑“1”以两线间的电压差为+(2～6) V 表示；逻辑“0”以两线间的电压差为−(2～6) V 表示。接口信号电平比 RS-232-C 有所降低，不易损坏接口电路的芯片，且该电平与 TTL 电平兼容，可方便地与 TTL 电路连接。RS-485 的最高数据传输速率为 10 Mb/s。

(2) RS-485 接口采用平衡驱动器和差分接收器的组合，抗共模干扰能力增强，即抗噪声干扰性好。RS-485 接口的最大传输距离标准值为 1219.2 米(4000 英尺)，实际上可达 3000 米。其总线接口上允许连接多达 128 个收发器，即具有多站能力，这样用户可以利用 RS-485 接口的特点方便地建立设备网络。注意，RS-232-C 接口在总线上只允许连接 1 个收发器，即单站能力。

6.3.1　RS-485 总线的工作原理

下面以基于单片机 AT89C52 的 RS-485 总线现场监测系统为例来说明 RS-485 总线的工作原理。

MAX481 接口芯片是 MAXIM 公司推出的一种 RS-485 芯片。该芯片采用单一电源+5 V 工作，额定电流为 300 μA，采用半双工通信方式，完成将 TTL 电平转换为 RS-485 电平的功能。其引脚结构图如图 6.7 所示。从图中可以看出，MAX481 芯片的结构和引脚都非常简单，内部含有一个驱动器和接收器。图 6.7 中，RO 和 DI 端分别为接收器的输出端和驱动器的输入端，与单片机连接时只需分别与单片机的 RXD 和 TXD 相连即可；$\overline{\text{RE}}$ 和 DE 端分别为接收和发送的使能端，当 $\overline{\text{RE}}$ 为逻辑 0 时，器件处于接收状态，当 DE 为逻辑 1 时，器件处于发送状态，因为 MAX481 工作在半双工状态，所以只需用单片机的一个引脚控制这两个引脚即可；A 端和 B 端分别为接收和发送的差分信号端，当 A 端的电平高于 B 时，代表发送的数据为 1，当 A 端的电平低于 B 端时，代表发送的数据为 0。与单片机的接线非常简单，仅需要一个信号控制 MAX481 的接收和发送即可，同时将 A 和 B 端之间加匹配电阻，一般可选 120 Ω 的电阻。表 6.1 为 MAX481 引脚功能说明。

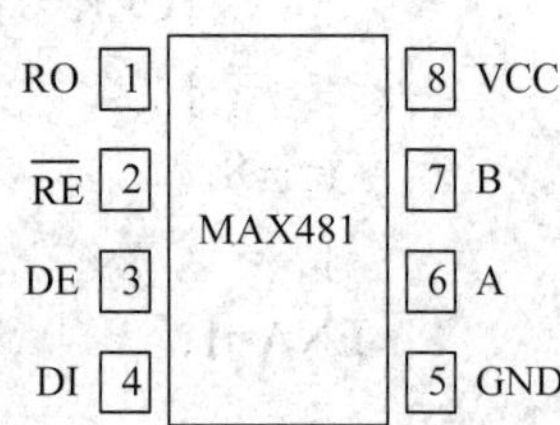

图 6.7　MAX481 芯片引脚图

表 6.1　MAX481 引脚功能说明

引脚	名称	说　明
1	RO	接收器输出端
2	$\overline{\text{RE}}$	接收器输出使能端：引脚为“0”允许输出，为“1”禁止输出
3	DE	驱动器工作使能端：引脚为“0”禁止工作，为“1”允许工作
4	DI	驱动器输入端
5	GND	接地端
6	A	接收器非反向输入端和驱动器非反向输出端
7	B	接收器反向输入端和驱动器反向输出端
8	VCC	电源引脚端，电压范围为 4.75～5.25 V

用 MAX481 实现的半双工 RS-485 总线现场监测系统结构如图 6.8 所示。

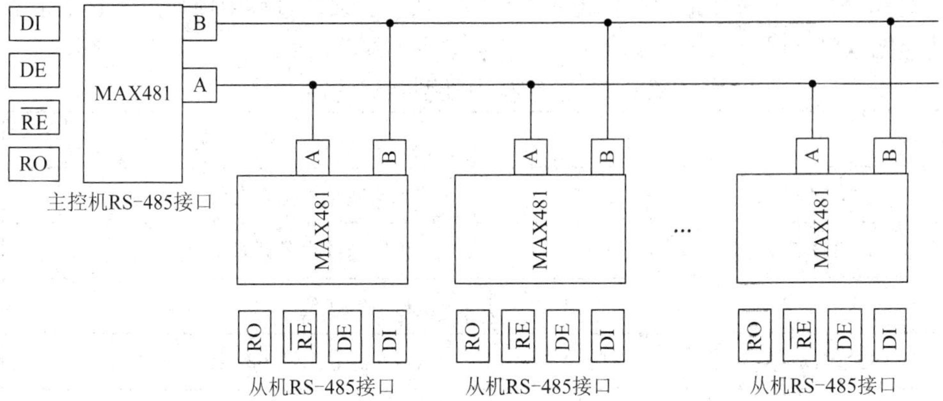

图 6.8　MAX481 实现的半双工 RS-485 总线现场监测系统

PC 机作为主控机，通过 232/485 转接设备接入 RS-485 总线，它使用查询方式与各个从机通信；带有 RS-485 接口的单片机系统作为从机，响应主机的查询命令，将采集到的数据回传给主机，从机之间的数据交换只能通过主机进行转发。

由于是半双工通信，所以主机发送与接收需要分开独立运行，从机也是如此。A 既是接收器的非反向输入端，也是驱动器的非反向输出端；B 既是接收器的反向输入端，也是驱动器的反向输出端；DE 和 $\overline{RE}$ 引脚电平共同控制发送和接收的切换，这在后面的硬件、软件设计中均有体现。

6.3.2　RS-485 总线的通信协议

对于任何涉及到通信或者数据交换的系统，通信协议的设计都是软件设计的前提和关键。通信协议设计最重要的就是帧结构的设计。RS-485 总线现场监测系统中数据帧的结构定义如表 6.2 所示。数据帧的内容包括起始字节、地址字节、类型字节、数据长度字节、数据字节、校验字节和结束字节。

表 6.2　RS-485 总线现场监测系统中数据帧的结构

起始字节	地址字节	类型字节	数据长度字节	数据字节	校验字节	结束字节
1 字节	1 字节	1 字节	1 字节	N 字节	1 字节	1 字节

起始字节定义为“$”字符，其数值为 0x24；结束字节定义为“ * ”字符，其数值为 0x2A。

地址字节实际上存放的是从机对应的设备号码，此设备号在一开始由拨动开关组予以设置。在工作时，每个设备都按规定已设定，一般不作改动，若需改动则重新设置开关即可。注意：地址码应避免重复。

本系统的数据帧主要有 4 种，这由类型字节决定，它们分别为主机询问从机是否在位的“ACTIVE”帧、主机发送读设备请求的“GETDATA”帧、从机应答在位的“READY”帧和从机发送设备状态信息的“SENDDATA”帧。“SENDDATA”帧实际上是真正的数据帧，该帧中的数据字节存放的是设备状态信息。其他 3 种是单纯的指令帧，数据字节为 0 字节。这 3 种指令帧长度最短，仅为 6 个字节。所以，通信过程中帧长小于 6 个字节的帧都认为是错误帧。帧结构中类型字节的定义如表 6.3 所示。

表 6.3　帧结构中类型字节的定义

帧	类 型 字 节	说　明
ACTIVE	0x11	主机询问从机是否在位
GETDATA	0x22	主机发送读设备请求
READY	0x33	从机应答在位
SENDDATA	0x44	从机发送设备状态信息

下面采用简单的校验和方法来进行帧的校验，即先将所有的字节相加，然后将结果截短到所需的位长，例如，4 个字节 102、8、78 和 200 的校验和为 132(经过截短为 1 字节后)。发端将待发送的数据进行校验和计算，将校验和值放在数据最后一起发送，在接收端对接收的数据进行校验和计算，然后与收到的校验和字节比较来进行误码判断。设定要进行校验和计算的字节包括地址字节、类型字节、数据长度字节和数据字节，但不包括起始字节和结束字节。

除了帧结构的定义以外，整个系统的通信还需要遵守下列规则：

(1) 主控机(PC 机)主导整个通信过程。由主控机定时轮询各个节点处的从机，并要求这些从机提交其对应设备的状态信息。

(2) 主控机在发送完“ACTIVE”指令帧后进入接收状态，同时开启超时控制。如果接收到错误信息，则继续等待；如果在规定时间里未能接收到从机的返回指令帧“READY”，则认为从机不在位，取消这次查询。

(3) 主控机接收到从机返回指令帧“READY”后，发送“GETDATA”指令帧，进入接收状态，同时开启超时控制。如果接收到错误信息，则继续等待；如果在规定时间内未能接收到从机的返回信息，则超时计数加 1，并且主控机重新发送“GETDATA”指令帧；如果超时 3 次，则返回错误信息，取消这次查询。

(4) 从机复位后，将等待主控机发送指令帧，并根据具体的指令内容作出应答。如果接收到的指令帧错误，则直接丢弃该帧，不作任何处理。

6.3.3　硬件电路设计

在图 6.8 所示的 RS-485 总线现场监测系统中，PC 机为主控机，它仅具有标准的 RS-232 接口，因此需有 RS-232/485 转接设备方可接入 RS-485 总线网络，从而与网络上的从设备进行通信。

图 6.9 中，MC1488 是驱动器，MC1489 为接收器，它们的作用是实现 TTL 电平和 RS-232 通信电平的转化；PC417 为光电隔离器件；U7 为 DC-DC 功能模块，其作用是将电源隔离，降低直流电源的干扰；U1 为 RS-485 驱动收发芯片 MAX481，它实现 RS-232/485 电平转接功能，其 DE 和 $\overline{RE}$ 引脚直接相连接，由于该芯片为半双工芯片，所以要么驱动有效，要

么接收有效，二者不能同时有效。

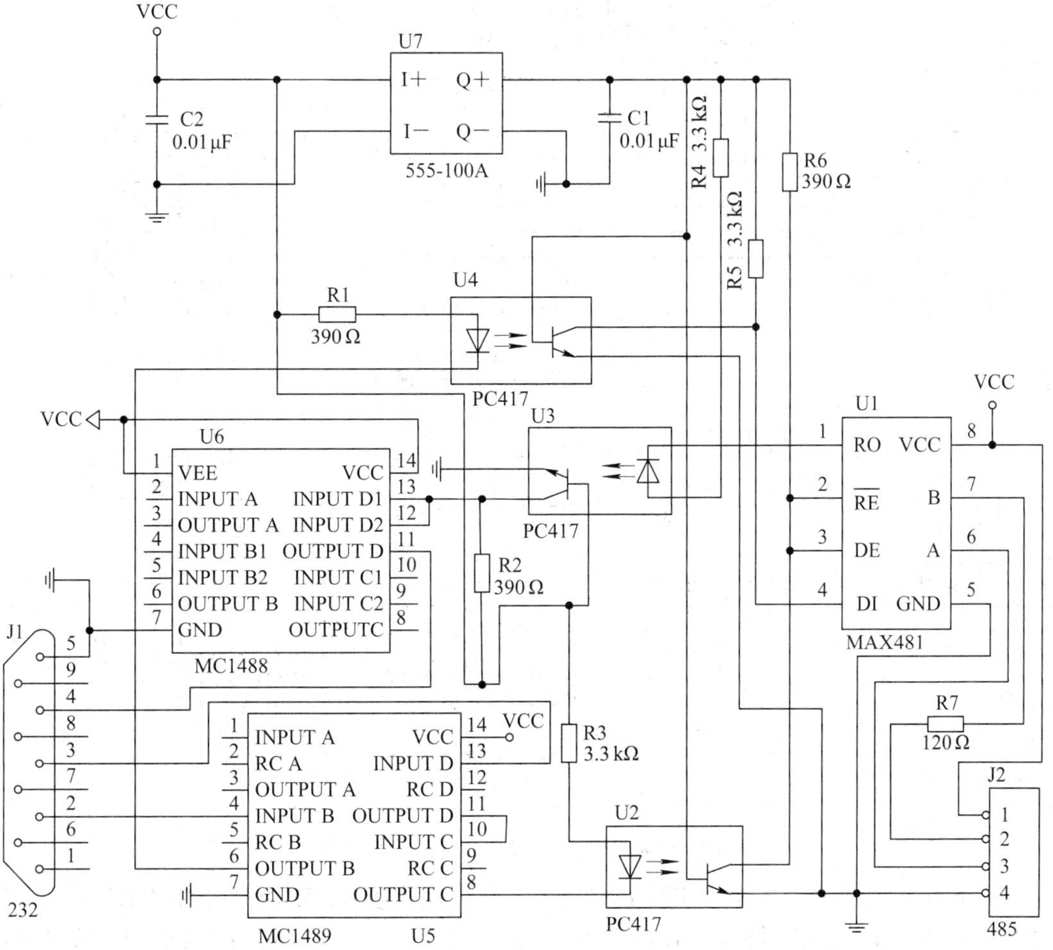

图 6.9　232/485 转接卡原理图

RS-485 总线现场监测系统中的单片机选用 Atmel 公司的 AT89C52。系统的主要功能包括两部分：数据采集和 RS-485 总线接口，这两个部分可以独立设计。本节主要介绍与 RS-485 的接口设计部分。图 6.10 和图 6.11 给出了 AT89C52 的 RS-485 接口的硬件设计电路。

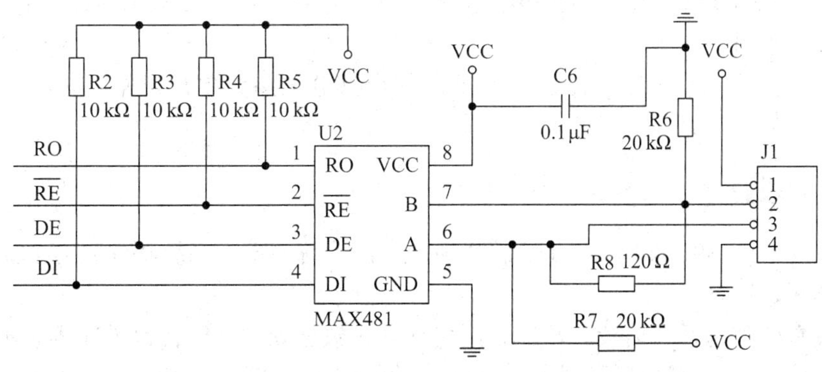

图 6.10　单片机系统的 RS-485 接口原理图(1)

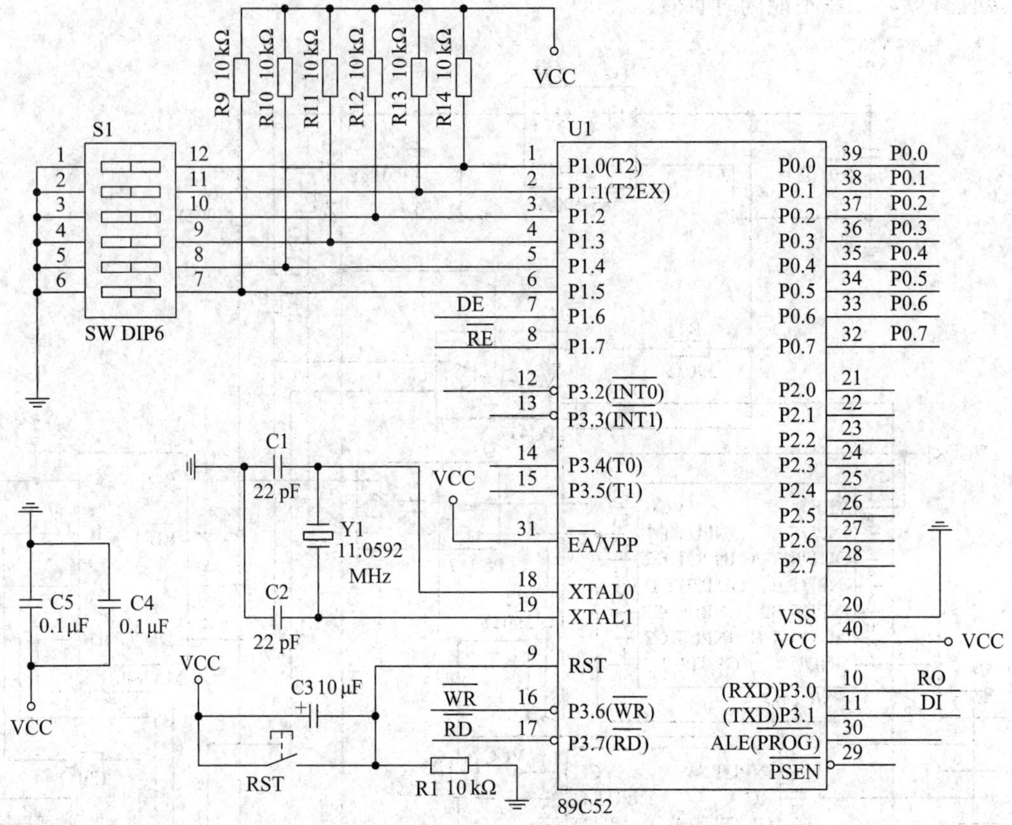

图 6.11　单片机系统的 RS-485 接口原理图(2)

图 6.11 中，单片机的串口引脚 RXD 和 TXD 分别连接 MAX481 的 RO 和 DI 引脚，以进行串行数据交换；控制引脚 P1.6 和 P1.7 分别连接 MAX481 的 DE 和 $\overline{\text{RE}}$ 引脚，以控制驱动器和接收器使能。注意：这 4 个引脚均应接上拉电阻。

S1 为一个 DIP6 开关，和单片机 AT89C52 的 P1.0～P1.5 引脚分别相连，用于设置本机的地址码。由于 MAX481 实现的总线上最多带 32 个负载，所以 6 位引脚足够使用。应当注意，在读取 P1 口获取地址码之前，需要先将其寄存器置 1。

MAX481 的 A 和 B 引脚为 RS-485 总线网络的差分信号输入/输出端，二者之间应串接一个 120 Ω 的电阻。

单片机工作在 11.0952 MHz 时钟下。其余部分电路为单片机常见电路，此处不再赘述。

6.3.4　软件设计

基于单片机 AT89C52 的 RS-485 总线现场监测系统的整个系统软件分为主控机(PC 机)端和单片机端两部分。

主控机端软件包括通信接口软件、用户界面、数据处理、后台数据库等。本节主要介绍通信接口软件。主控机端通信接口部分的软件流程图如图 6.12 所示。

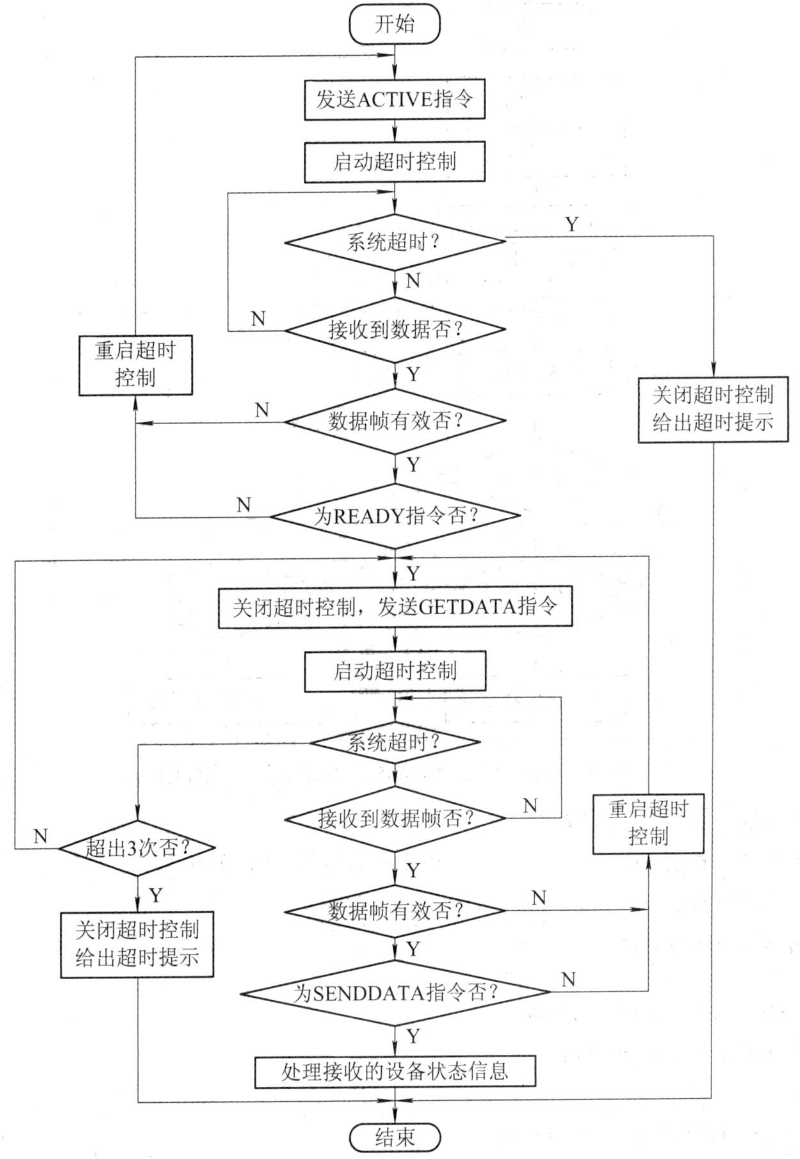

图 6.12　主控机端 RS-485 通信接口部分的软件流程图

单片机端软件包括数据采集和基于 RS-485 的通信程序。这两个部分可以完全独立。数据采集部分可设计为一个函数，在主程序中调用即可。单片机系统的通信软件流程图如图 6.13 所示。

可以看出，整个程序的流程和协议设计密切相关。对于从机而言，其工作与主机状态密切相关，是完全被动的，即根据主机的指令执行相应的操作。从机何时采集设备的状态信息也取决于主机，当从机收到主机发送的读设备状态信息指令帧“GETDATA”时，才开始采集信息并发送“SENDDATA”上报主机。值得注意的是，若节点设备状态发生变化，则它并不会主动通知主机，主机也无法及时获知并做出处理，因此需根据具体应用设置主机使其定时轮询各从机。

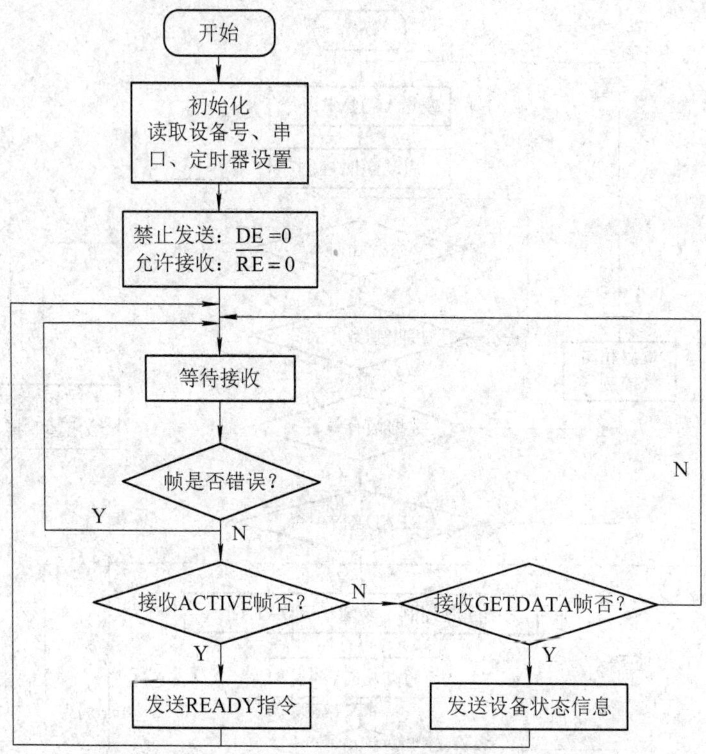

图 6.13　单片机端 RS-485 总线通信软件流程图

本实例的程序代码与说明如下：

```
#include <reg52.h>                //引用标准库的头文件
#include <stdio.h>
#include <string.h>

#define uchar unsigned char
#define uint unsigned int

#define ACTIVE          0x11
#define GETDATA         0x22
#define READY           0x33
#define SENDDATA        0x44

#define RECFRMMAXLEN 16    //接收帧的最大长度，超过此值则认为帧超长错误
#define STATUSMAXLEN 10    //设备状态信息的最大长度

#define DATA0      0x10    //为简化起见，假设采集了 10 位固定的数据
#define DATA1      0x20
#define DATA2      0x30
#define DATA3      0x40
#define DATA4      0x50
```

```
#define DATA5     0x60
#define DATA6     0x70
#define DATA7     0x80
#define DATA8     0x90
#define DATA9     0xA0

uchar DevNo;                    //设备号
xdata uchar StatusBuf[STATUSMAXLEN];

sbit DE = P1^6;                 //驱动器使能，1 有效
sbit RE = P1^7;                 //接收器使能，0 有效

void init();                    //系统初始化
void Get_Stat();                //简化的数据采集函数
bit Recv_Data(uchar *type);     //接收数据帧函数
void Send(uchar m);             //发送单字节数据
void Send_Data(uchar type, uchar len, uchar *buf); //发送数据帧函数

void Clr_StatusBuf();           //清除设备状态信息缓冲区函数

void main(void)
{
    uchar type;

    /* 初始化 */
    init();

    while (1)
    {
        if (Recv_Data(&type)==0)    //接收帧错误或者地址不符合，丢弃
           continue;
        switch (type)
        {
            case ACTIVE:            //主机询问从机是否在位
                Send_Data(READY, 0, StatusBuf); //发送 READY 指令
                break;
            case GETDATA:                          //主机读设备请求
                Clr_StatusBuf();
                Get_Stat();                        //数据采集函数
                Send_Data(SENDDATA, strlen(StatusBuf), StatusBuf);
                break;
```

```
            default:
                break;                          //指令类型错误，丢弃当前帧
        }
    }
}

/* 初始化 */
void init(void)
{
    P1 = 0xff;
    DevNo = (P1&0x00111111);                    //读取本机设备号

    TMOD = 0x20;
    SCON = 0x50;
    TH1 = 0xfd;
    TL1 = 0xfd;
    TR1 = 1;
    PCON = 0x00;                                //SMOD=0
    EA = 0;

}

/* 接收数据帧函数，实际上接收的是主机的指令 */
bit Recv_Data(uchar *type)
{
    uchar tmp，rCount，i;
    uchar r_buf[RECFRMMAXLEN];          //保存接收到的帧
    uchar Flag_RecvOver;                //一帧接收结束标志
    uchar Flag_StartRec;                //一帧接收开始标志
    uchar CheckSum;                     //校验和
    uchar DataLen;                      //数据字节长度变量

    /* 禁止发送，允许接收 */
    DE = 0;
    RE = 0;

    /* 接收一帧数据 */
    rCount = 0;
    Flag_StartRec = 0;
    Flag_RecvOver = 0;
```

```
while (!Flag_RecvOver)
{
    RI = 0;
    while (!RI);
    tmp = SBUF;
    RI=0;

    /* 判断是否收到字符'$'，其数值为 0x24 */
    if ((!Flag_StartRec) && (tmp == 0x24))
    {
        Flag_StartRec = 1;
    }

    if (Flag_StartRec)
    {
        r_buf[rCount] = tmp;
        rCount ++;

    /* 判断是否收到字符'*',其数值为 0x2A,根据接收的指令设置相应标志位 */
        if (tmp == 0x2A)
            Flag_RecvOver = 1;
    }

    if (rCount == RECFRMMAXLEN)          //帧超长错误，返回 0
        return 0;
}

/* 计算校验和字节 */
CheckSum = 0;
DataLen = r_buf[3];
for (i=0; i++; i<3+DataLen)
{
    CheckSum = CheckSum + r_buf[i+1];
}

/* 判断帧是否错误 */
if (rCount<6)                 //帧过短，错误，返回 0，最短的指令帧为 6 个字节
  return 0;
if (r_buf[1]!=DevNo)          //地址不符合，错误，返回 0
    return 0;
```

```
    if (r_buf[rCount−2]!=CheckSum)  //校验错误，返回 0
        return 0；

    *type = r_buf[2]；               //获取指令类型

    return 1；                       //成功，返回 1
}

/* 发送数据帧函数 */
void Send_Data(uchar type，uchar len，uchar *buf)
{
    uchar i，tmp；
    uchar CheckSum = 0；

    /* 允许发送，禁止接收 */
    DE = 1；
    RE = 1；

    /* 发送帧起始字节 */
    tmp = 0x24；
    Send(tmp)；

    Send(DevNo)；                    //发送地址字节，即设备号
    CheckSum = CheckSum + DevNo；

    Send(type)；                     //发送类型字节
    CheckSum = CheckSum + type；

    Send(len)；                      //发送数据长度字节
    CheckSum = CheckSum + len；

    /* 发送数据 */
    for (i=0；i<len；i++)
    {
        Send(*buf)；
        CheckSum = CheckSum + *buf；
        buf++；
    }

    Send(CheckSum)；                 //发送校验和字节
```

```
        /* 发送帧结束字节 */
        tmp = 0x2A；
        Send(tmp)；
}

/* 采集数据函数经过简化处理，取固定的 10 个字节数据 */
void Get_Stat(void)
{
        StatusBuf[0]=DATA0；
        StatusBuf[1]=DATA1；
        StatusBuf[2]=DATA2；
        StatusBuf[3]=DATA3；
        StatusBuf[4]=DATA4；
        StatusBuf[5]=DATA5；
        StatusBuf[6]=DATA6；
        StatusBuf[7]=DATA7；
        StatusBuf[8]=DATA8；
        StatusBuf[9]=DATA9；
}

/* 发送单字节数据 */
void Send(uchar m)
{
        TI = 0；
        SBUF = m；
        while(!TI)；
        TI = 0；
}

/* 清除设备状态信息缓冲区函数*/
void Clr_StatusBuf(void)
{
        uchar i；
        for (i=0；i<STATUSMAXLEN；i++)
                StatusBuf[i] = 0；
}
```

6.3.5 小结

本节以基于单片机 AT89C52 的 RS-485 总线现场监测系统为例，详细介绍了 RS-485 接口的硬件、软件设计。在本例的设计过程中，应注意下列事项：

(1) 采用 MAX481 芯片来实现 RS-485 接口，决定了该例所实现的 RS-485 总线网络是半双工通信网络。若需要实现全双工，则可选择 MAX490、MAX491 等其他支持全双工的 RS-485 总线驱动芯片。

(2) RS-485 总线网络的传输物理介质为双绞线。

(3) PC 机无 RS-485 接口，若要接入 RS-485 总线网络，须对其进行 RS-232/485 接口电路转换。

(4) 由于需要通过 RS-485 总线实现数据通信，因此和通信相关的协议设计亦为软件设计的重要内容。

6.4 I^2C 总 线

I^2C 总线(Inter IC Bus)是 Philips 公司推出的芯片间串行传输总线，与 SPI、Microwire/Plus 接口不同，它以两根连线即可实现全双工同步数据传送，可方便地构成多机通信系统或者外设扩展系统。I^2C 总线采用了器件地址的硬件设计方法，通过软件寻址完全避免了器件的片选寻址，从而使硬件扩展系统等变得简单、灵活、方便。按照 I^2C 总线规范，总线传输中所有状态都生成相对应的状态码，系统中的主机能够依照这些状态码自动地进行总线管理，启动 I^2C 总线就能自动完成规定的数据传送操作。

6.4.1 I^2C 总线的工作原理

在基于 I^2C 总线特点的单片机系统中，其内部资源具有 I^2C 总线输入/输出接口的电气结构、可设置的相关特殊功能寄存器(SFR)以及所提供的标准程序模块，为用户采用 I^2C 总线进行系统设计和应用软件的编程带来了极大的方便。

I^2C 总线的串行数据传送与一般 UART 的串行数据传送无论是从接口电气特性、传送状态管理还是从程序的编制上都有很大的差异，其主要特点如下：

(1) 二线传输。I^2C 总线上所有的节点，如主器件(单片机、微处理器)、外围器件、接口模块等都连在同名端 SCL(时钟线)和 SDA(数据线)上。

(2) 系统中有多个主器件时，这些器件可以作为总线的主控制器(无中心主机)。I^2C 总线工作时任何一个主器件都有可能成为主控制器，多机竞争时的时钟同步与总线仲裁都由硬件与软件模块自动完成。

(3) I^2C 总线传输时，采用状态码管理方法。对于总线传输时的任何一种状态，在状态寄存器中都会出现相应的状态码，并会自动进入相应的状态处理程序进行自动处理。

(4) 系统中的所有外围器件及模块均采用器件地址和引脚地址的编址方法。系统中主控制器对任意节点的寻址采用纯软件的寻址方式，避免了片选的连线方法。系统中若有地址编码冲突，则可通过改变地址的引脚电平来解决。

(5) 所有带有 I^2C 接口的外围器件都具有应答功能。片内有多个单元地址时，数据读/写都具有自动加 1 功能。这样，在 I^2C 总线对某一器件读/写多个字节时很容易实现自动操作，即准备好读/写入口条件后，只需启动 I^2C 总线就可以完成 N 个字节的读/写操作。

(6) I^2C 总线电气接口由漏极开路的晶体管组成，开路输出端未连到电源的钳位二极管，

而是连到 I^2C 总线的每个器件上，其自身电源可以独立，但必须共地。总线上各个节点可以在系统带电的情况下直接接入或撤出。

I^2C 总线的时钟线 SCL 和数据线 SDA 都是双向数据线。总线备用时二者都必须保持高电平状态，仅在关闭 I^2C 总线时才能使 SCL 钳位在低电平。在标准 I^2C 模式下数据传送速率可达 100 kb/s，高速模式下可达 400 kb/s。总线驱动能力受总线电容限制，不加驱动扩展时驱动能力为 400 pF。

6.4.2　I^2C 总线的通信时序

I^2C 总线的工作时序如图 6.14 所示。

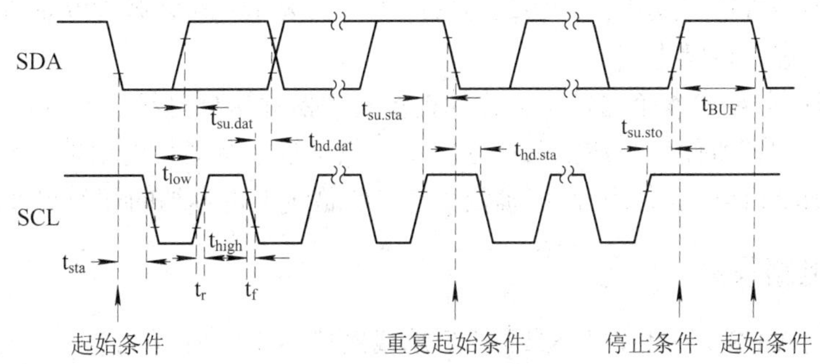

图 6.14　I^2C 总线的工作时序图

I^2C 总线时序工作的基本条件如下：

(1) 起停控制。当 SCL 为高电平，SDA 电平由高变低时，数据开始传送。所有的操作均必须在开始之后进行。当 SCL 为高电平，SDA 电平由低变为高时，数据传送结束。在结束条件下，所有操作都不能进行。如果产生重复起始条件而不产生停止条件，则总线会一直处于忙状态。

(2) 数据的有效转换。当时钟线 SCL 为高电平时，数据线 SDA 必须保持稳定。若数据线 SDA 改变，则必须在时钟线 SCL 为低时方可进行。

(3) 总线空闲。当数据总线 SDA 和时钟总线 SCL 都为高电平时，为空闲状态。

(4) 发送到 SDA 线上的每个字节必须为 8 位，每次传输可以发送的字节数量不受限制，每个字节后必须跟一个响应位，首先传输的是数据的最高位 MSB。若从机需要完成某些其他功能后(例如一个内部中断服务程序)才能接收或发送下一个完整的数据字节，则此时可以使时钟线 SCL 保持低电平从而迫使主机进入等待状态，在从机准备好接收下一个数据字节并释放时钟线 SCL 后使数据传输继续。

(5) 响应。数据传输必须带响应，相关的响应时钟脉冲由主机产生，在响应时钟脉冲期间发送器释放 SDA 线(高)，在响应的时钟脉冲期间，接收器必须将 SDA 线拉低使它在这个时钟脉冲的高电平期间保持稳定的低电平。注意：必须考虑建立和保持时间。

(6) 仲裁。主机只能在总线空闲时启动传输，两个或多个主机可能在起始条件的最小持续时间内产生一个规定的起始条件。当 SCL 线是高电平时仲裁在 SDA 线发生，这样在其他主机发送低电平时发送高电平的主机将断开它的数据输出级，因为总线上的电平与其自身的电平不同。仲裁可以持续多位，它的第一个阶段是比较地址位。如果每个主机都尝试寻址相同的器件，则仲裁会继续比较数据位(如果是主机-发送器)，或者比较响应位(如果是主机-接收器)。因为 I^{2}C 总线的地址和数据信息由赢得仲裁的主机决定，在仲裁过程中不会丢失信息。丢失仲裁的主机可以产生时钟脉冲直到丢失仲裁的该字节末尾。

在进行数据传送之前，I^{2}C 总线会首先发送一个字节进行寻址。这个字节一般紧跟在起始条件之后发送，表示需要通信的从器件地址。其格式定义如下：

D7～D1	D0
从地址	读/写

地址信息是 7 bit，占用了地址字节的高 7 位，可以对 127 个器件进行寻址。该字节的第 0 bit 用于表示数据的传送方向：当该位是高电平时，表示由从器件向主器件发送数据，即主器件对从器件进行读操作；当该位为低电平时，表示由主器件向从器件发送数据，即主器件对从器件进行写操作。

起始条件后，总线中各个器件将自己的地址与主器件送到总线上的器件地址进行比较，如果发生匹配，则该器件认为被主器件寻址。一般来说，从器件的地址由一部分固定地址和一部分可变地址组成，而可变地址确定了在 I^{2}C 总线上可容纳的此类器件的最多数目。

6.4.3　硬件电路设计

由于标准的 MCS-51 单片机不具备 I^{2}C 总线接口，MCS-51 单片机在扩展具有 I^{2}C 总线的芯片时可利用单片机的 I/O 接口与之相连，在程序中利用位操作指令及移位指令模仿 I^{2}C 总线的操作时序并编写相应的程序。图 6.15 为 89C52 单片机实现 I^{2}C 总线的硬件原理图。

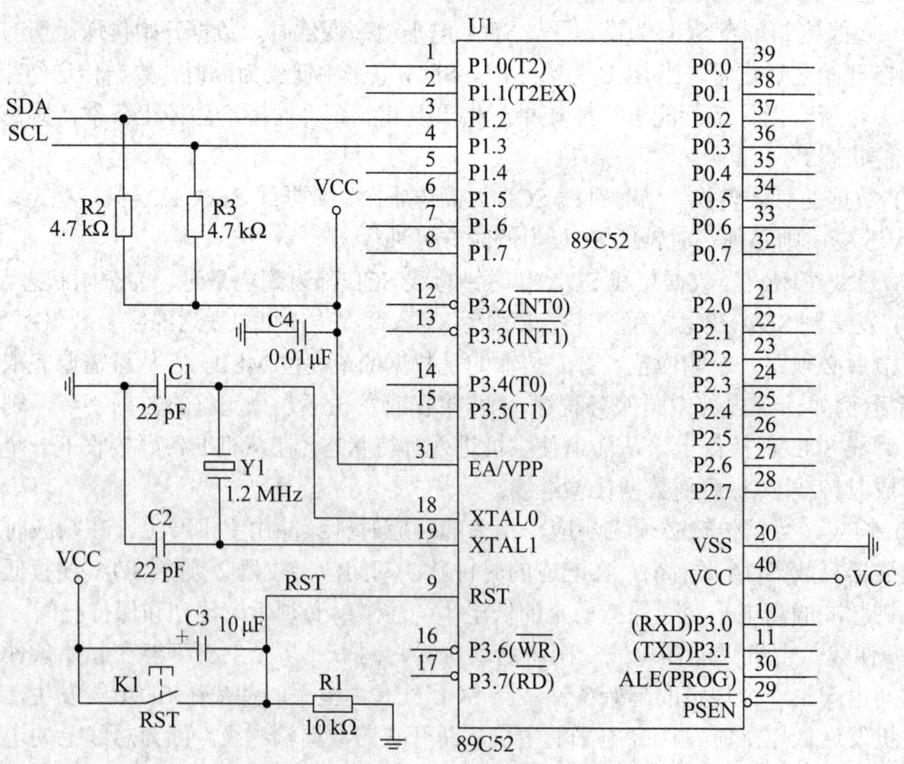

图 6.15　单片机实现 I^{2}C 总线的硬件原理图

本例的硬件电路设计比较简单，仅利用 89C52 的两个 I/O 口通道 P1.2 和 P1.3 模拟 SDA 和 SCL。注意 I^2C 总线的电气特性要求，SDA 和 SCL 引脚均要接上拉电阻。

6.4.4　软件设计

单片机模拟 I^2C 总线向从器件发送数据和由从器件接收数据的程序流程图分别如图 6.16(a)、(b)所示。

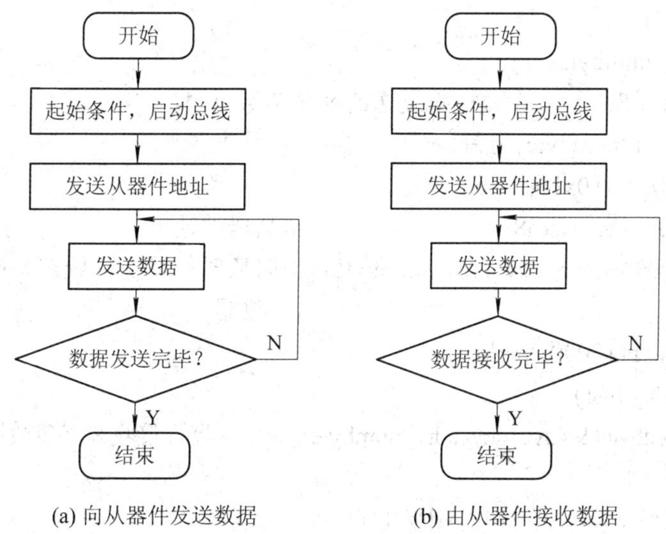

(a) 向从器件发送数据　　(b) 由从器件接收数据

图 6.16　程序流程图

程序如下：

```
#include <reg52.h>                //引用标准库的头文件
#include <intrins.h>
#define uchar unsigned char
#define uint unsigned int
sbit SDA = P1^2;                  //串行数据
sbit SCL = P1^3;                  //串行时钟
uchar idata slave_dev_adr;        //从器件地址
uchar idata sendbuf[8];           //数据发送缓冲区
uchar idata receivebuf[8];        //数据接收缓冲区
bit bdata Nack;                   //器件坏或错误标志位
bit bdata NackFlag;               //非应答标志位
void delay5us();                  //延时约 5 μs，对于 12 MHz 时钟
void start(void);                 //起始条件子函数
void stop(void);                  //停止条件子函数
void ack(void);                   //发送应答子函数
void n_ack(void);                 //发送非应答子函数
void checkack(void);              //应答位检查子函数
```

```
void sendbyte(uchar idata *ch);   //发送一字节数据子函数
void recbyte(uchar idata *ch);    //接收一字节子程序
void sendnbyte(uchar idata *sla,  uchar n);   //发送 n 字节数据子程序
void recnbyte(uchar idata *sla,  uchar n);    //接收 n 字节数据子程序
/* 主函数，模拟实现 I2C 总线的数据收发 */
void main(void)
{
uchar i, numbyte;
numbyte = 8;          /* 需发送的 8 字节数据 */
for (i=0; i<numbyte; i++)
sendbuf[i] = i+0x11;
slave_dev_adr = 0x58;                   //从器件地址
sendnbyte(&slave_dev_adr, numbyte); //向从器件发送存放在 sendbuf[8]中的 8 字
                                        节数据
for (i=0; i<10000; i++)
    delay5us();
    recnbyte(&slave_dev_adr, numbyte); //由从器件接收 8 字节数据，存放在 rbuf 中
}
/* 延时约 5 μs，对于 12 MHz 时钟 */
void delay5us()
{
    uint i;
    for (i=0; i<5; i++)
        _nop_();
}
/* 起始条件子函数 */
void start(void)
{
    SDA = 1;            //启动 I2C 总线
    SCL = 1;
    delay5us();
    SDA = 0;
    delay5us();
    SCL = 0;
}
/* 停止条件子函数 */
void stop(void)
{
```

```
    SDA = 0;              //停止 I2C 总线数据传送
    SCL = 1;
    delay5us();
    SDA = 1;
    delay5us();
    SCL = 0;
}

/* 发送应答子函数 */
void ack(void)
{
    SDA = 0;              //发送应答位
    SCL = 1;
    delay5us();
    SDA = 1;
    SCL = 0;
}
/* 发送非应答子函数 */
void n_ack(void)
{
    SDA = 1;          //发送非应答位
    SCL = 1;
    delay5us();
    SDA = 0;
    SCL = 0;
}
/* 应答位检查子函数 */
void checkack(void)
{
    SDA = 1;          //应答位检查(将 P1.0 设置成输入，必须先向端口写 1)
    SCL = 1;
    NackFlag = 0;
    if (SDA == 1)     //若 SDA=1，则表明非应答，置位非应答标志 F0
     NackFlag = 1;
    SCL = 0;
}
/* 发送一个字节数据子函数 */
void sendbyte(uchar idata *ch)
{
```

```
    uchar idata n = 8;
    uchar idata temp;
    temp = *ch;
    while(n--)
    {
        if((temp&0x80) == 0x80)     //若要发送的数据最高位为 1，则发送位为 1
        {
            SDA = 1;                //传送位为 1
            SCL = 1;
            delay5us();
            SDA = 0;
            SCL = 0;
        }
        else
        {
            SDA = 0;                //否则传送位为 0
            SCL = 1;
            delay5us();
            SCL = 0;
        }
        temp = temp<<1;             //数据左移一位
    }
}
/* 接收一字节子程序 */
void recbyte(uchar idata *ch)
{
    uchar idata n=8;                //从 SDA 线上读取一位数据字节，共 8 位
    uchar idata temp = 0;
    while(n--)
    {
        SDA = 1;
        SCL = 1;
        temp = temp<<1;             //左移一位
        if(SDA == 1)
            temp = temp|0x01;       //若接收到的位为 1，则数据的最后一位置 1
        else
            temp = temp&0xfe;       //否则数据的最后一位置 0
        SCL=0;
    }
```

```
    *ch = temp;
}
/* 发送 n 字节数据子程序 */
void sendnbyte(uchar idata *sla,  uchar n)
{
    uchar idata *p;
    start();                    //发送启动信号
    sendbyte(sla);              //发送从器件地址字节
    checkack();                 //检查应答位
    if(F0 == 1)
    {
        NACK = 1;
        return;                 //若非应答，则表明器件错误或已坏，置错误标志位
                                  NACK
    }
    p = sendbuf;
    while(n--)
    {
        sendbyte(p);
        checkack();             //检查应答位
        if (NackFlag == 1)
        {
            NACK=1;
            return;             //若非应答，则表明器件错误或已坏，置错误标志位
                                  NACK
        }
        p++;
    }
    stop();                     //全部发完则停止
}
/* 接收 n 字节数据子程序 */
void recnbyte(uchar idata *sla,  uchar n)
{
    uchar idata *p;
    start();                    //发送启动信号
    sendbyte(sla);              //发送从器件地址字节
    checkack();                 //检查应答位
    if(NackFlag == 1)
    {
```

```
        NACK = 1;
        return;
    }
    p = recivebuf;          //接收字节存放在 rbuf 中
    while(n--)
    {
        recbyte (p);
        ack();              //收到一个字节后发送一个应答位
        p++;
    }
    n_ack();                //收到最后一个字节后发送一个非应答位
    stop();
}
```

6.4.5 小结

在硬件系统中采用 I^2C 总线进行系统器件的扩展连接和控制，可有效地减少微处理器 I/O 口资源的占用。尽管 51 单片机不具备片上 I^2C 接口，但可以利用其通用 I/O 口模拟实现基于 I^2C 总线的数据传输。本节通过实例详细介绍了这种实现方法。

学习本例时，应着重把握以下两点：

(1) I^2C 总线的基本原理与工作时序，工作时序是实现本例的关键。

(2) 如何用单片机 C 程序模拟时序中的起始条件、停止条件、应答以及从器件的寻址等。

本 章 小 结

本章主要介绍了单片机扩展串行总线技术，通过具体实例重点说明了 SPI 总线、RS-485 总线和 I^2C 总线的软/硬件实现方法。串行总线技术的发展使得单片机应用系统不再是一个简单、独立的监测控制系统，通过它可方便地实现多机通信、远程监测控制等。值得注意的是，SPI 总线、RS-485 总线、I^2C 总线器件虽然为单片机应用系统节省了大量的 I/O 口资源且工作稳定，但其传输速度与并行扩展相比，显然是降低了。

习 题

1．SPI 系统可使用哪几条线与各个厂家生产的多种标准外围器件直接接口？

2．RS-485 与 RS-232-C 相比，在哪些方面作了改进？哪些性能有了提高？

3．RS-485 串行接口能否实现全双工数据传输？

4. 简述 I^2C 总线的构成及其基本操作。

5. 请简要说明 I^2C、SPI 和 RS-485 总线的异同。

第 7 章　应用系统设计与应用实例

教学提示：单片机应用系统设计是对所学习的单片机知识的综合应用。在理解单片机软件和硬件的基础上把它们结合在一起构成的电子应用系统正向智能现代电子系统发展。

教学目标：本章主要让学生了解单片机应用系统设计的一般过程和概念，通过实例设计，让学生理解单片机应用系统设计的实际内涵，理解智能现代电子系统设计的过程，能够独立进行简单应用系统的设计。

7.1　应用系统设计流程

所谓应用系统，是指利用单片机作为微处理器所设计的能够完成某种应用目的的单片机控制系统(在调试过程中通常称做目标系统)。单片机应用系统的设计过程包括总体设计、硬件设计、软件设计、在线调试、产品化等几个阶段，但它们不是绝对分开的，有时是交叉进行的。图 7.1 描述了单片机应用系统设计的一般过程。

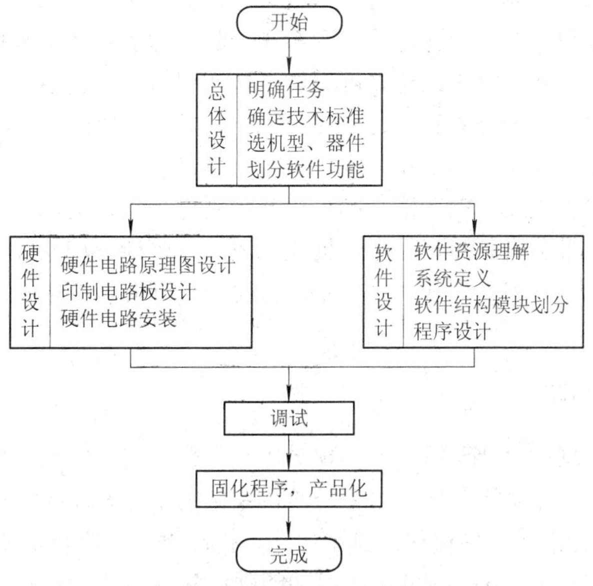

图 7.1　单片机应用系统设计的一般过程框图

7.1.1 总体设计

单片机应用系统总体方案的确定是进行系统设计最重要、最关键的一步。总体方案的好坏直接影响整个应用系统的投资成本、产品品质和具体实施细则。

1. 确定功能技术指标

在着手进行系统设计之前，必须根据系统的应用场合、工作环境、具体用途提出合理的、详尽的功能技术指标，这是系统设计的依据和出发点，也是决定产品前途的关键。不管是老产品的改造还是新产品的设计，都应对产品的可靠性、通用性、可维护性、先进性及成本等进行综合考虑，参考国内外同类产品的有关资料，使确定的技术指标合理且符合有关标准。

2. 机型选择

选择单片机机型的出发点有以下几个方面。

(1) 市场货源。所选机型必须有稳定、充足的货源。

(2) 单片机性能。应根据系统的要求和各种单片机的性能，选择最容易实现产品技术指标的机型，且该机型具有较高的性能价格比。

(3) 研制周期。在设计任务重、时间紧的情况下，还需要考虑对所选择的机型是否熟悉，是否能马上着手进行系统的设计。与研制周期有关的另一个重要因素是单片机的开发工具，性能优良的开发工具能加快系统设计的速度。

3. 器件选择

除了单片机以外，系统中还可能需要传感器、模拟电路、输入/输出电路、存储器以及键盘、显示器等器件和设备，这些部件的选择应符合系统的精度、速度和可靠性等方面的要求。在总体设计阶段，应对市场情况有大体的了解，对器件的选择提出具体要求。

4. 硬件和软件的功能划分

系统硬件的配置和软件的设计是紧密联系在一起的，而且在某些场合，硬件和软件具有一定的互换性。有些硬件电路的功能可用软件来实现，反之亦然。例如，系统日历时钟的产生可以使用时钟电路(如 5832 芯片)，也可以由定时器中断服务程序来控制时钟计数。多用硬件完成一些功能可以提高工作速度，减少软件设计的工作量，但增加了硬件成本；若用软件代替某些硬件完成一些功能，则可以节省硬件开支，但增加了软件的复杂性。因此在一般情况下，如果所研制的产品生产批量比较大，则能够用软件实现的功能都由软件来完成，以便简化硬件结构，降低生产成本。在总体设计时，必须权衡利弊，仔细划分好硬件和软件的功能。

7.1.2 硬件原理设计

所谓硬件电路的总体设计，就是为实现该项目全部功能所需要的所有硬件的电气连线原理图。为使硬件设计尽可能合理，根据经验，系统的电路设计应注意以下几个方面。

(1) 尽可能选择标准化、模块化的典型电路，提高设计的成功率和结构的灵活性。

(2) 在条件允许的情况下，尽可能选用功能强、集成度高的电路或芯片。因为采用这种器件可能代替某一部分电路时，不仅使元件数量、接插件和相互连线减少，体积减小，系统可靠性增加，而且成本往往比用多个元件实现的电路要低。

(3) 注意选择通用性强、市场货源充足的器件，尤其在需大批量生产的场合，更应注意这方面的问题。其优点是：一旦某种元器件无法获得，也能用其他元器件直接替换或对电路稍作改动后用其他器件代替。

(4) 在对中央控制单元、输入接口、输出接口、人机接口等分块进行设计时，采用的连接方式应选用通用接口方式。在必要的情况下，选用已有的模板作为系统的一部分。这样尽管成本有些偏高，但会大大缩短研制周期，提高工作效率。当然，在有些特殊情况和小系统场合，用户必须自行设计接口，定义连线方式。此时要注意接口协议，一旦接口方式确定下来，各个模块的设计都应遵守该接口方式。

(5) 系统的扩展及各功能模块的设计在满足应用系统功能要求的基础上，应适当留有余地，以备将来修改、扩展之需。

(6) 设计时应尽可能多做些调研，采用最新的技术。

(7) 在电路设计时，要充分考虑应用系统各部分的驱动能力。

(8) 工艺设计时，包括机箱、面板、配线、接插件等，要充分考虑到安装、调试、维修的方便。

(9) 系统的抗干扰设计。

7.1.3　印制电路板设计

单片机应用系统的硬件单元电路设计完成后，就可以运用电路板设计软件完成相应的原理图、印制板图的制作。可以采用的电路板图设计软件有很多，如 PROTEL、CAD 等。但现在大部分电子设计者采用 PROTEL 软件辅助设计。首先开始电路原理图的绘制，图样要整洁、美观、大方，应正确标注出各元件之间连接的网络名称，为下一步制作印制板图时自动生成网络连接关系作好准备。其次根据原理图绘制印制电路板图，印制电路板一般分为 2 层板、4 层板、8 层板，层数越高，板的造价越高。印制电路板布线时要注意以下几点：

(1) 印制电路板上每个 IC 要并接一个 0.01～0.1 μF 高频电容，以减小 IC 对电源的影响。注意高频电容的布线，连线应靠近电源端并尽量粗短，否则，等于增大了电容的等效串联电阻，会影响滤波效果。布线时避免 90° 折线，以减少高频噪声。

(2) 注意晶振布线。晶振与单片机引脚尽量靠近，用地线把时钟区隔离起来，晶振外壳接地并固定。

(3) 用地线把数字区与模拟区隔离。数字地与模拟地要分离，最后在一点接于电源地。A/D、D/A 芯片布线也以此为原则。

(4) 单片机和大功率器件的地线要单独接地，以减小相互干扰。大功率器件应尽可能放在印制电路板边缘。

(5) 整板设计完成后，要及时检查信号走线和连接是否正确，是否符合设计标准，器件标注是否正确完整，同时还要注意整体外观形象。

7.1.4　软件设计

单片机应用系统中软件的设计在很大程度上决定了系统的功能。软件的资源细分为系统理解部分、软件结构设计部分和程序设计部分。

(1) 系统理解是指在开始设计软件前，熟悉硬件留给软件的接口地址、I/O 方式，确定存储空间的分配，了解应用系统面板控制开关、按键、显示的设置等。

(2) 软件结构设计要结合单片机所完成的功能确定相应的模块程序，比如一般子程序、中断功能子程序的确定，模块程序运行的先后顺序的确定，程序整体流程图的绘制。

(3) 程序设计和其他软件程序设计一样，首先要建立数学模型，选定数学算法，绘制具体程序的流程图，作好程序接口说明。然后选定编程所用语言(汇编语言或 C 语言)。

以上程序在编制时可以采用 WAVE、 Keil C 等集成编辑软件的软件模拟仿真功能进行软件模拟调试。程序无误后通过编辑软件的汇编功能将其转换成机器码，然后联机调试。

7.1.5　调试、运行与维护

在完成目标系统样机的组装和软件设计之后，便进入系统的调试阶段。各种用户应用系统的调试步骤和方法大致是相同的，但具体细节则与所采用的开发系统以及目标系统所选用的单片机型号有关。

系统调试的目的是查出系统硬件与软件设计中存在的错误及可能出现的不协调的问题，以便修改设计，最终使系统能正确工作。最好能在方案设计阶段就考虑到调试问题，如采用什么调试方法，使用何种调试仪器等，以便在系统方案设计时将必要的调试方法综合到软、硬件设计中，或提早作好调试准备工作。系统调试包括硬件调试、软件调试及软/硬件联调。根据调试环境不同，系统调试又分为模拟调试与现场调试。各种调试所起的作用是不同的，它们所处的时间阶段也不一样，但它们的目标是一致的，都是为了查出系统中潜在的错误。

硬件调试中，由设计和工艺导致的错误，通常借助电气仪表进行检查，软件调试则多应用开发工具进行在线仿真调试，在软件调试过程中也可以发现硬件故障。

几乎所有的在线仿真器和简易的开发工具都为用户调试程序提供了以下几种基本方法。

(1) 单步运行：一次只执行一条指令，在每执行一条指令后，又返回监控调试程序。

(2) 连续运行：可以从程序任何一条地址处启动，然后全速运行。

(3) 断点运行：用户可以在程序的任何地方设置断点，当程序执行到断点时，控制返回到监控调试程序。

(4) 检查和修改存储器单元的内容。

(5) 检查和修改寄存器的内容。

(6) 符号化调试：按汇编语言程序中的符号进行调试。

程序调试可以一个模块一个模块地进行，一个子程序一个子程序地调试，最后连起来总调。利用开发工具提供的单步运行和设置断点运行方式，通过检查应用系统的 CPU 现场、RAM 的内容和 I/O 的状态，检查程序执行的结果是否正确，观察应用系统 I/O 设备的状态变化是否正常，从中可以发现程序中的死循环错误、机器码错误及转移地址的错误，也可以发现待测系统中的软件算法错误及硬件设计错误。在调试过程中，应不断地调整、修改应用系统的硬件和软件，直到其正确为止。

在调试完成后，系统还要进行一段时间的试运行。只有试运行，系统才会暴露出它的问题和不足之处。在系统试运行阶段，设计者应当观测它能否经受实际环境的考验，还要对系统进行检测和试验，以验证系统功能是否满足设计要求，是否达到预期效果。

系统经过一段时间试运行后，就可投入正式运行。在正式运行中还要建立一套健全的维护制度，以确保系统的正常工作。

7.1.6　C 语言与 WAVE 开发环境

1．C 语言编译器

单片机的开发除了需要硬件支持外，同样离不开软件。CPU 真正可执行的是机器码。用汇编语言或 C 语言等高级语言编写的源程序必须转换为机器码才能被执行。转换的方法有手工汇编和机器汇编两种，前者目前已经很少使用。机器汇编是通过软件将源程序变为机器码的编译方法，这种软件称为编译器。

51 系列微处理器使用 0 和 1 组成的机器语言，但是采用机器语言编程是非常困难的事情，因此，实际开发中往往先用容易理解的高级语言(如 C 语言)编写程序后，再通过编译和连接将其转换成机器语言代码。

C 语言是一种通用编程语言。它提供了高效代码、结构化编程方法及丰富的运算符。C 语言不是为特定的应用领域设计的，可以为各种不同的软件任务提供便利、有效的编程方案。

对于大多数 8051 系列的应用，使用像 C 语言这样的高级语言比使用汇编程序更具优点，例如：

(1) 不需要了解处理器的指令集，也不必了解 8051 的存储器结构。

(2) 寄存器的分配和寻址方式由编译器进行管理。

(3) 指定操作的变量选择组合提高了程序的可读性。

(4) 可使用与人的思维更相近的关键字和操作函数。

(5) 与使用汇编语言编程相比，程序的开发和调试时间大大缩短。

(6) 库文件可提供许多标准的例程，例如格式化输出数据转换和浮点运算，加入到应用程序当中。

(7) 通过 C 语言可实现模块化编程，从而可将已编制好的程序加入到新程序中。

(8) C 语言可移植性好且非常普及。C 语言编译器几乎适用于所有的目标系统。已完成的软件项目可以容易地转换到其他的处理器或环境中。

下面给出开发单片机 C 语言程序(Cx51 程序)的基本流程，如图 7.2 所示。

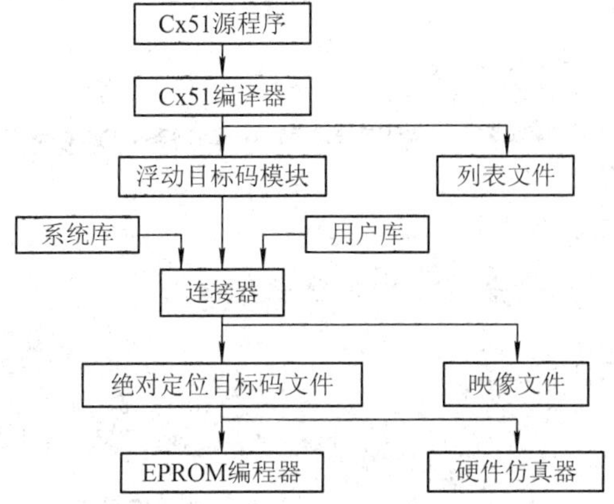

图 7.2　Cx51 程序开发过程基本流程图

2. 集成开发环境 WAVE6000

WAVE6000 提供了一个集成开发环境(Integrated Development Environment，IDE)，包括 C 编译器、宏汇编器、连接器、库管理和一个功能强大的仿真调试器。这样，在开发应用软件的过程中，编辑、编译、连接、调试等各阶段都集成在一个环境中，先用编辑器编写程序，接着调用编译器进行编译，连接后即可直接运行。

1) C 语言编译器的安装

WAVE(伟福)仿真系统已内嵌汇编编译器(伟福汇编器)，同时留有第三方的编译器的接口供应用者自行选用。本书所使用的开发环境安装了 Keil C51 编译器。在安装 MCS-51 系列 CPU 编译器时需要注意以下几个方面：

(1) 进入 C:\盘根目录，建立 C:\COMP51 子目录(文件夹)。

(2) 将第三方的 51 编译器复制到 C:\COMP51 子目录(文件夹)下。

(3) 将[主菜单|仿真器|仿真器设置 | 语言]对话框的[编译器路径]指定为 C:\COMP51(如果用户将第三方编译器安装在硬盘的其他位置，请在[编译器路径]指明其位置)。

2) 开发环境具体功能介绍

开发人员可用 IDE 本身或者其他编辑器编辑 C 或者汇编源文件，WAVE 编辑器把 C 语言或汇编语言编写的源程序与 Keil 内含的库函数装配在一起，然后分别由 C51 或 A51 编译器编译生成目标文件(.OBJ)。目标文件可由 LIB51 创建生成库文件，也可以与库文件一起经 L51 连接定位生成绝对目标文件(.ABS)。ABS 文件可由 OH51 转换成标准的 HEX 文件，以供调试器进行源代码级调试，也可由仿真器直接对目标板进行调试，还可以直接写入程序存储器(如 EPROM)中。根据编译器的性能，其机器语言代码长度可长可短，其执行速度由指令的组合方式决定。

图 7.3 为 WAVE 环境的典型界面。

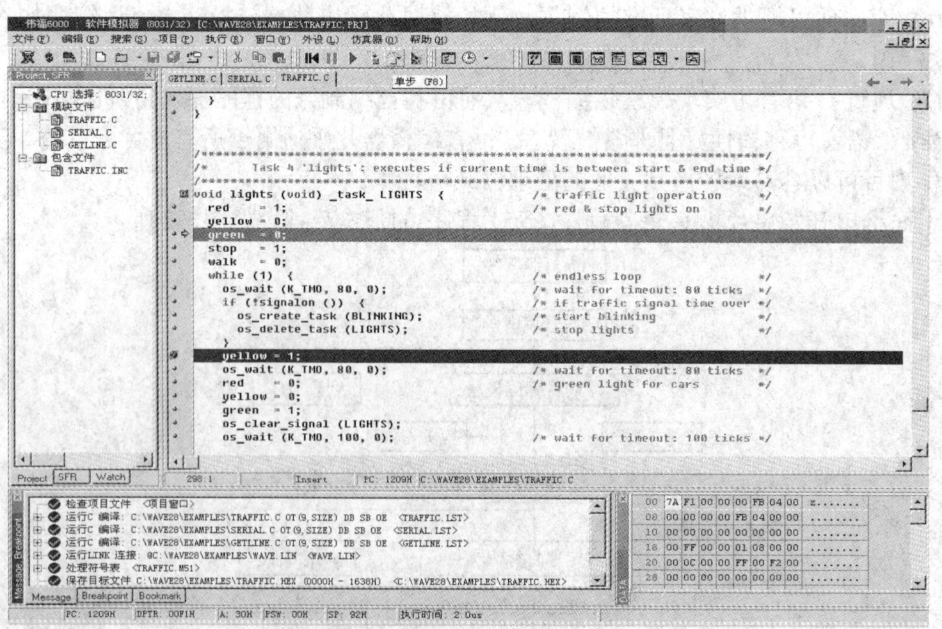

图 7.3　WAVE6000 集成开发环境界面

采用 C 语言进行单片机应用程序开发的典型开发过程如下：

(1) 建立新程序。选择菜单[文件|新建文件]功能，出现一个文件名为 NONAME1 的源程序窗口，在此窗口中输入程序。

(2) 保存程序。选择菜单[文件|保存文件]或[文件|另存为]功能，给出文件所要保存的位置。

(3) 建立新的项目。选择菜单[文件|新建项目]功能。新建项目会自动分三步进行：① 加入模块文件；② 加入包含文件；③ 保存项目。

(4) 编译程序。选择菜单[项目|编译]功能，也可按编译快捷图标或 F9 键，编译项目。

(5) 调试程序。选择[执行|跟踪]功能，也可按跟踪快捷图标或 F7 键进行跟踪调试，直至程序完全正确。

(6) 观察程序运行结果。选择[窗口|CPU 窗口]功能观察特殊功能寄存器 SFR 以及普通寄存器 REG 的值。

在调试过程中，可以在单步运行或子程序运行后观察寄存器的内容，从而验证所编写程序的正确性。例如，图 7.4 为寄存器观察窗口，可以在该窗口观察内部特殊功能寄存器以及外部数据存储空间的任何一个单元的实时变量值。

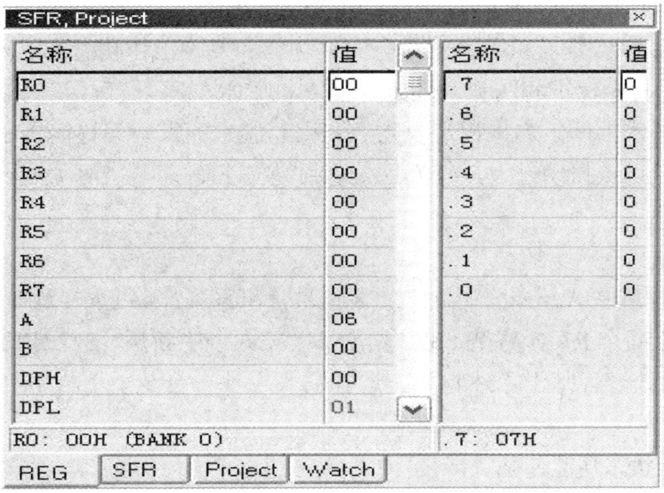

SFR, Project

名称	值	名称	值
R0	00	.7	0
R1	00	.6	0
R2	00	.5	0
R3	00	.4	0
R4	00	.3	0
R5	00	.2	0
R6	00	.1	0
R7	00	.0	0
A	06		
B	00		
DPH	00		
DPL	01		

R0: 00H (BANK 0)　　.7: 07H

REG　SFR　Project　Watch

图 7.4　寄存器观察窗口

7.2　家用电器典型实例——全自动洗衣机

家用电器体积小，品种多，功能差异也大，因此要求控制器体积小，以便能嵌入其结构之中，且控制功能灵活，以实现不同的功能要求。单片机具有体积小、价格低廉、编程灵活等优点，可以实现多种控制功能，广泛地应用于各种嵌入式控制系统中。家用电器是单片机应用最多的领域之一。单片机是家用电器实现智能化的心脏和大脑。

本节通过一个典型实例介绍单片机在全自动洗衣机系统中的应用。

7.2.1　洗衣机的工作原理及设计需求分析

套桶式单缸波轮全自动洗衣机，一般要求具有如下基本功能。

(1) 弱、强洗涤功能。要求强洗时正反转驱动时间各为 4 s，间歇时间为 2 s；弱洗时正反转驱动时间各为 3 s，间歇时间为 2 s。

(2) 4 种洗衣工作程序，即标准程序、经济程序、单独程序和排水程序。标准程序是进水—洗涤—漂洗—脱水，如此循环 3 次，每循环一次，洗涤和漂洗环节时间比上一循环同一环节时间减少 2 min，具体是第一循环为洗涤，时间为 6 min，第二、三次循环为漂洗，时间分别为 4 min 和 2 min。排水时间采用动态时间法确定，脱水时间为 2 min。经济程序与标准程序一样，只是循环次数为 2 次。单独程序是进水—洗涤(6 min)—结束(留水不排不脱)。排水程序是排水—脱水—结束，时间确定与上述程序的相应环节相同。

(3) 进、排水系统故障自动诊断功能。洗衣机在进水或排水过程中，若在一定的时间范围内进水或排水未能达到预定的水位，则说明进、排水系统有故障，此故障由控制系统测知并通过警告程序发出警告信号，提醒操作者进行人工排除。

(4) 间歇驱动方式。脱水期间采取间歇驱动方式，以便节能。本系统要求驱动 5 s，间歇 2 s，间歇期间靠惯性力使脱水桶保持高速旋转。

(5) 声光显示功能。洗衣机各种工作方式的选择和各种工作状态均有声光提示和显示。

(6) 脱水期间安全保护和防振动功能。洗衣机脱水期间，若打开机盖，则洗衣机自动停止脱水操作。脱水期间，如果出现衣物缠绕引起脱水桶重心偏移而不平衡，则洗衣机也会自动停止脱水，以免振动过大，待人工处理后恢复工作。

7.2.2　方案设计

AT89C52 单片机是 Atmel 公司生产的 8 位单片机系列产品之一，是一种 40 引脚双列直插式芯片，具有 256 个 RAM 字节、32 根 I/O 口线、6 个中断源、3 个定时/计数器，指令也和 51 系列单片机兼容。基于上述特点，选择它来设计一台智能洗衣机完全可以实现以下功能。

(1) 洗衣工作状态功能：强、弱洗涤；

(2) 洗衣程序功能：含 4 种独立程序，即标准洗衣程序、经济洗衣程序、单独洗衣程序、排水功能程序；

(3) 特殊功能：故障诊断、安全保护、防振、暂停、间歇工作、声光显示功能。

洗衣机要完成洗衣工作，除了对一般洗衣过程的人工工作及效能进行模拟之外，还要根据洗衣机的机械电子性质进行有关控制和检测。

7.2.3　硬件原理图及分析

全自动洗衣机的控制逻辑电路如图 7.5 至图 7.8 所示，它由单片机 AT89C52 和有关集成电路及元器件组成。全自动洗衣机的工作部件有 3 个，即电机、进水阀和排水阀。电机是洗衣机的动力源，它的转动带动洗衣桶和波轮的转动，从而实现对衣物的洗涤；进水阀用于控制洗衣机的进水量；排水阀用于控制排水。电机在脱水时高速旋转以带动衣物脱水。

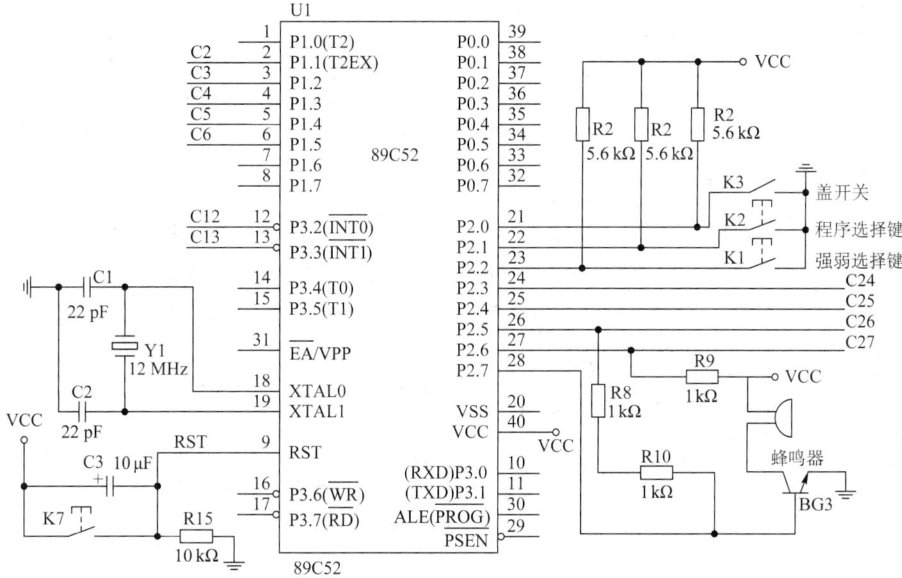

图 7.5　单片机与蜂鸣器电路原理图

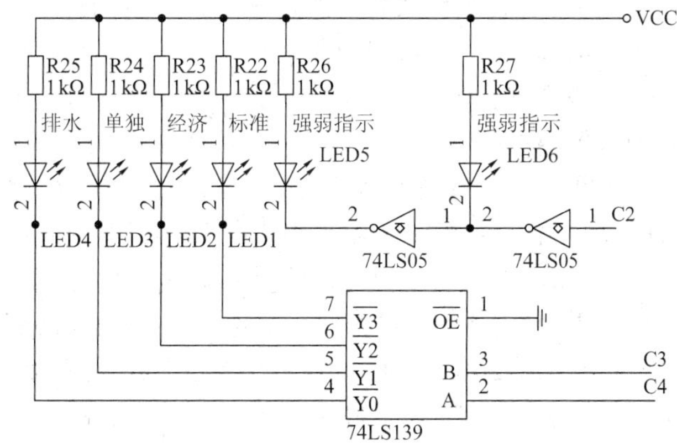

图 7.6　洗涤状态 LED 指示电路原理图

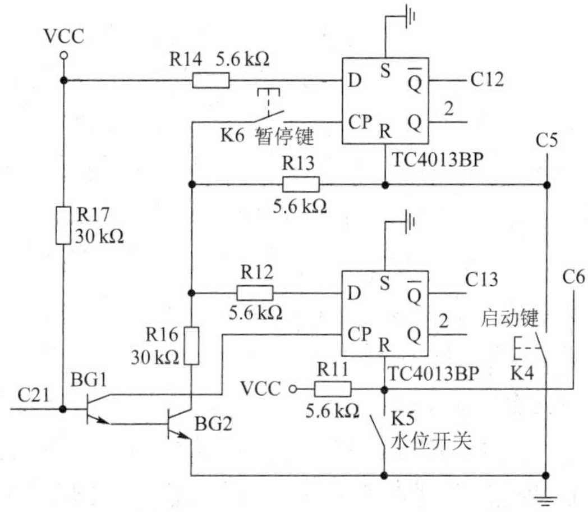

图 7.7　中断与暂停功能实现电路原理图

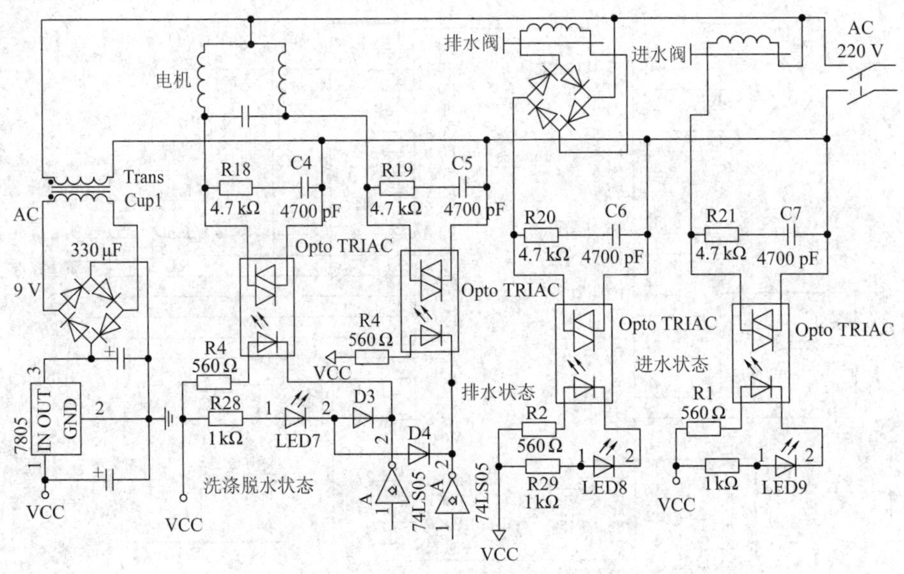

图 7.8　洗衣机电机与阀门控制部分电路原理图

电机有正转、反转及停止 3 种工作状态，通过这 3 种状态的转换实现洗涤功能。在脱水时，电机只工作在正转高速状态，进水阀和排水阀只有开、关两种状态。从图 7.5 所示的控制电路中可知，AT89C52 的 P2 端口中的 P2.3～P2.6 共 4 条 I/O 线通过 4 块新型固态继电器分别直接驱动洗衣机的这些工作部件。

固态继电器是一种内有发光二极管及光触发双向可控硅的电路，10～50 mA 输入电流即可使双向可控硅完全导通，输出端通态电流为 3A(平均值)。选用该器件是因为它不但可使电路得到简化，而且可以起到隔离作用，使强、弱两类电气完全隔离，从而可保证主板的安全。

74LS05 为六反相器，用其作为中间反相器，其中的 4 个反相器可分别驱动 4 个固态继电器，剩余两个反相器用于驱动 LED5 和 LED6。74LS139 为双 2-4 线译码器，选用它可解决 CPU I/O 线数量不足的问题。由控制要求可知，洗衣机有 4 种不同的显示。74LS139 译码器仅占用 CPU 的 P1.2 和 P1.3 两口线即可提供 4 种不同显示的驱动，其逻辑关系是：P1.2、P1.3 为“11”时 LED1 亮，指示标准程序；P1.2、P1.3 为“10”时 LED2 亮，指示经济程序；P1.2、P1.3 为“01”时 LED3 亮，指示单独程序；P1.2、P1.3 为“00”时 LED4 亮，指示排水程序。

洗衣机的暂停功能和安全保护及防振动功能采用中断处理方式。这两个中断分别对应于 CPU 的外部中断“0”和外部中断“1”。中断信号通过 TC4013BP 双 D 触发器的两个 $\overline{Q}$ 分别加到 P3.2 和 P3.3 口线，由触发器锁存直到 CPU 响应中断为止。开盖(安全保护)或不平衡(防振动)中断信号通过由 BG1、BG2 组成的反相器送至 TC4013BP 的 CP 端，经触发器的 $\overline{Q}$ 端加到 P3.3。本系统对开盖和不平衡中断采取相同的处理方法，因此，共用外部中断“1”。

为了充分利用 CPU 的 I/O 口线，P1.4 和 P1.5 采用分时复用技术，每线具有两个功能。在洗衣机未进入工作状态或洗衣机处于暂停状态期间，P1.4 为输入线，用于监测启动键的状态。当启动键按下时，洗衣机即进入工作状态或从暂停状态恢复到原来的工作状态；在洗衣机暂停中断响应期间，P1.4 为输出线，用于撤消暂停中断请求。在洗衣机进水或排水期间，P1.5 被用作输入线，用于监测水位开关状态，为 CPU 提供洗衣机的水位信息；在洗衣机高速脱水期间，当发生开盖和不平衡中断时，P1.5 为输出线，用于撤消中断请求信号。

CPU 的 P2.7 线用于驱动蜂鸣器发出各种告警信号。18 脚和 19 脚外接 12 MHz 的晶振。9 脚通过 10 μF 电容接到+5 V 电源，可实现上电自动复位。K7 为强制复位键。

洗衣机的强、弱洗可通过 K1 键进行循环选择。K1 还具有第二功能，即当洗衣机发生故障转入报警程序后，按下 K1 键可使洗衣机退出报警状态并回到初始待命状态。洗衣机工作程序可通过 K2 键循环选择。洗衣机的工作状态可通过 LED7～LED9 进行显示。脱水期间系统在响应开盖或不平衡终止后，CPU 采取软件查询的方式通过 P2.0 线对盖开关进行监测以确定洗衣机是否继续进行脱水操作。

7.2.4 控制过程的软件程序实现

软件程序流程如图 7.9 所示。

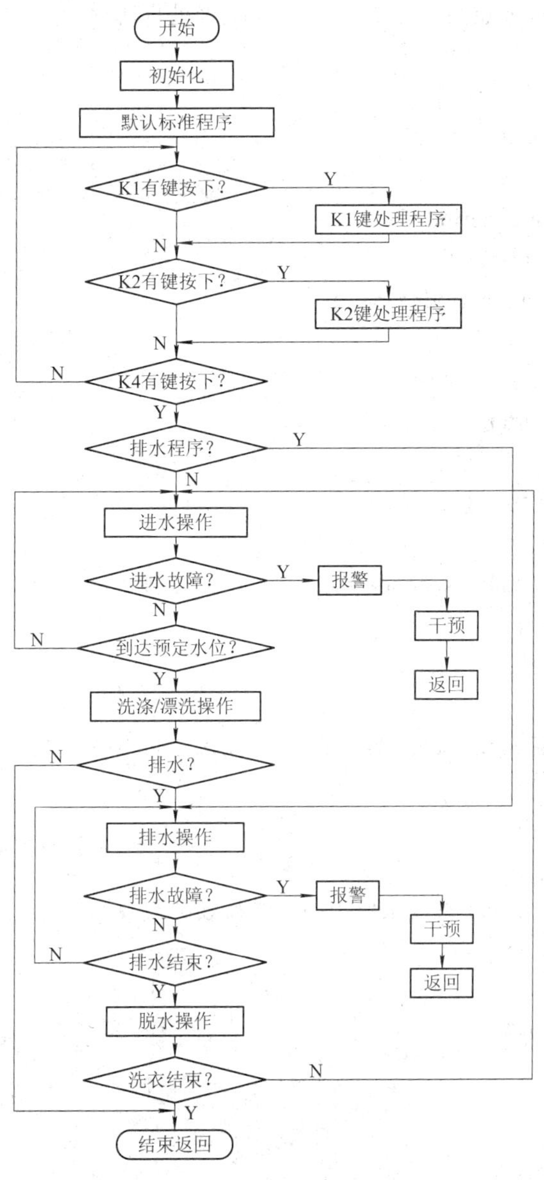

图 7.9　洗衣机程序流程图

部分软件代码如下：

```
/*外部中断 0 服务程序*/
void int0(void) interrupt 0
    {
        K4=1；                          //撤消中断请求
        alarm_prog()；                  //报警处理程序
    }
/*外部中断 1 服务程序*/
void int1(void) interrupt 2
    {   K5=1；                          //撤消中断请求
        alarm_prog()；                  //报警处理程序
    }
/*洗衣机强洗程序*/
uchar strongwash(uchar m)
{
    uchar strong_period=0；
    strong_weak=1；
    while(strong_period<=m)

   { time0_set()；
     time0_start()；

    posrotate=0；
    do
    {}while(t0count_second<=4)；      //正转 4 秒
    posrotate=1；
    revrotate=1；
    do
    {}while(t0count_second<=6)；      //间歇 2 秒

    revrotate=0；
    do
    {}while(t0count_second<=10)；     //反转 4 秒
    strong_period++；

    time0_stop()；
     }
return 0；
}
```

```
/*排水程序*/
void drain_prog(void)
    {
        digbit=0;
        display();
        drainwater=0;

        time0_set();
        time0_start();

        do
        {
           if((t0count_min_flag==0x01)&&(K5==0))
           { alarm_prog(); }
        }while(K5==1);

        drainwater=1;
        time0_stop();
    }
/*脱水程序*/
void spin_drier(void)
  {
    uchar spin_period=0;
    drainwater=1;
    while(spin_period<=18)
    { time0_set();
     time0_start();

    posrotate=0;
    do
    {}while(t0count_second<=5);     //正转 5 秒

    posrotate=1;

    do
    {}while(t0count_second<=7);     //间歇 2 秒
```

```
        spin_period++;
        time0_stop();
        }
      }
    /*洗衣机独立洗涤程序*/
    void indepent_prog(void)
        {
        digbit=1;
        display();
        inwater_prog();

        if(strongwash_flag==0x01)
        { strongwash(strongwash_time[2]); }
        else
        {weakwash(weakwash_time[2]); }

        drain_prog();
        }

    /*二极管显示函数*/
    void display(void)
        {
         switch(digbit)
            {
            case 0: P1=P1&0x0F3;  break;      //排水指示
            case 1: P1=0x0F7;     break;      //单独洗涤指示
            case 2: P1=0x0FB;     break;      //经济洗涤指示
            case 3: P1=P1|0x0C;   break;      //标准程序指示
            default:              break;
            }
        }
```

7.2.5 实例小结

本例介绍了利用单片机作为主控芯片实现全自动洗衣机的设计过程，其中硬件设计部分给出了详细的电路设计图，软件设计部分给出了整个控制过程代码。读者在学习过程中需要注意以下几点：

(1) 设计之前先要明确全自动洗衣机的功能要求。

(2) 设计硬件时请注意中断方式的申请与撤除电路的设计。

(3) 软件设计中对系统的故障诊断与软复位必须加以考虑。

7.3　工业应用实例——配电站综合自动化系统遥测终端单元

7.3.1　配电站综合自动化简介

实现从变电、配电到用电过程的监视、控制和管理的综合自动化系统，称为配电管理系统(Distribution Management System，DMS)。其内容包括配电网数据采集和监控(SCADA，包括配网进线监视、配电变电站自动化、馈线自动化和配变巡检及低压无功补偿)、地理信息系统、网络分析和优化、工作管理系统(包括负荷监控及管理、远方抄表及计费自动化、调度员培训模拟系统等)几个部分。

远动装置(Remote Terminal Unit，RTU)是开闭所和配电、变电所内自动化的重要微机。该装置具有遥测(YC)、遥信(YX)、遥控(YK)和遥调(YT)四种综合能力。

(1) 遥测常用于变压器的有功和无功采集，线路的有功功率采集，母线电压和线路电流采集，温度、压力、流量(流速)等采集，周波频率采集，主变油温采集和其他模拟信号采集。

(2) 遥信要求采用无源接点方式，即某一路遥信量的输入是一对继电器触点，或者闭合，或者断开。通过遥信端子板可将继电器触点的闭合或断开转换成为低电平或高电平信号送入 RTU 的 YX 模块。

(3) 遥控采用无源接点方式，对控制母线、断路器、容抗切投器的开关进行远程控制，要求其正确率大于 99.99%。所谓遥控的正确动作率，是指其不误动的概率。一般拒动不认为是不正确的。遥控功能常用于断路器的闭合或断开和电容器、电抗器的切投，以及其他采用继电器控制的功能。

(4) 遥调常用于有载调压变压器抽头的升降调节和其他可采用一组继电器控制的具有分级升降功能的场合。遥调要求采用无源接点方式，要求其正确率大于 99.99%。

电网调度人员根据以上终端装置获得的信息及时掌握电网发生事故时各断路器和继电器的保护动作状况及动作时间，以区分事件顺序，做出运行对策，进行事故分析。

7.3.2　综合自动化遥测单元功能需求

遥测单元作为 RTU 远动装置的一个重要组成部分，它主要用于对各线路的瞬时电压、电流量进行采集，利用傅立叶级数、均方根等算法计算线路(三相)的电压 U 的有效值、电流 I 的有效值、有功功率 P、无功功率 Q、频率 f 等参数，并将 RTU 主机需要的参数依据电力规程协议上传至 RTU 主机。

一个典型的遥测单元应该具有采集数据准确，并且能够快速无误地将计算结果通过规定通信协议上传至 RTU 主机的特点。

遥测单元的设计原则如下：

(1) 明确任务。遥测单元的数据采集量有：电压、电流和信号的频率。明确任务主要是明确各信号采集精度的标准和要求，据此来选择并确定 A/D 转化器的精度及型号等。

(2) 根据设计者目前所熟悉的处理器及不同处理器所具有的资源选择遥测终端的主控制器，同时应该结合后续程序的编写加以考虑。例如，信号频率的测量一般是先将信号通过硬件电路整形为方波，然后利用 I/O 接口检测高低电平的持续时间，或者采用外部中断源来进行检测，即将中断触发模式设置为边沿触发方式，监测两个上升沿之间的时间间隔。本节拟定选 89C52 作为遥测单元的主控制器。

(3) 结合应用情况合理选择遥测单元与 RTU 主机的通信方式。远动装置的通信方式有多种形式，包括 RS-232/485、CAN 总线和以太网等模式。设计者必须结合实际情况选择可靠、方便的通信方式。

本设计的背景基础是 RTU 主机由两部分组成，即主机和前置机(具有 PC104 总线结构的 CAN 通信卡)。已经存在的遥测单元需要与前置机进行通信，并进行参数的传递。遥测单元属于工业控制，要求具有较强的实时性。CAN 总线通信方式因具有传输速度快、传输距离远等优点，故在本设计中得到了采用。

根据国家电力部颁布的《DL/T630-1998 交流采样远动终端技术条件》标准，要求遥测终端单元能对线路电压、电流的变化量及时进行采样，且采集处理精度要求电压、电流精度在 2‰以内，有功功率和无功功率必须保证在 5‰以内，采集计算结果在 3 秒内上传至 RTU 主机。

(4) 硬件基本结构的确定。通过上述分析可以大致确定系统的硬件结构，详细结构需结合各功能的实现进一步确定。

功能实现与初步设计分析如下：

(1) 频率测量。首先完成信号频率的测量，将通道切换开关切至第一路，该信号在接入 A/D 转换器的同时，经过过零比较器整形为方波，接入至外部中断源的输入端。将外部中断的触发方式设置为边沿触发方式，利用中断服务程序判断两次下降沿，通过测量两次下降沿的时间差，即可获得信号的周期，记为 T。

(2) 数据采集。数据采集指在获得被测信号频率的基础上，完成从电压、电流的模拟量到数字量的转换过程。首先应该根据采样的精度需求来确定在一个周期信号内需要的采样点数，确定采样时间间隔，采样点越多，精度越高。

本节将正弦周期信号内采样的点数定为 32 点，则每次采样的时间间隔为 $T_S=T/32$。由于采样时，每条线路分为 A、B、C 三相，其电压或者电流都是通过它们各自的 A/D 转换器完成的，因此在一个采样周期内要完成一条线路的电压、电流的完整采样，必须分别启动电压、电流的 A/D 转换器 96 次，即每次启动采样的时间间隔为 $T_{SS}=T_S/3$，也就是对一条线路实现一次完整采样所需启动 A/D 转换器的次数为 96 次(32×3)。

本节在微处理器(亦称主控制器)的外围扩展有可编程芯片 8155，采用 8155 内部的定时器来启动 A/D 转换器(将 T_{SS} 作为启动定时器的时间常数)将当前通道的模拟量转换为数字量。转换完毕，A/D 转换结束信号触发外部中断 INT1，在 INT1 的中断服务程序中读取转化结果并分别将电压、电流转换结果存入不同的数据缓冲区。

值得一提的是，在每次启动 A/D 转换器时，CPU 必须同时控制多路切换开关以实现 A、B、C 三相信号的切换，采样结果存入的数据格式排放顺序依次为：A、B、C，A、B、C，…，A、B、C，共 32 组，96 个数据，将其存储在数据缓存区，等待计算子程序的调用。CPU 是通过 8155 的 A 口和 B 口来分别控制电压、电流的控制切换电路的，具体参见硬件原理图。

(3) 参数计算。参数计算包括电压有效值 U、电流有效值 I、有功功率 P 和无功功率 Q 的计算。电压有效值、电流有效值、有功功率采用均方根算式，而无功功率采用差分方式。其计算公式分别表示如下：

$$U=\sqrt{\frac{1}{N}\sum_{i=0}^{n}(U_i)^2} \tag{7.1}$$

$$I=\sqrt{\frac{1}{N}\sum_{i=0}^{n}(I_i)^2} \tag{7.2}$$

$$P=\frac{1}{N}\sum_{i=0}^{n}(U_i\times I_i) \tag{7.3}$$

$$Q=\frac{1}{N}\sum_{i=0}^{n}q_i \tag{7.4}$$

$$q_i=\frac{(U_{i-1}\times I_i-U_i\times I_{i-1})}{2} \tag{7.5}$$

式中：N 表示采样点数；U_i 表示第 i 点电压瞬时值；I_i 表示第 i 点电流瞬时值；q_i 表示第 i 点无功功率瞬时值。值得注意的是，关于无功功率的计算，一般情况下先测量出该线路电压、电流以及电压与电流之间的相位差，然后计算出该线电路的有功功率和无功功率。

本节的交流采样单元对于无功功率的计算采用差分算法，相对来说简化了硬件结构，程序设计较为简单。根据式(7.5)知，由第 i−1 点电压瞬时值与第 i 点电流瞬时值的乘积，减去第 i 点电压瞬时值与第 i−1 点电流瞬时值的乘积，然后除以 2，再根据公式(7.4)即可得到无功功率的有效值。

(4) 通信处理。微处理器的资源(运算速度)是有限的，采用单一的微处理单元完成数据的采集并采用浮点算法进行 U、I、P 和 Q 计算且保留小数位，以保证计算精度，同时还要求瞬时变化量在 3 秒内完成数据上传，这显然是比较困难的。因此本设计中将数据处理结果按照协议规定的格式放入数据存储区，在微处理器外围扩展有专用通信控制器(Intel 82527)。专用通信控制器主要完成遥测单元与 RTU 主机的通信，它与 RTU 主机进行信息交换，包括两部分：一是配置下发信息，即交流与直流采样的线路条数以及互感器的变比等参数信息；二是上传参数，即将采样计算结果上传至主机。

7.3.3　硬件原理设计

遥测单元的硬件结构原理图如图 7.10 所示。图中，89C52 为主控制器，Intel 82527 为通信控制器，Intel 8250 为 CAN 通信的电平转换单元，PSD834F2 为处理器外围芯片。

PSD834F2 芯片具有地址锁存、I/O 接口扩展、PLD 逻辑编程等功能且内含数据、程序存储器单元(128 KB Flash、32 KB EPROM、8 KB SRAM、600 门逻辑电路)。为提高采样精度，选择 12 位 A/D 转换器(AD1674)实现数据采集。由于 MCS-51 系列微处理器的数据总线为 8 位，因此 A/D 转换器的输出结果在接入数据总线时，采用 3 个 74HC244 进行缓存。其中，74HC244(1)接电压 A/D 转换器的高 8 位，其低 4 位接于 74HC244(3)的高 4 位；74HC244(2)接电流 A/D 转换器的高 8 位，其低 4 位接于 74HC244(3)的低 4 位。在该硬件设计中扩展了一片可编程 8155 定时器，主要用来定时启动 A/D 转换器和实现多路信号的切换。另外，该硬件还扩展了一片数据存储器 RAM 62256。

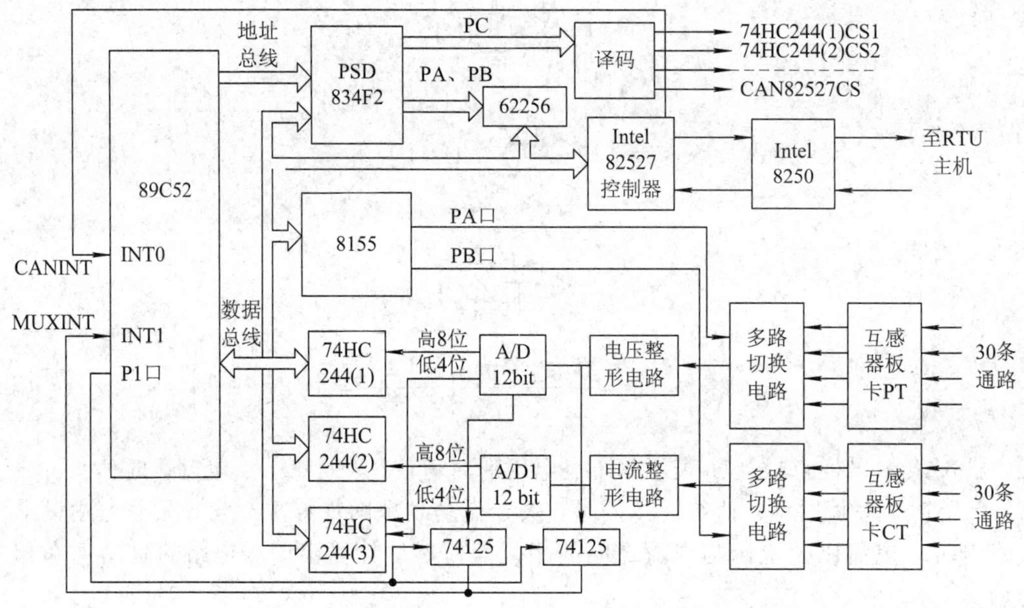

图 7.10　遥测单元的硬件结构原理框图

RTU 遥测单元的采集规模设计为 30 个通道。为实现多条线路采样，设计中应该有通道切换电路，图中设计了两组，每组含四个 4051 多路切换开关(共可控制切换 32 路信号)。通过它们可分别将 30 个通道的电压、电流信号切换至主控制板的电压 A/D 转换器和电流 A/D 转换器前端以实现模拟量的采集。其切换过程采用编程方式分别控制 8155 的 A 口和 B 口，以实现电压、电流通道的切换。

采用 8155 的 PA 口(PA0、PA1、PA2、PA3、PA4)可控制一组通道的切换(电压)。其中，PA0、PA1、PA2 实现每块 4051 的八选一功能，PA3、PA4 经过 74HC139(1)来分别对四片 4051 开关进行片选(即选通)，因此 32 个通道的地址依次为 00H、01H、…、1FH。

同理，采用 8155 的 PB 口(PB0、PB1、PB2、PB3、PB4)可控制另一组通道的切换(电流)。其中，PB0、PB1、PB2 实现每块 4051 的八选一功能，PB3、PB4 经过 74HC139(2)来区别四片 4051 开关，因此其 32 个通道的地址亦依次为 00H、01H、…、1FH。

为了提高遥测装置的性能，使其便于维护，可采用分块结构模式。将图 7.10 中的主控制器 89C52、外围控制芯片 PSD834F2、可编程 8155、锁存器 74HC244、CAN 控制器 82527、

CAN 接口芯片 8250、A/D 转换器 AD1674 等电路集中设计，称为主控制板，如图 7.11 所示。线路电压、电流通道切换部分电路(4051、74HC139)和电压、电流整形电路等以及信号接入端子集中于另外一块独立电路板进行设计，称为通道切换板，如图 7.11 所示。两板之间的安装连接采用上下结构，用多功能插座连接。

通道切换板连接主控制板的同时还通过插头 S2、S3 分别将来自 PT 板、CT 板上的电压和电流输入信号接入自身。插头插针的接线顺序为：1 通道、2 通道、3 通道、公共地、4 通道、5 通道、6 通道、公共地，以此类推(电压电流均按此规律排列)。通道切换板用来实现多条线路交流输入信号的切换；PT/CT 板则用于把交流模拟量输入(电压、电流)转换为适合于 A/D 通道处理的信号；电压互感器板将 0～100 V 的电压线性转换为对应的低电压；电流互感器板将 0～5 A 的电流线性转换为对应的低电压。

硬件地址和内存分配管理如下：

RAM 的地址空间为片内存储器空间 00～0FFH，其余寻址空间均在片外 RAM 62256 中。

ROM 地址空间为 2000H～5FFFH。

各个硬件单元的地址分配及选通如下：

(1) CAN 通信控制器 82527：1800H～18FFH。

(2) A/D 转换器与数据总线接口缓冲单元 74LS244(1)：1008H。

(3) A/D 转换器与数据总线接口缓冲单元 74LS244(2)：100AH。

(4) A/D 转换器与数据总线接口缓冲单元 74LS244(3)：100CH。

(5) 可编程定时器 8155 的选通与地址为

1020H：8155 命令状态字寄存器。

1021H：8155 A 口。

1022H：8155 B 口。

1023H：8155 C 口。

1024H：定时器低 8 位寄存器。

1025H：定时器高 6 位寄存器。

PSD834F2 内部能够包含有 32 KB 片内 ROM，因此硬件设计时不再扩充片外 ROM。通过对该芯片内的 PLD 单元编程实现对上述各个单元的地址分配。Intel 82527 CAN 控制器采用并行扩展方式与主控制器相连。其各种控制信号的连接如图 7.11(c)所示。其工作时钟为独立时钟，通信波特率可通过其 P1 口上的拨码开关设置。

微处理器中断资源使用：

- 外部中断 INT0：CAN 总线通信中断。
- 外部中断 INT1：A/D 转换器结束中断与测量信号频率中断公用一个中断口，利用微处理器的 I/O 进行控制和识别处理，如图 7.11(c)所示。图 7.11(d)中，SN74LS125AN 为三态门，ADINT 与 FREINT 分别为 A/D 转换结束中断与测频中断的控制端，接 89C52 的 P1.2 与 P1.3。PS1.2 与 PS1.3 分别与 8051 的 P1.4 与 P1.5 相连接，便于在软件中判断是哪一个中断源请求中断。

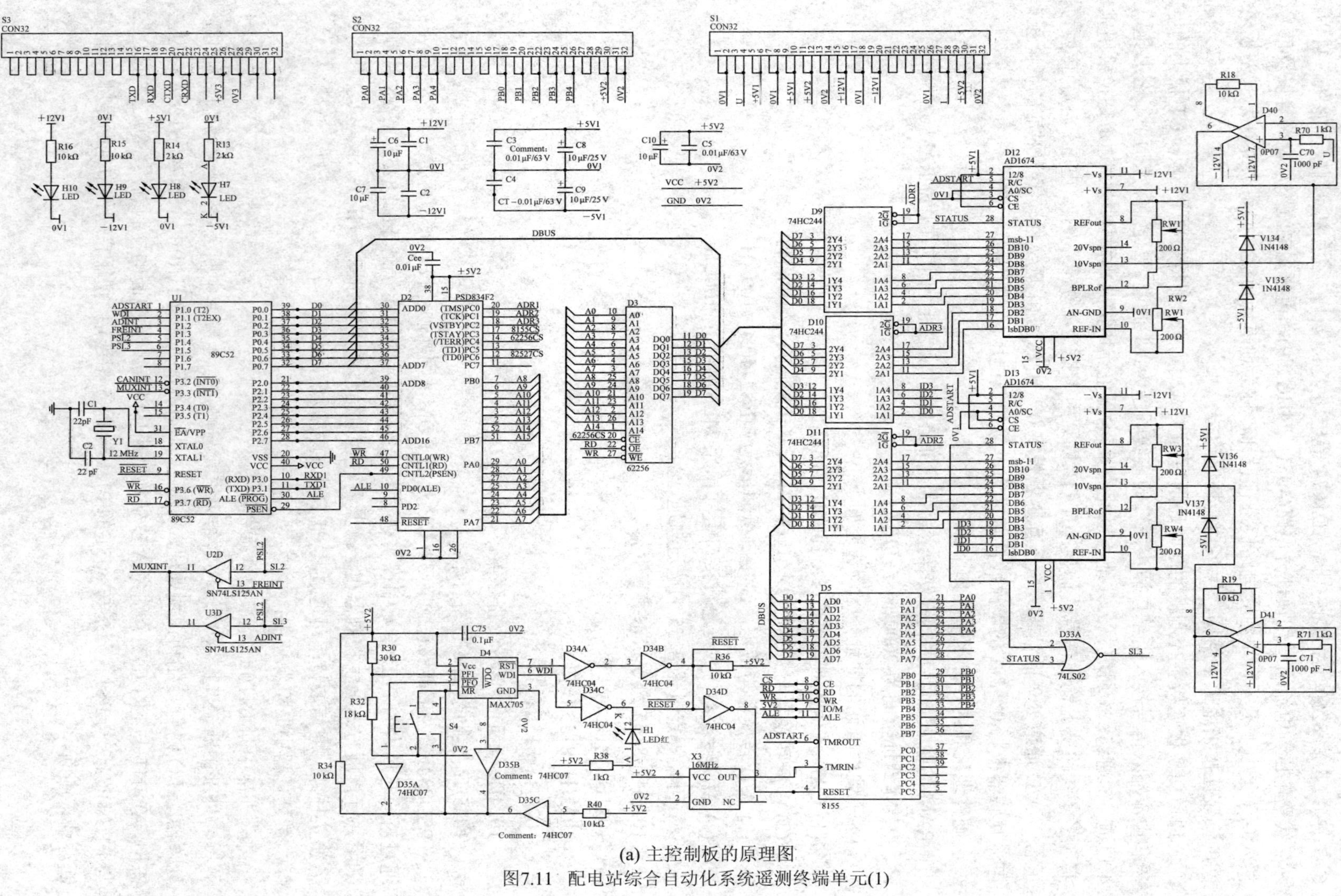

(a) 主控制板的原理图

图7.11 配电站综合自动化系统遥测终端单元(1)

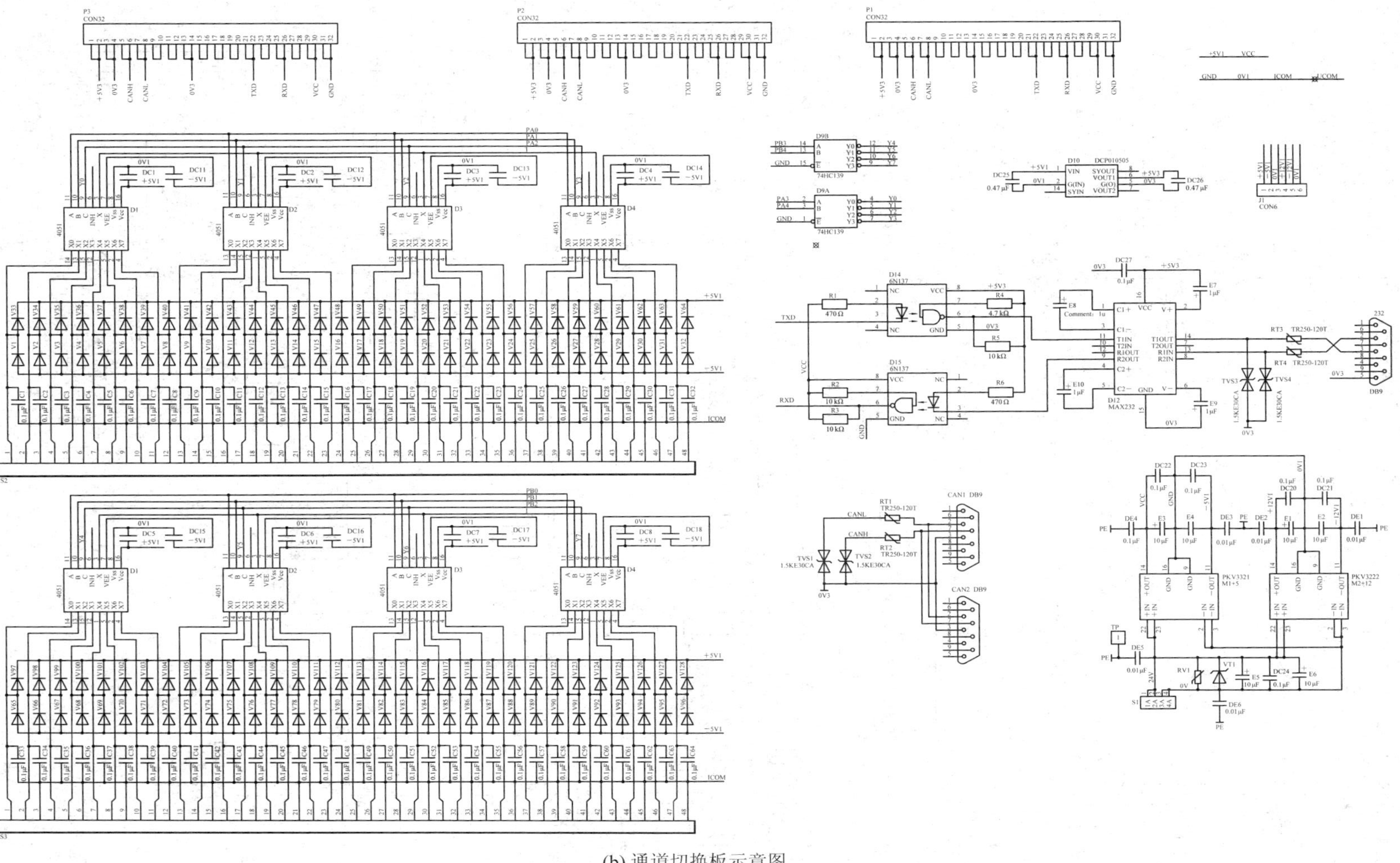

(b) 通道切换板示意图

图7-11　配电站综合自动化系统遥测终端单元(2)

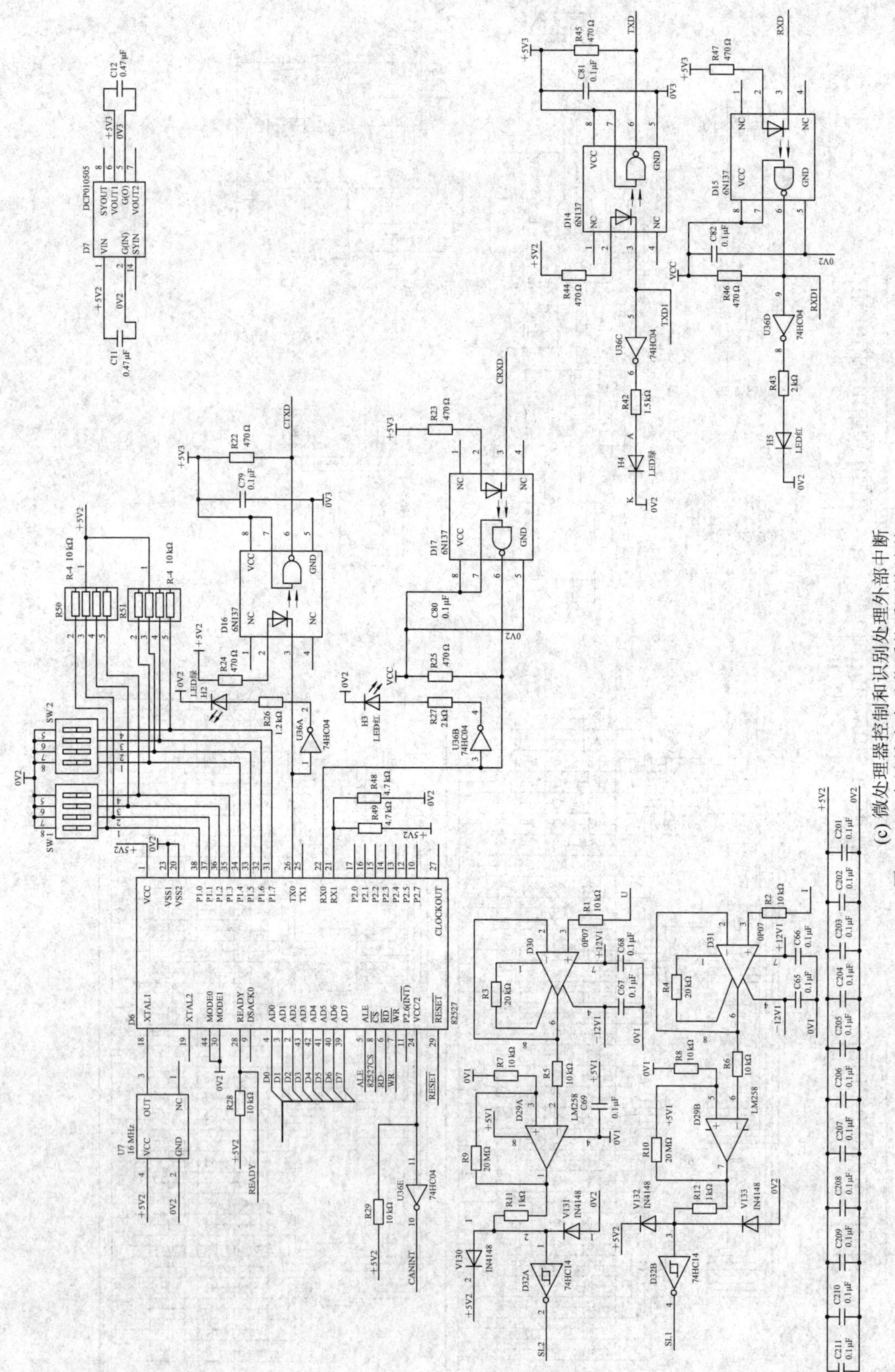

(c) 微处理器控制和识别处理外部中断

图7-11　配电站综合自动化系统遥测终端单元(3)

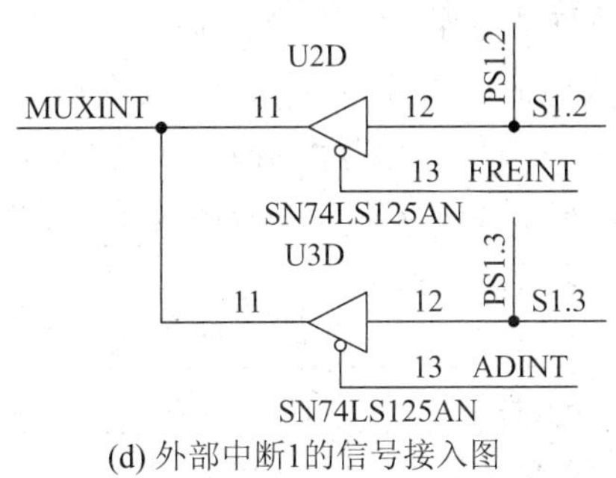

(d) 外部中断1的信号接入图

图 7.11　配电站综合自动化系统遥测终端单元(4)

由图 7.11(d)可知，P1.2 控制 A/D 转换器信号的输入，P1.3 控制频率信号的接入，而且测频中断与 A/D 转换器的结束中断不能同时发生，因此通过控制 P1.2 与 P1.3 三态门即可区分中断源。

7.3.4　程序的设计与组织

程序的组织采用模块化结构，每个子程序要求能够独立完成某种特定功能，并留有输入/输出参数接口供其他程序调用。

整个程序主要由两大模块组成：通信程序和数据处理程序。数据处理程序又分为数据采样程序和参数计算两部分。

各软件程序模块之间的接口衔接关系如图 7.12 所示。

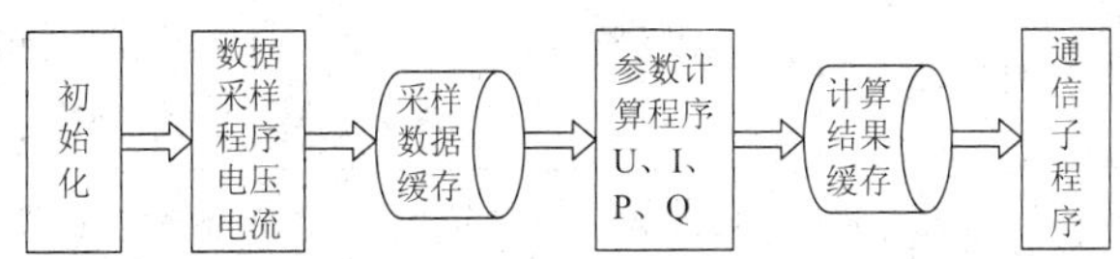

图 7.12　各程序模块之间的接口衔接关系图

下面分别详细介绍各模块程序的组织思路。

首先介绍通信子程序模块。通信程序主要用于实现遥测单元与 RTU 主机之间的信息交换，它们之间的数据交换方式采用 CAN 总线通信模式，通信协议与 CAN 总线通信协议格式相同，协议中的具体参数定义见表 7.1。交换的主要信息内容包括以下两个方面：

(1) 遥测终端接收 RTU 主机下发的配置信息。

RTU 主机下发配置信息是指 RTU 主机根据现场的实际接线情况，对交流采样单元的运行模式可进行灵活配置。配置参数定义如表 7.1 所示。遥测终端接收到上述信息后，会根据信息的内容组织遥测单元的运行。

表 7.1　配置参数定义表

字　节	内　容	说　明
Byte0	配置字 0	配置字 0～4 为 10 位 BCD 码。从低位到高位的位序表示电流接入组序号。该组的取值表示电流接入组关联的电压接入组序号。BCD 数位的取值范围为 0～9，当其值超出这一范围时，表示该电流接入组未使用
Byte1	配置字 1	
Byte2	配置字 2	
Byte3	配置字 3	
Byte4	配置字 4	

(2) 遥测终端上传有效数据信息至 RTU 主机。

遥测单元通过 CAN 总线通信方式，把该单元的实时有效数据(即电压、电流、有功功率和无功功率以及信号频率的计算转换结果数据)写入 CAN 通信控制器的发送数据缓冲区中(即根据规定协议将数据编包)，由 CAN 控制器上传至 RTU 主机。上传数据协议格式如表 7.2 所示，测控数据标识见表 7.3。

表 7.2 数据通信格式

字节	内容	说明
Byte0	B2H	B2H 表示此帧数据为遥测量上行数据；0～95 表示上传数据为电压量、电流量、有功功率、无功功率和频率(均以 2 字节数据表示)等的标识
Byte1	测控单元地址	
Byte2	0～95	
Byte3	数据低字节	
Byte4	数据高字节	

表 7.3 测控数据标识明细

序号	测控数据标识	测控数据	说明
1	0～29	电压	遥测电压以 2 字节无符号二进制数表示，低字节在前，高字节在后；1LSB=0.001 V，取值范围为 0～655.35 V
2	30～59	电流	遥测电流以 2 字节无符号二进制数表示，低字节在前，高字节在后；1LSB=0.001 A，取值范围为 0～655.35 A
3	60～69	有功功率	遥测有功功率以 2 字节有符号二进制数表示，低字节在前，高字节在后；1LSB=0.1 W，取值范围为–3276.7 W～3276.8 W
4	70～79	无功功率	遥测无功功率以 2 字节有符号二进制数表示，低字节在前，高字节在后；1LSB=0.1 Var，取值范围为–3276.7 Var～3276.8 Var
5	80～89	频率	遥测频率以 2 字节无符号二进制数表示，低字节在前，高字节在后；1LSB=0.001 Hz，取值范围为 0～65.535 Hz
6	90～95	直流	遥测直流量以 2 字节有符号二进制数表示，低字节在前，高字节在后；1LSB=0.01 V，取值范围为–327.67 V～327.68 V

数据处理程序分为采样子程序和参数计算子程序。

采样子程序主要负责采集 10 条线路(每条线路有 A、B、C 三相)30 个通道的电压、电流信号，并将每条线路在其一个周期内的采样点的瞬时数据存储在指定的缓冲区内，等待参数计算子程序调用。

计算子程序主要负责将存储在指定缓冲区中的 10 条线路的电压、电流信号采样值读出，根据确定的算法计算各条线路的电压、电流有效值以及各条线路的有功功率和无功功率，并将计算结果按格式排列为电压 A 相、B 相、C 相，电流 A 相、B 相、C 相，有功、无功顺序，并将其分别存放到 8 个数据缓冲区，等待数据转换子程序调用。

数据转换子程序主要负责按 CAN 规定协议将刚才的计算结果转换为 CAN 控制器规定的格式，以便于数据传输。

7.3.5　程序的优化设计

程序优化和程序的组织原则密切相关。下面重点介绍几个子程序间的配合方法。

1．采样子程序和计算子程序的关系

首先明确采样子程序，将采样结果写入数据缓冲区以供计算子程序调用，一般情况下需要开辟数据缓冲区，用来存储数据。每一条线路都由 A、B、C 三相组成，若在一个周期采样点数选为 32 点，则每一相的采样点数为 32 点。设计时设置数组，即用 voltage_a[33]、voltage_b[33]和 voltage_c[33]分别存储每相电压的瞬时采样值，用 current_a[33]和 current_b[33]、current_c[33]分别存储每相电流的瞬时采样值(上述电压、电流数组统一简称为第一数组)。

采样过程中采用 8155 中的定时器实现 A/D 转换器的启动，仅当转换结束后，才启用中断服务子程序对转换结果进行读取，写数据至缓冲区中。计算子程序在主程序中一直被调用执行，只要采样缓冲区中有数据，就调用计算子程序进行数据计算。

显然，对于采样结果，缓冲区会存在采样子程序的写入操作和计算子程序的读出操作同时发生的情形，即发生缓冲区读/写冲突。为避免上述冲突的发生，特设定两个缓冲区。

因此开辟另一组缓冲：voltage_aa[33]、voltage_bb[33]、voltage_cc[33]和 current_aa[33]、current_bb[33]和 current_cc[33]，分别用来存储另一组的电压、电流采样数据(简称为第二数组)。

初始化时将设立的两个数组及各数组的满标志位清 0，采样子程序将某条线路的 A、B、C 三相电压、电流采样结果存于第一数组。采样结束时，将第一数组的满标志位置 1，若第二数组的满标志位为 0，则将第一数组中的数据内容移入第二数组，同时将第一数组的满标志位清 0，将第二数组的满标志位置 1。计算子程序仅从第二数组读取数据并进行计算，计算完毕，将第二数组的满标志位清 0。同时采样子程序继续运行，若第一数组满标志位清 0，则采样结果仍然存入第一数组，如数组存满即表示另一条线路采样完成，准备将第一数组内容移入第二数组，此时若计算子程序对上一条线路的计算未完成，即第二数组设立的满标志位未被清 0，则停止采样直到计算子程序返回，在第二数组设立的满标志位被清 0 时，允许将第一数组内容移入第二数组，再次启动 A/D 转换器进行下一条线路采样。10 条线路均按上述过程循环进行。

2．参数发送数据缓冲区的读/写配合

计算子程序将参数计算结果传递给数据转换子程序，数据转换子程将其转换为 CAN 通信所需格式，然后存入发送参数数据缓冲区，等待通信子程序从发送参数数据缓冲区读出并进行发送。此时会发生同时对参数发送缓冲区进行操作，为避免冲突，采用结构体和重要标志位进行标识处理。

(1) 参数发送数据缓冲区：读与写的配合，采用数据结构体和标志位进行处理。其结构体描述如下：

Send_buffer(200) Structure (id word, data_length byte, datas(8) byte)

存储空间位于 RAM(0E000H)。

重要标志位如表 7.4 所示。

表 7.4　参数发送数据缓冲区的重要标志位

标 志 位 名 称	标 志 位 描 述
Write_pointer	发送缓冲区写指针
Read_pointer	发送缓冲区读指针
Readflag	读标志
Writeflag	写标志
Writefull	写满标志
Readempty	读空标志

同理，RTU 主机在下发配置参数时，将接收到的数据放入参数接收缓冲区，等待主程序读取并根据配置信息的内容设置遥测单元的工作运行状态。此时也会发生对数据缓冲区同时进行操作，为避免冲突，也采用了结构体和重要标志位进行标识处理。

(2) 参数接收数据缓冲区：读与写的配合，同样采用数据结构体和标志位进行处理。

结构体描述如下：

Rece_buffer (200) structure(id word, data_length byte, datas(8) byte)

存储空间位于 RAM(0C000H)

重要标志位如表 7.5 所示。

表 7.5　参数接收数据缓冲区的重要标志位

标 志 位 名 称	标 志 位 描 述
R_write_pointer	接收缓冲区写指针
R_read_pointer	接收缓冲区读指针
R_readflag	读标志
R_writeflag	写标志
R_writefull	写满标志
R_readempty	读空标志

典型实例程序如下：

```
/*功能：将 CAN 中的参数写入接收缓冲区*/
void cawrite_buffer(void)
  {
    uchar i;
    PACKET *sendb;
    sendb=cabuffer_ptr(cawrite_pointer);
```

```
        if (cawrite_full==0)                    /*未写满*/
        {
        cawriteflag=1;
        sendb->id=rpack.id;
        sendb->data_length=rpack.data_length;
        for(i=0; i<8; i++)
            {
             sendb->data[i]=rpack.data[i];
            }

        cawrite_pointer=cawrite_pointer+1;
        caread_empty=0x00;
        if (cawrite_pointer==199)   cawrite_pointer=0;
        if (caread_pointer==cawrite_pointer)   cawrite_full=0x01;
               else cawrite_full=0x00;
         cawriteflag=0x00;
         new_pack==0x00;
        }
        else {                              /*iflag and 0f0h=0f0h,cawrite full*/
              cawriteflag=1;
              sendb->id=rpack.id;
              sendb->data_length=rpack.data_length;
                for(i=0; i<8; i++)
                 {
                 sendb->data[i]=rpack.data[i];
                 }
              cawrite_pointer=cawrite_pointer+1;
              if (cawrite_pointer==199) cawrite_pointer=0;
              caread_pointer=caread_pointer+1;
              if (caread_pointer==199) caread_pointer=0;
              caread_empty=0x00;
              cawriteflag=0x00;
              new_pack==0x00;
              }
}
```

遥测单元主程序流程图如图 7.13 所示。参数发送数据缓冲区的读/写配合流程图如图 7.14 所示。

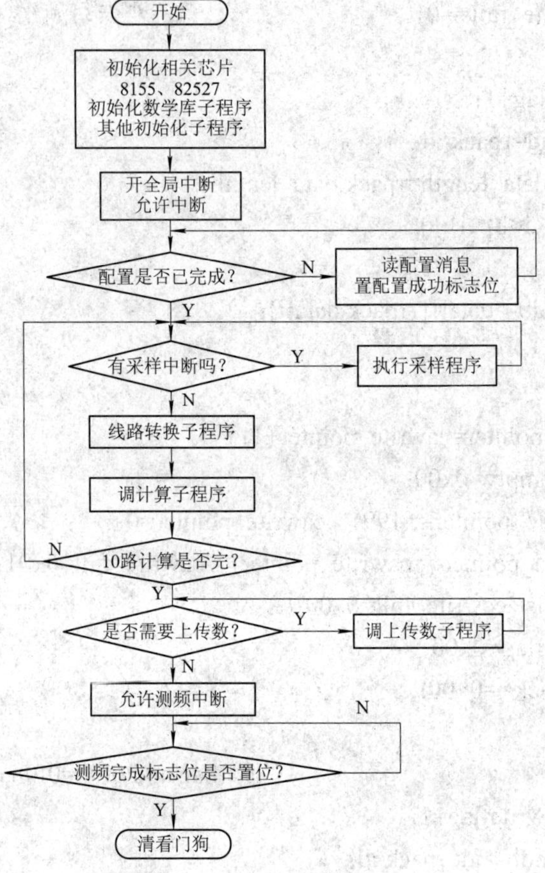

图 7.13　遥测单元主程序流程图

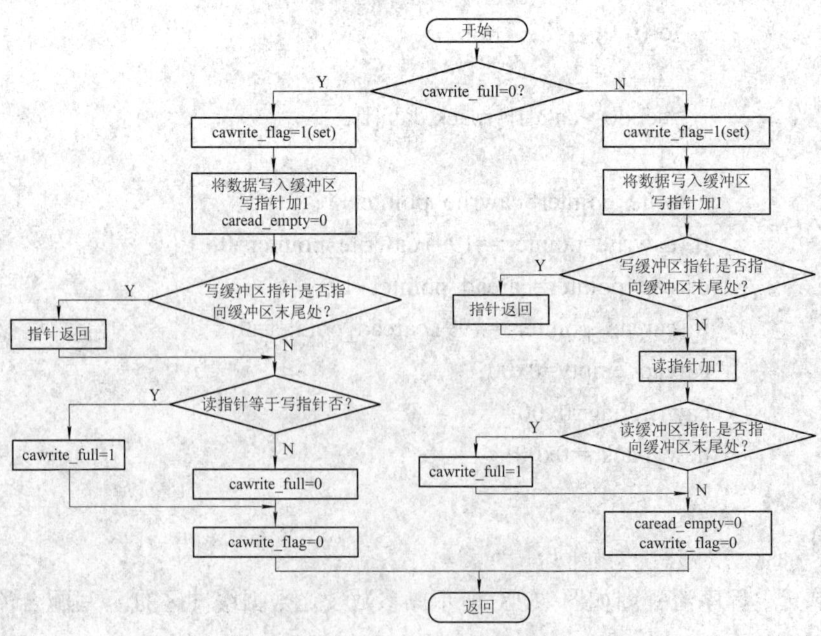

图 7.14　参数发送数据缓冲区的读/写配合流程图

7.3.6　各功能模块实现的程序源代码

在阅读本程序之前请预先阅读 CAN 通信协议规定格式(参见附录五"基于 CAN 总线的 RTU 通信协议" 及 CAN 控制器资料 Intel 82527 Data sheet。

82527 是 Intel 公司生产的独立 CAN 总线控制器，可通过并行总线与控制器接口；支持 CAN 规程 2.0B 标准, 具有接收和发送功能并可完成报文滤波。82527 有 5 种工作模式：Intel 方式 8 位分时复用模式，Intel 方式 16 位分时复用模式，串行接口模式，非 Intel 方式 8 位分时复用模式和 8 位非分时复用模式。本节应用 Intel 方式 8 位分时复用模式。其工作模式及通信过程的控制均是通过对其内部功能寄存器的操作来完成的，这是本程序的一个难点。下面是部分重要子程序的详解。

CAN 通信中断子程序主要完成遥测单元与 RTU 主机之间的数据通信，当接收、发送一包数据完成后，向主控制器 CPU 申请中断。中断服务程序完成对接收到的数据包读取或者下一包数据的发送。

```
/************************************************************************/
/*
功能：初始化 CAN 控制器。
参数：global_mask 为标准模式全局报文屏蔽字。
返回：无。
说明：波特率设置为 125 kb/s。
*/
void init82527(uint global_mask)
{
    uchar i;
    uchar j;
    uchar baud_num;
    uint mask;
    while(CPU_INTERFACE_REG & 0x80);
    CPU_INTERFACE_REG = 0x40;
    CONTROL_REG |= 0x40;
    BUS_CONFIG_REG = 0x48;
    P1CONFIG_REG = 0x00;
    P2CONFIG_REG = 0x00;
    BUS_TIMING_REG0 = 0x03;
    BUS_TIMING_REG1 = 0x1c;
    CONTROL_REG &= 0xbf;
    mask = 0xffe0 ^ (~(global_mask << 5));
    GLOBAL_MASK_STANDARD_REG0 = mask >> 8;
    GLOBAL_MASK_STANDARD_REG1 = mask;
    for(i = 1;   i <= 15;   i++){
```

```
        msg_obj_ptr(i)->control[0] = 0x55；
        msg_obj_ptr(i)->control[1] = 0x55；
        for(j = 0；  j < 4；  j++)
            msg_obj_ptr(i)->arbitration[j] = 0x66；
    }
    CONTROL_REG |= 0x02；
    CONTROL_REG &= 0xfe；
    STATUS_REG & = 0xe0；
}
/************************************************************************/
/*
功能：初始化报文对象，CAN 报文初始化为标准模式。
参数：msg_obj_number 为报文对象序号(1～15)。
      msg_obj_identifier 为报文对象标识(11 位右对齐)。
      Direction 为报文传输方向，0 为接收，1 为发送。
返回：无。
说明：报文对象初始化为标准模式，适合于任意模块中 CAN 控制器 82527 的报文初始化。
*/
void init_msg_obj(uchar msg_obj_number, uint msg_obj_identifier, uchar direction){
    MESSAGE_OBJECT *msg_obj；
    msg_obj = msg_obj_ptr(msg_obj_number)；
    msg_obj -> control[0] = 0x7f；
    msg_obj -> control[0] = 0x55；
    msg_obj -> control[1] = 0x55；
    switch(direction) {
        case 0x00：
            msg_obj -> control[0] = 0xfb；
            break；
        case 0x01：
            msg_obj -> control[0] = 0xef；
            break；
        default：

    }
    msg_obj -> control[1] = 0xfb；
    msg_obj -> arbitration[0] = (uchar)((msg_obj_identifier << 5) >> 8)；
    msg_obj -> arbitration[1] = (uchar)(msg_obj_identifier << 5)；
    msg_obj -> message_config = direction << 3；
```

```
    msg_obj -> control[0] = 0xbf;
}
/*****************************************************************/
/*
功能：计算指向接收对象的指针。
参数：cawrite_pointer 或 caread_pointer  序号(1～200)。
返回：指向序号为 cawrite_pointer 或 caread_pointer 的结构体对象的指针。
*/
PACKET *cabuffer_ptr(uchar cawrite_pointer){
    return(( PACKET *)(0xd000 + (cawrite_pointer*0x0c)));
}
/*****************************************************************/
/*
功能：计算指向报文对象的指针。
参数：msg_obj_number 为报文对象序号(1～15)。
返回：指向序号为 msg_obj_number 的报文对象的指针。
*/
MESSAGE_OBJECT *msg_obj_ptr(uchar msg_obj_number){
    return ((MESSAGE_OBJECT *)(CAN_BASE + (msg_obj_number << 4)));
}
/*****************************************************************/
/*
功能：发送数据包。
参数：msg_obj_number 为报文对象序号(1～15)。
      pack_ptr 为指向发送数据包的指针。
返回：无。
说明：调用此函数将使用序号为 msg_obj_number 的报文对象发送 pack_ptr 指针指向的数据包。
*/
void can_write_packet(uchar msg_obj_number, PACKET *pack_ptr){
    uchar i;
    MESSAGE_OBJECT *msg_obj;
    msg_obj = msg_obj_ptr(msg_obj_number);
    msg_obj -> control[0] = 0x7f;
    msg_obj -> control[0] = 0x55;
    msg_obj -> control[1] = 0x55;
    msg_obj -> control[0] = 0xef;
    msg_obj -> control[1] = 0xfb;
    msg_obj -> arbitration[0] = (uchar)((pack_ptr -> id << 5) >> 8);
```

```
    msg_obj -> arbitration[1] = (uchar)(pack_ptr -> id << 5);
    msg_obj -> message_config = ((pack_ptr -> data_length << 4) | 0x08);
    msg_obj -> control[0] = 0xbf;
    msg_obj -> control[1] = 0xfe;
    for(i = 0;   i < pack_ptr -> data_length;   i++)
        msg_obj -> data[i] = pack_ptr -> data[i];
    msg_obj -> control[1] = 0xf7;
    msg_obj -> control[1] = 0xef;
}
/*****************************************************************************/
/*
功能：接收数据包。
参数：msg_obj_number 为报文对象序号(1～15)。
      pack_ptr 为指向接收数据包的指针。
返回：0x00 表示接收数据包失败；
      0x01 表示接收数据包成功，数据已接收到 pack_ptr 指针指向的数据包。
说明：调用此函数将从序号为 msg_obj_number 的报文对象接收数据包。
*/
uchar can_read_data(uchar msg_obj_number, PACKET *pack_ptr){
    uchar i;
    MESSAGE_OBJECT *msg_obj;
    msg_obj = msg_obj_ptr(msg_obj_number);
    if ((msg_obj -> control[1] & 0x03) == 0x02) {
        msg_obj -> control[1] = 0xfd;
        pack_ptr -> id = (uint)((msg_obj -> arbitration[0] << 3) |
                                    (msg_obj -> arbitration[1] >> 5));
        pack_ptr -> data_length = (msg_obj -> message_config & 0xf0) >> 4;
        for(i = 0;   i < pack_ptr -> data_length;   i++)
            pack_ptr -> data[i] = msg_obj -> data[i];
      return(0x01);
    }
   else return(0x00);
}
/*****************************************************************************/
/*功能：CAN 通信中断服务子程序。CAN 控制器发送、接收报文成功均产生中断。
参数：无。
返回：无。
说明：当任意接收报文对象接收到数据包时，该数据包存入全局变量 rpack 中，同
时 new_pack 标志置 1。
```

```
*/
void can_com(void)
{
    uchar i;
    uchar int_no;
    uchar status;
    MESSAGE_OBJECT *msg_obj;        //结构体变量，报文对象的格式
    int_no = INTERRUPT_REG;         //82527 中的特殊功能寄存器
    if (int_no == 1)
        status = STATUS_REG;
    else {
    if (int_no >= 2)
      {
      status = STATUS_REG;
      if (int_no == 2) int_no = 15;
      else   int_no -= 2;
            msg_obj = msg_obj_ptr (int_no);  //计算指向报文对象的指针，指向序
                                             //号为 int_no 的报文对象的指针
    if (status & 0x10)                       //接收报文成功标志位
          {
          STATUS_REG &= 0xef;
          if ((new_pack == 0x00) && \ (can_read_data(int_no, &rpack) == 0x01))
             if(rpack.data[0]==0x30)   new_pack = 0x01;   //接收到数据标志
          }
       else {
            if (status & 0x08)              //发送报文成功标志位
              {
              STATUS_REG &= 0xf7;
              send1_successfull=0x01;
              }
            }
    msg_obj -> control[0] = 0xfd;
          }
       }
   STATUS_REG &= 0xe0;
}
/*****************************************************************/
```

主程序及子函数清单如下：

```
// Header files
```

```
#include <reg52.h>
#include <math.h>
#include<stdio.h>
#define LINE_NUM 10                              //该单元可接入的线路条数
#define uchar unsigned char
#define uint unsigned int
#define ulongint unsigned long int

//82527 寄存器定义
#define CAN_BASE 0x1800
#define CONTROL_REG      ((uchar xdata *)(CAN_BASE + 0x00))
#define STATUS _REG      ((uchar xdata *)(CAN_BASE + 0x01))
#define CPU_INTERFACE_REG      ((uchar xdata *)(CAN_BASE + 0x02))
#define GLOBAL_MASK_STANDARD_REG0 ((uchar xdata *)(CAN_BASE + 0x06))
#define GLOBAL_MASK_STANDARD_REG1 ((uchar xdata *)(CAN_BASE + 0x07))
#define MESSAGE15_MASK_REG      ((uchar xdata *)(CAN_BASE + 0x0c))
#define BUS_CONFIG_REG      ((uchar xdata *)(CAN_BASE + 0x2f))
#define BUS_TIMING_REG0      ((uchar xdata *)(CAN_BASE + 0x3f))
#define BUS_TIMING_REG1      ((uchar xdata *)(CAN_BASE + 0x4f))
#define INTERRUPT_REG      ((uchar xdata *)(CAN_BASE + 0x5f))
#define P1CONFIG_REG      ((uchar xdata *)(CAN_BASE + 0x9f))
#define P2CONFIG_REG      ((uchar xdata *)(CAN_BASE + 0xaf))
#define P2IN_REG      ((uchar xdata *)(CAN_BASE + 0xcf))

//变量类型定义
typedef struct{
    uchar control[2];
    uchar arbitration[4];
    uchar message_config;
    uchar data[8];
} MESSAGE_OBJECT;                              //结构体变量，报文对象的格式

typedef struct{
    uint id;
    uchar data_length;
    uchar data[0x08];
} PACKET;                                      //结构体变量，数据包格式

//全局变量
```

```
PACKET    tpack,rpack;
uchar new_pack=0;
uchar number_card=1;
uchar temp_array2[8];

uchar cawrite_pointer=0,caread_pointer=0;        //写指针，读指针参数区
uchar cawrite_full=0,caread_empty=1;
uchar careadflag=0,cawriteflag=0;
uchar send1_successfull=1;                       //msg_obj1 can send data flag

uchar phase_count=0;                             //线路的相序号 0、1、2
uchar channel_count=0;                           //通道的序号数 0～30
uchar channel_flag=0;                            //通道标志
uchar line_j=0;
uchar period_count=0;                            //测量频率时，进入中断次数计数
uchar line_u_num[10]={0,1,2,3,4,5,6,7,8,9};      //存线路号，默认值为十条线路
uchar line_i_num[10]={0,1,2,3,4,5,6,7,8,9};      //数组的元素由配置信息得到
uchar arr_channelu[30];                          //存通道号，默认值为十条线路 a、b、c
uchar arr_channeli[30];                          //顺序存放

uint acqu_voltage_arraya[10][37],acqu_current_arraya[10][37];
uint acqu_voltage_arrayb[10][37],acqu_current_arrayb[10][37];
uint acqu_voltage_arrayc[10][37],acqu_current_arrayc[10][37];

uint jacqu_voltage_arraya[33],jacqu_current_arraya[33];
uint jacqu_voltage_arrayb[33],jacqu_current_arrayb[33];
uint jacqu_voltage_arrayc[33],jacqu_current_arrayc[33];

uint u_value_a[10],u_value_b[10],u_value_c[10];
uint i_value_a[10],i_value_b[10],i_value_c[10];
signed int   p_value[10];
signed int   wattless_value[10];

uchar u_biaohao=0,i_biaohao=30,p_biaohao=60,q_biaohao=70;   //发送数据标识

uchar muxu_time1l,muxu_time1h;        //8155 定时器的高、低位定时常数
uint x1,x2;                           //频率测量的两次时刻值
uint freq[3];                         //全局变量，存储连续 3 次测量的频率值
uint f_time=5000;                     //全局变量，默认的初值
```

```
uint ff_time=0x4e2;
uchar fre_finished_flag=0x55;

uint u_base=0x800;                    //全局变量，默认的电压基准值
uint i_base=0x800;                    //全局变量，默认的电流基准值

uchar receive_flag=0x55;
uchar f_flag=0x55;
uchar first_flag=0;
uchar config_flag=0xff;               //全局变量，判断配置信息标志
uchar calculate_count=0;

// A/D address defines
#define Voltage_ad       0x1008 ;     //voltage high 8 bit
#define Current_ad       0x100a;      //current high 8 bit
#define Common_ad        0x100c;      //voltage low 4 bit=> data bus high 4 bit
                                      //current low 4 bit=> data bus low 4 bit
// Memory and I/O defines
uchar muxu_ctrl,muxi_select,muxu_select,muxu_timel,muxu_timeh;
uchar pa_ctrl,pb_ctrl,pa_dir,pb_dir;

// Locate address of memory and I/O
#define muxu_ctrl        ((uchar xdata *)(0x1020))
#define muxi_select      ((uchar xdata *)(0x1021))
#define muxu_select      ((uchar xdata *)(0x1022))
#define muxu_timel       ((uchar xdata *)(0x1024))
#define muxu_timeh       ((uchar xdata *)(0x1025))

//psd operate address
#define pa_ctrl      ((uchar xdata *)(0x1202))
#define pb_ctrl      ((uchar xdata *)(0x1203))
#define pa_dir       ((uchar xdata *)(0x1206))
#define pb_dir       ((uchar xdata *)(0x1207))
#define muxu_timeh      ((uchar xdata *)(0x1025))
//Port bit define
SBIT   ENABLE_INT_A/D   P1^2
SBIT   ENABLE_INT_FRE   P1^3

// Interrupt defines
```

```
#pragma interrupt(can_com=0)        //CAN 通信中断占用外部中断 0
#pragma interrupt(mux_int=2)        //频率测量信号与 A/D 转化结束中断
//Function Prototypes 电压、电流、有功功率和无功功率计算子程序
unsigned long voltage_effective_value(unsigned int *scrp,unsigned char len);
unsigned long current_effective_value(unsigned int *scrp,unsigned char len);
signed long power_value(unsigned int *scrp1,unsigned int *scrp2,unsigned char len);
signed long wattless_power_value(signed int *scrpu,signed int *scrpi,unsigned char len);

void initial1();                //初始化子程序，初始化 psd、8155、中断寄存器等
void channel_turn();            //通道切换子程序，通道转换，线路号转换成点号
void measure_base();            //电压、电流基准测量子程序
void ji_suan();                 //参数计算子程序
void dog();                     //看门狗子程序
void send_delay_time(unsigned long constant);   //发送数据延时子程序

void multi_int ();              //A/D 转换器结束和频率测量中断子程序
void can_com();                 //CAN 中断通信子程序
measure_base()                  //测试计算基准电压、电流
void ji_suan()                  //计算电压、电流，有功、无功、频率子程序

//数据格式转换子程序：电压、电流、有功功率、无功功率、频率
void form_convertui(uint *vale,uchar jj,uchar line_biaohao,uchar msg_num); //电压、
                                                                      电流
void form_convertpq(signed int *vale,uchar jj,uchar line_biaohao,uchar msg_num);
                                                                      //功率
void form_convertf (uint ftime,uchar msg_num);    //频率

//与 CAN 控制器相关的函数，前面已经详述，此处不再赘述
void init82527(uint global_mask);
void init_msg_obj(uchar msg_obj_number, uint msg_obj_identifier, uchar direction);
void can_write_packet(uchar msg_obj_number, PACKET *pack_ptr)
MESSAGE_OBJECT *msg_obj_ptr(uchar msg_obj_number);
PACKET *cabuffer_ptr (uchar cawrite_pointer);
//****************************************************************
uchar caread_buffer(uchar *xiao_pointervoid)    //将接收数据从接收参数缓冲区读
                                                //出，放入指针指定的存储单元中
void cawrite_buffer(void);                      //将 CAN 中参数写入接收缓冲区
uchar can_read_data (uchar msg_obj_number, PACKET *pack_ptr)  // 接收数据包函数,
                        //调用此函数将从序号为 msg_obj_number 的报文对象接收
```

```
                    //数据包
void read_config(void); //读配置信息子程序
//*************************************************************************/
```

主程序中，遥测单元上电初始，必须读取主机下发的配置信息。配置信息读取成功后，根据配置信息设置遥测单元的工作模式，不再读取配置信息，即配置信息只读取一次。因此在主程序中，初始化外围控制器 CAN82527、8155、中断允许位等后，等待配置信息接收。接收成功后，开始进行遥测数据采集、计算以及通信上传。

```
//*************************************************************************/
void main ()
{
char i;
initial1();                    //调用初始化子程序，初始化 8155
channel_turn();                //调用通道号排列子程序
init82527(0x7ff);              //初始化 CAN 控制器 82527

init_msg_obj(11, 0x21b, 0);   //初始化报文，将报文 11、12、13 和 14 设置为接收
                                 方式
init_msg_obj(12, 0x21c, 0);
init_msg_obj(13, 0x21d, 0);
init_msg_obj(14, 0x21e, 0);
EA=1;           //允许所有中断工作
IT0=1;          //设外部中断 0 为边沿触发方式
IT1=1;          //设外部中断 1 为边沿触发方式
EX0=1;          //外部中断 0 允许中断，只允许 CAN 中断接收信息
EX1=0;          //外部中断 1 禁止中断
sp=0xf000;      //设置堆栈
loop:  r0=0;
if (new_pack==0x01) ;  //有新数据包标志位
{
  cawrite_buffer(); //若有新数据包(配置信息)，则读并将其写入接收参数缓冲区
  new_pack=0x00; //将标志位清零
  read_config();    //读配置信息，对遥测单元设置工作模式，并将配置成功标志
                      位置 0
  }
If (receive_flag==0x55) goto loop;  /* receive_flag 为配置成功标志位，为 0x00 表示成
                                       功，为 0x55(初始化中将其设为 0x55)表示未成
                                       功，则返回继续读取信息*/
while (1){
        EX1=1;                    //外部中断 1 允许
```

```
        EX0=1;                        //外部中断 0 允许
        ENABLE_INT_A/D =1;            //外部中断 1 A/D 转化结束信号允许接入
        ENABLE_INT_FRE=0;             //外部中断 1 频率测量信号禁止接入
        muxu_ctrl=0xcf;               //设置 8155 的控制寄存器
        muxu_timel=muxu_time11;       //设置 8155 的定时器时间常数，启动 A/D
        muxu_timeh=muxu_time1h;

        For (i=0; i<LINE_NUM; i++)
        {
         ji_suan();      /*调用计算参数子程序，该程序进行电压、电流、功率和频
                          率计算并将结果传递给格式转换子程序，再将计算结果转
                          换为 CAN 规定格式，写入参数发送数据缓冲区*/
         dog();          //软件看门狗
         }
      form_convertf(f_time,8); //重排上传参数——频率的格式，使其符合 CAN
                                 报文格式
      can_write_packet(8, &tpack); //读参数发送数据缓冲区中的数据，上传给 RTU
                                     主机
      send1_successfull=0x00;     //发送成功标志位清 0

      EX1=1;            //外部中断 1 允许中断，即测频与 A/D 转换结束中断允许
      EX0=0;            //外部中断 0，即 CAN 中断禁止
      ENABLE_INT_A/D =0;    //外部中断 1 A/D 转化结束信号禁止接入
      ENABLE_INT_FRE=1;     //外部中断 1 频率测量信号允许接入
      if (fre_finished_flag==0x00)
       {
       EX1=1;            //外部中断 1 允许中断，即测频与 A/D 转换结束中断允许
       EX0=1;            //外部中断 0，即 CAN 中断允许
       ENABLE_INT_A/D =1;      //外部中断 1 A/D 转化结束信号允许接入
       ENABLE_INT_FRE=0;       //外部中断 1  频率测量信号禁止接入
       fre_finished_flag==0x55;
       }          //在频率测量中断中，若测量完成，则置标志位 fre_finished_flag=0
     send_delay_time(100000);        //延时 25 ms 时间
  }
}
```

7.3.7　实例小结

本例介绍了利用单片机 89C52 作为主控芯片实现 RTU 遥测单元的设计过程，其中硬件设计部分给出了详细的电路设计图，软件设计部分给出了主程序组织过程代码以及各个子

函数的说明。读者在学习过程中需要注意以下几点：

(1) 在设计之前首先要求参阅 CAN 通信控制器 82527 的资料，理解报文的组织方法。

(2) 在硬件设计部分请注意 74LS244 与 A/D 转换器的接入方法，它成功解决了 12 位 A/D 转换器与 8 位数据总线的对接，保证了电压、电流的同步。

(3) 软件设计中注意参数缓冲区读/写标志和指针的配合。

7.4 网络应用典型实例——单片机实现以太网接口

目前，以太网协议已经广泛地应用于各种计算机网络，经过 20 多年的发展，它已经成为 Internet 中底层链接不可缺少的部分。同时，基于以太网的新技术和联网设备不断涌现，以太网实际上已经成为最为常用的网络标准之一。因此，在电子设备日趋网络化的背景下，利用低价位的 51 单片机实现以太网通信具有十分重要的意义。

本节将介绍在 51 单片机系统中利用专用以太网控制芯片 W5100 实现以太网接口的实例。

7.4.1 设计分析

在 51 单片机系统网络化开发的过程中，首先要解决的就是以太网的连接问题，即如何实现通用处理器的以太网接口。这通常要借助专用的以太网接口芯片。

本例的功能模块可划分如下：

(1) 单片机系统为整个电路的主处理部分，其作用包括对以太网接口芯片的初始化配置以及以太网数据的发送和接收控制。

(2) 以太网接口电路由以太网接口芯片及 51 单片机的接口电路构成，通过 RJ-45 接口与以太网连接。

(3) C51 程序，包括以太网接口芯片的初始化程序、发送数据程序和接收数据程序等。

7.4.2 以太网协议

以太网协议(用于 10 Mb/s 以太网，以下所讨论的均是指 10 Mb/s 以太网)不止一种，本书采用的是 802.3 协议，物理信道上的收/发操作均采用此协议的帧格式。

一个标准的以太网物理传输帧由前导序列 PR、分隔位 SD、目的地址 DA、源地址 SA、类型字段 TYPE、数据段 DATA、填充位 PAD 和帧校验序列 FCS 共 8 部分组成。帧结构如表 7.6 所示。

表 7.6 标准的以太网物理传输帧结构

PR	SD	DA	SA	TYPE	DATA	PAD	FCS
56 位	8 位	48 位	48 位	16 位	46～1500 字节	DATA 小于 46 字节时补 0	32 位

PR：前导序列，用于收、发双方的时钟同步，同时也指明了传输的速率，是由“101010…”组成的 56 位二进制数。

SD：分隔位，表示其后为有效数据，而非同步时钟。SD 为 8 位的 10101011，与前导序列不同之处在于它的最后两位是 11 而非 10。

DA：目的地址。一般为 6 字节的二进制，表示该帧的目标网卡地址。如果为 FFFFFFFFFFFF，则表示该帧为广播地址。广播地址的数据可被任何网卡接收到。

SA：源地址，为 6 字节，表明该帧的数据是哪个网卡发出的，即发送端的网卡地址。

TYPE：类型字段，表明该帧的数据类型，不同协议的类型字段不同。例如，0800H 表示数据为 IP 包，0806H 表示数据为 ARP 包，814CH 表示数据为 SNMP 包，8137H 表示数据为 IPX/SPX 包。注意，小于 0600H 的值用于 IEEE 802.3，表示数据包的长度。

DATA：数据段。该数据段不能超过 1500 B。

PAD：填充位。由于以太网帧传输的数据包不能小于 60 B，因此除去 DATA 和 TYPE 共 14 B，还必须传输 46 B 的数据。当数据段的数据不足 46 B 时，后面补 0。

FCS：32 位数据校验位。采用 32 位的 CRC 校验，该校验由网卡自动计算、生成、校验，在数据位后自动填入。

数据帧传输时，除了数据段的长度不定外，其他部分的长度固定不变。数据段为 46～1500 B。以太网规定整个传输包的最大长度不超过 1514 B(14 B 为 DA、SA、TYPE)，不小于 60 B。除去 DA、SA、TYPE 共 14 B 外，最少还需传输 46 B 的数据。当数据段的数据不足 46 B 时，需要填充，填充的字符个数不包括在长度字段里；当超过 1500 B 时，需要拆成多个帧传送。事实上，发送数据时，PR、SD、FCS 及填充字段这几个数据段均由以太网控制器自动产生；接收数据时，PR、SD 被跳过，它们只能被控制器检测，而不被作为接收数据接收，控制器一旦检测到有效的前序字段(即 PR 和 SD)，即认为接收数据开始。

7.4.3　以太网协议控制芯片

W5100 是一款多功能的单片网络接口芯片，内部集成有 10/100 以太网控制器，主要应用于高集成、高稳定、高性能和低成本的嵌入式系统中。使用 W5100 可以实现没有操作系统的 Internet 连接。W5100 与 IEEE 802.3 10 BASE-T 和 802.3u 100 BASE-TX 兼容。

W5100 内部集成了全硬件的且经过多年市场验证的 TCP/IP 协议栈、以太网介质传输层(MAC)和物理层(PHY)。硬件 TCP/IP 协议栈支持 TCP、UDP、IPv4、ICMP、ARP、IGMP 和 PPPOE。这些协议已经在很多领域经过了多年的验证。W5100 内部还集成有 16 KB 存储器，用于数据传输。使用 W5100 无需考虑以太网的控制，只需进行简单的端口(Socket)编程。W5100 提供有 3 种接口：直接并行总线、间接并行总线和 SPI 总线。W5100 与 MCU 接口简单，如同访问外部存储器。

W5100 具有如下特点：

(1) 支持硬件化 TCP/IP 协议：TCP、UDP、ICMP、IPv4、ARP、IGMP、PPPOE。

(2) 内嵌 10 Base-T/100 Base-TX 以太网物理层。

(3) 支持自动通信握手(全双工和半双工)。

(4) 支持自动 MDI/MDIX，自动校正信号极性。

(5) 支持 ADSL 连接(支持 PPPOE 协议中的 PAP/CHAP 认证模式)。

(6) 支持 4 个独立端口同时运行。

(7) 不支持 IP 的分片处理。

(8) 内部 16 KB 存储器用于数据发送/接收缓存。

(9) 0.18 μm CMOS 工艺。

(10) 3.3 V 工作电压，I/O 口可承受 5 V 电压。

(11) 80 脚 LQFP 小型封装。

(12) 环保无铅封装。

(13) 支持 SPI 接口(SPI 模式 0、3)。

(14) 多功能 LED 信号输出(TX、RX、全双工/半双工、地址冲突、连接、速度等)。

7.4.4 硬件电路设计

由于 W5100 引脚数目比较多，实现功能比较复杂，因此如何使用它成为本例硬件电路设计的关键。

本例的主要器件包括：主处理器(51 单片机)、地址锁存器、外部 RAM、以太网控制芯片、EEPROM 和隔离低通滤波器。

主处理器选用 Atmel 公司的 AT89C52，它能够满足要求，且极为通用，价格低廉，易于获取。地址锁存器用于实现单片机的地址/数据总线复用，这里选用常用的锁存器芯片 74LS573。外部 RAM 选用 32 KB 的 8 位高速 CMOS 静态 RAM 芯片 HM62256。EEPROM 芯片选用的是 Microchip 半导体公司出产的 24AA01，它是一款 128×8 bit 的串行 EEPROM，其作用是保存 W5100 的初始配置信息。

以太网控制芯片是本例的核心器件，这里选用的是 WIZnet 公司的 W5100，其引脚分布如图 7.15 所示。

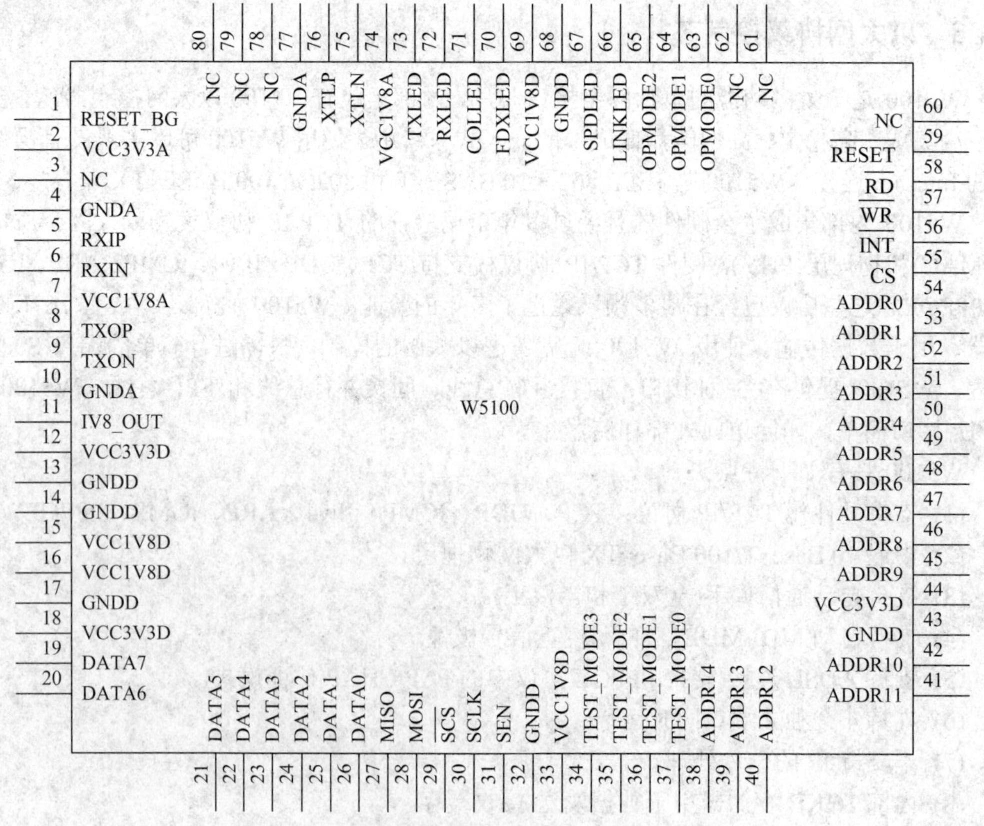

图 7.15　以太网控制芯片 W5100 的引脚分布示意图

其引脚功能说明见表 7.7。

表 7.7　W5100 的引脚说明

符　号	引　脚	I/O	说　　明
$\overline{\text{RESET}}$	59	I	复位输入，低电平有效。低电平初始化或重新初始化 W5100。低电平持续时间不小于 2 μs，所有内部寄存器均置为默认状态
ADDR [14～0]	38，39，40，41，42，45，46，47，48，49，50，51，52，53，54	I	地址总线。这些引脚用来选择寄存器或存储器，地址总线内部下拉为低电平
DATA [7～0]	19，20，21，22，23，24，25，26	I/O	数据总线。这些引脚用来读/写 W5100 内部寄存器或存储器
$\overline{\text{CS}}$	55	I	片选，低电平有效。片选用于 MCU 访问 W5100 内部寄存器或存储器，$\overline{\text{WR}}$ 和 $\overline{\text{RD}}$ 选择数据传输方向
$\overline{\text{INT}}$	56	O	中断输出，低电平有效。当 W5100 在端口(Socket)产生连接、断开、接收数据、数据发送完成以及通信超时等条件下，该引脚输出信号以指示 MCU。中断将在写入中断寄存器 IR(中断寄存器)或 Sn_IR(端口 n 的中断寄存器)时自动解除。所有中断都可以被屏蔽
$\overline{\text{WR}}$	57	I	写使能，低电平有效。MCU 发出信号写 W5100 内部寄存器或存储器，访问地址由 A[14～0]选择。数据在该信号的上升沿锁存到 W5100
$\overline{\text{RD}}$	58	I	读使能，低电平有效。MCU 发出信号读 W5100 内部寄存器或存储器，访问地址由 A[14～0]选择
SEN	31	I	SPI 接口使能。该引脚选择允许/禁止 SPI 模式。低电平=禁止 SPI 模式。高电平=允许 SPI 模式。如果不使用 SPI 模式，则将该引脚接地
SCLK	30	I	SPI 时钟。该引脚用于 SPI 时钟输入
$\overline{\text{SCS}}$	29	I	SPI 从模式选择。该引脚用于 SPI 从模式选择输入，低电平有效
MOSI MISO	28，27	I	SPI 主输出/从输入与主输入/从输出。该引脚用于 SPI 的 MOSI 和 MISO 信号
以太网物理层信号			
RXIP RXIN	5，6	I	RXIP/RXIN 信号组。RXIP/RXIN 信号组接收从介质传输来的差分数据信号
TXOP TXON	8，9	O	TXOP/TXON 信号组。通过 TXOP/TXON 信号组向介质传输差分数据信号
RESET_BG	1	O	物理层片外电阻。连接一个(12.3±1%) kΩ 的电阻到地

续表

符　号	引　脚	I/O	说　　明
OPMODE [2～0]	65，64，63	I	运行控制模式[2：0] 描述。 000：自动握手； 001：100 BASE-TX FDX/HDX自动握手； 010：10 BASE-T FDX/HDX自动握手； 011：保留； 100：手动选择100 BASE-TX FDX； 101：手动选择100 BASE-TX HDX； 110：手动选择10 BASE-TX FDX； 111：手动选择10 BASE-TX HDX
其他			
TEST_MODE [3～0]	34，35，36，37	I	W5100 模式选择。通用模式为 0000。其他模式作内部测试用
NC	3，60，61，62，78，79，80	I/O	NC。厂家测试用，用户不使用
电源			
VCC3V3A	2	P	3.3 V 模拟系统电源
VCC3V3D	12，18，44	P	3.3 V 数字系统电源
VCC1V8A	7，74	P	1.8 V 模拟系统电源
VCC1V8D	15，16，33，69	P	1.8 V 数字系统电源
GNDA	4，10，77	P	模拟电源地
GNDD	13，14，17，32，43，68	P	数字电源地
1V8_OUT	11	O	1.8 V 电压输出
时钟信号			
XTLP	76	I	25 MHz 晶体输入/输出。如果使用外部振荡信号，则信号连接到 XTLP，断开 XTLN
XTLN	75	I	
LED 信号			
LINKLED	66	O	连接 LED 指示。低电平表示 10/100 M 连接状态正常。当连接正常时输出低电平，而在 TX/RX 状态时将闪烁
SPDLED	67	O	连接速度 LED 指示。低电平表示连接速度为 100 Mb/s
FDXLED	70	O	全双工 LED 指示。低电平表示全双工模式
COLLED	71	O	IP 地址冲突 LED 指示。低电平表示网络 IP 地址冲突
RXLED	72	O	接收状态 LED 指示。低电平表示当前接收数据
TXLED	73	O	发送状态 LED 指示。低电平表示当前发送数据

7.4.5　电路原理图及说明

硬件电路的设计主要围绕单片机 AT89C52 和以太网控制芯片 W5100 来说明。

图 7.16 为本系统单片机部分的原理图。图 7.17 为本系统的状态指示灯、EEPROM 24AA01、网络接口变压器 11FB-5NL 和 RJ-45 接口部分的电路原理图。图 7.18 为以太网控制器 W5100 模块的电路原理图。

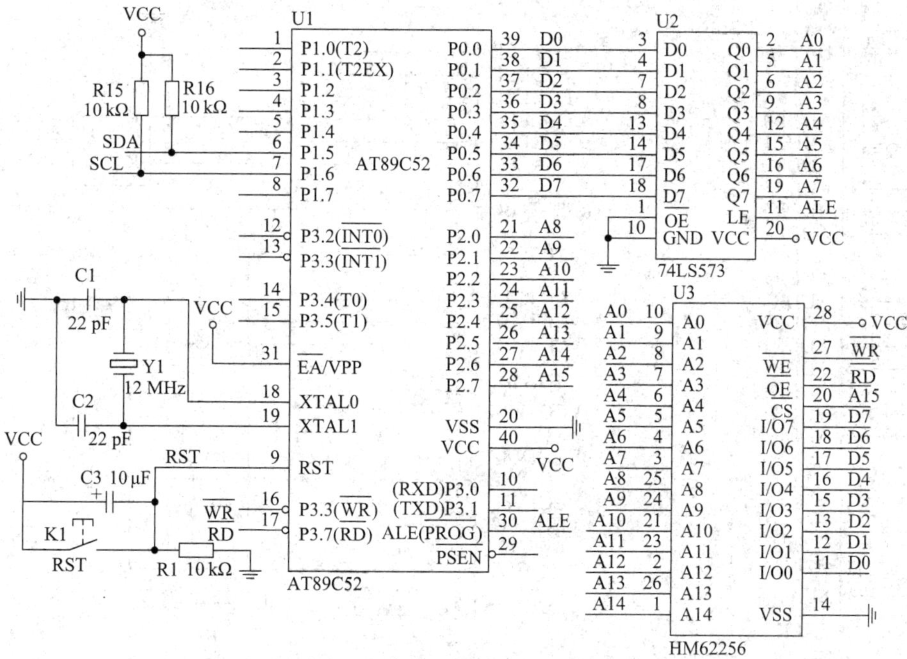

图 7.16　以太网控制系统单片机部分的原理图

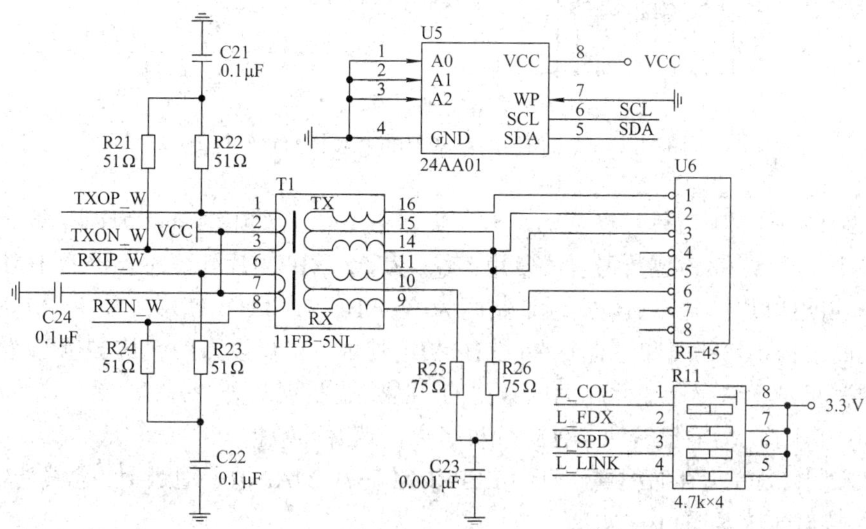

图 7.17　网络变压器与 RJ-45 接口部分电路图

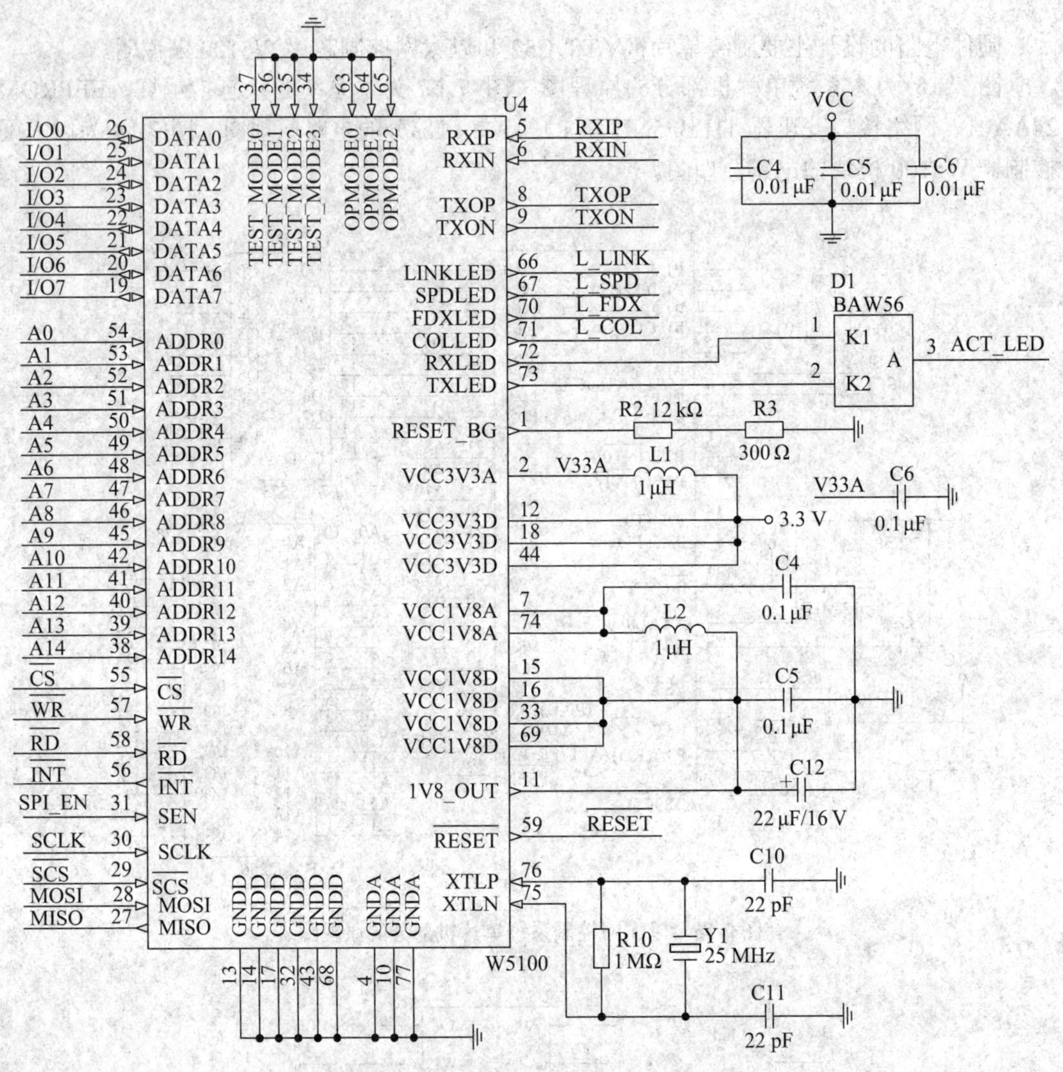

图 7.18　以太网控制器 W5100 模块的电路原理图

在图 7.16 中，U1 为单片机 AT89C52，工作于 12 MHz 频率；U2 为锁存器 74LS573，实现低 8 位地址线和 8 位数据总线复用；U3 为 32 KB 的片外静态存储器 HM62256，HM62256 占用单片机的外部数据地址空间为 0000H～7FFFH。使用片外 RAM 是为了提高单片机的数据传输速度和进行复杂的 TCP/IP 处理。由于以太网包最多包含 1500 B，89C52 单片机是无法存储如此庞大的数据的，因此需扩展片外 RAM。另外，片外 RAM 也用作串行口的输入/输出缓冲，使单片机可以高速吞吐数据。

图 7.17 中，U5 为存储配置信息的 EEPROM 芯片 24AA01，通过 I^2C 总线传输信息；T1 为网络接口变压器 11FB-5NL。

图 7.18 中，U4 为以太网控制芯片 W5100，其工作时钟为 25 MHz。DATA0～DATA7

接 HM62256 的 I/O0～I/O7，实现数据传输；ADDR0～ADDR14 接单片机的地址线 A0～A14，实现地址选择；$\overline{WR}$、$\overline{RD}$ 分别接单片机的 $\overline{WR}$、$\overline{RD}$ 引脚；复位引脚和单片机的复位引脚相连，单片机复位时，网卡也复位。

7.4.6　软件设计

单片机与 W5100 实现以太网通信接口的完整的软件设计应包含以下 5 个部分。(关于 TCP 协议请读者参考其他相关书籍。)

(1) W5100 初始化。本部分主要完成基本设置，包括对模式寄存器 MR、中断屏蔽寄存器 IMR、重发时间寄存器 RTR 和重发计数寄存器 RCR 的设置(以上寄存器的详细资料请参考 W5100 数据手册)，以及对网络信息的基本配置。

(2) W5100 的 Socket 初始化。本部分的主要功能为：设置 Socket 为 TCP 模式，向目的地址寄存器写入与本机 IP 不同的 IP 值。初始化过程为：打开 Socket 的 TCP 连接，读取目的主机的物理地址，该地址就是网关地址，最后关闭 Socket。

(3) Socket 连接。如果 Socket 设置为 TCP 服务器模式，则调用 Socket_Listen()函数，W5100 处于侦听状态，直到远程客户端与它连接。

如果 Socket 设置为 TCP 客户端模式，则调用 Socket_Connect()函数，每调用一次 Socket_Connect(s)函数，就产生一次连接。

如果连接失败，则产生超时中断，可再次调用该函数进行连接。

(4) Socket 数据接收和发送。

接收数据：如果 Socket 产生接收数据中断，则调用该程序进行处理，该程序将 Socket 接收到的数据缓存到 Rx_buffer 数组中，并返回接收的数据字节数。

发送数据：如果要通过 Socket 发送数据，则调用该程序将要发送的数据缓存在 Tx_buffer 中。size 为要发送的字节长度。

(5) W5100 中断处理。设置 W5100 为服务器模式的调用过程如下：

W5100_Init()-->Socket_Init(s)-->Socket_Listen(s)，设置过程完成，等待客户端的连接。

设置 W5100 为客户端模式的调用过程如下：

W5100_Init()-->Socket_Init(s)-->Socket_Connect(s)，设置过程完成，并与远程服务器连接。

W5100 产生的连接成功、终止连接、接收数据、发送数据、超时等事件都可以从中断状态寄存器中获得。

在本例软件代码中给出了详细的寄存器头文件定义，以及实现 TCP 协议的基本函数功能，并详细介绍了前三部分的代码，其中第三部分为本软件实现的核心部分，因此给出了详细的软件流程图供读者参考。由于篇幅的限制，后两部只给出了程序实现的代码框架，请读者自行添加部分代码。

第三部分 Socket 连接中 TCP 连接的两种模式的软件流程图，分别如图 7.19 和图 7.20 所示。

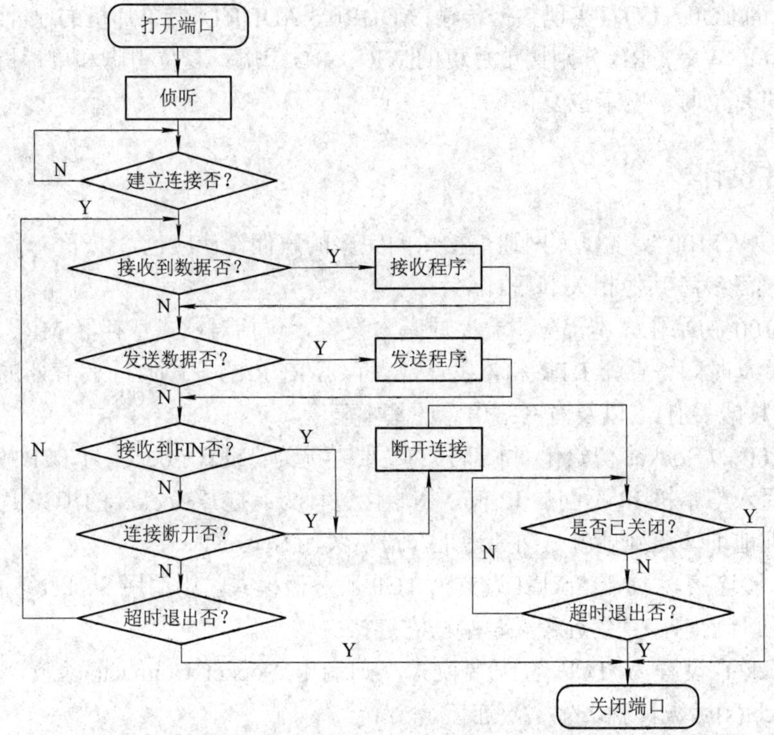

图 7.19　TCP 服务器模式软件流程图

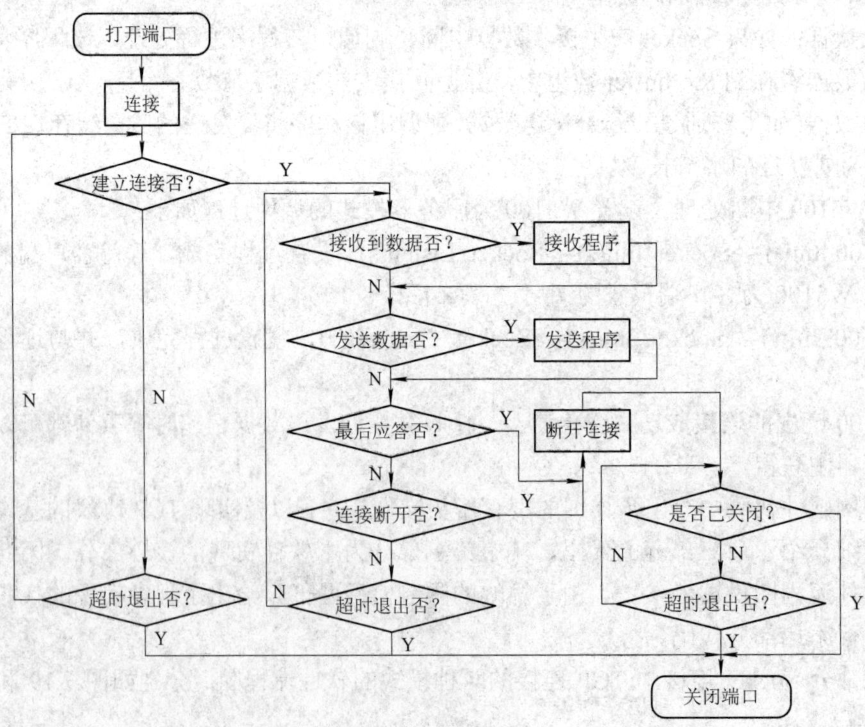

图 7.20　TCP 客户端模式软件流程图

1. W5100.h 头文件定义说明

```
//W5100 寄存器定义
#define   COMMON_BASE 0x8000   //寄存器基地址
//模式寄存器，R/W，默认值 Default=0x00
#define W5100_MODE COMMON_BASE
#define MODE_RST          0x80
#define MODE_PB           0x10
#define MODE_PPPOE        0x08
#define MODE_AI           0x02
#define MODE_IND          0x01

#define   W5100_GAR       COMMON_BASE+0x01
#define   W5100_SUBR      COMMON_BASE+0x05
#define   W5100_SHAR      COMMON_BASE+0x09
#define   W5100_SIPR      COMMON_BASE+0x0f
//中断和中断屏蔽寄存器
#define   W5100_IR        COMMON_BASE+0x15
#define IR_CONFLICT       0x80
#define IR_UNREACH        0x40
#define IR_PPPOE          0x20
#define IR_S3_INT         0x08
#define IR_S2_INT         0x04
#define IR_S1_INT         0x02
#define IR_S0_INT         0x01

#define   W5100_IMR       COMMON_BASE+0x16
#define IMR_CONFLICT      0x80
#define IMR_UNREACH       0x40
#define IMR_PPPOE         0x20
#define IMR_S3_INT        0x08
#define IMR_S2_INT        0x04
#define IMR_S1_INT        0x02
#define IMR_S0_INT        0x01
//重试时间值寄存器，值 1 等于 100 μs，R/W，default=0x07D0
#define  W5100_RTR  COMMON_BASE+0x17//重发时间寄存器, R/W, default=
 0x07D0
//重试计数值寄存器，R/W，default=0x08
#define W5100_RCR       COMMON_BASE+0x19//重发计数寄存器, R/W, Default=0x08
//接收单元大小寄存器，R/W，default=0x55
```

```
#define W5100_RMSR  COMMON_BASE+0x1a      //接收存储空间大小寄存器

//发送存储空间大小寄存器，R/W，default=0x55
#define W5100_TMSR  COMMON_BASE+0x1b

//PPPOE 模式下的认证类型 R，default=0x0000
#define W5100_PATR   COMMON_BASE+0x1c

//PPP LCP 请求计时寄存器，R/W，default=0x28
//值 1 大约为 25 ms
#define W5100_PTIMER    COMMON_BASE+0x28

//PPP LCP 模/数寄存器，R/W，default=0x00
#define W5100_PMAGIC     COMMON_BASE+0x29

//无法到达的 IP 地址寄存器，RO，default=0x00
#define W5100_UIPR   COMMON_BASE+0x2a

//无法到达的端口号寄存器，RO，default=0x0000
#define W5100_UPORT       COMMON_BASE+0x2e

//Socket register
//端口模式寄存器，R/W，default=0x00
#define W5100_S0_MR COMMON_BASE+0x0400
#define W5100_S1_MR COMMON_BASE+0x0500
#define W5100_S2_MR COMMON_BASE+0x0600
#define W5100_S3_MR COMMON_BASE+0x0700

#define S_MR_MULTI        0x80
#define S_MR_MC           0x20

#define S_MR_CLOSED       0x00
#define S_MR_TCP          0x01
#define S_MR_UDP          0x02
#define S_MR_IPRAW        0x03
#define S_MR_MACRAW       0x04
#define S_MR_PPPOE        0x05

//端口命令寄存器，R/W，default=0x00
```

```
#define W5100_S0_CR COMMON_BASE+0x0401
#define W5100_S1_CR COMMON_BASE+0x0501
#define W5100_S2_CR COMMON_BASE+0x0601
#define W5100_S3_CR COMMON_BASE+0x0701

#define S_CR_OPEN          0x01
#define S_CR_LISTEN        0x02
#define S_CR_CONNECT       0x04
#define S_CR_DISCON        0x08
#define S_CR_CLOSE         0x10
#define S_CR_SEND          0x20
#define S_CR_SEND_MAC      0x21
#define S_CR_SEND_KEEP     0x22
#define S_CR_RECV          0x40

/*  PPPOE 定义 */
#define S_CR_PCON          0x23
#define S_CR_PDISCON       0x24
#define S_CR_PCR           0x25
#define S_CR_PCN           0x26
#define S_CR_PCJ           0x27

//端口中断寄存器，RO，default=0x00
#define W5100_S0_IR  COMMON_BASE+0x0402
#define W5100_S1_IR  COMMON_BASE+0x0502
#define W5100_S2_IR  COMMON_BASE+0x0602
#define W5100_S3_IR  COMMON_BASE+0x0702

#define S_IR_SENDOK        0x10
#define S_IR_TIMEOUT       0x08
#define S_IR_RECV          0x04
#define S_IR_DISCON        0x02
#define S_IR_CON           0x01

/* 定义 PPPOE */
#define S_IR_PRECV         0x80
#define S_IR_PFAIL         0x40
#define S_IR_PNEXT         0x20
```

```
//端口状态寄存器，RO，default=0x00
#define W5100_S0_SSR      COMMON_BASE+0x0403
#define W5100_S1_SSR      COMMON_BASE+0x0503
#define W5100_S2_SSR      COMMON_BASE+0x0603
#define W5100_S3_SSR      COMMON_BASE+0x0703

#define S_SSR_CLOSED          0x00
#define S_SSR_INIT            0x13
#define S_SSR_LISTEN          0x14
#define S_SSR_ESTABLISHED     0x17
#define S_SSR_CLOSE_WAIT      0x1c
#define S_SSR_UDP             0x22
#define S_SSR_IPRAW           0x32
#define S_SSR_MACRAW          0x42
#define S_SSR_PPPOE           0x5f

#define S_SSR_SYNSEND         0x15
#define S_SSR_SYNRECV         0x16
#define S_SSR_FIN_WAIT        0x18
#define S_SSR_CLOSING         0x1a
#define S_SSR_TIME_WAIT       0x1b
#define S_SSR_LAST_ACK        0x1d
#define S_SSR_ARP0            0x11
#define S_SSR_ARP1            0x21
#define S_SSR_ARP2            0x31

//端口的端口号寄存器，R/W，default=0x00
#define W5100_S0_PORT     COMMON_BASE+0x0404        //Socket 0
#define W5100_S1_PORT     COMMON_BASE+0x0504        //Socket 1
#define W5100_S2_PORT     COMMON_BASE+0x0604        //Socket 2
#define W5100_S3_PORT     COMMON_BASE+0x0704        //Socket 3

//端口的目的物理地址寄存器，R/W，default=0x00
#define W5100_S0_DHAR     COMMON_BASE+0x0406        //Socket 0
#define W5100_S1_DHAR     COMMON_BASE+0x0506        //Socket 1
#define W5100_S2_DHAR     COMMON_BASE+0x0606        //Socket 2
#define W5100_S3_DHAR     COMMON_BASE+0x0706        //Socket 3

//端口的目的 IP 地址寄存器，R/W，default=0x00
```

```
#define W5100_S0_DIPR    COMMON_BASE+0x040c       //Socket 0
#define W5100_S1_DIPR    COMMON_BASE+0x050c       //Socket 1
#define W5100_S2_DIPR    COMMON_BASE+0x060c       //Socket 2
#define W5100_S3_DIPR    COMMON_BASE+0x070c       //Socket 3

//端口 n 的目的端口号寄存器，R/W，default=0x00
#define W5100_S0_DPORT COMMON_BASE+0x0410       //Socket 0
#define W5100_S1_DPORT COMMON_BASE+0x0510       //Socket 1
#define W5100_S2_DPORT COMMON_BASE+0x0610       //Socket 2
#define W5100_S3_DPORT COMMON_BASE+0x0710       //Socket 3

//端口最大分片长度寄存器，R/W，default=0x00
#define W5100_S0_MSS     COMMON_BASE+0x0412       //Socket 0
#define W5100_S1_MSS     COMMON_BASE+0x0512       //Socket 1
#define W5100_S2_MSS     COMMON_BASE+0x0612       //Socket 2
#define W5100_S3_MSS     COMMON_BASE+0x0712       //Socket 3

//端口的 IP 协议寄存器，R/W，default=0x00
#define W5100_S0_PROTO COMMON_BASE+0x0414       //Socket 0
#define W5100_S1_PROTO COMMON_BASE+0x0514       //Socket 1
#define W5100_S2_PROTO COMMON_BASE+0x0614       //Socket 2
#define W5100_S3_PROTO COMMON_BASE+0x0714       //Socket 3

//端口的 IP 服务类型寄存器，R/W，default=0x00
#define W5100_S0_TOS     COMMON_BASE+0x0415       //Socket 0
#define W5100_S1_TOS     COMMON_BASE+0x0515       //Socket 1
#define W5100_S2_TOS     COMMON_BASE+0x0615       //Socket 2
#define W5100_S3_TOS     COMMON_BASE+0x0715       //Socket 3

//端口 n 的 IP 数据包生存期寄存器，R/W，default=0x80
#define W5100_S0_TTL     COMMON_BASE+0x0416       //Socket 0
#define W5100_S1_TTL     COMMON_BASE+0x0516       //Socket 1
#define W5100_S2_TTL     COMMON_BASE+0x0616       //Socket 2
#define W5100_S3_TTL     COMMON_BASE+0x0716       //Socket 3

//端口发送存储器剩余空间寄存器，RO，default=0x0800
//先读高字节，后读低字节
#define W5100_S0_TX_FSR     COMMON_BASE+0x0420  //Socket 0
#define W5100_S1_TX_FSR     COMMON_BASE+0x0520  //Socket 1
```

```
#define W5100_S2_TX_FSR      COMMON_BASE+0x0620  //Socket 2
#define W5100_S3_TX_FSR      COMMON_BASE+0x0720  //Socket 3

//端口发送存储器读指针寄存器，RO，default=0x0000
//先读高字节，后读低字节
#define W5100_S0_TX_RR       COMMON_BASE+0x0422  //Socket 0
#define W5100_S1_TX_RR       COMMON_BASE+0x0522  //Socket 1
#define W5100_S2_TX_RR       COMMON_BASE+0x0622  //Socket 2
#define W5100_S3_TX_RR       COMMON_BASE+0x0722  //Socket 3

//端口传输写指针寄存器，R/W，default=0x0000
//先读高字节，后读低字节
#define W5100_S0_TX_WR       COMMON_BASE+0x0424  //Socket 0
#define W5100_S1_TX_WR       COMMON_BASE+0x0524  //Socket 1
#define W5100_S2_TX_WR       COMMON_BASE+0x0624  //Socket 2
#define W5100_S3_TX_WR       COMMON_BASE+0x0724  //Socket 3

//接收数据字节数寄存器，RO，default=0x0000
//先读高字节，后读低字节
#define W5100_S0_RX_RSR          COMMON_BASE+0x0426  //Socket 0
#define W5100_S1_RX_RSR          COMMON_BASE+0x0526  //Socket 1
#define W5100_S2_RX_RSR          COMMON_BASE+0x0626  //Socket 2
#define W5100_S3_RX_RSR          COMMON_BASE+0x0726  //Socket 3

//端口接收缓冲区读指针寄存器，R/W，default=0x0000
//先读高字节，后读低字节
#define W5100_S0_RX_RR       COMMON_BASE+0x0428  //Socket 0
#define W5100_S1_RX_RR       COMMON_BASE+0x0528  //Socket 1
#define W5100_S2_RX_RR       COMMON_BASE+0x0628  //Socket 2
#define W5100_S3_RX_RR       COMMON_BASE+0x0728  //Socket 3

//端口接收缓冲区读指针寄存器，R/W，default=0x0000
//先读高字节，后读低字节
#define W5100_S0_RX_WR       COMMON_BASE+0x042A //Socket 0
#define W5100_S1_RX_WR       COMMON_BASE+0x052A //Socket 1
#define W5100_S2_RX_WR       COMMON_BASE+0x062A //Socket 2
#define W5100_S3_RX_WR       COMMON_BASE+0x072A //Socket 3

//发送存储器
```

```
#define W5100_TX      COMMON_BASE+0x4000

//接收存储器
#define W5100_RX      COMMON_BASE+0x6000
```

2．C 语言详细代码

```
#include"W5100.h"                    //定义 W5100 的寄存器地址、状态
typedef  unsigned char SOCKET;
#define S_RX_SIZE  2048  //定义 Socket 接收缓冲区的大小，可以根据 W5100_RMSR
                         //的设置修改
#define S_TX_SIZE  2048 //定义Socket发送缓冲区的大小，可以根据W5100_TMSR
                        //的设置修改
unsigned char Gateway_IP[4]={ 0xc0,0xa8,0x00,0x01};
/*网关地址 192.168.0.1/*
unsigned char SUB_MASK[4]={ 0xff,0xff,0xff,0x00}
/*子网掩码 255.255.255.0*/
unsigned char PHY_ADDR[6]={ 0x00,0x11,0x22,0x33,0x44,0x08}
/*源 MAC 地址 0x00 0x11 0x22 0x33 0x44 0x08*/
unsigned char IP_ADDR[4]={ 0xc0,0xa8,0x00,0x08}
/*源 IP 地址 192.168.0.8*/

/*延时 t 毫秒*/
void delay(uint t)
{
uint i;
while(t--)
{/*对于 12 MHz 时钟，延时 1 ms*/
for(i=0; i<=250; i++)
        {}
}
}

/*W5100 初始化函数*/
/*在使用 W5100 之前，对 W5100 初始化*/
void W5100_Init(void)
{
unsigned char *ptr;
unsigned char i;
ptr=(unsigned char*)W5100_MODE;         /*软复位 W5100*/
*ptr=MODE_RST;
```

```
elay(100);                          /*延时 100 ms */
/*设置网关(Gateway)的 IP 地址，4 字节*/
/*使用网关可以使通信突破子网的局限，通过网关可以访问到其他子网或进入
Internet*/
ptr=(unsigned char*)W5100_GAR;
for(i=0; i<4; i++)
    {
    *ptr=Gateway_IP[i]; /*Gateway_IP 为 4 字节 unsigned char 数组*/
    ptr++;
    }
/*设置子网掩码(MASK)值，4 字节。子网掩码用于子网运算*/
ptr=(unsigned char*)W5100_SUBR;
for(i=0; i<4; i++)
    {
    *ptr=SUB_MASK[i]; /*SUB_MASK 为 4 字节 unsigned char 数组*/
    ptr++;
    }

/*设置物理地址，6 字节，用于唯一标识网络设备的物理地址值。如果自己定义物
理地址，则注意第一个字节必须为偶数*/
ptr=(unsigned char*)W5100_SHAR;
for(i=0; i<6; i++)
    {
    *ptr=PHY_ADDR[i];   /*PHY_ADDR 为 6 字节 unsigned char 数组 */
    ptr++;
    }

/*设置本机的 IP 地址，4 字节。注意，网关 IP 必须与本机 IP 属于同一个子网，否
  则本机将无法找到网关*/
ptr=(unsigned char*)W5100_SIPR;     /*Set source IP address*/
for(i=0; i<4; i++)
    {
    *ptr=IP_ADDR[i]; /*IP_ADDR 为 4 字节 unsigned char 数组*/
    ptr++;
    }
/*设置发送缓冲区和接收缓冲区的大小，参考 W5100 数据手册*/
ptr=(unsigned char*)W5100_RMSR;          /*Socket Rx memory size=2k*/
*ptr=0x55;
ptr=(unsigned char*)W5100_TMSR;          /*Socket Tx memory size=2k*/
```

```
*ptr=0x55；

/* 启动中断，参考 W5100 数据手册确定自己需要的中断类型
    IMR_CONFLICT 是 IP 地址冲突异常中断
    IMR_UNREACH 是 UDP 通信时，地址无法到达的异常中断
    其他为 Socket 事件中断，根据需要添加 */
ptr=(unsigned char*)W5100_IMR；
*ptr=IMR_CONFLICT|IMR_UNREACH|IMR_S0_INT|IMR_S1_INT|IMR_S2_INT|I
MR_S3_INT；
}

/*Socket 初始化*/
/*如果成功则返回 true，否则返回 false*/
unsigned char Socket_Init(SOCKET s)
{
unsigned char *ptr；
unsigned char i；

ptr=(unsigned char*)(W5100_S0_MR+s*0x100)；
*ptr=S_MR_TCP；                              /*设置 Socket0 为 TCP 模式*/

ptr=(unsigned char*)(W5100_S0_CR+s*0x100)；
*ptr=S_CR_OPEN；                              /*打开 Socket0*/

ptr=(unsigned char*)(W5100_S0_SSR+s*0x100)；
if(*ptr!=S_SSR_INIT)
{
ptr=(unsigned char*)(W5100_S0_CR+s*0x100)；/*如果打开不成功，则关闭 Socket，
然后返回*/
*ptr=S_CR_CLOSE；
return false；
}

/*检查网关及获取网关的物理地址*/
ptr=(unsigned char*)(W5100_S0_DIPR+s*0x100)；
for(i=0；i<4；i++)
{
*ptr=IP_ADDR[i]+1；/*向目的地址寄存器写入与本机 IP 不同的 IP 值*/
ptr++；
```

```
}

ptr=(unsigned char*)(W5100_S0_CR+s*0x100);
*ptr=S_CR_CONNECT;                              /*打开 Socket0 的 TCP 连接*/
delay(20);                                      /*延时 20 ms*/
ptr=(unsigned char*)(W5100_S0_DHAR+s*0x100); //读取目的主机的物理地址，该
                                              //地址就是网关地址
for(i=0; i<6; i++)
{
GATEWAY_PHY[i]=*ptr;  /*GATEWAY_PHY 为 6 字节 unsigned char 数组，自己
 定义*/
ptr++;
}

ptr=(unsigned char*)(W5100_S0_CR+s*0x100);
*ptr=S_CR_CLOSE;                                /*关闭 Socket0*/

/*设置分片长度，参考 W5100 数据手册，该值可以不修改*/
ptr=(unsigned char*)(W5100_S0_MSS+s*0x100);    /*最大分片字节数=1460*/
*ptr=0x05;
ptr++;
*ptr=0xb4;
return true;
}
//-----------------------------------------------------------------
//设置 Socket 为客户端与远程服务器连接
//当本机 Socket 工作在客户端模式时，引用该程序，与远程服务器建立连接
//如果设置成功则返回 true，否则返回 false
//如果启动连接后出现超时中断，则与服务器连接失败，需要重新调用该程序
//该程序每调用一次，就与服务器产生一次连接
//-----------------------------------------------------------------
unsigned char Socket_Connect(SOCKET s)
{
unsigned char i,*ptr;
ptr=(unsigned char*)(W5100_S0_PORT+s*0x100); /*设置本机 source 的端口号*/
*ptr=PORT/256;                         /*PORT 为 unisgned int 型，自己定义*/
ptr++;
*ptr=PORT;
ptr=(unsigned char*)(W5100_S0_DIPR+s*0x100); /*设置远程主机的 IP 地址，即服
```

```
务器的 IP 地址*/
for(i=0; i<4; i++)
{
    *ptr=D_IP_ADDR[i]; /*D_IP_ADDR 为 4 字节 unsigned char 数组，自己定义*/
    ptr++;
    }

ptr=(unsigned char*)(W5100_S0_DPORT+s*0x100);        /*Socket 的目的端口号*/
*ptr=DPORT/256; /*DPORT 为 unisgned int 型，自己定义*/
ptr++;
*ptr=DPORT;

ptr=(unsigned char*)(W5100_S0_CR+s*0x100);            /*打开 Socket*/
*ptr=S_CR_OPEN;

ptr=(unsigned char*)(W5100_S0_SSR+s*0x100);
if(*ptr!=S_SSR_INIT)
{
    ptr=(unsigned char*)(W5100_S0_CR+s*0x100); /*如果打开不成功，则关闭
    Socket，然后返回*/
    *ptr=S_CR_CLOSE;
    return false;
    }

ptr=(unsigned char*)(W5100_S0_CR+s*0x100); /*设置 Socket 为 Connect 模式*/
*ptr=S_CR_CONNECT;
return true;

/*至此完成了 Socket 的打开连接工作，至于它是否与远程服务器建立连接，则需
要等待 Socket 中断，以判断 Socket 的连接是否成功。参考 W5100 数据手册的 Socket
中断状态*/
}

/*------------------------------------------------------------------------
设置 Socket 作为服务器等待远程主机的连接。当本机 Socket 工作在服务器模式时，
引用该程序，等待远程主机的连接。如果设置成功则返回 true，否则返回 false。
该程序只调用一次，就使 W5100 设置为服务器模式。
------------------------------------------------------------------------*/
unsigned char Socket_Listen(SOCKET s)
```

```
{
unsigned char *ptr;

ptr=(unsigned char*)(W5100_S0_PORT+s*0x100); /*设置本机 source 的端口号*/
*ptr=PORT/256; /*PORT 为 unisgned int 型，自己定义，与前面定义的相同*/
ptr++;
*ptr=PORT;

ptr=(unsigned char*)(W5100_S0_CR+s*0x100);      /*打开 Socket*/
*ptr=S_CR_OPEN;

ptr=(unsigned char*)(W5100_S0_SSR+s*0x100);
if(*ptr!=S_SSR_INIT)
{
ptr=(unsigned char*)(W5100_S0_CR+s*0x100);      /*如果打开不成功，则关闭
Socket，然后返回*/
*ptr=S_CR_CLOSE;
return false;
}

ptr=(unsigned char*)(W5100_S0_CR+s*0x100);      /*设置 Socket 为侦听模式*/
*ptr=S_CR_LISTEN;

ptr=(unsigned char*)(W5100_S0_SSR+s*0x100);
if(*ptr!=S_SSR_LISTEN)
{
ptr=(unsigned char*)(W5100_S0_CR+s*0x100);      /*如果设置不成功，则关闭
Socket，然后返回*/
*ptr=S_CR_CLOSE;
return false;
}
return true;
/*至此完成了 Socket 的打开和设置侦听工作。至于远程客户端是否与它建立连接，
则需要等待 Socket 中断，以判断 Socket 的连接是否成功。参考 W5100 数据手册
的 Socket 中断状态，其在服务器侦听模式不需要设置目的 IP 和目的端口号*/
}

//------------------------------------------------------------------------
/*处理 Socket 接收和发送的数据*/
```

```
/*如果 Socket 产生接收数据的中断，则调用该程序进行处理，该程序将 Socket 接
收到的数据缓存到 Rx_buffer 数组中，并返回接收的数据字节数*/
unsigned int S_rx_process(SOCKET s)
{
unsigned char *ptr;
unsigned int i,rx_size,rx_offset;

ptr=(unsigned char*)(W5100_S0_RX_RSR+s*0x100); /*读取接收数据的字节数*/
rx_size=*ptr;
ptr++;
rx_size*=256;
rx_size+=*ptr;

ptr=(unsigned char*)(W5100_S0_RX_RR+s*0x100);   /*读取接收缓冲区的偏移量*/
rx_offset=*ptr;
ptr++;
rx_offset*=256;
rx_offset+=*ptr;
i=rx_offset/S_RX_SIZE; /*计算实际的物理偏移量，S_RX_SIZE 需要在前面#define
中定义*/
/*注意 S_RX_SIZE 的值在 W5100_Init()函数的 W5100_RMSR 中确定*/
rx_offset=rx_offset-i*S_RX_SIZE;

ptr=(unsigned  char*)(W5100_RX+s*S_RX_SIZE+rx_offset);     /*实际物理地址为
W5100_RX+rx_offset*/
for(i=0; i<rx_size; i++)
{
if(rx_offset>=S_RX_SIZE)
        {
         ptr=(unsigned char*)(W5100_RX+s*S_RX_SIZE);
         rx_offset=0;
         }
Rx_buffer[i]=*ptr; /*将数据缓存到 Rx_buffer 数组中*/
ptr++;
rx_offset++;
}
ptr=(unsigned char*)(W5100_S0_RX_RR+s*0x100); /*计算下一次偏移量*/
rx_offset=*ptr;
ptr++;
```

```
rx_offset*=256;
rx_offset+=*ptr;

i=rx_offset+rx_size;
ptr=(unsigned char*)(W5100_S0_RX_RR+s*0x100);
*ptr=(i/256);
ptr++;
*ptr=i;

ptr=(unsigned char*)(W5100_S0_CR+s*0x100); /*设置 RECV 命令，等待下一次接
                                             收*/
*ptr=S_CR_RECV;

return rx_size;                            /*返回接收的数据字节数*/
}

/*如果要通过 Socket 发送数据，则调用该程序将要发送的数据缓存在 Tx_buffer 中，
size 是要发送的字节长度*/
unsigned char S_tx_process(SOCKET s, unsigned int size)
{
unsigned char *ptr;
unsigned int i;
unsigned int tx_free_size,tx_offset;

ptr=(unsigned char*)(W5100_S0_MR+s*0x100); /*如果是 UDP 模式，则可以在此
                                             设置目的主机的 IP 和端口号*/
If(((*ptr)&0x0f)==0x02)
{
ptr=(unsigned char*)(W5100_S0_DIPR+s*0x100);
for(i=0; i<4; i++)         /*设置目的主机 IP*/
    {
*ptr=UDP_DIPR[i];     /*UDP_DIPR 为 4 字节 unsigned char 数组，自己定义*/
    ptr++;
    }
ptr=(unsigned char*)(W5100_S0_DPORT+s*0x100);
*ptr=UDP_DPORT/256;      /*UDP_DIPR 为 unsigned int 型，自己定义*/
ptr++;
*ptr=UDP_DPORT;
}
```

```
ptr=(unsigned char*)(W5100_S0_TX_FSR+s*0x100); /*读取缓冲区剩余的长度*/
tx_free_size=*ptr;
tx_free_size*=256;
ptr++;
tx_free_size+=(*ptr);
if(tx_free_size<size)     /*如果剩余的字节长度小于发送字节长度, 则返回*/
return false;

ptr=(unsigned char*)(W5100_S0_TX_WR+s*0x100); /*读取发送缓冲区的偏移量*/
tx_offset=*ptr;
tx_offset*=256;
ptr++;
tx_offset+=(*ptr);

i=tx_offset/S_TX_SIZE;      /*计算实际的物理偏移量, S_TX_SIZE 需要在前面
                            #define 中定义。注意 S_TX_SIZE 的值在 W5100_Init()
                            函数的 W5100_TMSR 中确定*/
tx_offset=tx_offset-i*S_TX_SIZE;

ptr=(unsigned char*)(W5100_TX+s*S_TX_SIZE+tx_offset); /*实际物理地址为
W5100_TX+tx_offset*/
for(i=0; i<size; i++)
{
if(tx_offset>=S_TX_SIZE)
        {
         ptr=(unsigned char*)(W5100_TX+s*S_TX_SIZE);
         tx_offset=0;
         }
*ptr=Tx_buffer[i]; /*将 Tx_buffer 缓冲区中的数据写入到发送缓冲区*/
ptr++;
tx_offset++;
}
ptr=(unsigned char*)(W5100_S0_TX_WR+s*0x100);      /*计算下一次的偏移量*/
tx_offset=*ptr;
tx_offset*=256;
ptr++;
tx_offset+=(*ptr);
tx_offset+=size;
ptr=(unsigned char*)(W5100_S0_TX_WR+s*0x100);
```

```
*ptr=(tx_offset/256);
ptr++;
*ptr=tx_offset;
ptr=(unsigned char*)(W5100_S0_CR+s*0x100);  /*设置 SEND 命令，启动发送*/
*ptr=S_CR_SEND;
return true;                               /*返回成功*/
}

void main(void)
{
delay(1000);                //延时 1 s，保证电源稳定和网卡自身的上电完成
void W5100_Init(void);      //初始化 W5100
while(1)
    {
      /*在此省略了数据包收/发与处理的内容*/
    }
}

/*W5100 产生的连接成功、终止连接、接收数据、发送数据、超时等事件都可以
从中断状态寄存器中获得*/
/*     W5100 中断处理程序框架      */
void W5100_interrupt_handler(void)
{
    unsigned char *ptr;
    unsigned char i,j;

    ptr=(unsigned char*)W5100_IR;
    i=*ptr;
    *ptr=(i&0xf0);                        /*回写清除中断标志*/

    if((i&IR_CONFLICT)==IR_CONFLICT)
    {                                      /*IP 地址冲突异常处理，自己添加代码*/

    }

    if((i&IR_S0_INT)==IR_S0_INT)          /*Socket 事件处理*/
    {
        ptr=(unsigned char*)W5100_S0_IR;
        j=*ptr;
```

```
        *ptr=j;          /*回写清中断标志。注意，有的编译器会优化掉该语句*/

        if(j&S_IR_CON){         /* 在 TCP 模式下，Socket0 成功连接*/
                                /* 自己添加处理代码 */
        }
    if(j&S_IR_DISCON){  /* 在 TCP 模式下，Socket 断开连接处理，自己添加代码 */
      ptr=(unsigned char*)W5100_S0_CR;  //关闭端口，等待重新打开连接
            *ptr=S_CR_CLOSE;
        }
        if(j&S_IR_SENDOK)
        {/* Socket0 数据发送完成，可以再次启动 S_tx_process()函数发送数据 */
                    /* 自己添加处理代码 */
        }
        if(j&S_IR_RECV)
        {           /* Socket 接收到数据，可以启动 S_rx_process()函数*/
                    /* 自己添加处理代码 */
        }
        if(j&S_IR_TIMEOUT){/* Socket 连接或数据传输超时处理*/
                           /* 自己添加代码 */
        }
      }
    }
```

7.4.7　实例小结

本节介绍了一种利用 51 单片机实现以太网接口电路的方法，并给出了驱动以太网控制芯片 W5100 的初始化程序。

读者在学习本例时，应重点把握以下几个方面：

(1) 以太网控制芯片 W5100 与单片机的接口电路的设计与实现。

(2) W5100 的地址空间安排和寄存器的描述与定义。

(3) W5100 应用中 TCP 数据通信建立的机制与软件描述。

附 录

附录一 汇编指令集

1. 数据传送类

汇编指令	机器码			操作	机器周期
MOV A，#data	01110100	data		(A)← data	1
MOV A，direct	11100101	direct		(A)← (direct)	1
MOV A，Rn	11101rrr			(A)← (Rn)	1
MOV A，@Ri	1110011i			(A)← ((Ri))	2
MOV Rn，direct	10101rrr	direct		(Rn)← (direct)	2
MOV Rn，A	11111rrr			(Rn)← (A)	1
MOV Rn，#data	01111rrr	data		(Rn)← data	1
MOV direct，A	11110101	direct		(direct)← (A)	1
MOV direct，Rn	10001rrr	direct		(direct)← (Rn)	2
MOV direct，#data	01110101	direct	data	(direct)← data	2
MOV direct，@Ri	1000011i	direct		(direct)← ((Ri))	2
MOV direct，direct	10000101	direct 源	direct 目的	(direct)← (direct)	2
MOV @Ri，A	1111011i			((Ri))← (A)	1
MOV @Ri，direct	1010011i	direct		((Ri))← (direct)	2
MOV @Ri，#data	0111011i	data		((Ri))← data	1
PUSH direct	11000000	direct		(SP)← (SP)+1 (SP)← (direct)	2
POP direct	11010000	direct		(direct)← (SP) (SP)← (SP)−1	2
XCH A，Rn	11001rrr			(A)⇌(Rn)	1
XCH A，direct	11000101	direct		(A)⇌(direct)	1
XCH A，@Ri	1100011i			(A)⇌((Ri))	1
XCHD A，@Ri	1101011i			$(A)_{0\sim3}$⇌$((Ri))_{0\sim3}$	1
SWAP A	11000100			$(A)_{0\sim3}$⇌$(A)_{4\sim7}$	1
MOV DPTR，#data16	10010000	$data_{15\sim8}$	$data_{7\sim0}$	(DPTR)←#data16	2
MOVX A，@Ri	1110001i			(A)← ((Ri))	2
MOVX A，@DPTR	11100000			(A)← ((DPTR))	2
MOVX @Ri，A	1111001i			((Ri))←(A)	2
MOVX @DPTR，A	11110000			((DPTR))←(A)	2
MOVC A，@A+DPTR	10010011			(A)←((A)+(DPTR))	2
MOVC A，@A+PC	10000011			(PC)←(PC)+1， (A)←((A)+(PC))	2

2．算术运算类

汇编指令	机器码			操　作	机器周期
ADD　A，Rn	00101rrr			(A)← (A)+ (Rn)	1
ADD　A，direct	00100101	direct		(A)←(A)+ (direct)	1
ADD　A，@Ri	0010011i			(A)← (A)+ ((Ri))	1
ADD　A，#data	00100100	data		(A)← (A)+ data	1
ADDC　A，Rn	00111rrr			(A)←(A)+(Rn)+(CY)	1
ADDC　A，direct	00110101	direct		(A)←(A)+(direct)+(CY)	1
ADDC　A，@Ri	0011011i			(A)←(A)+((Ri))+(CY)	1
ADDC　A，#data	00110100	data		(A)←(A)+ data+ (CY)	1
INC　A	00000100			(A)← (A)+1	1
INC　Rn	00001rrr			(Rn)← (Rn)+1	1
INC　direct	00000101	direct		(direct)← (direct)+1	1
INC　@Ri	0000011i			((Ri))← ((Ri))+1	1
INC　DPTR	10100011			(DPTR)←(DPTR)+1	2
DA　A	11010100			BCD 校正	1
SUBB　A，Rn	10011rrr			(A)←(A)−(Rn)−(CY)	1
SUBB　A，direct	10010101	direct		(A)←(A)−(direct)−(CY)	1
SUBB　A，@Ri	1001011i			(A)←(A)−((Ri))−(CY)	1
SUBB　A，#data	10010100	data		(A)←(A)−data−(CY)	1
DEC　A	00010100			(A) ← (A)−1	1
DEC　Rn	00011rrr			(Rn)← (Rn)−1	1
DEC　direct	00010101	direct		(direct)← (direct)−1	
DEC　@Ri	0001011i			((Ri))← ((Ri))−1	1
MUL　AB	10100100			(B)(高 8 位)、(A)(低 8 位)← (A)× (B)	4
DIV　AB	10000100			(B)(余数)、(A)(整数)←(A)÷ (B)	4

3．逻辑运算类

汇编指令	机器码			操　作	机器周期
RL　A	00100011			A 中各位循环左移 1 位	1
RR　A	00000011			A 中各位循环右移 1 位	1
RLC　A	00110011			A 中各位连同进位位循环左移 1 位	1
RRC　A	00010011			A 中各位连同进位位循环右移 1 位	1
ANL　A，Rn	01011rrr			(A)← (A)∧ (Rn)	1
ANL　A，direct	01010101	direct		(A)← (A)∧ (direct)	1
ANL　A，@Ri	0101011i			(A)← (A)∧ ((Ri))	1

续表

汇编指令	机器码			操作	机器周期
ANL A，#data	01010100	data		(A)← (A)∧ data	1
ANL direct，A	01010010	direct		(A)← (direct)∧(A)	1
ANL direct，#data	01010011	direct	data	(A)← (direct)∧ data	2
ORL A，Rn	01001rrr			(A)← (A)∨ (Rn)	1
ORL A，direct	01000101	direct		(A)← (A)∨ (direct)	1
ORL A，@Ri	0100011i			(A)← (A)∨ ((Ri))	1
ORL A，#data	01000100	data		(A)← (A)∨ data	1
ORL direct，A	01000010	direct		(A)← (direct)∨ (A)	1
ORL direct，#data	01000011	direct	data	(A)←(direct)∨ data	2
XRL A，Rn	01101rrr			(A)← (A)⊕(Rn)	1
XRL A，direct	01100101	direct		(A)← (A)⊕(direct)	1
XRL A，@Ri	0110011i			(A)← (A)⊕((Ri))	1
XRL A，#data	01100100	data		(A)← (A)⊕data	1
XRL direct，A	01100010	direct		(A)← (direct)⊕(A)	1
XRL direct，#data	01100011	direct	data	(A)←(direct)⊕data	2
CLR A	11100100			(A)← 0	1
CPL A	11110100			(A)← ($\overline{A}$)	1

4．控制转移类

汇编指令	机器码			操作	机器周期
LJMP addr16	00000010	$addr_{15\sim8}$	$addr_{7\sim0}$	(PC)← addr16	2
AJMP addr11	$a_{10}a_9a_8$10001	$addr_{7\sim0}$		(PC)←(PC)+2，$(PC)_{10\sim0}$←addr11	2
SJMP rel	10000000	rel		(PC)←(PC)+2，(PC)← (PC)+rel	2
JMP @A+DPTR	01110011			(PC)←((A)+(DPTR))	2
JZ rel	01100000	rel		若(A)=0，则(PC)←(PC)+2+rel；若(A)≠0，则(PC)← (PC)+2	2
JNZ rel	01110000	rel		若(A)≠0，则(PC)←(PC)+2+rel；若(A)=0，则(PC)← (PC)+2	2
CJNE A，direct，rel	10110101	direct	rel	若(A)= (direct)，则顺序执行；若(A)≠ (direct)，则(PC)← (PC)+3+rel	2

续表

汇编指令	机器码			操作	机器周期
CJNE　A，#data，rel	10110100	data	rel	若(A)= data，则顺序执行；若(A)≠ data，则(PC)←(PC)+3+rel	2
CJNE Rn，#data，rel	10111rrr	data	rel	若(Rn)= data，则顺序执行；若(Rn)≠ data，则(PC)← (PC)+3+rel	2
CJNE @Ri，#data，rel	1011011i	data	rel	若((Rn))= data，则顺序执行；若((Rn))≠ data，则(PC)←(PC)+3+rel	2
DJNZ　Rn，rel	11011rrr	rel		若(Rn)−1≠0，则(PC)←(PC)+2+rel；若(Rn)−1=0，则(PC)←(PC)+2	2
DJNZ　direct，rel	11010101	direct	rel	若(direct)−1≠0，则(PC)← (PC)+3+rel；若(direct)−1=0，则(PC)← (PC)+3	2
ACALL　addr11	$a_{10}a_9a_8$10001	$addr_{7\sim0}$		(PC)← (PC)+2 (SP)← (SP)+1， (SP)= $(PC)_{7\sim0}$ (SP)← (SP)+1， (SP)= $(PC)_{15\sim8}$ $(PC)_{10\sim0}$ ← addr11	2
LCALL　addr16	00010010	$addr_{15\sim8}$	$addr_{7\sim0}$	(PC)← (PC)+3 (SP)← (SP)+1， (SP)= $(PC)_{7\sim0}$ (SP)← (SP)+1， (SP)= $(PC)_{15\sim8}$ (PC)← addr16	2
RET	00100010			$(PC)_{15\sim8}$← (SP)， (SP)← (SP)−1 $(PC)_{7\sim0}$← (SP)， (SP)← (SP)−1	2
RETI	00110010			$(PC)_{15\sim8}$← (SP)， (SP)← (SP)−1 $(PC)_{7\sim0}$← (SP)， (SP)← (SP)−1	2
NOP	00000000			(PC) ← (PC)+1	1

5. 位操作类

汇编指令	机器码			操作	机器周期
MOV C，bit	10100010	bit		(CY)← (bit)	1
MOV bit，C	10010010	bit		(bit)← (CY)	1
SETB C	11010011			(CY)← 1	1
SETB bit	11010010	bit		(bit)← 1	1
CLR C	11000011			(CY)← 0	1
CLR bit	11000010	bit		(bit)← 0	1
ANL C，bit	10000010	bit		(CY)← (CY)∧ (bit)	2
ANL C，/bit	10110000	bit		(CY)← (CY)∧ ($\overline{\text{bit}}$)	2
ORL C，bit	01110010	bit		(CY)← (CY)∨ (bit)	2
ORL C，/bit	10100000	bit		(CY)← (CY)∨ ($\overline{\text{bit}}$)	2
CPL C	10110011			(CY)← $\overline{\text{CY}}$	1
CPL bit	10110010	bit		(bit)←($\overline{\text{bit}}$)	1
JC rel	01000000	rel		若 (CY)=1， 则 (PC)←(PC)+2+rel；若(CY)≠1，则(PC)← (PC)+2	2
JNC rel	01010000	rel		若 (CY)=0， 则 (PC)←(PC)+2+rel；若 (CY)≠0，则(PC)← (PC)+2	2
JB bit，rel	00100000	bit	rel	若 (bit)=1， 则 (PC)←(PC)+3+rel；若 (bit)≠1，则(PC)← (PC)+3	2
JNB bit，rel	00110000	bit	rel	若 (bit)=0， 则 (PC)←(PC)+3+rel；若(CY)≠0，则(PC)← (PC)+3	2
JBC bit，rel	00010000	bit	rel	若(bit)=1，则 bit←0，(PC)←(PC)+3+rel ；若(bit)≠1，则(PC)← (PC)+3	2

注：列表中机器码所对应的每个格子代表一个字节。

附录二　实验指导

实验一　数据块搬移

一、实验目的

通过对数据块搬移程序的上机练习，熟悉单片机开发工具的使用，掌握在开发机上设计、调试和运行程序的基本方法。

二、实验内容

编写程序把2000H～20FFH的内容清零。

三、实验步骤

(1) 根据实验要求画出具体程序流程图。
(2) 编写程序。
(3) 编译、改错，直到编译通过。
(4) 在2000H～20FFH中预先写入数据。
(5) 装载程序，然后用连续或单步方式运行程序，检查2000H～20FFH单元中执行程序前后的内容变化。
(6) 撰写实验报告。

四、程序框图

程序框图如图F2.1所示。

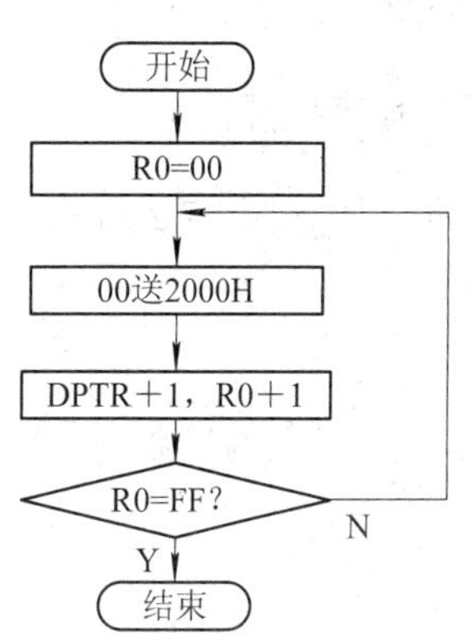

图F2.1　数据块搬移程序框图

五、参考程序

参考程序如下：

```
        ORG     0600H
SE01:   MOV     R0，#00H
        MOV     A，#00H
        MOV     DPTR，#2000H        ；(2000H)送DPTR
LOO1:   MOVX    @DPTR，A            ；0送(DPTR)
        INC     DPTR                ；DPTR+1
        INC     R0                  ；字节数加1
        CJNE    R0，#00H，LOO1      ；不到FF个字节再清
        SJMP    $
        END
```

实验二　数制转换

一、实验目的

掌握简单的数制转换算法，基本了解数值的各种表达方法。

二、实验内容

将给定的一个二进制数转换成二进制编码的十进制(BCD)码。要求将 ACC 中的二进制数拆为三个 BCD 码，分别存入从 20H 开始的三个片内 RAM 单元。

三、实验步骤

(1) 根据实验要求画出具体程序流程图。
(2) 编写程序。
(3) 编译、改错，直到编译通过。
(4) 在 ACC 中放入不同的数据。
(5) 装载程序然后用连续或单步方式运行程序，检查 20H～22H 中内容有何变化。
(6) 撰写实验报告。

四. 程序框图

程序框图如图 F2.2 所示。

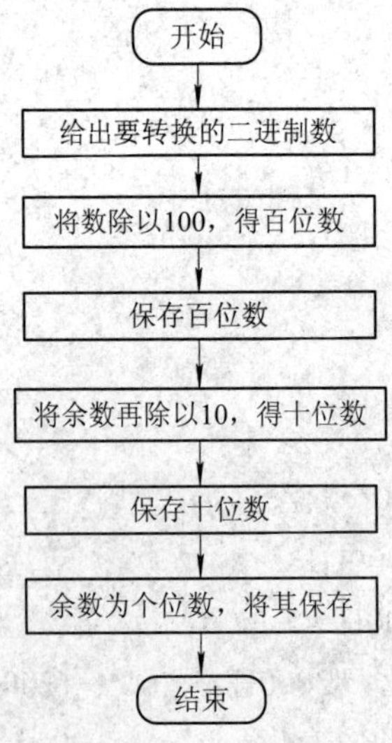

图 F2.2　数制转换程序框图

五、参考程序

参考程序如下：

```
        ORG     0300H
```

```
START:      MOV     A，#123         ；置初值
            LCALL   BinToBCD
            SJMP    $
BinToBCD:   MOV     B，#100
            DIV     AB
            MOV     20H，A          ；除以 100，得百位数
            MOV     A，B
            MOV     B，#10
            DIV     AB
            MOV     21H，A          ；余数除以 10，得十位数
            MOV     22H，B          ；余数为个位数
            RET
            END
```

实验三　无符号双字节快速乘法子程序

一、实验目的

熟悉 MCS-51 中加、减、乘、除运算类指令的使用方法，掌握简单汇编语言设计和调试方法。

二、实验内容

将(R2 R3)和(R6 R7)中的双字节无符号整数相乘，积送 R4 R5 R6 R7 中。

本程序是利用单字节的乘法指令，根据下面的公式进行乘法运算的。

$(R2\ R3) \times (R6\ R7)$

$= ((R2) \times 2^8 + (R3)) \times ((R6) \times 2^8 + (R7))$

$= (R2) \times (R6) \times 2^{16} + [(R2) \times (R7) + (R3) \times (R6)] \times 2^8 + (R3) \times (R7)$。

三、实验步骤

(1) 根据实验要求画出具体程序流程图。

(2) 编写程序。

(3) 编译、改错，直到编译通过。

(4) 设定(R2 R3)和(R6 R7)的相应数据值。

(5) 装载程序，然后用连续或单步方式运行程序，检查 R4 R5 R6 R7 单元中执行程序前后的内容变化。

(6) 撰写实验报告。

四、程序框图

程序框图如图 F2.3 所示。

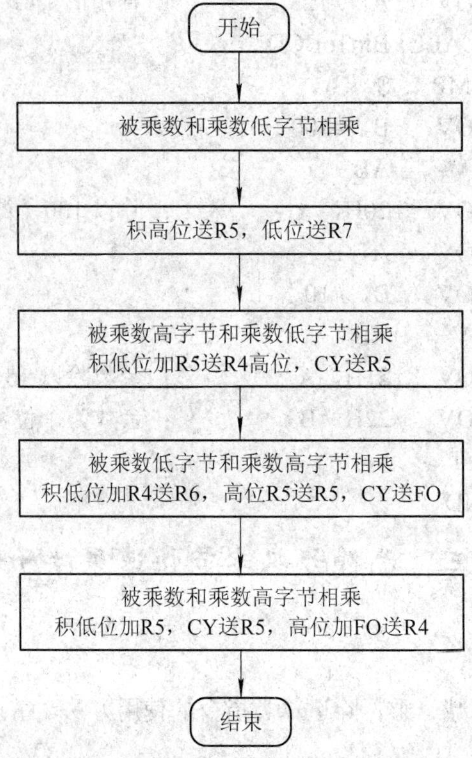

图 F2.3　无符号双字节快速乘法子程序框图

五、参考程序

参考程序如下：

```
        ORG     0970H
QKUL：  MOV     A，R3
        MOV     B，R7
        MUL     AB                  ；R3*R7
        XCH     A，R7               ；R7=(R3*R7)低字节
        MOV     R5，B               ；R5=(R3*R7)高字节
        MOV     B，R2
        MUL     AB                  ；R2*R7
        ADD     A，R5
        MOV     R4，A
        CLR     A
        ADDC    A，B
        MOV     R5，A               ；R5=(R2*R7)高字节
        MOV     A，R6
        MOV     B，R3
```

```
MUL     AB                  ; R3*R6
ADD     A，R4
XCH     A，R6
XCH     A，B
ADDC    A，R5
MOV     R5，A
MOV     PSW.5，C            ; 存CY
MOV     A，R2
MUL     AB                  ; R2*R6
ADD     A，R5
MOV     R5，A
CLR     A
MOV     ACC.0，C
MOV     C，PSW.5            ; 加上次加法的进位
ADDC    A，B
MOV     R4，A
SJMP    $
END
```

实验四 P1口操作实验

一、实验目的

了解单片机 I/O 接口的特点，掌握关于 I/O 接口的简单编程方法并编写软件延时程序。

二、实验内容

P1 口作为输出口，接 8 个发光二极管，编写程序使发光二极管循环点亮。

三、实验步骤

(1) 根据实验要求画出具体程序流程图。
(2) 编写程序。
(3) 编译、改错，直到编译通过。
(4) 连接硬件电路：P1.0～P1.7 用插针连至 L1～L8。
(5) 装载程序，然后用连续或单步方式运行程序，观察发光二极管的闪亮移位情况。
(6) 撰写实验报告。

四、程序框图

P1 口亮灯实验的程序框图如图 F2.4 所示。

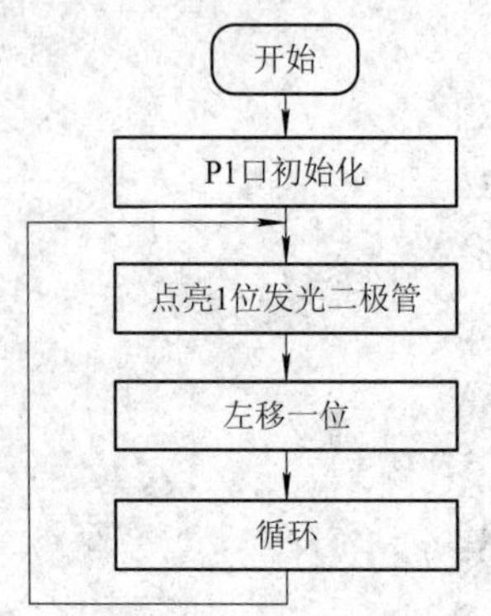

图 F2.4　P1 口亮灯实验的程序框图

五、参考程序

参考程序如下：

```
        ORG     0300H
SE18：  MOV     P1，#0FFH          ；送 P1 口
LO34：  MOV     A，#0FEH           ；L1 发光二极管点亮
LO33：  MOV     P1，A
        LCALL   SE19               ；延时
        RL      A                  ；左移位
        SJMP    LO33               ；循环
SE19：  MOV     R6，#0A0H
LO36：  MOV     R7，#0FFH
LO35：  DJNZ    R7，LO35
        JNZ     R6，LO36           ；延时
        RET
        END
```

六、思考

(1) 改变延时常数，使发光二极管闪亮时间改变。

(2) 修改程序，使发光二极管闪亮移位方向改变。

实验五　工业顺序控制

一、实验目的

了解中断方式在工业顺序控制过程中的作用，掌握使用中断方式实现工业顺序控制的简单编程，以及中断的使用。

二、实验内容

在工业控制中，像冲压、注塑、轻纺、制瓶等生产过程，都是一些断续生产过程，按某种程序有规律地完成预定的动作。这类断续生产过程的控制称为顺序控制。例如，注塑机工艺过程大致按“合模→注射→保压→冷却→开模→脱模”等顺序动作，这些用单片机最易实现。

要求用 51 单片机的 P1.0～P1.6 控制注塑机的七道工序，即模拟控制七只发光二极管的点亮，高电平有效，设定每道工序的时间转换为延时 2 秒，P3.4 为开工启动开关，高电平启动，P3.3 为外故障输入模拟开关，P3.3 为 0 时不断警告，P1.7 为报警声音输出，设定第一至第六道工序只有一位输出，第七道工序有三位输出。

三、实验说明

实验中使用外部中断 0，编写中断服务程序的关键如下：

(1) 保护进入中断时的状态，并在退出中断之前恢复进入的状态。

(2) 必须在中断程序中设定是否允许中断响应，即设置 EX0 位。

一般进入中断程序时应保护 PSW、ACC 以及中断程序使用但非其专用的寄存器，本实验中未涉及。

四、实验接线图

实验接线图如图 F2.5 所示。

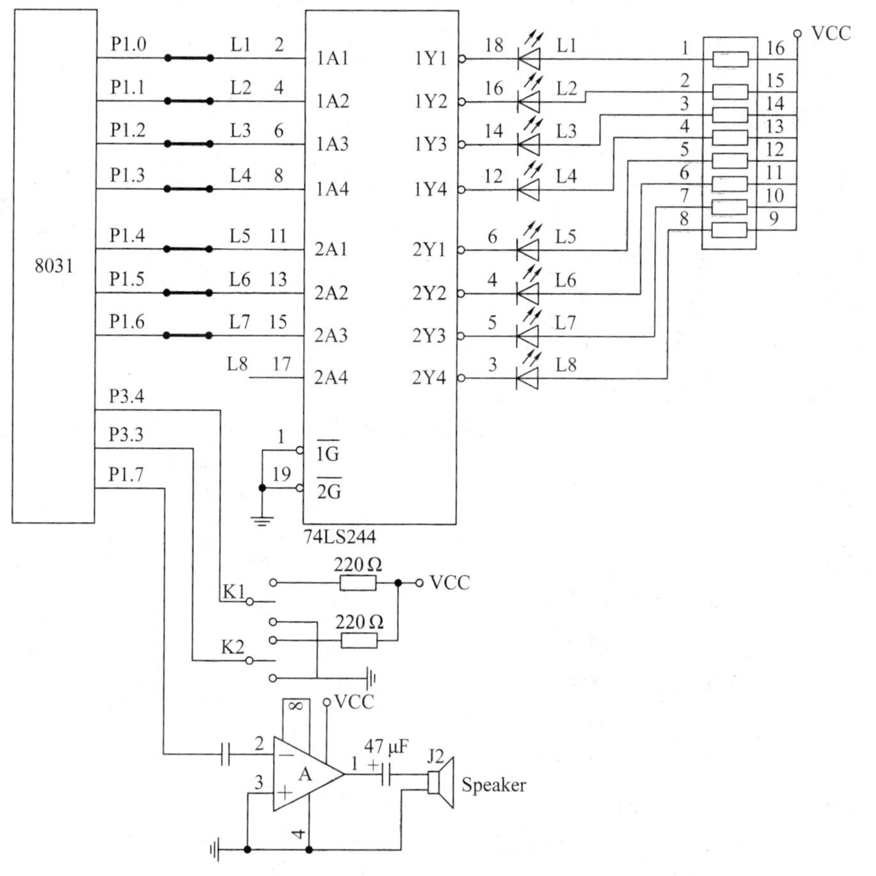

图 F2.5　工业顺序控制实验接线图

五、程序框图

程序框图如图 F2.6 所示。

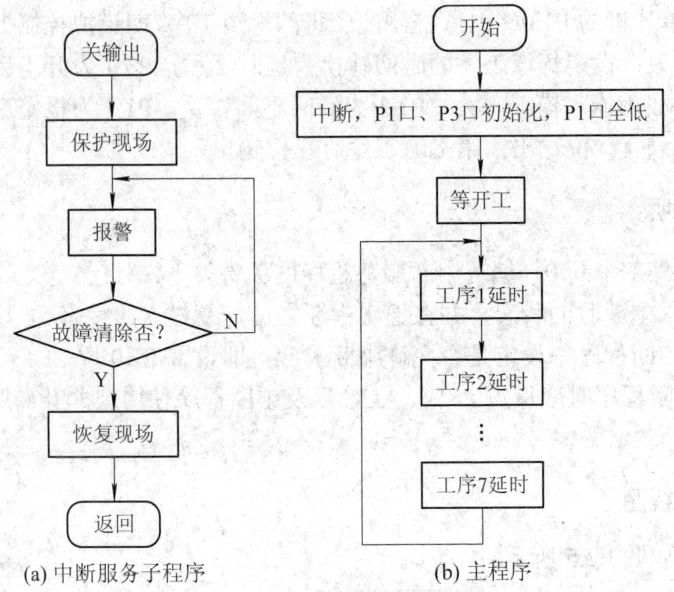

(a) 中断服务子程序　　(b) 主程序

图 F2.6　工业顺序控制的程序框图

六、实验步骤

(1) P3.4 连 K1，P3.3 连 K2，P1.0～P1.6 分别连到 L1～L7，P1.7 连 SIN(电子音响输入端)。

(2) K1、K2 开关拨在高电平“H”位置。

(3) 编译程序并下载运行，此时应在等待开工状态。

(4) K1 拨至低电平“L”位置，各道工序应正常运行。

(5) K2 拨至低电平“L”位置，应有声音报警(人为设置故障)。

(6) K2 拨至高电平“H”位置，即排除故障，程序应从报警的那道工序继续执行。

七、参考程序

参考程序如下：

```
        ORG     0000H
        LJMP    PO10
        ORG     0013H
        LJMP    PO16
        ORG     0300H
PO10:   MOV     P1,  #7FH
        ORL     P3,  #00H
PO11:   JNB     P3.4,  PO11          ；开工吗
```

```
        ORL     IE，  #84H
        ORL     IP，  #01H
        MOV     PSW， #00H          ；初始化
        MOV     SP，  #53H
PO12：  MOV     P1，  #7EH          ；第一道工序
        ACALL   PO1B
        MOV     P1，  #7DH          ；第二道工序
        ACALL   PO1B
        MOV     P1，  #7BH          ；第三道工序
        ACALL   PO1B
        MOV     P1，  #77H          ；第四道工序
        ACALL   PO1B
        MOV     P1，  #6FH          ；第五道工序
        ACALL   PO1B
        MOV     P1，  #5FH          ；第六道工序
        ACALL   PO1B
        MOV     P1，  #0FH          ；第七道工序
        ACALL   PO1B
        SJMP    PO12
PO16：  MOV     B，   R2            ；保护现场
PO17：  MOV     P1，  #7FH          ；关输出
        MOV     20H， #0A0H         ；振荡次数
PO18：  SETB    P1.7                ；振荡
        ACALL   PO1A                ；延时
        CLR     P1.7                ；停振
        ACALL   PO1A                ；延时
        DJNZ    20H， PO18          ；不为 0 跳转
        CLR     P1.7
        ACALL   PO1A                ；停振
        JNB     P3.3， PO17         ；故障消除了吗
        MOV     R2，B               ；恢复现场
        RETI
PO1A：  MOV     R2，#06H
        ACALL   DELY                ；延时
        RET
PO1B：  MOV     R2，#30H
        ACALL   DELY                ；延时
        RET
DELY：  PUSH    02H
```

```
DEL2:  PUSH   02H
DEL3:  PUSH   02H              ；延时
DEL4:  DJNZ   R2，DEL4
       POP    02H
       DJNZ   R2，DEL3
       POP    02H
       DJNZ   R2，DEL2
       POP    02H
       DJNZ   R2，DELY
       RET
       END
```

八、思考

修改程序，使每道工序中有多位输出。

实验六　数字电压表

一、实验目的

(1) 学习 ADC0809 芯片的结构和工作原理。
(2) 学习 LED 数码管显示的原理及编程方法。
(3) 掌握 8031 与 ADC0809、LED 的接口方法。
(4) 学习数字电压表的实现方法。
(5) 通过此设计实验了解单片机如何进行数据采集，掌握单片机控制系统的设计方法。

二、实验内容

设计一个数字电压表，要求可以测量 0～5 V 的 8 路输入电压值，并在四位 LED 数码管上显示通道号和相应通道的测量值，且可通过开关选择 8 路循环显示和单路显示。

三、实验说明

数字电压表的工作原理是：将输入的模拟电压信号通过采样、量化转变为数字电压信号，并通过显示电路显示出数字电压值。其核心是 A/D 转换器。

Dais-52PH 单片机实验箱上的 ADC0809 是一个 8 位 A/D 转换器，可以采集 8 路模拟信号，转换时间约为 100 μs。其转换过程为：首先输入地址选择信号，在 ALE 信号的作用下，地址信号 ADD 被锁存，产生译码信号，选中一路模拟量输入 IN，然后输入启动转换控制信号 START(不小于 100 μs)，启动 A/D 转换，转换结束，数据送三态门锁存，同时发出 EOC 信号。在允许输出信号 OE 的控制下，将转换结果输出到外部数据总线。

8 路输入电压值由 8 路电位器提供，ADC0809 将其中一路模拟量进行变换，单片机读取转换后的数字量，进行数据处理将其变为数字电压值，输出电压显示在三位 LED 数码管上，显示值为 0.00～5.00，并用一位 LED 数码管显示当前电压值所对应的通道号。用 P1 口控制四个拨动开关，一个开关作为单路/循环显示的选择开关，另外三个开关作为单路显示时的通道选择开关。LED 数码管显示的字形口地址为 0FFDCH，字位口地址为 0FFDDH。

四、实验电路图

数字电压表的实验电路图如图 F2.7 所示。

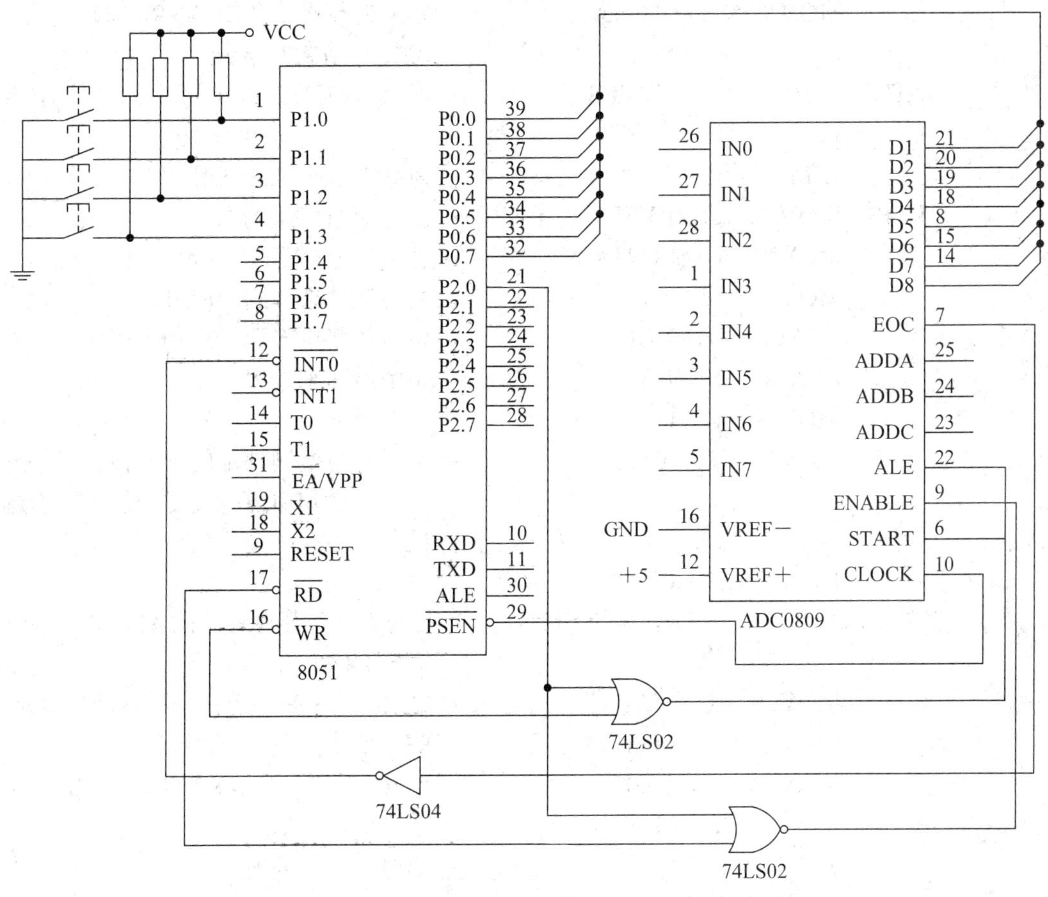

图 F2.7　数字电压表的实验电路图

五、参考程序

参考程序如下：

```
        ORG    0000H
        AJMP   START
        ORG    0300H
START： MOV    SP，#50H            ；因为要用堆栈，所以重新定义栈底
        JNB    P1.3，  CIRCLE      ；当 P1.3 为低电平时为循环测量，反之
                                   ；为单路测量
```

```
        MOV     DPTR，#0FFE0H     ；由机箱电路指定 ADC0809 的地址为
                                  ；0FFE0H
        MOV     A，P1             ；将 P1 口的数直接给寄存器 A
        ANL     A，#07H           ；将 A 的高 5 位屏蔽
        MOV     R3，A             ；R3 值即为通道号
        MOV     40H，R3           ；将通道号给 40H 单元
        MOVX    @DPTR，A          ；将 A 的值送给 ADC0809，同时选中通
                                  ；道号开始 A/D 转换
WAIT：  JNB     P3.3，OVER        ；查询 P3.3 口，为低电平时，说明转换
                                  ；结束
        AJMP    WAIT              ；为高电平时则继续等待
OVER：  MOV     R0，#30H          ；设定 30H 单元存放 A/D 后的数字量
        MOVX    A，@DPTR          ；把 A/D 转换后的数字量放到寄存器 A 中
        MOV     @R0，A            ；最终把结果放到 30H 中
        LCALL   CHANGE            ；调用数字量转至十进制子程序
        LCALL   DISPLAY           ；调用显示子程序
        MOV     A，R3             ；再把通道号给 A
        MOVX    @DPTR，A          ；实现不断检测外部的电压值，当外部
                                  ；电压改变和通道改变时都能不间断地
                                  ；显示出相应的电压值
        LJMP    START
CIRCLE：MOV     DPTR，#0FFE0H     ；此处为循环显示段，将 ADC0809 的地
                                  ；址给 DPTR
        MOV     R0，#30H          ；给 R0 赋 30H，用作寄存器间接寻址
        MOV     R3，#00H          ；R3 为通道号，先选用通道 0
        MOV     R6，#08H          ；使 R6 为 8，用作 8 路循环计数
        MOV     A，R3             ；把通道号给 A
        MOV     40H，R3           ；把通道号给 40H
NEXT：  MOV     DPTR，#0FFE0H     ；将 ADC0809 的地址给 DPTR，用作
                                  ；NEXT 循环赋初值
        MOVX    @DPTR，A          ；把通道号给 ADC0809，启动相应通道
                                  ；的 A/D 转换
HERE1： JB      P3.3，HERE1       ；查询 P3.3 口的电平，为低电平时说明
                                  ；转换结束
        MOVX    A，@DPTR          ；转换结果给 A
        MOV     @R0，A            ；再放到 30H 中
        LCALL   CHANGE            ；调用十进制转换程序
        LCALL   DISPLAY           ；调用显示程序
        INC     R3                ；R3 加 1，使其为下一个通道
```

```
        MOV     A，R3                 ；将通道号给 A
        MOV     40H，R3               ；将通道号给 40H
        MOVX    @DPTR，A              ；将通道号送往 ADC0809
        DJNZ    R6，NEXT              ；若 R6 减 1 不为 0，则循环 NEXT
        LJMP    START                 ；8 路测完一遍后，跳到开始重新检测

CHANGE：MOV A，@R0                    ；A 中存被除数
        MOV     B，#51                ；按 255/5=51 运算
        DIV     AB
        MOV     41H，A                ；商，即个位数存入 41H
        MOV     A，B                  ；余数赋给 A
        CLR     F0                    ；F0 作为标志位
        SUBB    A，#1AH
        MOV     F0，C                 ；余数大于 25(即 19H)，F0 为 0，乘法将
                                      ；溢出，结果加 5 进行调整
        MOV     A，#10H
        MUL     AB
        MOV     B，#51
        DIV     AB
        JB      F0，LOOP2
        ADD     A，#5

LOOP2：MOV      42H，A                ；小数点后第一位存入 42H
        MOV     A，B
        CLR     F0
        SUBB    A，#1AH
        MOV     F0，C
        MOV     A，#10
        MUL     AB
        MOV     B，#51
        DIV     AB
        JB      F0，LOOP3
        ADD     A，#5
LOOP3：MOV      43H，A                ；小数点后第二位存入 43H
        RET
；显示子程序

DISPLAY：    MOV R5，#0FFH            ；总循环次数
LOOP1：      MOV R1，#40H             ；初始化 R1 为 40H
```

```
         MOV R4，#20H          ；R4 为位码，初始化为 20H
LOOP:    MOV R2，#09H          ；控制延时子程序 DEYS 的时延
         MOV A，R4
         MOV DPTR，#0FFDDH
         MOVX @DPTR，A         ；将位码送到字位口

         MOV DPTR，#TABLE
         MOV A，@R1
         MOVC A，@A+DPTR

         MOV DPTR，#0FFDCH
         MOVX @DPTR，A         ；将段码送到字形口
         LCALL DEYS            ；调用延时子程序

         POP   02H
         DJNZ R2，DEY1
         POP   02H
         DJNZ R2，DEY0
         POP 02H
         DJNZ R2，DEYS
         RET
TABLE:   DB 0C0H，0F9H，0A4H，0B0H，99H
         DB 92H，82H，0F8H，80H，90H
         END
```

实验七　数字秒表/定时器

一、实验目的

(1) 学习 8155 芯片的结构和工作原理。
(2) 学习 LED 数码管显示的原理及编程方法。
(3) 掌握 8155 扩展键盘和显示器的原理及编程方法。
(4) 掌握 51 单片机定时器与中断的使用。
(5) 掌握数字秒表的原理和实现方法。

二、实验内容

设计一个由单片机控制的秒表/定时器，要求通过按键选择数字秒表和定时器两种功能：作为秒表最大显示时间为 59 分 59 秒，且具有复位、启停控制等功能；作为定时器最大定时时间为 59 分 59 秒，且具有暂停、复位、输入时间初值以及定时到报警等功能。

三．实验电路图

数字秒表/定时器的实验电路如图 F2.8 所示。

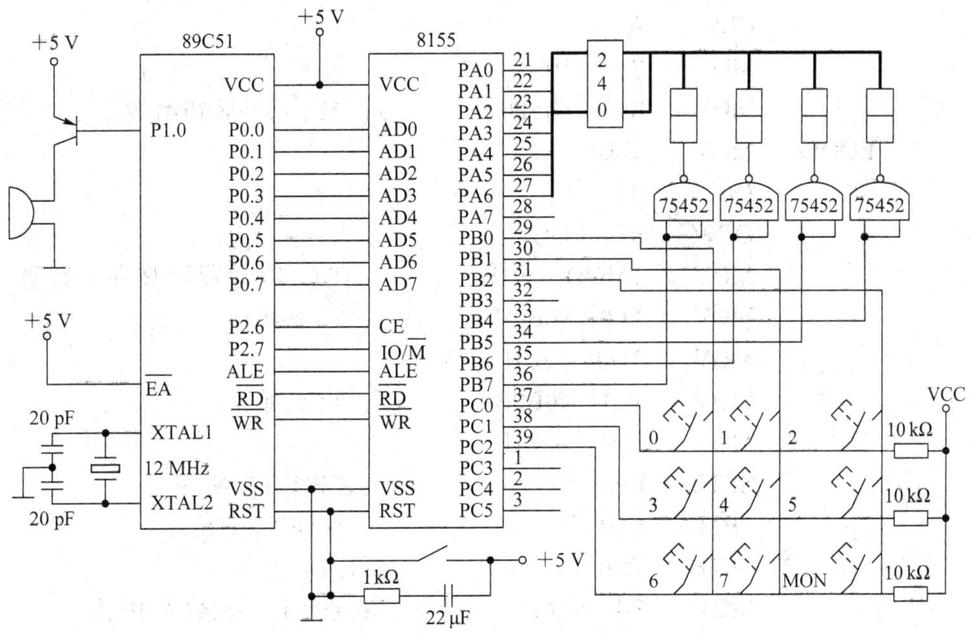

图 F2.8　数字秒表/定时器的实验电路图

四、参考程序

参考程序如下：

```
        ORG     0000H
        LJMP    MAIN
        ORG     000BH
        LJMP    INTT0
        ORG     001BH
        LJMP    INTT1
        ORG     0FECH
        PORT    EQU     0FFE8H          ；8155 各端口地址
        PORTA   EQU     0FFE9H
        PORTB   EQU     0FFEAH
        PORTC   EQU     0FFEBH
        DISP0   EQU     7BH             ；定义显示缓冲区
        DISP1   EQU     7CH
        DISP2   EQU     7DH
        DISP3   EQU     7EH
MAIN：  MOV     SP，#60H
```

```
         MOV    DPTR，#PORT
         MOV    A，#03H               ；8155 初始化
         MOVX   @DPTR，A
         CLR    A
         MOV    R7，#10H
         MOV    R0，#DISP0            ；显示缓冲区初始化
  LOOP：  MOV    @R0，A
         INC    R0
         DJNZ   R7，LOOP
         MOV    TMOD，#11H            ；T0、T1 设置为 16 位计数器
         MOV    TL0，#0B0H            ；T0 初始化
         MOV    TH0，#3CH
         MOV    TL1，#0B0H            ；T1 初始化
         MOV    TH1，#3CH
         SETB   EA                   ；CPU 开中断
         SETB   ET0                  ；允许 T0 中断
         SETB   TR0                  ；启动 T0
         MOV    R4，#0AH              ；设置循环次数为 10 次
         MOV    B，#7EH
  START： ACALL  DISPLAY              ；调用显示子程序
         LCALL  KEYSCAN              ；调用键盘扫描子程序
         CJNE   A，#00H，NEXT1        ；如果不是 0 键，则转去判断其
         CLR    TR0                  ；他键，否则清 0
         CLR    ET0
         CLR    TR1
         CLR    ET1
         CALL   CLR0
NEXT1：   CJNE   A，#01H，NEXT2        ；如果不是 1 键，则转去判断其他键
MOV     R0，B                         ；否则当前地址单元内容加 1
         ACALL  JIA1
         LCALL  DISPLAY
NEXT2：   CJNE   A，#02H，NEXT3        ；如果不是 2 键，则转去判断其他键
         DEC    B                    ；否则指向下一个显示单元
         MOV    R0，B
         CJNE   R0，#7AH，NEXT3       ；4 个未设置完，则转去判断其
                                     ；他键
         MOV    B，#7EH               ；否则重赋显示单元初值
 NEXT3：  CJNE   A，#03H，NEXT4        ；如果不是 3 键，则转去判断其他键
```

```
        MOV     R0，#7BH            ；判断显示单元是否为全 0
        MOV     R1，#04H
AA：    CJNE    @R0 #00H，ZJ        ；若不为 0，则关闭 T0，启动 T1
        INC     R0
        DJNZ    R1，AA
        CLR     ET1                 ；若为 0，则关闭 T1，启动 T0
        CLR     TR1
        SETB    TR0
        SETB    ET0
        LJMP    ZJ1
ZJ：    CLR     ET0
        CLR     TR0
        SETB    ET1
        SETB    TR1
ZJ1：   LCALL   DISPLAY             ；调用显示子程序
NEXT4： CJNE    A，#04H，NEXT5      ；如果不是 4 键，则转去判断其他键
        JB      8CH，BB             ；若 T0 启动，则将它关闭
        SETB    TR0                 ；否则将它启动
        LJMP    BB1
BB：    CLR     TR0
BB1：   LCALL   DISPLAY
NEXT5： CJNE    A，#05H，WWW        ；如果不是 5 键，则转去判断其他键
        JB      8EH，CC             ；若 T1 启动，则将它关闭
        SETB    TR1                 ；否则将它启动
        LJMP    CC1
CC：    CLR     TR1
CC1：   LCALL   DISPLAY             ；调用显示子程序
WWW：   LJMP    START
JIA1：  MOV     A，@R0              ；将 R0 地址里的内容给 A
        ADD     A，#01H             ；内容加 1
        MOV     @R0，A              ；加 1 后再送回到 R0 存放的地址
        RET
；*************** T0 中断服务程序***************************
INTT0： PUSH    ACC
        PUSH    PSW                 ；保护现场
        CLR     ET0                 ；关 T0 中断允许
        CLR     TR0
        MOV     TL0，#0B0H          ；重装初值
        MOV     TH0，#3CH
```

```
        SETB    TR0
        DJNZ    R4，OUTT0          ；10 次中断未到，中断退出
ADDS：  MOV     R4，#0AH           ；10 次中断到则重赋初值
        MOV     R0，#7CH           ；指向秒计时单元(7BH～7CH)
        ACALL   ADD1               ；调用加 1 程序
        MOV     A，R3              ；秒数据放入 A
        CLR     C
        CJNE    A，#60H，ADDM
ADDM：  JC      OUTT0              ；短于 60 秒时中断退出
        CLR     A
        MOV     7BH，A
        MOV     7CH，A             ；否则对秒计时单元清零
        MOV     R0，#7EH           ；指向分计时单元(7DH～7EH)
        ACALL   ADD1               ；分计时单元加 1
        MOV     A，R3              ；分数据放入 A
        CLR     C
        CJNE    A，#60H，TC
TC：    JC      OUTT0              ；短于 60 分时中断退出
        ACALL   CLR0               ；否则调用清 0 子程序
OUTT0： POP     PSW
        POP     ACC                ；恢复现场
        SETB    ET0
RETI
；***********************加 1 子程序***********************
ADD1：  MOV     A，@R0             ；取当前计时单元数据送到 A
        DEC     R0                 ；指向前一地址
        SWAP    A                  ；高 4 位与低 4 位交换
        ORL     A，@R0             ；前一地址中数据放入 A 中低 4 位
        ADD     A，#01H            ；加 1 操作
        DA      A                  ；十进制调整
        MOV     R3，A
        ANL     A，#0FH            ；高 4 位变零
        MOV     @R0，A             ；放回前一地址单元
        MOV     A，R3              ；取回 R3 中暂存数据
        INC     R0                 ；指向当前地址单元
        SWAP    A                  ；高 4 位与低 4 位交换
        ANL     A，#0FH            ；高 4 位变 0
        MOV     @R0，A             ；数据放入当前地址单元中
RET
```

```
；*******************定时器1中断服务程序****************
INTT1：    PUSH   ACC
           PUSH   PSW                    ；保护现场
           MOV    TL1，#0B0H             ；重装初值
           MOV    TH1，#3CH
           DJNZ   R4，OUTT1              ；10次中断未到，中断退出
DECS：     MOV    R4，#0AH               ；10次中断到，重赋初值
           MOV    R0，#7CH               ；指向秒计时单元(7BH～7CH)
           ACALL  DEC1                   ；调用减1程序秒单元减1
           MOV    A，R3
           CJNE   A，#0F8H，OUTT1        ；未减为0时退出
           MOV    7BH，#09H              ；否则秒单元重新装入59
           MOV    7CH，#05H
           MOV    R0，#7EH               ；指向分计时单元(7DH～7EH)
           ACALL  DEC1                   ；分单元减1
           MOV    A，R3
           CJNE   A，#0F8H，OUTT1        ；分单元未变为0时中断退出
           ACALL  CLR0                   ；调用清0子程序
           ACALL  DISPLAY
           ACALL  T3                     ；蜂鸣器响
           CLR    ET1
           CLR    TR1
OUTT1：    POP    PSW                    ；恢复现场
           POP    ACC
RETI
；***********************减1子程序**********************
DEC1：     MOV    A，@R0          ；取当前计时单元数据到A
           DEC    R0              ；指向前一地址
           SWAP   A               ；高4位与低4位交换
           ORL    A，@R0          ；前一地址中的数据放入A中低4位
           CJNE   @R0，#00H，ABC
           SUBB   A，#06H         ；调整为十进制数字
    ABC：  SUBB   A，#01H         ；减1操作
           MOV    R3，A
           ANL    A，#0FH         ；高4位变零
           MOV    @R0，A          ；放回前一地址单元
           MOV    A，R3           ；取回R3中的暂存数据
           INC    R0              ；指向当前地址单元
           SWAP   A               ；高4位与低4位交换
```

```
            ANL     A，#0FH         ；高 4 位变 0
            MOV     @R0，A          ；数据放入当前地址单元中
            RET
；******************键盘扫描子程序************************
KEYSCAN：   ACALL   TEST            ；调用 TEST 子程序判断按键是否按下
            JNZ     REMOV           ；有键按下，则调用消抖延时
            LCALL   DISPLAY
            LJMP    KEYSCAN         ；无键按下，则继续判断是否按键
REMOV：     LCALL   DISPLAY         ；调用显示子程序延时消抖
            ACALL   TEST            ；再判断是否有键按下
            JNZ     LIST            ；有键按下，则逐列扫描
            LCALL   DISPLAY
            LJMP    KEYSCAN         ；无键按下，则继续判断是否按键
LIST：      MOV     R2，#0FEH       ；首列扫描字送 R2
            MOV     R3，#00H        ；首列键号送 R3
LINE0：     MOV     DPTR，#PORTB    ；DPTR 指针指向 8155 的 B 口
            MOV     A，R2           ；首列扫描字送 A
            MOVX    @DPTR，A        ；首列扫描字送 8155 的 B 口
            MOV     DPTR，#PORTC    ；DPTR 指针指向 8155 的 C 口
            MOVX    A，@DPTR        ；读入 C 口的行状态
            JB      ACC.0，LINE1    ；第 0 行无键按下，则转第一行
            MOV     A，#00H         ；第 0 行有键按下，行首键号送 A
            LJMP    TRYK            ；求键号
LINE1：     JB      ACC.1，NEXT     ；第 0 行无键按下，则转 NEXT
            MOV     A，#03H         ；第 1 行有键按下，行首键号送 A
            LJMP    TRYK            ；求键号
NEXT：      INC     R3              ；扫描下一列
            MOV     A，R2           ；扫描字送 A
            JNB     ACC.2，EXIT     ；三列扫描完，重新进行下一轮扫描
            RL      A               ；三列未扫描完，扫描字左移
                                    ；扫描下一列
            MOV     R2，A           ；扫描字送 R2
            AJMP    LINE0           ；转向扫描下一列
EXIT：      AJMP    KEYSCAN         ；等待下一次按键
TRYK：      ADD     A，R3           ；计算键号
            PUSH    ACC             ；键号入栈保护
LETK：      LCALL   TEST            ；等待按键释放
            JNZ     LETK            ；按键未释放，等待
```

```
        POP     ACC               ；按键释放，键号出栈
        RET
TEST:   LCALL   DISPLAY
        MOV     DPTR，#PORTB      ；DPTR 指针指向 8155 的 B 口
        MOV     A，#00H
        MOVX    @DPTR，A          ；全扫描字 00H 送 8155 的 A 口
        MOV     DPTR，#PORTC
        MOVX    A，@DPTR          ；读入 C 口状态
        CPL     A                 ；A 取反
        ANL     A，#03H           ；屏蔽高 6 位，以高电平表示
                                  ；有键按下
        RET
*******************显示子程序***************************
DISPLAY: MOV    R0，#DISP0
        MOV     R1，#04H          ；4 位数码管
        MOV     R2，#10H
DIS1:   MOV     DPTR，#PORTB
        MOV     A，#00H
        MOVX    @DPTR，A          ；关所有八段管
        MOV     A，@R0
        MOV     DPTR，#TAB
        MOVC    A，@A+DPTR
        MOV     DPTR，#PORTA
        MOVX    @DPTR，A
        MOV     DPTR，#PORTB
        MOV     A，R2
        MOVX    @DPTR，A          ；显示一位八段管
        MOV     R6，#1
        LCALL   DELAY
        MOV     A，R2             ；显示下一位
        RL      A
        MOV     R2，A
        INC     R0
        DJNZ    R1，DIS1
        RET
TAB:    DB      0C0H，0F9H，0A4H，0B0H，99H
        DB      92H，82H，0F8H，80H，90H
；***************延时子程序******************************
DELAY:  MOV     R7，#0
```

```
DELAYLOOP：DJNZ  R7，DELAYLOOP
           DJNZ R6，DELAYLOOP
           RET
；*******************清 0 子程序******************************
CLR0:      CLR    A
           MOV    7BH，A
           MOV    7CH，A
           MOV    7DH，A
           MOV    7EH，A
           RET
T3:        MOV    R0，#03H
LOOP6:     CPL    P1.0
           ACALL  DELAY
           DJNZ   R0，LOOP6
           RET
           END
```

实验八　急救车与交通灯

一、实验目的

学习外部中断技术的基本使用方法，掌握中断处理程序的编程方法。

二、实验内容

本实验模拟交通信号灯控制，一般情况下正常显示，有急救车到达时，两个方向四个路口交通信号灯全红，以便让急救车通过。设急救车通过路口的时间为 10 秒，急救车通过后，交通恢复正常。本实验用单次脉冲申请外部中断，表示有急救车通过。

三、实验说明

中断服务程序的关键是：

(1) 保护进入中断时的状态，并在退出中断之前恢复进入时的状态。

(2) 必须在中断程序中设定是否允许中断重入，即设置 EX0 位。

本例中使用了 INT0 中断(P3.2)，一般进入中断程序时应保护 PSW、ACC 以及中断程序使用但非其专用的寄存器。本例的中断程序保护了 PSW、ACC 等三个寄存器并且在退出前恢复了这三个寄存器。另外，中断程序中涉及到关键数据的设置时应关中断，即设置时不允许重入。本例中没有涉及这种情况。

中断信号由单脉冲按钮 SP 产生。

四、实验电路图

急救车与交通灯的实验电路图如图 F2.9 所示。

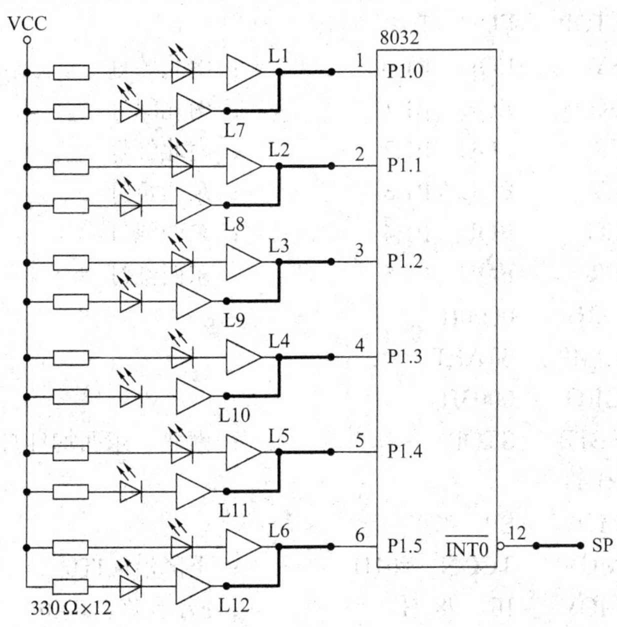

图 F2.9　急救车与交通灯的实验电路图

五、程序框图

急救车与交通灯的程序框图如图 F2.10 所示。

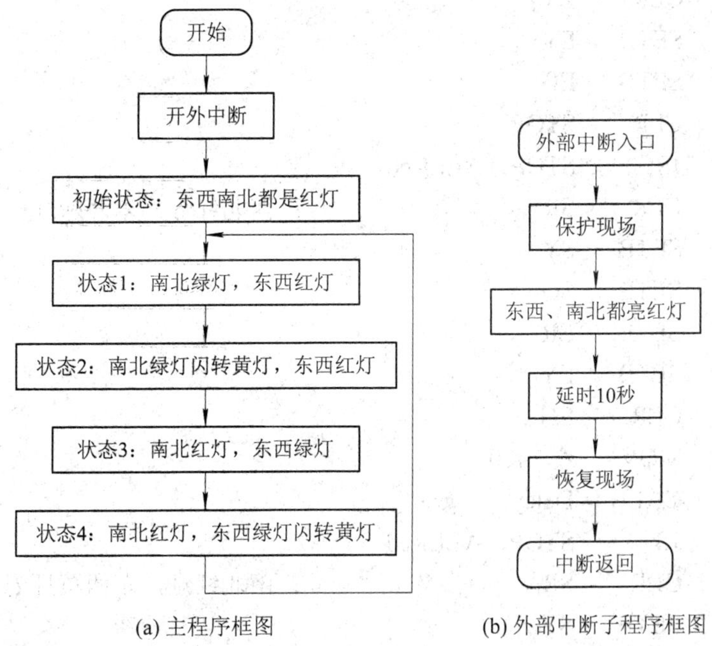

(a) 主程序框图　　(b) 外部中断子程序框图

图 F2.10　急救车与交通灯的程序框图

六．参考程序

参考程序如下：

```
        Flash    EQU   0              ；LED 状态
```

```
        STOP    EQU   1
        SY      EQU   P1.0          ；南北黄灯
        SG      EQU   P1.1          ；南北绿灯
        SR      EQU   P1.2          ；南北红灯
        EY      EQU   P1.3          ；东西黄灯
        EG      EQU   P1.4          ；东西绿灯
        ER      EQU   P1.5          ；东西红灯
        ORG     0000H
        LJMP    START
        ORG     0003H
        SETB    STOP                ；南北、东西均红灯
        RETI
START： MOV     SP，#70
        MOV     TCON，#01H          ；下降沿，IT0
        MOV     IE，#81H            ；EA 允许，EX0
        CLR     SR                  ；南北、东西均红灯
        SETB    SY
        SETB    SG
        CLR     ER
        SETB    EY
        SETB    EG
        CLR     STOP
LOOP：  JB      STOP，ALLRed
        CLR     SR                  ；南北红灯，东西绿灯
        SETB    SY
        SETB    SG
        SETB    ER
        SETB    EY
        CLR     EG
        MOV     A，#20
        CALL    Delay
        JB      STOP，ALLRed
        CLR     SR                  ；南北红灯，东西黄灯闪
        SETB    SY
        SETB    SG
        SETB    ER
        SETB    EY
        SETB    EG
        CLR     Flash
```

```
        MOV     R7，#9
LOOP1： MOV     C，Flash
        MOV     EY，C
        MOV     A，#1
        CALL    Delay
        CP1     Flash
        DJNZ    R7，LOOP1
        JB      STOP，ALLRed
        SETB    SR              ；南北绿灯，东西红灯
        SETB    SY
        CLR     SG
        CLR     ER
        SETB    EY
        SETB    EG
        MOV     A，#20
        CALL    Delay
        JB      STOP，ALLRed
        SETB    SR              ；东西红灯，南北黄灯闪
        SETB    SY
        SETB    SG
        CLR     ER
        SETB    EY
        SETB    EG
        CLR     Flash
        MOV     R7，#9
LOOP2： MOV     C，Flash
        MOV     SY，C
        MOV     A，#1
        CALL    Delay
        CPL     Flash
        DJNZ    R7，LOOP2
        LJMP    LOOP
ALLRed：CLR     SR              ；两个方向交通信号灯全红
        SETB    SY
        SETB    SG
        CLR     ER
        SETB    EY
        SETB    EG
        CLR     STOP
```

```
            MOV     A，#10
            CALL    Delay
            LJMP    LOOP
Delay:      MOV     R1，#80H              ；延时子程序
            MOV     R0，#0
DelayLoop:  JB      STOP，ExitDelay
            DJNZ    R0，DelayLoop
            DJNZ    R1，DelayLoop
            DJNZ    ACC，Delay
ExitDelay:  RET
            END
            END
```

实验九　双 机 通 信

一、实验目的

(1) 掌握串行口工作方式的程序设计，掌握单片机通信程序的编制方法。

(2) 了解实现串行通信的硬环境、数据格式的协议和数据交换的协议。

(3) 掌握双机通信的原理和方法。

二、实验内容

利用 MCS-51 单片机串行口实现双机通信。本实验将 1 号实验机键盘上键入的数字显示到 2 号实验机的数码管上。

三、实验电路图

双机通信的实验电路图如图 F2.11 所示。

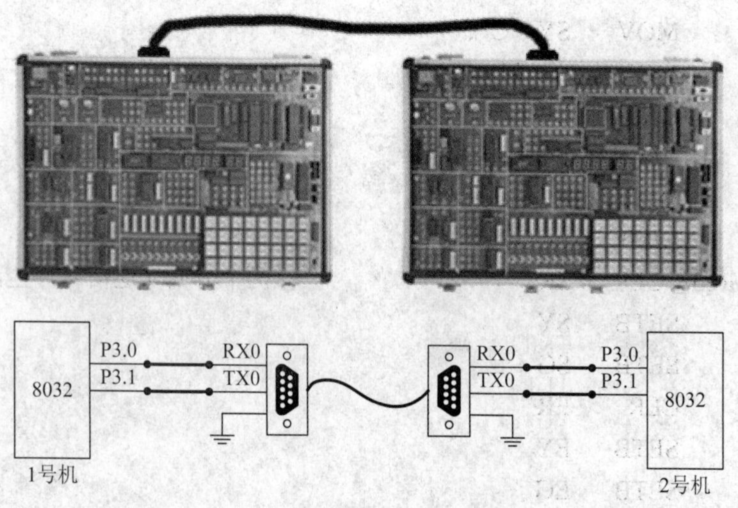

图 F2.11　双机通信的实验电路图

四、程序框图

双机通信的程序框图如图 F2.12 所示。

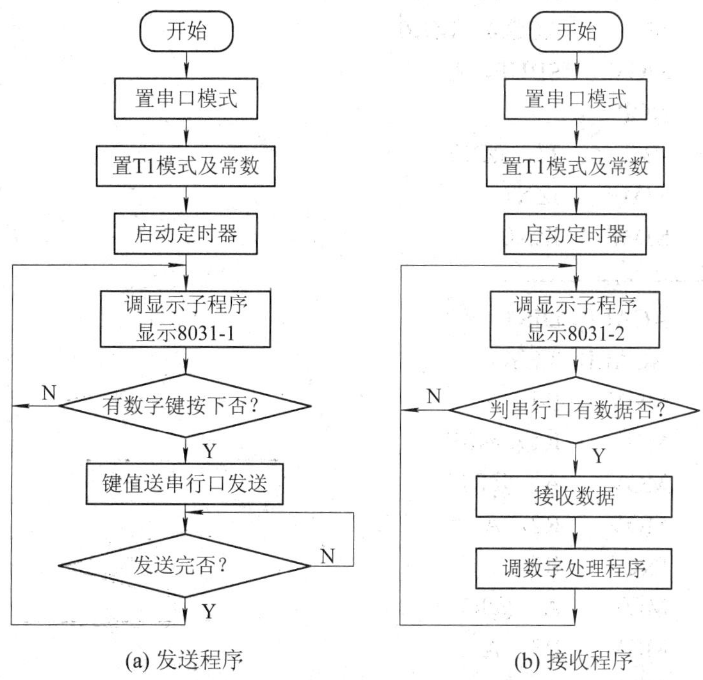

(a) 发送程序　　(b) 接收程序

图 F2.12　双机通信的程序框图

五、参考程序

参考程序如下：

```
；============发送程序============
        ORG     0300H
JG832:  MOV     SP，     #60H
        MOV     7EH，    #08H
        MOV     7DH，    #00H
        MOV     7CH，    #03H
        MOV     7BH，    #02H
        MOV     7AH，    #14H
        MOV     79H，    #01H
        MOV     SCON，   #50H
        MOV     TMOD，#20H
        MOV     TL1，    #0FDH
        MOV     TH1，    #0FDH
        SETB    TR1
        CLR     ET1
```

```
        CLR     ES
JZX0：  CALL    XLE
        JB      ACC.5，JZX0
        JB      ACC.4，JZX0
        MOV     SBUF，A
        NOP
JZX1：  JBC     TI，JZX0
        SJMP    JZX1
        SJMP    JZX0
; ---------------------------
XLE：   ACALL   DIS
        ACALL   KEY
        MOV     R4，A
        MOV     R1，#48H
        MOV     A，@R1
        MOV     R2，A
        INC     R1
        MOV     A，@R1
        MOV     R3，A
        MOV     A，R4
        XRL     A，R3
        MOV     R3，04H
        MOV     R4，02H
        JZ      X10
        MOV     R2，#88H
        MOV     R4，#88H
X10：   DEC     R4
        MOV     A，R4
        XRL     A，#82H
        JZ      X11
        MOV     A，R4
        XRL     A，#0EH
        JZ      X11
        MOV     A，R4
        JZ      X12
        MOV     R4，#20H
        DEC     R2
        SJMP    X13
X12：   MOV     R4，#0FH
```

```
X11：  MOV    R2，04H
       NOP
       NOP
       MOV    R4，03H
X13：  MOV    R1，#48H
       MOV    A，R2
       MOV    @R1，A
       INC    R1
       MOV    A，R3
       MOV    @R1，A
       MOV    A，R4
       JB     ACC.5，X113
       JB     ACC.4，X113
       MOV    DPTR，#LS3
       MOVC   A，@A+DPTR
X113： RET
; ------------------------------
LS3：  DB  07H，04H，08H，05H，09H，06H，0AH
       DB  0BH，01H，00H，02H，0FH，03H，0EH
       DB  0CH，0DH
; ------------------------------
       PUSH   DPL
       SETB   RS1
       MOV    R0，#7EH
       MOV    R2，#20H
       MOV    R3，#00H
       MOV    DPTR，#LS0
LS2：  MOV    A，@R0
       MOVC   A，@A+DPTR
       MOV    R1，#0DCH
       MOVX   @R1，A
       MOV    A，R2
       INC    R1
       MOVX   @R1，A
LS1：  DJNZ   R3，LS1
       CLR    C
       RRC    A
       MOV    R2，A
       DEC    R0
```

```
            JNZ     LS2
            MOVX    @R0，A
            DEC     R0
            CPL     A
            MOVX    @R0，A
            CLR     RS1
            POP     DPL
            POP     DPH
            RET
;  ---------------------------
LS0:        DB      0C0H，0F9H，0A4H，0B0H，99H，92H
            DB      82H，0F8H，80H，90H，88H，83H，0C6H
            DB      0A1H，86H，8EH，0FFH，0CH，89H，7FH，0BFH
KEY:        SETB    RS1
            MOV     R2，#0FEH
            MOV     R3，#08H
            MOV     R0，#00H
LP1:        MOV     R1，#0DDH
            MOV     A，R2
            MOVX    @R1，A
            RL      A
            MOV     R2，A
            INC     R1
            MOVX    A，@R1
            CPL     A
            ANL     A，#0FH
            JNZ     LP0
            INC     R0
            DJNZ，  R3，LP1
XP33:       MOV     A，#20H
XP3:        MOV     R2，A
            CLR     A
            MOV     R1，#0DDH
            MOVX    @R1，A
            MOV     A，R2
            CLR     RS1
            RET
;  ------------------------
LP0:        CPL     A
```

```
        JB      ACC.0，XP0
        MOV     A，#00H
        SJMP    LPP
XP0：   JB      ACC.1，XP1
        MOV     A，#08H
        SJMP    LPP
XP1：   JB      ACC.2，XP2
        MOV     A，#10H
        SJMP    LPP
XP2：   JB      ACC.3，XP33
        MOV     A，#18H
LPP：   ADD     A，R0
        SJMP    XP3
; --------------------------------
LEDP：  MOV     50H，#7EH
        MOV     A，#10H
        MOV     R0，#79H
LEDS：  MOV     @R0，A
        INC     R0
        CJNE    R0，#7EH，LEDS
        INC     A
        MOV     @R0，A
        RET
; --------------------------------
        END
; ============接收程序============
        ORG 0300H
JG86E： MOV     SP，#60H
        MOV     50H，#7EH
        MOV     A，#10H
        MOV     R0，#79H
ZEJS：  MOV     @R0，A
        INC     R0
        CJNE    R0，#7EH，ZEJS
        INC     A
        MOV     @R0，A
        MOV     SCON，#50H
        MOV     TMOD，#20H
        MOV     TL1，#0FDH
```

```
        MOV    TH1，#0FDH
        SETB   TR1
        CLR    ET1
        CLR    ES
WAINU：  MOV    R6，#60H
WASU0：  CALL       DIS
        JBC    RI，DIS_EC
        DJNZ   R6，WASU0
        MOV    R6，#28H
        MOV    R0，#50H
        MOV    A，@R0
        MOV    R0，A
        MOV    A，@R0
        MOV    R7，A
        MOV    A，#10H
        MOV    @R0，A
WASU1：  CALL   DIS
        JBC    RI，DIS_Ed
        DJNZ   R6，WASU1
        MOV    A，R7
        MOV    @R0，A
        SJMP   WAINU
; ------------------------------
DIS_Ed： MOV    A，R7
        MOV    @R0，A
DIS_EC： MOV    A，SBUF
        CALL   X3
        DB     79H，7EH
        SJMP   WAINU
XLE：    ACALL  DIS
        ACALL  KEY
        MOV    R4，A
        MOV    R1，#48H
        MOV    A，@R1
        MOV    R2，A
        INC    R1
        MOV    A，@R1
        MOV    R3，A
        MOV    A，R4
```

```
        XRL     A，R3
        MOV     R3，04H
        MOV     R4，02H
        JZ      X10
        MOV     R2，#88H
        MOV     R4，#88H
X10：   DEC     R4
        MOV     A，R4
        XRL     A，#82H
        JZ      X11
        MOV     A，R4
        XRL     A，#0EH
        JZ      X11
        MOV     A，R4
        JZ      X12
        MOV     R4，#20H
        DEC     R2
        SJMP    X13
X12：   MOV     R4，#0FH
X11：   MOV     R2，04H
        NOP
        NOP
        MOV     R4，03H
X13：   MOV     R1，#48H
        MOV     A，R2
        MOV     @R1，A
        INC     R1
        MOV     A，R3
        MOV     @R1，A
        MOV     A，R4
        JB      ACC.5，X113
        JB      ACC.4，X113
        MOV     DPTR，#LS3
        MOVC    A，@A+DPTR
X113：  RET
LS3：   DB 07H，04H，08H，05H，09H，06H，0AH
        DB 0BH，01H，00H，02H，0FH，03H，0EH
        DB      0CH，0DH
DIS：   PUSH    DPH
```

```
        PUSH   DPL
        SETB   RS1
        MOV    R0，#7EH
        MOV    R2，#20H
        MOV    R3，00H
        MOV    DPTR，#LS0
LS2:    MOV    A，@R0
        MOVC   A，@A+DPTR
        MOV    R1，#0DCH
        MOVX   @R1，A
        MOV    A，R2
        INC    R1
        MOVX   @R1，A
LS1:    DJNZ   R3，LS1
        CLR    C
        RRC    A
        MOV    R2，A
        DEC    R0
        JNZ    LS2
        MOVX   @R0，A
        DEC    R0
        CPL    A
        MOVX   @R0，A
        CLR    RS1
        POP    DPL
        POP    DPH
        RET
; ---------------------------
LS0:    DB 0C0H，0F9H，0A4H，0B0H，99H，92H
        DB 82H，0F8H，80H，90H，88H，83H，0C6H
        DB 0A1H，86H，8EH，0FFH，0CH，89H，7FH，0BFH
KEY:    SETB   RS1
        MOV    R2，#0FEH
        MOV    R3，#08H
        MOV    R0，#00H
LP1:    MOV    R1，#0DDH
        MOV    A，R2
        MOVX   @R1，A
        RL     A
```

```
        MOV     R2, A
        INC     R1
        MOVX    A, @R1
        CPL     A
        ANL     A, #0FH
        JNZ     LP0
        INC     R0
        DJNZ    R3, LP1
XP33:   MOV     A, #20H
XP3:    MOV     R2, A
        CLR     A
        MOV     R1, #0DDH
        MOVX    @R1, A
        MOV     A, R2
        CLR     RS1
        RET
; ------------------------
LP0:    CPL     A
        JB      ACC.0, XP0
        MOV     A, #00H
        SJMP    LPP
XP0:    JB      ACC.1, XP1
        MOV     A, #08H
        SJMP    LPP
XP1:    JB      ACC.2, XP2
        MOV     A, #10H
        SJMP    LPP
XP2:    JB      ACC.3, XP33
        MOV     A, #18H
LPP:    ADD     A, R0
        SJMP    XP3
; --------------------------------
LEDP:   MOV     50H, #7EH
        MOV     A, #10H
        MOV     R0, #79H
LEDS:   MOV     @R0, A
        INC     R0
        CJNE    R0, #7EH, LEDS
        INC     A
```

```
        MOV     @R0，A
        RET
; -------------------------------
X3:     MOV     R4，A
        MOV     R0，#50H
        MOV     A，@R0
        MOV     R1，A
        MOV     A，R4
        MOV     @R1，A
        CLR     A
        POP     DPH
        POP     DPL
        MOVC    A，@A+DPTR
        INC     DPTR
        CJNE    A，01H，X30
        DEC     R1
        CLR     A
        MOVC    A，@A+DPTR
X31:    MOV     @R0，A
        INC     DPTR
        PUSH    DPL
        PUSH    DPH
        RET
; --------------------------------
X30:    DEC     R1
        MOV     A，R1
        SJMP    X31
; ------------------------
X2:     MOV     R6，#50H
X0:     ACALL   XLE
        JNB     ACC.5，XX0
        DJNZ    R6，X0
        MOV     R6，#20H
        MOV     R0，#50H
        MOV     A，@R0
        MOV     R0，A
        MOV     A，@R0
        MOV     R7，A
        MOV     A，#10H
```

```
        MOV     @R0, A
X1:     ACALL   XLE
        JNB     ACC.5, XX1
        DJNZ    R6, X1
        MOV     A, R7
        MOV     @R0, A
        SJMP    X2
XX1:    MOV     R6, A
        MOV     A, R7
        MOV     @R0, A
        MOV     A, R6
XX0:    RET
; ------------------------------
        END
```

附录三　共阳极显示七段码表

D7 h	D6 g	D5 f	D4 e	D3 d	D2 c	D1 b	D0 a	十六进制 码表示	显示 字符	转换代码表 地址
0	0	1	1	1	1	1	1	3FH	0	m+0H
0	0	0	0	0	1	1	0	06H	1	m+1H
0	1	0	1	1	0	1	1	5BH	2	m+2H
0	1	0	0	1	1	1	1	4FH	3	m+3H
0	1	1	0	0	1	1	0	66H	4	m+4H
0	1	1	0	1	1	0	1	6DH	5	m+5H
0	1	1	1	1	1	0	1	7DH	6	m+6H
0	0	0	0	0	1	0	1	07H	7	m+7H
0	1	1	1	1	1	1	1	7FH	8	m+8H
0	1	1	0	1	1	1	1	6FH	9	m+9H
0	1	1	1	0	1	1	1	77H	A	m+AH
0	1	1	1	1	1	0	0	7CH	B	m+BH
0	0	1	1	1	0	0	1	39H	C	m+CH
0	1	0	0	0	1	1	1	5EH	D	m+DH
0	1	1	1	1	0	0	1	79H	E	m+EH
0	1	1	1	0	0	1	1	71H	F	m+FH
0	1	1	1	0	0	1	1	73H	G	m+10H
1	0	0	0	0	0	0	0	80H	H	m+11H

附录四　常用芯片引脚图

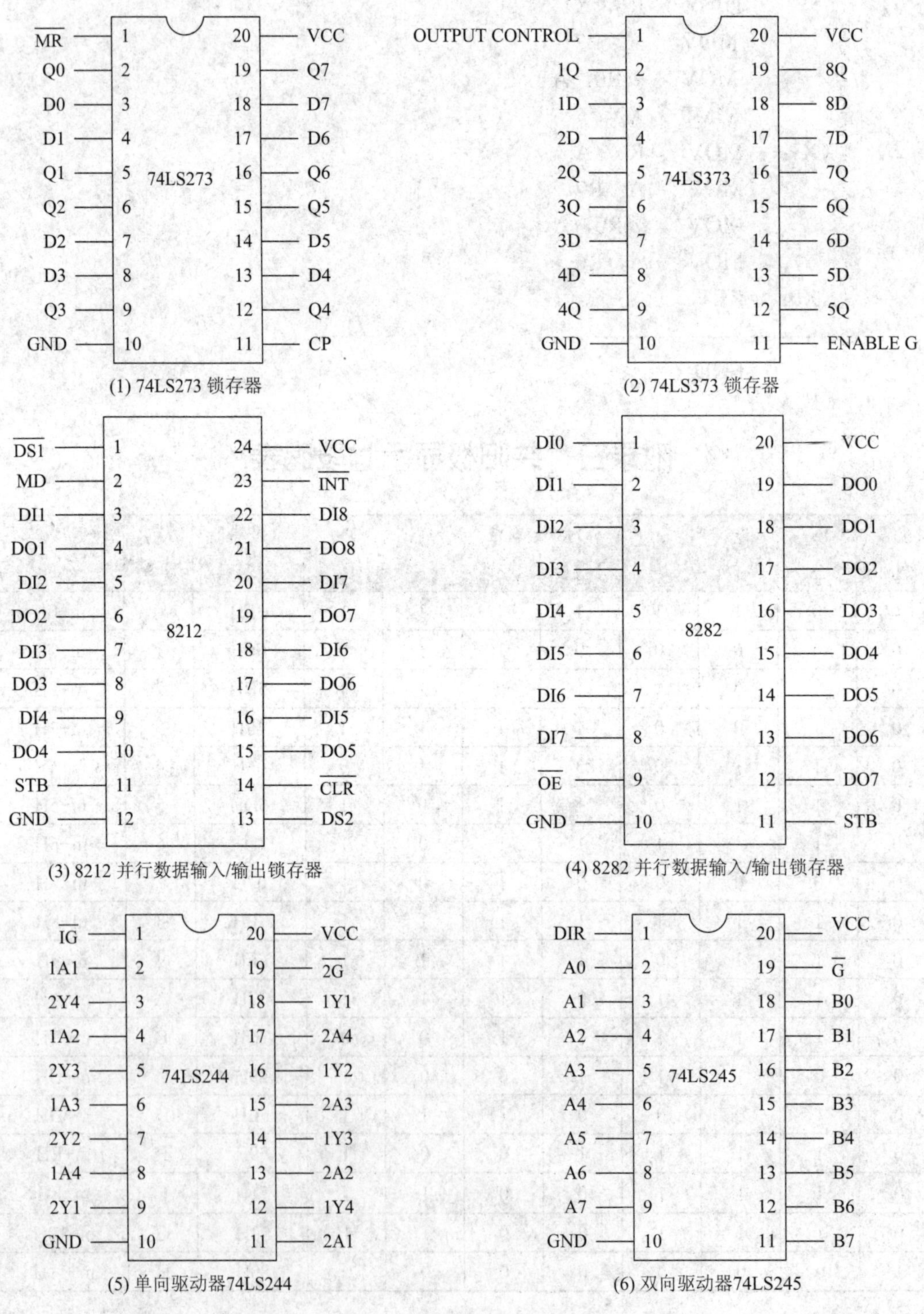

(1) 74LS273 锁存器

(2) 74LS373 锁存器

(3) 8212 并行数据输入/输出锁存器

(4) 8282 并行数据输入/输出锁存器

(5) 单向驱动器74LS244

(6) 双向驱动器74LS245

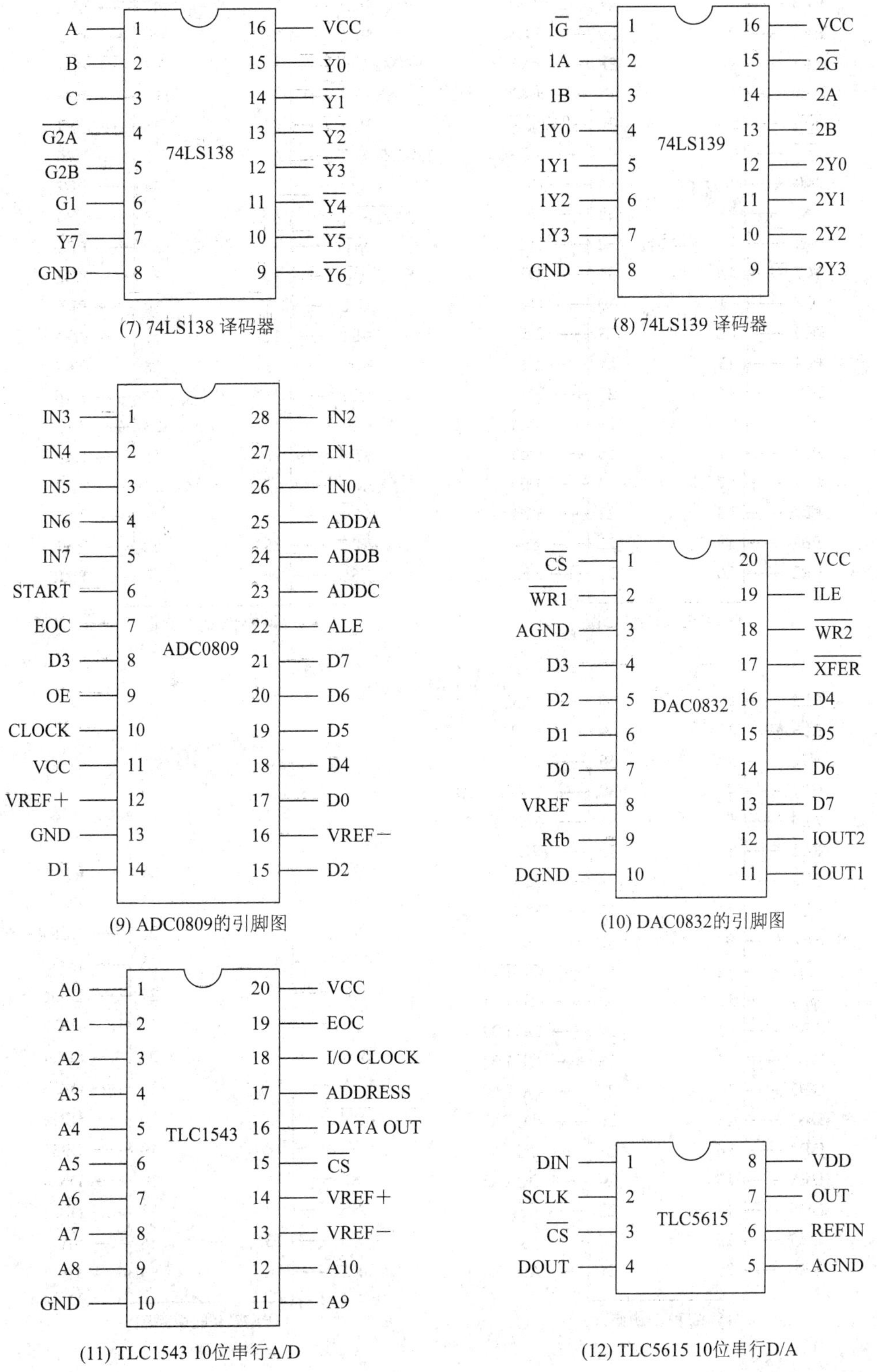

(7) 74LS138 译码器

(8) 74LS139 译码器

(9) ADC0809的引脚图

(10) DAC0832的引脚图

(11) TLC1543 10位串行A/D

(12) TLC5615 10位串行D/A

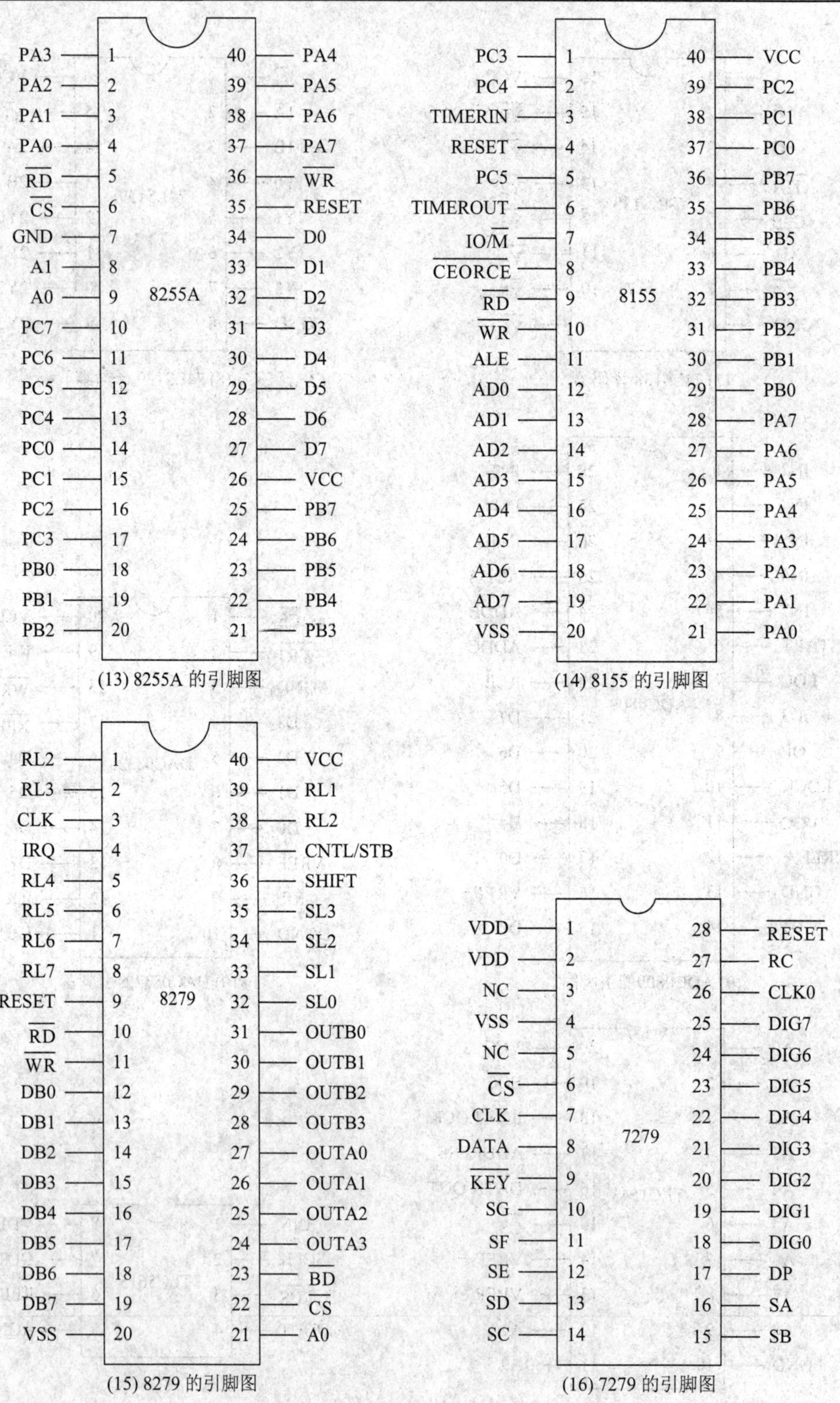

(13) 8255A 的引脚图　　(14) 8155 的引脚图

(15) 8279 的引脚图　　(16) 7279 的引脚图

附录五　基于 CAN 总线的 RTU 通信协议

1. 概述

在基于 CAN 总线的分布式 RTU 中，RTU 主机通过智能型 CAN 通信适配器接口，与遥信、遥控、遥测等智能测控单元之间用工作于主从模式的 CAN 串行通信总线互连，构成具有总线型拓扑结构的分布式局域测控网络，通过高速数据通信(速率可达 1 Mb/s)交换命令和数据，实现 RTU 的遥信、遥控、遥测等基本功能。图 F5.1 给出了基于 CAN 总线的分布式 RTU 系统结构。

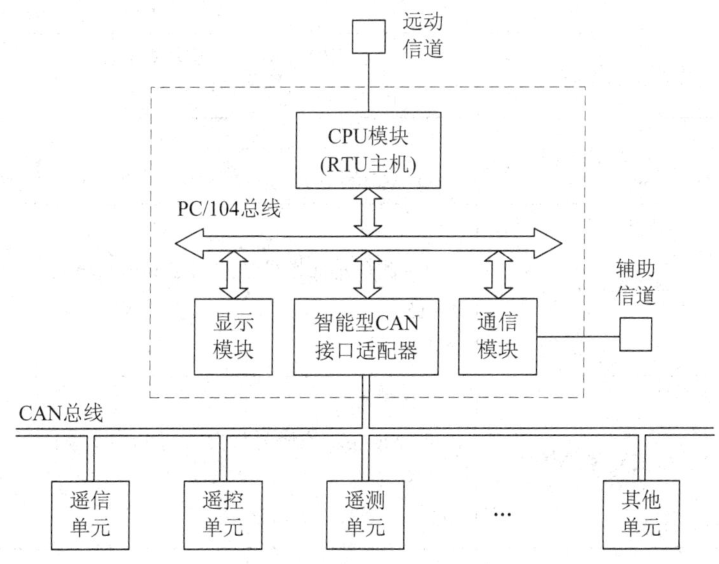

图 F5.1　基于 CAN 总线的分布式 RTU 系统结构图

本协议定义了基于 CAN 总线的分布式 RTU 中，CAN 测控局域网络中的应用数据结构与表示方法，给出了基于标准 CAN 帧的应用数据传输协议。

2. 应用协议

1) 基本定义

(1) CAN 帧格式。采用 CAN 总线规范 2.0 中定义的标准帧格式可进行数据报文传输，报文标识为 11 位编码。图 F5.2 给出了 CAN 标准帧的格式。

帧起始	仲裁域		控制域			数据域	校验域	响应域	帧结束
SOF	11 bit ID	RTR	IDE	r0	DLC	0～8 Byte	5 bit CRC	ACK	EOF

RTR = 0

图 F5.2　CAN 标准帧的格式

(2) 数据传输速率。四种数据传输速率为 1 Mb/s、800 kb/s、500 kb/s、250 kb/s，可通过 2 位开关组合进行选择。

(3) CAN 帧报文标识。CAN 帧报文标识由报文数据传输方向、测控单元类型、测控单元地址及报文对象序号组成，在全系统中唯一地标识 RTU 主机与测控单元之间交换的数据报文。

(4) CAN 帧报文数据。CAN 帧报文数据由数据包组成，其长度可变，取值为 0～8 字节。

(5) 数据包。数据包由数据包类型、测控单元地址、测控数据标识及与之关联的测控数据组成，具有确定的物理意义，是 RTU 主机与测控单元之间进行数据交换的基本单位。

2) CAN 帧报文标识

CAN 帧报文标识由报文数据传输方向、测控单元类型、测控单元地址及报文对象序号组成。表 F5.1 给出了 11 位标准 CAN 帧的报文标识结构及编码。

表 F5.1　CAN 帧的报文标识结构及编码

位域	内　容	说　明
Bit10	报文数据传输方向	1 位报文数据传输方向定义如下： 0—下行；1—上行
Bit9	测控单元类型	2 位测控单元类型定义如下： 00—遥信；01—遥控；10—遥测；11—保留
Bit8		
Bit7	测控单元地址	4 位测控单元地址按照二进制格式编码，取值范围为 0～15
Bit6		
Bit5		
Bit4		
Bit3	报文对象序号	4 位报文对象序号按照二进制格式编码，取值范围为 1～15
Bit2		
Bit1		
Bit0		

3) CAN 帧报文数据

CAN 帧报文数据由数据包组成，其长度可变，取值为 0～8 字节。表 F5.2 给出了 CAN 帧报文数据结构。

表 F5.2　CAN 帧报文数据结构

字节	内　容	说　明
Byte0	数据包	CAN 帧报文由数据包组成，其长度可变，取值为 0～8 字节
Byte1		
Byte2		
Byte3		
Byte4		
Byte5		
Byte6		
Byte7		

4) 数据包

数据包由数据包类型、测控单元地址、测控数据标识及与之关联的测控数据组成，具有确定的物理意义，是 RTU 主机与测控单元之间进行数据交换的基本单位。不同类型的数据包由于包含的测控数据长度不同或是测控单元内部地址属性有无而具有不同的结构；不具有测控单元内部地址属性的数据包不包含用于表示数据的测控单元内部地址信息的测控数据标识域。表 F5.3 和表 F5.4 分别给出了不具有测控单元内部地址属性以及具有测控单元内部地址属性的数据包的一般结构。

表 F5.3　不具有测控单元内部地址属性的数据包的一般结构

字节	内　容
Byte0	数据包类型
Byte1	测控单元地址
Byte2	数据字节 0
⋮	⋮
ByteN+1	数据字节 N−1
ByteN+2	CRC8

表 F5.4　具有测控单元内部地址属性的数据包的一般结构

字节	内　容
Byte0	数据包类型
Byte1	测控单元地址
Byte2	测控数据标识
Byte3	数据字节 0
⋮	⋮
ByteN+1	数据字节 N−1
ByteN+2	CRC8

数据包类型在全系统中统一编码，用于标识数据包中测控数据的类别，不带有任何测控数据地址信息(包括测控单元地址以及测控单元内部地址)。表 F5.5 给出了全系统中的数据包类型编码。

表 F5.5　全系统中的数据包类型编码

序号	测控单元	测控数据类别	编码		测控数据标识	说明
			下行	上行		
1	遥信	配置	10H	x	有	① 数据包类型编码为 1 字节，最大可标识 256 种数据包。 ② 数据包类型编码的最高位表示数据包的传输方向，定义如下： 0—下行；1—上行。 位 6～4 表示测控单元类型，定义如下： 001—遥信；010—遥控；011—遥测；其他—保留
2		配置请求	x	90H	—	
3		状态查询	11H	x	—	
4		状态上报	x	91H	—	
5		校时	12H	×	—	
6		时钟请求	x	92H	—	
7		遥信状态	x	93H	有	
8		SOE	x	94H	有	
9		SOE 确认	14H	×	有	
10		脉冲计数	x	95H	有	
11	遥控	配置	20H	x	—	
12		配置请求	x	A0H	—	
13		状态查询	21H	x	—	
14		状态上报	x	A1H	—	
15		选择	22H	x	—	
16		选择确认	x	A2H	—	
17		撤消	23H	x	—	
18		撤消确认	x	A3H	—	
19		执行	24H	x	—	
20		执行确认	x	A4H	—	
21	遥测	配置	30H	x	—	
22		配置请求	x	B0H	—	
23		状态查询	31H	x	—	
24		状态上报	x	B1H	—	
25		遥测量	x	B2H	有	

具有测控单元内部地址属性的测控数据的数据包中包含测控数据标识域，在测控单元内部按照测控数据类别统一编码，标识测控数据的测控单元内部地址信息。表 F5.6 和表 F5.7 分别给出了遥信单元和遥测单元中具有测控单元内部地址属性的测控数据标识。

为了提高配置信息的可靠性，在配置数据包中采用 8 位 CRC 校验进行检错处理。8 位 CRC 校验的计算域为配置数据包中除 CRC8 字节外的所有数据字节，其生成多项式为

$$x^8+x^2+x+1$$

即生成字等于 107H。

表 F5.6　遥信单元中的测控数据标识

序号	测控数据类别	测控数据标识	内　容	说　明
1	配置	0	工作配置	RTU 主机向遥信单元发送的下行数据标识
		1	计数配置	
		2～65	计数初值 0～63	
2	遥信状态	0	遥信状态 0～31	
		1	遥信状态 32～63	
3	SOE	0～63	SOE 0～63	
4	脉冲计数	0～63	脉冲计数 0～63	

表 F5.7　遥测单元中的测控数据标识

序号	测控数据类别	测控数据标识	内　容	说　明
1	遥测	0～29	电压 0～29	遥测单元向 RTU 主机上传的数据标识。例如，0 表示后续的 2 个字节为第 1 路电压的有效值，29 表示第 30 路电压的有效值，30 表示第 1 路电流的有效值，以此类推
		30～59	电流 0～29	
		60～69	有功功率 0～9	
		70～79	无功功率 0～9	
		80～89	频率 0～9	
		90～95	直流 0～5	

5) CAN 帧应用数据结构

表 F5.8 给出了 CAN 帧应用数据结构。

表 F5.8　CAN 帧应用数据结构

<table>
<tr><td rowspan="4">报文标识</td><td>位域</td><td>Bit10</td><td>Bit9</td><td>Bit8</td><td>Bit7</td><td>Bit6</td><td>Bit5</td><td>Bit4</td><td>Bit3</td></tr>
<tr><td>ID0</td><td>方向</td><td colspan="2">测控单元类型</td><td colspan="4">测控单元地址</td><td></td></tr>
<tr><td>位域</td><td>Bit2</td><td>Bit1</td><td>Bit0</td><td>x</td><td>x</td><td>x</td><td>x</td><td>x</td></tr>
<tr><td>ID1</td><td colspan="3">报文对象序号</td><td>1</td><td>1</td><td>1</td><td>1</td><td>1</td></tr>
<tr><td rowspan="9">报文数据</td><td>字节</td><td colspan="8">内　容</td></tr>
<tr><td>Byte0</td><td colspan="8" rowspan="8">数据包</td></tr>
<tr><td>Byte1</td></tr>
<tr><td>Byte2</td></tr>
<tr><td>Byte3</td></tr>
<tr><td>Byte4</td></tr>
<tr><td>Byte5</td></tr>
<tr><td>Byte6</td></tr>
<tr><td>Byte7</td></tr>
</table>

3. 应用数据集

以下按照测控单元类型分别给出了基于 CAN 总线的分布式 RTU 中应用数据的数据包

结构及表示方法。

1) 遥信单元

(1) 遥信配置如表 F5.9 所示。遥信配置的表示方法如表 F5.10 所示。

表 F5.9 遥 信 配 置

字节	内　容	说　明
Byte0	10H	RTU 主机向遥信单元下发配置信息。10H 表示该数据包为下行数据。0 为工作配置模式，1 为计数模式，2～65 为 64 路遥信单元每一路的计数初值
Byte1	测控单元地址	
Byte2	0～65	
Byte3	配置字 0	
Byte4	配置字 1	
Byte5	配置字 2	
Byte6	配置字 3	
Byte7	CRC8	

表 F5.10 遥信配置的表示方法

序号	测控数据标识	测控数据	说　明
1	0	工作配置	工作配置的定义如下： 配置字 0 表示工作模式，定义如下： 00H—遥信模式； 01H—脉冲计数模式； 02H—遥信/脉冲计数混合模式。 ① 配置字 1 表示遥信/脉冲计数接入总数，取值范围为 1～64。 ② 配置字 2 表示遥信接入数，取值范围为 1～64。 ③ 配置字 3 表示脉冲计数接入数，取值范围为 1～64
2	1	计数配置	计数配置的定义如下： ① 配置字 1～0 表示脉冲宽度，为 2 字节二进制数，1LSB=1 ms，取值范围可达 0～65 535 ms； ② 配置字 3～2 表示去抖时间，为 2 字节二进制数，1LSB=1 ms，取值范围可达 0～65 535 ms
3	2～65	计数初值	配置字 3～0 表示脉冲计数初值，为 4 字节二进制数，取值范围可达 0～$2^{32}-1$

(2) 遥信配置请求如表 F5.11 所示。

表 F5.11　遥信配置请求

字节	内　容	说　明
Byte0	90H	上行数据，遥信单元向 RTU 主机发送(上行)配置请求信息
Byte1	测控单元地址	
Byte2	测控数据标识	

(3) 遥信状态查询如表 F5.12 所示。

表 F5.12　遥信状态查询

字节	内　容	说　明
Byte0	11H	下行数据，RTF 主机向遥信单元发送状态查询命令
Byte1	测控单元地址	

(4) 遥信状态上报如表 F5.13 所示。

表 F5.13　遥信状态上报

字节	内　容	说　明
Byte0	91H	状态字的定义如下：91H 表示此包数据为上行数据；Byte2 中的状态字表示此遥信单元的遥信状态(闭合或断开)
Byte1	测控单元地址	
Byte2	状态字	

(5) 遥信校时如表 F5.14 所示。

表 F5.14　遥 信 校 时

字节	内　容	说　明
Byte0	12H	上行数据。 ① 毫秒以 2 字节二进制数表示，秒、分、时均以 1 字节二进制数表示； ② 毫秒的取值范围为 0～999，秒和分的取值范围为 0～59，时的取值范围为 0～23
Byte1	测控单元地址	
Byte2	毫秒低	
Byte3	毫秒高	
Byte4	秒	
Byte5	分	
Byte6	时	

(6) 遥信时钟请求如表 F5.15 所示。

表 F5.15　遥信时钟请求

字节	内　容	说　明
Byte0	92H	上行数据，遥信单元向 RTU 主机发送(上行)时钟请求信息
Byte1	测控单元地址	

(7) 遥信状态如表 F5.16 所示。遥信状态的表示方法如表 F5.17 所示。

表 F5.16　遥 信 状 态

字节	内　容	说　明
Byte0	93H	上行数据，遥信单元向 RTU 主机发送(上行)本单元的遥信状态，Byte 为 0 表示后续为前 32 个状态，Byte 为 1 表示后续为后 32 个状态，共 64 路遥信信号
Byte1	测控单元地址	
Byte2	0～1	
Byte3	状态字节 0	
Byte4	状态字节 1	
Byte5	状态字节 2	
Byte6	状态字节 3	

表 F5.17　遥信状态的表示方法

序号	测控数据标识	测控数据	说　明
1	0	遥信状态 0～31	遥信状态 0～31 为遥信点 0～31 的状态按照从低位到高位的次序组合的 4 字节二进制数。 遥信点状态定义为：0—分，1—合
2	1	遥信状态 32～63	遥信状态 32～63 为遥信点 32～63 的状态按照从低位到高位的次序组合的 4 字节二进制数。 遥信点状态定义为：0—分，1—合

(8) 遥信 SOE 如表 F5.18 所示。

表 F5.18　遥信 SOE

字节	内　容	说　明
Byte0	94H	上行数据。 ① 毫秒、秒、分的表示方法与遥信时相同，点状态/时用 1 字节二进制数表示。 ② Bit7～5 表示遥信 SOE 点状态，定义为：000—分，111—合。 ③ Bit4～0 表示遥信 SOE 时间时，取值范围为 0～23
Byte1	测控单元地址	
Byte2	0～63	
Byte3	毫秒低	
Byte4	毫秒高	
Byte5	秒	
Byte6	分	
Byte7	点状态/时	

(9) 遥信 SOE 确认如表 F5.19 所示。

表 F5.19　遥信 SOE 确认

字节	内　容	说　明
Byte0	14H	下行数据。 ① 毫秒、秒、分的表示方法与遥信时相同，点状态/时用 1 字节二进制数表示。 ② Bit7～5 表示遥信 SOE 点状态，定义为：000—分，111—合。 ③ Bit4～0 表示遥信 SOE 时间时，取值范围为 0～23
Byte1	测控单元地址	
Byte2	0～63	
Byte3	毫秒低	
Byte4	毫秒高	
Byte5	秒	
Byte6	分	
Byte7	点状态/时	

(10) 遥信脉冲计数如表 F5.20 所示。

表 F5.20　遥信脉冲计数

字节	内　容	说　明
Byte0	95H	上行数据，脉冲计数值以 4 字节二进制数表示，取值范围可达 $0\sim2^{32}-1$
Byte1	测控单元地址	
Byte2	0～63	
Byte3	脉冲计数字节 0	
Byte4	脉冲计数字节 1	
Byte5	脉冲计数字节 2	
Byte6	脉冲计数字节 3	

2) 遥控单元

(1) 遥控配置如表 F5.21 所示。

表 F5.21　遥 控 配 置

字节	内　容	说　明
Byte0	20H	保持时间以 2 字节二进制数表示，1LSB=1 ms，取值范围可达 0～65 535 ms
Byte1	测控单元地址	
Byte2	保持时间低	
Byte3	保持时间高	
Byte4	CRC8	

(2) 遥控配置请求如表 F5.22 所示。

表 F5.22　遥控配置请求

字节	内　容	说　明
Byte0	A0H	上行数据，表示遥控单元向 RTU 主机发送配置请求信息
Byte1	测控单元地址	

(3) 遥控状态查询如表 F5.23 所示。

表 F5.23　遥控状态查询

字节	内　容	说　明
Byte0	21H	下行数据，表示该数据包为 RTU 主机向遥控单元发送的查询命令
Byte1	测控单元地址	

(4) 遥控状态上报如表 F5.24 所示。

表 F5.24　遥控状态上报

字节	内　容	说　明
Byte0	A1H	状态字
Byte1	测控单元地址	
Byte2	状态字	

(5) 遥控选择如表 F5.25 所示。

表 F5.25　遥 控 选 择

字节	内　容	说　明
Byte0	22H	① 开关号以 1 字节二进制数表示，取值范围为 0～15； ② 合/分的定义为：CCH—合，33H—分
Byte1	测控单元地址	
Byte2	开关号	
Byte3	合/分	
Byte4	开关号的反码	
Byte5	合/分的反码	

(6) 遥控选择确认如表 F5.26 所示。

表 F5.26　遥控选择确认

字节	内　容	说　明
Byte0	A2H	① 开关号以 1 字节二进制数表示，取值范围为 0～15； ② 合/分/错的定义为：CCH—合，33H—分，FFH—错
Byte1	测控单元地址	
Byte2	开关号	
Byte3	合/分/错	
Byte4	开关号的反码	
Byte5	合/分/错的反码	

(7) 遥控撤消如表 F5.27 所示。

表 F5.27　遥 控 撤 消

字节	内　容	说　明
Byte0	23H	① 开关号以 1 字节二进制数表示，取值范围为 0～15； ② 撤消定义为 55H
Byte1	测控单元地址	
Byte2	开关号	
Byte3	撤消	
Byte4	开关号的反码	
Byte5	撤消的反码	

(8) 遥控撤消确认如表 F5.28 所示。

表 F5.28　遥控撤消确认

字节	内　　容	说　　明
Byte0	A3H	① 开关号以 1 字节二进制数表示，取值范围为 0～15； ② 撤消/出错的定义为：55H—撤消，FFH—出错
Byte1	测控单元地址	
Byte2	开关号	
Byte3	撤消/出错	
Byte4	开关号的反码	
Byte5	撤消/出错的反码	

(9) 遥控执行如表 F5.29 所示。

表 F5.29　遥 控 执 行

字节	内　　容	说　　明
Byte0	24H	① 开关号以 1 字节二进制数表示，取值范围为 0～15； ② 执行定义为 AAH
Byte1	测控单元地址	
Byte2	开关号	
Byte3	执行	
Byte4	开关号的反码	
Byte5	执行的反码	

(10) 遥控执行确认如表 F5.30 所示。

表 F5.30　遥控执行确认

字节	内　　容	说　　明
Byte0	A4H	① 开关号以 1 字节二进制数表示，取值范围为 0～15； ② 执行/出错的定义为：AAH—执行，FFH—出错
Byte1	测控单元地址	
Byte2	开关号	
Byte3	执行/出错	
Byte4	开关号的反码	
Byte5	执行/出错的反码	

3) 遥测单元

(1) 遥测配置如表 F5.31 所示。遥测配置字的表示方法如表 F5.32 所示。

表 F5.31　遥 测 配 置

字节	内　　容	说　　明
Byte0	30H	下行数据，表示该数据包为 RTU 主机向遥测单元发送的配置命令
Byte1	测控单元地址	
Byte2	配置字 0	
Byte3	配置字 1	
Byte4	配置字 2	
Byte5	配置字 3	
Byte6	配置字 4	
Byte7	CRC8	

表 F5.32 遥测配置字的表示方法

字节	内 容	说 明
Byte0	配置字 0	配置字 0～4 为 10 位 BCD 数，从低位到高位的位序表示电流接入组序号。该位的取值表示该电流接入组关联的电压接入组序号。BCD 数位的取值范围为 0～9，当其值超出这一范围时，表示该电流接入组未使用
Byte1	配置字 1	
Byte2	配置字 2	
Byte3	配置字 3	
Byte4	配置字 4	

(2) 遥测配置请求如表 F5.33 所示。

表 F5.33 遥测配置请求

字节	内 容	说 明
Byte0	B0H	上行数据，表示该数据包为遥测单元向 RTU 主机发送的配置请求信息
Byte1	测控单元地址	

(3) 遥测状态查询如表 F5.34 所示。

表 F5.34 遥测状态查询

字节	内 容	说 明
Byte0	31H	下行数据，表示该数据包为 RTU 主机向遥测单元发送的状态查询命令
Byte1	测控单元地址	

(4) 遥测状态上报如表 F5.35 所示。

表 F5.35 遥测状态上报

字节	内 容	说 明
Byte0	B1H	状态字
Byte1	测控单元地址	
Byte2	状态字	

(5) 遥测量如表 F5.36 所示。遥测量的表示方法如表 F5.37 所示。

表 F5.36 遥 测 量

字节	内 容	说 明
Byte0	B2H	B2H 表示此帧数据为遥测量上行数据。0～95 表示上传数据为电压量、电流量、有功功率、无功功率和频率(均以 2 字节数据表示)等的标识
Byte1	测控单元地址	
Byte2	0～95	
Byte3	数据字节低	
Byte4	数据字节高	

表 F5.37　遥测量的表示方法

序号	测控数据标识	测控数据	说　明
1	0～29	电压	遥测电压以 2 字节无符号二进制数表示，低字节在前，高字节在后。1LSB=0.01 V，取值范围可达 0～655.35 V
2	30～59	电流	遥测电流以 2 字节无符号二进制数表示，低字节在前，高字节在后。1LSB=0.001 A，取值范围可达 0～65.535 A
3	60～69	有功功率	遥测有功功率以 2 字节有符号二进制数表示，低字节在前，高字节在后。1LSB=0.1 W，取值范围可达-3276.7 W～3276.8 W
4	70～79	无功功率	遥测无功功率以 2 字节有符号二进制数表示，低字节在前，高字节在后。1LSB=0.1 Var，取值范围可达-3276.7 Var～3276.8 Var
5	80～89	频率	遥测频率以 2 字节无符号二进制数表示，低字节在前，高字节在后。1LSB=0.001 Hz，取值范围可达 0～65.535 Hz
6	90～95	直流	遥测直流量以 2 字节有符号二进制数表示，低字节在前，高字节在后。1LSB=0.01 V，取值范围可达-327.67 V～327.68 V

参 考 文 献

[1] 倪云峰,董张卓,等. 一种高性能RTU交流采样单元的设计与实现.高电压技术,2005(1)

[2] 魏立峰，王宝兴，等. 单片机原理与技术应用. 北京：北京大学出版社，2006

[3] 张毅坤，陈善久，等. 单片微型计算机原理及应用. 西安：西安电子科技大学出版社，1997

[4] 黄益庄. 变电站综合自动化技术. 北京：中国电力出版社，2000

[5] 杨文龙. 单片机原理及应用. 西安：西安电子科技大学出版社，1993

[6] 马忠梅，籍顺心，等. 单片机C语言应用程序设计. 北京：北京航空航天大学出版社，2007

[7] 戴佳，戴卫恒. 51单片机C语言应用程序设计实例精讲. 北京：电子工业出版社，2006

[8] 克强. 用AT89C2051单片机制作洗衣机控制电路. 电子世界，2001(3)

[9] 杨冬云，等. 五位LED驱动器MC14489的应用. 黑龙江大学自然科学学报，1999(1)

[10] 成都浩然电子有限公司. W5100参考资料，2007

[11] 刘健，倪建立，等. 配电自动化系统. 北京：中国水利电力出版社，1999